电气控制柜设计·制作·维修技能丛书

U0287732

电气控制柜设计制作
——调试与维修篇

任清晨　主编

电子工业出版社

Publishing House of Electronics Industry

北京·BEIJING

内 容 简 介

"电气控制柜设计·制作·维修技能丛书"一共 3 册，全面介绍了电气控制柜电路设计、制作工艺及维护维修的全过程。

本书是从书的第三分册，重点针对电气控制柜的调试与维修方面。分别讲解了电气控制设备调试的要求、步骤和方法，电气控制柜的试验内容、要求及方法，电气控制设备养护与检修的要求及方法，以及电气控制设备的出厂检验与包装运输要求等。

本书内容丰富，注重实践，适合电气控制柜生产企业的调试、维修人员，以及各行业中电气设备的使用、维护技术人员参考阅读，也可作为相关职业技术培训机构的培训教材。

图书在版编目（CIP）数据

电气控制柜设计制作——调试与维修篇/任清晨主编. —北京：电子工业出版社，2014.11
（电气控制柜设计·制作·维修技能丛书）
ISBN 978-7-121-24440-7

Ⅰ. ①电… Ⅱ. ①任… Ⅲ. ①电气控制装置－调试方法②电气控制装置－维修 Ⅳ. ①TM921.5

中国版本图书馆 CIP 数据核字（2014）第 225270 号

策划编辑：陈韦凯
责任编辑：陈韦凯　　　文字编辑：桑　昀
印　　刷：北京虎彩文化传播有限公司
装　　订：北京虎彩文化传播有限公司
出版发行：电子工业出版社
　　　　　北京市海淀区万寿路 173 信箱　邮编　100036
开　　本：787×1 092　1/16　印张：20.5　字数：525 千字
版　　次：2014 年 11 月第 1 版
印　　次：2025 年 3 月第 21 次印刷
定　　价：48.00 元

凡所购买电子工业出版社图书有缺损问题，请向购买书店调换。若书店售缺，请与本社发行部联系，联系及邮购电话：(010) 88254888，88258888。

质量投诉请发邮件至 zlts@phei.com.cn，盗版侵权举报请发邮件至 dbqq@phei.com.cn。

本书咨询联系方式：chenwk@phei.com.cn。

前　　言

电是一种绿色环保型二次能源，电的使用使科学技术得到了飞速发展，同时使人类的生产、生活得到了极大提高。如今的世界上如果没有电，人类的生产、生活将会一团糟，情况将难以想象。为了更好地使用电这种能源，人类一天也没有停止过对其特性及应用技术的研究。为了更好地利用电能，全世界几乎所有全科大学、工科院校和职业技能培训机构毫无例外地都开设电气专业课程。虽然电可以造福人类，但是在使用电能的同时，电能对使用者也具有极大的危害和潜在的风险。利用机柜作为电气控制装置的外壳进行安全防护，就构成了电气控制柜。

电气控制设备是人类使用电能为自身服务的工具和桥梁。从人类利用电能的第一天起，我们从未停止过对电气控制设备的研究，这使电气控制设备及其性能日臻完善。电气控制设备的使用遍及我们生产、生活的各个角落和各行各业。电气控制柜的设计和制作工艺水平，直接影响着人类使用电能为自身服务的水平和质量。因此，提高电气控制柜的设计和制作的从业人员及欲加入电气控制设备制造行业的人员的技术水平，具有十分重要的意义。

"电气控制柜设计·制作·维修技能丛书"以很自然的方式，将电气控制柜制作的前人经验及相关国家标准和工艺规范的具体内容融入各章节中，拥有本书可以省去查阅相关国家标准和各种手册的大量时间，基本可以做到一书在手即可解决电气控制柜制作中的全部问题。本丛书特点是以国家标准为主线，避开行业问题及与生产无关的纯理论问题，重点介绍各行各业均适用的电气控制柜设计制作的实用生产技术和职业能力。对于电气控制设备生产企业的从业人员和电气控制设备使用企业的维护修理人员来讲，本丛书是一套工具书；对于大专院校和职业技术院校电气专业在校学生来讲，本丛书是一套教辅参考书，可以有效地提高毕业生的工作能力和就业竞争力；对于职业技术培训机构和自学成才者来讲，本丛书是一套不可多得的教材。

"电气控制柜设计·制作·维修技能丛书"由3个分册组成：第1分册《电气控制柜设计制作——电路篇》，第2分册《电气控制柜设计制作——结构与工艺篇》，第3分册《电气控制柜设计制作——调试与维修篇》，3个分册构成一个比较完整的体系。本书是丛书的第3分册，主要讲解电气控制设备调试的要求、步骤和方法，电气控制柜的试验内容、要求及方法，电气控制设备养护与检修的要求及方法，以及电气控制设备的出厂检验与包装运输要求。学习本丛书前，最好先学习一些机械基础知识、电工电子技术基础知识和液压基础知识，这样会有事半功倍的学习效果。

本书由任清晨主编，魏俊萍、王维征、刘胜军、任江鹏、李宏宇、曹广平、赵丽也参与了部分书稿的编写工作。在编写过程中，作者查阅了大量的相关国家标准和出版物，并且阅读了互联网上的相关文章，这些出版物和文章为本书的编写提供了大量素材，在此向这些文献的作者表示衷心的感谢。本书内容经过中国科学院电工所科诺伟业公司武鑫博士、天威保变风电公司鲁志平总工程师审阅，在此向两位专家表示衷心的感谢。

编　者

目　　录

第1章 电气控制设备调试

1.1 电气调试技术

电气控制系统是为各种设备服务的，使用的设备种类繁多，其控制系统和控制方式各异，所以电气控制线路的调试方法也有一定的差异。然而，从整体上看，在调试的步骤、手段、处理方法上是大致相同的。技术人员在进行样机调试的过程中，应抓住影响整机性能指标的部分，进行深入细致的分析研究，在一定的范围内改变调试条件和参数，寻求最佳调试指标、步骤和方法。因此，样机调试的过程其实就是摸索调试工艺的过程。

作为电气控制设备生产企业，是不可能让一个刚参加工作的人独立完成设备调试的，基本上都要由有工作经验的人带一段时间。在跟随调试的过程中一定要谦虚仔细向老前辈学习，这是使自己能够很快上手的关键。每个搞调试的人都会经历从不会到会、从会到熟练的过程，应以平常心看待这个过程，时刻保持学习进取的心态。下面将对电气控制设备调试中的共性问题进行讨论。

1.1.1 调试概述

1.1.1.1 调试的基本任务

1. 电气调试工作的任务

当电气控制设备的安装工作结束后，按照国家有关的规范和规程、制造厂家的技术要求，逐项进行各个设备调整试验，以检验安装质量及设备质量是否符合有关技术要求，并得出是否适宜投入正常运行的结论。这是确保电气控制系统安全可靠、合理运行的必要手段，只有通过完整的调试才能使电气控制设备达到安全投入运行的目的。

通过对电气设备及电气系统的试验与调整，还可以及时发现电气系统和电气设备在设计、制造方面的错误及缺陷，以及安装过程中的安装错误、接线错误等，并及时予以纠正，以保证所安装的电气系统和电气设备符合设计要求。电气试验和电气调整是不可分割的两个有机组成部分。

（1）电气试验，是指在电气系统、电气设备投入使用前，为判定其在生产过程中有无安装或制造方面的质量问题，以确定生产的电气设备是否能够正常投入运行，而对电气控制设备的绝缘性能、电气特性及机械性能等，按照标准、规程、规范中的有关规定逐项进行试验和验证。

（2）电气调整，就是在电气控制设备投入运行前，为保证设备能够正常运行而对电气控制设备的接线进行核查以及对系统中的电气设备、开关、保护继电器等电气设备及其元器件的电压、电流动作值、动作时间、延时时间、合分闸时间、触点距离、动作特性等参数，按照设计图中的规定值进行整定，使其完全符合设计要求，以确保电气控制设备能够长期安全运行的一项工作。

（3）试运转，就是在对电气设备和电气系统的绝缘性能试验、电气特性试验和系统调试工作全部完成后，电气设备和电气系统已经具备了投入使用条件的情况下，对电气控制设备，通以能够保证其正常运行的额定电压和电流，以验证试验调整工作的质量以及再次确认被试设备能够正常投入运行的一项工作。试运转正常后，电气设备及系统即可投入正常运行。

2. 电气调试的内容

为了保证投入运行的电气控制设备在适应设计要求的同时，还要达到国家有关电力法规的规定，以确保电气控制设备可靠、安全地运行。电气调试工作的基本内容包括：

（1）对成套电气控制设备和系统，包括一次、二次设备和各种控制设备及装置，在安装过程中及安装结束后的调整试验。

（2）通电检查所有电气设备及控制装置的相互作用和相互关系。

（3）按照生产工艺的要求对电气系统进行空载和带负荷下的调整试验。

（4）调整控制设备使其在正常工况下和过度工况下都能正常工作，核对各种保护整定值。

（5）审核校对图纸。

（6）编写复杂设备及装置的调试方案、重要设备的试验方案及系统启动方案。

（7）参加部分试验的技术指导。

（8）负责整套设备启动过程中的电气调试工作和过关运行的技术指导。

3. 电气调试的要求

（1）为使调试工作能够顺利进行，调试人员事前应研究图纸资料、设备制造厂家的出厂试验报告和相关技术资料，了解现场设备的布置情况，熟悉有关的电气系统接线等。

（2）编写调试方案，编制调试大纲。

（3）电气控制设备的单体调整和试验、配合机械设备的分部试运行、总体系统调试，是电气控制设备整体启动不可分割的 3 个重要环节。在这 3 个环节当中，没有单体电气控制设备的安全运行，总体系统的试运行就无从谈起，更没有可靠的系统调试运行。

（4）按技术文件及图纸对各单体设备、附属装备进行外观检查，关键尺寸检查，装配质量及部件互换性检查，接线检查，绝缘试验等常规的检验，以发现整个系统的设备及附件在经过长途搬运、仓库保管以及安装过程中有无损坏、差错或其他隐患。

（5）找出并核对系统中各电源装置的极性、相序以及各单元之间的正确连接关系。将所有保护装置均按设计要求进行整定。

（6）对每一单元进行特性测定、调整、试验，使其工作在最合理的工作状态，即达到满意的技术指标。通过调试，使得整个系统获得较为理想的静态特性和动态指标。验证在各种状态下系统工作的可靠性，以及各种事故下保护装置的可靠性。

（7）通过调试，校核技术文件的正确性及提供修改设计的必要依据。

1.1.1.2　调试工作的组织

试验调整工作开始前，应做好下列组织工作，以保证试验调整工作的顺利进行。

1．准备技术文件、审查图纸、熟悉被试电气设备

应具备完整的设计图纸、说明书（包括有关计算）以及主要设备的技术文件。

2．编写调试方案、编制调试大纲

应编制详尽的系统调试大纲，明确规定各单元、各环节以及整个系统的调试步骤、操作方法、技术指标。调试大纲应包括：

（1）根据有关规范和规程的规定，制定设备的调试方案和调试计划。

（2）调试方案包括：不同设备和装置的不同试验项目和规范要求，并在可能的情况下列出具体的试验方法、关键的试验步骤、详细的试验接线以及有关的安全措施等。

（3）调试计划包括：设备调试工作的整体工作量，具体时间安排，人员安排，所需试验设备、检测（监测）仪器仪表、工机具以及相关的辅助材料等。

3．组织调试队伍——人员及设施要求

电气装置通电测试和调试工作大多是带电工作，因此要特别注意人身和设备的安全。具体的要求如下：

（1）通电测试和调试工作根据需要任命负责人，由该负责人统一调度指挥各个辅助部门及人员的工作。

（2）应挑选对本控制系统有一定了解的熟练技术人员和电工参加调试工作，必要时可邀请有关设计人员及厂家技术人员参加调试。

（3）通电测试和调试的人员应掌握并遵守国家及行业颁布的有关电气安全的法律法规文件，如《电业安全工作规程》。电气设备调试必须由两个及两个以上人员共同配合工作。

4．调试人员培训——技术负责人对调试人员进行技术交底

（1）为使调试工作能够顺利进行，调试人员事前应认真研究图纸资料、设备制造厂家的出厂试验报告和相关技术资料，了解现场设备的布置情况，熟悉有关的电气系统接线等。调试前必须了解各种电气设备和整个电气系统的功能，掌握调试的方法和步骤。

（2）调试人员在调试前必须熟悉被控制设备的结构、操作规程和电气系统的工作要求。

作为安装调试人员，首先一定要了解整个设备的工艺流程、控制流程，然后看明白图纸；接着对照图纸，先对设备的内部接线进行整体的检查（其实就是参照图纸对照实物实际接线）；最后还要熟练掌握所调试的设备上使用的各种仪表。

（3）学习急救触电人员的方法。

5．工具及仪器仪表的准备

根据调试项目合理选用试验、检测用的仪器、仪表和试验设备。

（1）调试人员使用的工具必须绝缘性良好，且工作人员穿戴相应的绝缘用品。

（2）调试使用的工具及仪器仪表必须符合相应的国家标准，仪器仪表应在校验后的有效期内使用。

（3）除一般常用的仪器、仪表、工具、器材、备品、配件等应齐备完好外，还应准备好被调试系统所需的专用仪器和仪表，如双踪示波器等。

6. 调试线路的准备

（1）在调试现场上，应按照所调试设备的安装规范或者要求来安装设备、敷设电缆及接线（接线前一定要有校线这个步骤）。

（2）在确定设备外观完好、接线正确、外来信号正常的前提下，送电前要将所有断路器处于断路位置，通知设备使用方可开始带电调试。

1.1.1.3　调试前的检查

控制线路安装好后，在接电前应进行如下项目的检查。

1. 设备安装检查

（1）根据设计图纸，检查被试电气设备及电气系统中的各电器设备单体及各元器件的名称、型号、规格、额定电压等技术参数与原设计是否相符合。

（2）按照标准、规程、规范及行业标准的要求，对各电气设备及各元器件的绝缘性能、电气特性、机械特性等进行单体试验，以确保各电气设备和元器件的性能符合要求。

（3）根据电气设备原理图和电气设备安装接线图、电器布置图检查各电器元件的位置是否正确；各个元件的代号、标记是否与原理图上的一致和齐全；外观有无损坏；触点接触是否良好。

（4）各个电气元件安装是否正确和牢靠。

（5）各种安全保护措施是否可靠。

（6）检查各开关按钮、行程开关等电器元件是否处于原始位置；调速装置的手柄应处于最低速位置。

（7）使用吹尘器或其他工具，清除设备及各控制盘（柜）中的灰尘及其他杂物，特别是螺钉、螺母、垫圈、铁丝、导线等金属导体。

2. 导线连接检查

（1）接线是否达到各种具体的要求：如配线导线的选择是否符合要求，柜内和柜外的接线是否正确，各个接线端子是否连接牢固，布线是否符合要求、整齐美观。

（2）紧固主回路中各电气设备、元器件连接导体及母线上的螺母，确保连接部位的电接触良好。避免运行过程中因接触不良而发热，造成事故。紧固电气系统控制回路中各电气元器件及接线端子上的螺钉，确保连接可靠，以免在线路检查时发生误判或者在通电运行时产生误动作，造成不必要的麻烦。

（3）各个按钮、信号灯罩和各种电路绝缘导线的颜色是否符合要求。

（4）电动机的安装是否符合要求。电动机有无卡壳现象；各种操作、复位机构是否灵活。

（5）保护电路导线连接是否正确、牢固可靠。

（6）保护电器的整定值是否达到要求；各种指示和信号装置是否按要求发出指定信号等。

（7）控制电路是否满足原理图所要求的各种功能。与操作人员和技术人员一起，检查各电器元件动作是否符合电气原理图的要求及生产工艺要求。

3．绝缘检查

按照标准、规程、规范及技术标准的要求，对电气控制柜进行绝缘性能测试及耐压试验。确保其介电强度符合要求。

（1）绝缘电阻测试：用兆欧表测量绝缘电阻。

检查电气线路的绝缘电阻是否符合要求。其方法是：短接主电路、控制电路和信号电路，用 500V 兆欧表测量与保护电路导线之间的绝缘电阻，不得小于 0.5MΩ。当控制电路或信号电路不与主电路连接时，应分别测量主电路与保护电路、主电路与控制电路和信号电路、控制电路和信号电路与保护电路之间的绝缘电阻，该绝缘电阻不得小于 0.5MΩ。

（2）交流耐压试验：鉴定电气设备的承压能力。其试验电压一般为设备额定电压的 1.875～3 倍。

① 试验电压为 1000V。当回路绝缘电阻值在 10MΩ以上时，可采用 2500V 兆欧表代替，试验持续时间为 1min。

② 48V 及 48V 以下回路可不进行交流耐压试验。

③ 回路中有电子元器件设备的，试验时应将插件拔出或将其两端短接。

4．电阻值测量

检测盘柜内器件及其他装置的直流电阻值，应符合产品技术条件的要求。主要包括：

（1）各种电机。

（2）电阻器和变阻器。

（3）变压器。

（4）直流电源装置。

（5）各种有源输出装置。

1.1.1.4 电气设备调试工作的安全要求

由于电气调试工作大多在带电的情况下进行，因此，安全工作显得格外重要，它包括人身安全和设备安全两个方面。在实际的调试工作中，必须满足以下几点要求。

1．安全生产工作制度

（1）电气调试人员应定期学习原国家能源部颁发的《电业安全工作规程》，并要求考试合格。

（2）在现场每周应进行一次安全活动，并学习事故通报及反事故措施等文件。

（3）电气调试人员要学会急救触电人员的方法，并能进行实际操作。

（4）现场工作要认真执行工作票制度。

（5）凡须通电进行的调试工作，必须有两个及两个以上人员共同配合，才能开展工作。

（6）工作任务不明确、试验设备地点或周围环境不熟悉、试验项目和标准不清楚以及人员分工不明确的，都不得开展工作。

2．安全生产的技术措施

（1）调试人员使用的电工工具必须绝缘性良好，金属裸露部分应尽可能短小，以免碰触接地或短路。

（2）任何电气设备、回路和装置，未经检查试验不得送电投运，第一次送电时，电气安装和机修人员要一起参加。

（3）应划定电气控制设备调试区，并设置围栏，非调试人员不准进入。

（4）与调试工作有关的设备、盘屏、线路等，应挂上警告指示牌，如"有电"、"有人工作、禁止合闸"、"高压危险"等。绝对不允许带电打开电气护罩。

（5）机柜及设备内部易对人身造成伤害的地方应有明显的警示标志和防护措施。

（6）试验导线应绝缘性良好，容量足够；试验电源不允许直接接在大容量母线上，并且要判明电压数值和相别。

（7）试验设备的容量、仪表的量程必须在试验开始前考虑合适；仪表的转换开关、插头和调压器及滑杆电阻的转动方向，必须判明且正确无误。

（8）为确保调试安全顺利进行，应具有可切断全部电源的紧急总开关，并认真考虑调试时的各种安全措施。

① 查修故障时，必须切断电源，并挂上警告牌，以防止有人不知情况而误送电引发事故。

② 在调试时，必须保证足够的照明，为了检查维修方便需用手提灯时，电压要控制在安全电压的范围以内，并且在灯泡外应加防护罩。

③ 在调试过程中，特殊需要带电测试或检修时，必须确认带电部件和元器件附近无其他工作人员，方能送电。

④ 在带电检修时，必须有专人在旁看护，并做好一旦发生危险立即切断电源的准备。

（9）在已运行或已移交的电气设备区域内调试时，必须遵守运行单位的要求和规定，严防走错间隔或触及运行设备。

3．安全操作规程

（1）试验前，电源开关应断开，调压器置零位；试验过程中发生了问题或试验结束，应立即将调压器退回零位，并拉开电源开关；若试验过程中发生了问题，须待问题查清后，方可继续进行试验。

（2）各种试验设备的接地必须完善，接地线的容量足够；试验人员应有良好的绝缘保护措施，以防触电。

（3）进行高压试验时，试验人员必须分工明确，听从指挥，试验期间要有专人监护。

（4）高压试验和较复杂回路的试验，接好线路后，应先经工作负责人复查，无误后方可进行试验，并应在接入被试物之前先进行一次空试。

（5）高压试验结束后，应对设备进行放电。对电容量较大的设备（如电力电容器等）更须进行较长时间的放电，放电时先经放电电阻，然后再直接接地。

（6）进行耐压试验时，必须从零开始均匀升压，禁止带电冲击或升压。

（7）进行调整试验时，被试物必须与其他设备隔开且保持一定的安全距离，或用绝缘物进行隔离；无法装设栅栏或悬挂警告牌时，应设专人看守。

（8）在电流互感器二次回路上带电工作时，应严防开路，短路时应使用专用的短路端子或短路片，且必须绝对可靠。在电压互感器二次回路上带电工作时，应严防短路，电压二次回路必须确保无短路故障时，才允许接入电压互感器二次侧。

1.1.2　调试的基础

要彻底排除故障，必须明确故障发生的原因。要迅速查明故障原因，除不断在工作中积累经验外，更重要的是能从理论上分析，解释发生故障的原因，用理论指导自己的操作，灵活运用排除故障的各种方法。

1.1.2.1　对调试人员的要求

电气试验与调整工作，是一种严谨的、细致的、技术性较高的工作，它要求从事电气试验与调整的人员，必须有对工作一丝不苟、高度负责的使命感和敬业精神；必须有较高的技术水平、深厚的电工理论基础和不断上进的求知精神。

1. 要具有一定的专业理论知识

很多电气故障现象，必须依靠专业理论知识才能真正弄懂、弄透。调试电工与其他工种比较而言，理论性更强。实际工作中，往往动脑筋的时间比动手的时间还长。因此，理论功底必须要扎实，不能凭空想象。因为有的电气故障看似简单，实际上是多种原因造成的，就像中医诊病，要辩证地看问题。

从事电气试验与调整的人员应了解电气控制设备中各元器件的结构、动作原理、基本性能以及该元器件在电路中的作用，了解被试电气控制系统及电器设备的工作原理、动作程序，熟知电气试验的各种标准、规程、规范中的有关规定；严格遵守电气试验安全操作规程，熟知各种电气测量用仪器仪表的型号、规格、性能及准确度等级等；熟练掌握各种电气测量用仪器仪表的操作、使用、维护及校准方法。同时，一名合格的调试人员除了精通本专业的技术，还必须对机械、电子、工业自动化仪表、空气调节、制冷等诸学科的知识有所了解，这样才能把试验调整工作做得更好。

2. 了解各电器元件在设备中的具体位置及线路的布局

了解各电器元件在设备中的具体位置及线路的布局，应查看电气线路图和使用说明书（一般图中标注的各种电气符号在每本说明书的前几页都会详细说明）。实现电气原理图与实际配线的一一对应，是提高故障排除速度的基础，做到这一点，才能选择有效的测试点，防止误判断，缩小故障范围。

要有效地做到上述要求，就必须对设备工作范围进行全面的调查，包括供电情况（比如控制柜、电压等级、保护类型、母线、导线规格等）、设备控制情况（包括控制原理、低压电器规格、设备安装接线图等），这样才能做到心中有数，一旦发生故障，就能迅速准确判断并排除。

3. 了解被控制设备的运动形式及电气控制方式

了解被控制设备的运动形式、弄懂并熟悉设备的电气控制原理以及电气控制方式，是弄懂设备电气控制工作原理的基础。熟练掌握电气控制工作原理并比较其特点，是排除故障非常重要的基础。

1.1.2.2　调试人员应掌握的电气故障检修技巧

调试人员技术水平的高低，最能在故障点的查找上体现出来。从某种意义上讲，故障的维修并不困难，难就难在故障的查找上，如何对控制电路的故障进行检修呢？故障查找中必须遵循以下几个原则。

1. 熟悉电路原理，确定检修方案

当一台设备的电气系统发生故障时，不要急于动手拆卸，首先要了解该电气设备产生故障的现象、经过、范围、原因等。熟悉该设备及电气系统的基本工作原理，分析各个具体电路，弄清电路中各级之间的相互联系以及信号在电路中的来龙去脉，结合实际经验，经过周密思考，确定一个科学的检修方案。

在排除故障的过程中，应先动脑、后动手，正确分析可以起到事半功倍的效果。不要一遇到故障，拿起表就测，拿起工具就拆。要养成良好的分析、判断习惯，要做到每次测量均有明确的目的，即测量的结果能说明什么。在找出有故障点的组件后，应该进一步确定引起故障的根本原因。例如：当电路板内的一只晶体管被烧坏，单纯地更换一只晶体管是不够的，重要的是要查出被烧坏的原因，并采取补救和预防的措施。

2. 先机械负载后电气电路的原则

机电一体化的先进设备都是以电气和机械原理为基础，机械和电子在功能上有机配合，是一个整体的两个部分。往往机械部件出现故障，影响电气系统，许多电气部件的功能就不起作用了。电气控制设备的负载是被其控制的军事、工业或民用等设备。有一些电气控制系统的故障表面看起来出现在电气控制系统，而实际上电气控制系统的故障是由于负载的故障引起的。

因此先检修机械系统所产生的故障，再排除电气部分的故障，往往有事半功倍的效果。例如电气控制设备无法正常启动，则可能是电机和机械传动抱轴、电机或电磁铁绕组烧毁、机械部分卡死或润滑不良等负载故障，以及超载等原因，从而造成短路或过流保护。

只有负载系统的故障通过维修或更换彻底排除后，才能进行机械电气控制设备的检修。如果没有治其根本，单纯检修好电气控制系统的故障，试车时故障会再次发生，造成巨大的损失。

3. 先故障后调试的原则

对于调试和故障并存的电气设备，应先排除故障，再进行调试，调试必须在电气控制设备能够正常工作的前提下进行。调试工作就是发现故障、排除故障、不断前进的过程。

4. 先电源后设备的原则

电源是电气控制设备的发动机，没有电任何电气控制设备都将无法进行正常工作。因此，必须首先排除电源部分的故障，才能进行后续检修工作。

电源部分的故障率在整个故障设备中所占的比例很高，所以先检修电源才能取得事半功倍的效果。首先应检查电气控制设备的外部供电电源是否正常，然后检查电气控制设备的内部供电电源是否正常，再检查设备的各个单元部分的供电电源是否正常，才能保证电气控制设备的带电检修和调试。

5. 先断电测量后通电测试的原则

对许多发生故障的电气设备检修时，不能立即通电，否则会人为扩大故障范围，烧毁更多的元器件，造成不应有的损失。断电检查是为通电检修和调试扫清一切障碍，避免出现再次送

电后造成故障扩大、损失惨重的情况。在设备未通电时，先进行电阻测量，判断电气设备按钮、接触器、热继电器以及熔断器的好坏，判定是否存在短路或开路问题，进而判定故障的所在。

只有在排除故障并采取必要的措施后，方能通电检修。通电试验，听声音、测参数、判断故障，最后进行维修。例如在电动机缺相时，若测量三相电压值无法判别时，就应该听其声，单独测每相对地电压，即可判断缺哪一相电压。

6. 先外围调试后内部处理的原则

外部是指暴露在电气设备外，安装在电气控制柜外部的各种开关、按钮、插口及指示灯。内部是指在电气设备外壳或密封件内部的印制电路板、安装板、元器件及各种连接导线。先外部调试，后内部处理，就是在不拆卸电气控制柜的情况下，利用电气设备面板上的开关、旋钮、按钮等调试检查，缩小故障范围。首先排除外部部件引起的故障，再检修控制柜内的故障，以避免不必要的拆卸。

由于外部环境恶劣，因此故障发生率比较高，比如：一些安装在控制柜外的执行机构、动作元件、浮子、限位开关、感应探头、传感器等，可能因生产过程中的野蛮操作或意外发生损坏。

在确定故障元器件之后，先不要急于更换损坏的电气部件，在确认外围设备电路工作正常时，再考虑更换损坏的电气部件。以避免直接更换元器件后送电再次发生损坏，造成不必要的损失。

7. 先简单普遍后特殊复杂的原则

因装配、配件质量或其他设备故障而引起的故障，一般占常见调试故障的 50% 左右。一般容易产生相同类型的故障就是"通病"。由于通病比较常见，积累的经验较丰富，因此可快速排除。电气设备的特殊故障多为软故障，属于比较少见、难度高的疑难杂症。需要靠经验或仪表的测量来维修。

所谓先易后难，就是对设备比较容易检查的部分先检查。例如，首先用万用表测量控制回路是否正常，电源保险丝是否熔断。对于确定要拆检的各个部位，应按照引起故障发生的可能性以及拆检的简易与复杂程度，确定拆检的先后顺序。通常做法是先拆简单的，后拆复杂的；先拆可能性大的，后拆可能性小的。这样就可以集中精力和时间先修通病后修疑难杂症，可以简化步骤，缩小范围，提高检修速度，利于积累经验提高调试技能。

8. 先公用电路后专用电路的原则

任何电气控制系统的公用电路出故障，其能量、信息就无法传送、分配到各具体的专用电路，专用电路的功能、性能就不起作用。例如，一个电气设备的电源出现故障，整个系统就无法正常运转，向各种专用电路传递的能量、信息就不可能实现。因此遵循先公用电路、后专用电路的原则，就能快速、准确地排除电气设备的故障。检修时，必须先检查直流回路静态工作点，再检查交流回路动态工作点。

9. 总结经验、提高效率

电气控制设备出现的故障五花八门、千奇百怪。任何一台有故障的电气控制设备检修完，应该把故障现象、原因、检修经过、技巧、心得记录在专用笔记本上，不断学习、掌握各种电气控制设备的机电理论知识、工作原理，积累维修经验，将自己的经验上升为理论。在理论指导下，具体故障分析才能准确、排除才能迅速。只有这样才能把自己培养成为调试电气控制设备的行家里手。

1.1.3　电气控制设备调试步骤

1.1.3.1　上电前的检查

通常设计人员不进行电路连接，因此总会存在或多或少的问题，上电前的检查工作也就变得非常重要。

1．短路、断路检查

在电气控制设备尚未通电的情况下，根据系统电气原理图或接线图，对整个电气系统中的主回路、控制回路、保护回路、信号回路、报警回路等线路进行检查。使用导通法或其他方法进行检查，看其接线是否正确。经过此项检查，可及时发现控制柜在设计、制造、装配中的质量问题以及安装、接线过程中出现的错误等，以便及时排除和更正，为设备的电气调试工作奠定坚实的基础。

2．对地绝缘检查

推荐方法：使用万能表一根一根地进行检查，这样花费的时间最长，但是检查是最全面的。

3．电源电压检查

打开电源总开关之前，先进行一次电压的测量并记录。为了减少不必要的损失，一定要在通电前进行输入电源的电压检查确认，是否与原理图所要求的电压一致。对于有 PLC、变频器等价格昂贵的电气元件一定要认真地执行这一步骤，避免电源的输入、输出反接，对元件造成损害。

1.1.3.2　单台设备或结构单元调试

1．单台设备或结构单元调试原则

由于单台设备或结构单元的不同，其电气控制线路的工作任务各不相同，所以调试过程的顺序不一定相同，但主要顺序基本是一致的。

（1）先查线（检测），后操作（加电）：通电前先检查线路。

（2）先保护，后操作：先做保护部分整定，后调试操作部分。

（3）先单元（局部），后整体（总体）：先调试单元部分，后调试整体部分。

（4）先外围，后核心：先调试控制回路（外围），再调试主回路（核心）。

（5）先静态，后动态：先调试静态工作点，后调试动态响应。

（6）先模拟，后真实：先带电阻性模拟负载试验，后带真实负载试验。

（7）先开环，后闭环：系统调试时先做开环调试，后做闭环调试。

（8）先内环，后外环：双闭环系统调试时先做内环调试，后做外环调试。

（9）先低压，后高压：整个系统投入时，先送低压电调试，然后再投入高压电调试。

（10）先空载，后带载：试运行时应先空载，然后带轻负载。

（11）先轻载，后重载：试运行时可以先带轻负载，后带重负载、过负载。

（12）先手动，后自动：试运行时先做手动操作试验，满意后再投入自动系统试验。

（13）先正常，后事故：试运行时先按正常情况下操作，然后按各种事故状态试验，以考核整个系统工作可靠性。

某些情况在经过认真准备后，也可以不按上述先后顺序进行调试。例如，可以不经过模拟试验而直接带真实负载，不过，应当谨慎而行。

2. 空载带电调试步骤

（1）检测系统供电电源的电压及电源质量时，应符合国家标准规定。

先检查来电情况，电压是否过高或者过低，确保来电正常；必要时检测电源相序是否符合要求。

（2）断开非调试部分与被调试单体部分的全部连接，将适配的电源连接到被调试单体电源接入点。

（3）通电时，先接通主电源，断电时，顺序相反。

① 通电测试时注意检查柜内变压器、交/直流电源有无异常现象，检测电压是否正常，直流电源的极性是否正确。

② 二次控制回路送电，确保仪表盘仪表、指示灯正常无误。

通电后，注意观察各种现象，随时做好停车准备，以防止意外事故发生。如有异常，应立即停车，待查明原因之后再继续进行。未查明原因不得强行送电。

（4）进行调试单体部分电气元器件动作值的整定。

按照设计要求，对调试单体部分的主回路、控制回路、保护回路、信号回路、报警回路及其他回路中各电气设备、元器件、保护继电器及其他关键性电气元器件的动作值进行整定，使其符合设计要求。

（5）测试单体控制功能。

通过控制面板，对调试单体部分的控制功能、安全保护功能（包括紧急停止）、监测功能、报警信号功能及其功能进行测试，使其应具备的全部功能都符合设计要求。

1.1.3.3　系统整体启动和调试

完成单台设备或单元的调试后再进行整机的联机调试。设备整体送电，根据设备要求进行总体调试试验。手动工作动作无误后再进行自动的空载调试，空载调试动作无误后再进行空载系统调试。

1. 恢复进行单台设备或结构单元调试时所断开的一切连接

2. PLC 控制设备系统整体启动和调试的准备工作

1）检查 PLC 的输入/输出

2）下载程序

下载程序包括：PLC 程序、触摸屏程序、显示文本程序等。将写好的程序下载到相应的系统内，并检查系统的报警。调试工作不会很顺利，总会出现一些系统报警，一般是因为内部参数设定或是外部条件构成了系统报警的条件。这就要根据调试者的经验进行判断，首先对配线再次检查确保正确。如果还不能解决故障报警，就要对 PLC 的内部程序进行详细分析，逐步分析确保正确。

3）设定参数

包括显示文本、触摸屏、变频器、二次仪表等参数的设定，并记录。

3. 设备功能的调试

主回路送电，排除上电后的报警后就要对设备功能进行调试了。首先要了解设备的工艺流程，然后进行手动空载分控制对象单步调试。

1）空操作检查

空操作检查的目的是对控制面板的操作功能进行检验。

在各电气化设备单体和各元器件及控制盘（柜）绝缘性能、电气性能良好的情况下，断开主电路，接通电源开关，使控制电路空操作，检查控制电路的工作情况，如按钮对继电器、接触器的控制作用；自锁、连锁的功能；急停器件的动作；行程开关的控制作用；时间继电器的延时时间等。如有异常，立刻切断电源开关检查原因。

对控制回路、保护回路、信号回路、报警回路等进行模拟试验，以检查控制回路、保护回路、信号回路、报警回路及其他回路元器件的动作顺序、时序、控制精度等性能是否符合设计要求，动作是否准确可靠。

2）空载例行试验

在上一步的基础上，暂时拆除主回路与被控设备（负载）的连线，接通主电路即可进行。主要包括以下内容：

通电后应先点动，然后验证电气设备的各个部分的工作是否正确、操作顺序是否正常。特别要注意验证急停器件的动作是否正确。验证时，如有异常情况，必须立即切断电源查明原因。

通过点动，检查主电路上的断路器、接触器等器件的动作是否满足设计要求。

① 操作各个开关，分/合动作应准确、可靠、灵敏，同时接通与断开的指示灯指示应正确。

② 对各控制功能开关进行通电试验，并检验其控制功能及附属保护装置的可靠性。

③ 试验自锁、联锁、延时装置工作应灵敏、可靠，相序应正确。检查应急放电联锁装置的可靠性和灵敏性。

④ 对各个执行元件的控制元件进行操作试验，其控制元件动作应正确、可靠。

⑤ 检查应急切断装置的可靠性和灵敏性。

⑥ 在进行上述试验的同时，观察并检查各电气仪表及指示灯的工作、显示应正确无误。

1.1.3.4　配合负载的试运行

1. 空载试运行

在完成空载带电调试之后经过模拟试验，所有回路动作正常，便可对整个电气系统进行通电试运转。试运转前，对被试设备和控制回路再进行一次检查，无误后方可进行试运转。

送电时应核对所送电压等级、相序，特别是低压电动机试运行时应注意空载运行时电压、启动电流及空载电流。在空载试运行不低于 1h（h 是小时的简称）以后，检查各部位无不良现象，重点检查各部位的温升是否异常，并进行空载运行电压/电流值的记录及散热量大器件的温升记录。

2. 负载型式试验

空载试运转后，先行恢复模拟试验时拆除的负载回路接线，即可进行带负荷试车。此时进一步观察机械动作和电器元件的动作是否符合设计工艺要求，对需要调整的元器件进行最后的整定。

检查各被控制对象的动作是否满足设计要求，例如电动机的转向及转速是否符合要求。然后调整好保护电器的整定值，检查指示信号和照明灯的完好性等。

负载试验时应记录调试电流、电压等工作参数及散热量大器件的温升值。

3. 长时间连续运行

长时间连续运行用来检测设备工作的稳定性。正常运行一定时间（有的是 72h，有的是 168h）后，完成设备调试报告并填写各种仪表数据。

在正常负载下连续运行，验证电气设备所有部分运行的正确性，特别要验证电源中断和恢复时是否会危及人身安全、损坏设备。同时要验证全部器件的温升值（不得超过规定的允许温升值）和在负载情况下验证急停器件是否安全有效。

若要对设备进行加温恒温试验，则要记录加温恒温曲线，确保设备功能完好。

4. 安全保护系统的整定与调试

（1）过载保护。过载保护整定值调整在额定电流的 125%～135%，延时 15～30s（s 是秒的简称）。

（2）短路保护。短路保护整定值，对于具有短延时动作特性者，调整在额定电流的 2.0～2.5 倍，延时 0.2～0.5s 动作；对于瞬时动作特性者，调整在额定电流的 5～10 倍动作。

（3）欠压保护。欠压保护装置的整定值应调整在当电压降低至额定电压的 35%～70%时，发电机开关自动断开。

（4）过电压保护试验。若设有过电压保护，则当电压超过发电机额定电压的 + 6%时，过电压保护装置应执行动作。

调试过程中，不仅要调试各部分的功能，还要对设置的报警进行模拟，确保故障条件满足时能够实现真正的报警。还应该调整行程开关的位置及挡块的位置。

设备调试完毕，要进行报检并对调试过程中的各种记录备档。

1.1.4　调试中故障维修的步骤

电气设备的调试是一个发现问题然后解决问题的过程，这个过程可能反反复复很多次。实际上排除故障的过程，往往就是分析、检测、判断，逐步缩小故障范围，直至找出故障点。

新产品调试过程中所出现的问题与使用一段时间后出现的故障有所不同，因为新产品的元器件都是没有使用过的新元器件，出现问题的概率较低。问题多出现在导线接错或调试过程中由于操作处理不当而造成的元器件损坏。

1.1.4.1 分析发生故障时的情况

（1）故障发生在启动前、启动后，还是运行中；是运行中自动停止，还是在异常情况下由调试者停止下来的。故障是偶然发生，还是经常发生等。

（2）发生故障时，设备处于什么工作状态，按了哪个按钮，扳动了哪个开关，有哪些报警信号显示。观察到的故障发生在设备的哪个部分，故障是突然发生，还是有征兆逐渐越来越严重。

（3）观察故障前后电路和设备的运行状况以及故障发生前后有何异常现象，包括故障外部表现、大致部位、发生故障时环境情况。例如，有无异常气体、明火、热源靠近设备；有无腐蚀性气体侵入、有无漏水；是否有响声、冒烟、火花、异味或异常振动等征兆；故障发生前是否有负载过大和频繁启动、停止、制动等现象。

（4）要正确地分析判断是机械故障、液压故障、电气故障，还是综合故障。对于生疏的设备，还应先熟悉电路原理和结构特点，遵守相应规则。

这些情况对于判定故障原因和故障点十分重要。

1.1.4.2 对故障范围进行外观检查

通过分析，在确定了故障发生的可能范围后，可对范围内的电器元件及连接导线进行外观检查，外观检查必须在切断电源的状态下进行。通过看、听、闻、摸等，检查是否发生如破裂、杂声、异味、过热等特殊现象。对设备进行全面的观察往往会得到有价值的线索。初步检查的内容包括检测装置（操作台指示灯、显示器报警信息等）、检查操作开关的位置以及控制机构、调整装置及连锁信号装置等。

例如：熔断器的熔体熔断；导线接头松动或脱落；接触器和继电器的触头脱落或接触不良、线圈烧坏使表层绝缘纸烧焦变色，烧化的绝缘清漆流出；弹簧脱落或断裂；电气开关的动作机构受阻失灵等，都能明显地表明故障点所在。

根据症状分析得到初步结论和疑问，对设备进行更详细的检查，特别是那些被认为最有可能存在故障的区域。要注意这个阶段应尽量避免对设备进行不必要的拆卸，防止因不慎重的操作引起更多的故障。不要轻易对控制装置进行调整，因为一般情况下，故障未排除而盲目调整参数会掩盖症状，而且会随着故障的发展而使症状重新出现，甚至可能造成更严重的故障。所以，必须避免盲目性，防止因不慎重的操作使故障复杂化，避免造成症状混乱而延长排除故障的时间。

1.1.4.3 用逻辑分析法确定并缩小故障范围、确定检查部位

检修简单的电气控制设备时，对每个电器元件每根导线逐一进行检查，一般能很快找到故障点。但对复杂的电气控制系统而言，往往有上百个元件，成千条连线，若采取逐一检查的方法，不仅耗费大量的时间，而且也容易漏查。在这种情况下，应根据电路图采用逻辑分析法。

根据故障现象分析故障原因是电气调试人员的基本功。分析的基础是电工电子基本理论，是对电气设备的构造、原理、性能的充分理解，是电工电子基本理论与故障实际的结合。

如果线路较复杂，则要根据故障的现象分析故障的范围可能发生在控制原理图中的哪个单元，以便进一步进行诊断；如果有信号灯，则可借助信号灯的工作情况分析故障的范围。根据故障现象，结合设备的原理及控制特点进行分析和判断，确定故障发生在什么范围，是电气故障还是机械故障，是直流回路还是交流回路，是主电路还是控制电路或辅助电路，是电源部分还是参数调整不合适，是人为造成的还是随机性的，等等，逐步缩小故障范围，直至找到故障点。

分析电路时先从主电路入手，了解被控制设备各运动部件和机构采用了几台电动机拖动，与每台电动机相关的电器元件有哪些，采用了何种控制，然后根据电动机主电路所用电路元件的文字符号、图区号及控制要求，找到相应的控制电路。

在此基础上，结合故障现象和线路工作原理，进行认真地分析排查，即可迅速判定故障发生的可能范围。当故障的可疑范围较大时，不必按部就班地逐级进行检查，这时可在故障范围的中间环节进行检查，来判断故障究竟是发生在哪一部分，从而缩小故障范围，提高检修速度。

1.1.4.4　用试验法进一步缩小故障范围

经外观检查未发现故障点时，可根据故障现象，结合电路图分析故障原因，在不扩大故障范围、不损伤电气和机械设备的前提下，进行直接通电试验，或除去负载（从控制箱接线端子板上卸下）通电试验，以分清故障可能是在电气部分还是在机械等其他部分；是在电动机上还是在控制设备上；是在主电路上还是在控制电路上。例如，接触器吸合电动机不动作，则故障在主电路中；如接触器不吸合，则故障在控制电路中。

确定无危险情况下，通电试车，观察实际情况。一般情况下要求调试人员应按正常操作程序启动设备。如果故障不是整机性的导致电气控制系统瘫痪，可以采用试运转的方法启动设备，帮助调试人员对故障的原始状态有个综合的评估。

一般情况下先检查控制电路，具体方法是：操作某一只按钮或开关时，线路中有关的接触器、继电器将按规定的动作顺序进行工作。若依次动作至某一电器元件时，发现动作不符合要求，即说明该电器元件或其相关电路有问题，在此电路中进行逐项分析和检查，一般便可发现故障。待控制电路的故障排除恢复正常后再接通主电路，检查对主电路的控制效果，观察主电路的工作情况有无异常等。

在通电试验时，必须注意人身和设备的安全。要遵守安全操作规程，不得随意触动带电部分，要尽可能切断电动机主电路电源，只在控制电路带电的情况下进行检查；如需电动机运转，则应使电动机在空载下运行，以避免设备的运动部分发生误动作和碰撞；要暂时隔断有故障的主电路，以免故障扩大，并预先充分估计到局部线路动作后可能发生的不良后果。

1.1.4.5　用测量法确定故障点

测量法是维修电工工作中用来准确确定故障点的一种行之有效的检查方法。常用的测量工具和仪表有校验灯、测电笔、万用表、钳形电流表、兆欧表等，主要通过对电路进行带电或断电时有关参数（如电压、电阻、电流等）的测量，来判断电器元件的好坏、设备的绝缘情况以及线路的通断情况。在用测量法检查故障点时，一定要保证各种测量工具和仪表完好，使用方法正确，还要注意防止感应电、回路电及其他并联支路的影响，以免产生误判断。

1. 一般情况下，以设备的动作顺序为排除时分析、检测的次序

一般情况下，先检查电源，再检查线路和负载；先检查公共回路再检查各分支回路；先检查主电路再检查控制电路；先检查容易检测的部分，再检查不易检测的部分（如柜内的控制器件）。例如，在电气保护线路中，如果检查发现热继电器动作，不但要使热继电器触头复位，而且要查出过载的原因；对熔体熔断，不但要换新的熔体，而且要查明熔体熔断的原因并处理。

例如：B2012A型龙门刨床出现刨台不能"前进"，也不能"步进"问题。

分析：出现这种情况，说明电机扩大机、直流发电机、直流电动机及励磁机构，均是正常的。电机组工作正常，交流控制电源正常，刨台自动循环回路中交流回路、直流回路的公共部分正常，刨台"步进"、"步退"，直流回路的公共部分正常。故障范围应在交流回路，"刨台步进、前进控制"回路和直流回路的刨台步进和前进两条支路。

确定故障范围后，根据工作原理，直流回路的工作靠中间继电器触头控制，而中间继电器的线圈在交流回路，所以应先检查交流回路。检查交流回路时应先观察继电器的动作情况，若按下步进按钮和前进按钮，继电器线圈均不得电，可用电压法或电阻法先检查前进继电器线圈、后退继电器联锁点、后退按钮常闭触头、前进换向行程开关常闭触头及导线的连接等公共部分的线路，后检查步进按钮、前进按钮、自动循环继电器常开触头及它们的连线。确定交流回路正常后，对直流回路进行检修，先观察中间继电器得电后，给定电源供电的时间继电器线圈是否得电，以判定中间继电器这个触头及连线是否良好。测量时间继电器触头后一级的直流电压是否正常，以判定时间继电器的触头是否良好。这些部位正常后，若故障现象仍存在的话，可用电阻法和电压法分别测量直流回路中"步进"、"前进"两条支路，并处理故障点。

2. 测量某一支路时，可从电源向负载方向逐步测量检查

比较熟练后，可以直接从线路中间某些位置进行检测，可较迅速地缩小故障范围，直至找出故障点。

3. 特殊故障，要特殊处理

遇到特殊情况，没有必要按部就班地检查一通。例如，对 B2012A 型龙门刨床，在刨床启动后，每次都自动停止在原始位置。电动机组的启动控制电路中，热继电器常闭触头断开，刨台自动循环回路中润滑压力继电器触头未通，这两处有直接的连接，那么就先检测这两部分。

1.1.4.6 拆卸元器件（拆卸之前各接线头应做好标记），修理并排除故障

在确定故障点以后，无论是修复还是更换，排除故障相对调试人员来说，一般比查找故障要简单得多。应遵循先清污垢后维修的原则。对污染较重的电气设备，先对其按钮、接线点、接触点进行清洁，检查外部控制键是否失灵。许多故障都是由污垢及导电尘块引起的。

对故障点的处理要合理、可靠，要根除故障。例如，对热继电器动作，不但要使热继电器触头复位，而且要查出过载的原因并处理；对熔体熔断，不但要跟换新的熔体，而且要查明熔体熔断的原因并处理。

1.1.4.7 装复试验：修后性能观察

故障排除完以后，调试人员在送电前还应做进一步的检查，通过检查证实故障确实已经排除，然后进行试运行操作，以确认设备是否已正常运转。值得注意的是，修复后再做检查时，要尽量使电气控制系统或电气设备恢复原样并清理现场，保持设备的干净、卫生。另外，维修人员所使用的工具、线缆等一定不要忘记在所修设备的电气柜内，以免造成短路或触电事故的发生。

每次问题处理后应及时总结，做好记录。这样可以积累经验，使得再次发生类似问题时能迅速检查出来。

1.2　电气故障诊断方法

由于电气控制设备的工作原理、使用的元器件和结构千差万别，因此在电气控制设备调试或维修时，遇到的故障及其表现五花八门、千奇百态、种类繁多，这就使故障的查找和排除具有一定的难度。对于固定的机型，通过长时间的经验积累，虽然可以在一定范围内提高维修效率，但是如果要想成为电气控制设备调试或维修方面的高级技术人才，就必须具有比较深厚的电工电子方面理论功底，同时必须熟练掌握由前人总结出来的、科学的电气故障诊断方法。下面将详细介绍电气故障诊断方法。

1.2.1　故障的直观检查法

直观检查法是利用调试人员的眼睛、鼻子、耳朵、手等感觉器官来进行直接感受温度、声音、颜色、气味等是否异常，直接感知故障设备的温升、振动、气味、响声、色变等异常来确定设备的故障部位。通过这种观察，判断电气控制设备的运行情况，将一些明显的故障能立即诊断出来，或者能帮助我们分析和掌握故障发生的部位、危及范围、严重程度以及元器件损坏情况等。直观检查法是行之有效且最为迅速的检查手段，也是最经济、简单的诊断方法之一。

即使对那些隐蔽而复杂的故障，通过直接观察到的各种现象，也能为诊断和分析提供重要依据，因此，故障的直观检查是十分重要的第一步。了解到故障的表现后，应进一步对这些范围内的元器件进行外观检查。为了安全起见，外观检查一般是在电源断电下进行的。

1.2.1.1　观察法（看）

观察法就是通过人的眼睛进行"看"的过程，也称为"望"。应察看故障发生后是否外观有明显的征兆，如各种信号；保护电器脱扣动作；接线脱落；触头烧坏或熔焊；线圈过热烧毁等。然后对故障系统进行初步检查。检查内容包括：系统外观有无明显操作损伤，各部分连线是否正常，控制柜内元器件有无损坏、烧焦，导线有无松脱等。

1. 查看熔断器是否熔断，热继电器是否脱扣

察看有指示装置的熔断器的情况，如果发现熔断器熔断，则应检查是哪一相被熔断。再仔细地看一下熔芯被烧断的情况和被熔断的程度。例如，对那些玻璃管熔断器，有的熔芯看上去是被慢慢地熔断的，在被熔断分开的两个断点处显得比较粗壮，头上呈现椭圆形，玻璃管仍然很透明，并且没有任何被损坏的痕迹，也没有任何发黑、发黄的现象。这些多数是由于过载而造成的故障，表明从熔芯开始被熔化到熔芯被熔断，是经过了一段较长的时间。而另一种情况则不然，一看就知道熔芯是被快速熔断的，由于流过的电流非常大，带有"爆炸"形态，将熔芯烧飞溅在玻璃管的四周，成粉碎性状。玻璃管四周发黄、发黑，甚至玻璃管被炸破，这种故障，多数是由于短路而造成的。根据不同的短路情况和流过不同大小的短路电流、熔芯被熔化的状态是完全不同的，因此有经验的人一看就知道是短路还是过载。如果是短路，还能估计出短路发生源是在近处还是在远处。

2. 查看所有的电压表、电流表和频率表的指示值

观察一下它们的指示值是否在规定的范围内，或者是否在正常的指示值内，它们的指针摆动是否稳定和正常。当发现电表的指示值或电表的指针摆动情况发生异常时，表明出现了故障。

3. 查看有没有打火的现象及痕迹

电器的触点在闭合、分断电路或导线线头松动时会产生火花，因此可以根据火花的有无、大小等现象来检查电器故障。例如，正常紧固的导线与螺钉间发现有火花时，说明线头松动或接触不良。电器的触点在闭合、分断电路时跳火说明电路通，不跳火说明电路不通。控制电动机的接触器主触点两相有火花、一相无火花时，表明无火花的一相触点接触不良或这一相电路断路；三相中两相的火花比正常大，另一相比正常小，可初步判断为电动机相间短路或接地；三相火花都比正常大，可能是电动机过载或机械部分卡住。

在辅助电路中，接触器线圈电路通电后，衔铁不吸合，要分清是电路断路还是接触器机械部分被卡住。可按一下启动按钮，如按钮常开触点闭合位置断开时有轻微的火花，说明电路通路，故障在接触器的机械部分；如触点间无火花，说明电路是断路。

有些地方由于接触不良，或者由于腐烂或铁粒等导电性灰尘存在，引起电打火，或者由于其他原因引起电火花。电打火会危及元器件，引起故障。因为电火花在环境光线较为明亮的场所，常不容易看到，因此应创造比较黑暗的环境观察电路有无电火花产生。电打火以后，总会有痕迹存在，可根据痕迹去检查故障源。

4. 察看有没有冒烟、烧烤痕迹

察看有没有出现冒烟的情况，绝缘有无变色、烧焦，是否有被烧焦、烧黄或被烧得发黑的元器件，导线和线束是否烧焦，有没有线圈烧坏或触点熔焊等现象。当过载和短路引起的大电流通过元器件（或零部件）时，轻者将元器件烧得发烫，烤得变黄；重者将元器件烧得冒烟、发焦、发黑。对这种情况，可根据损坏的元器件，找出故障点，分析故障原因。

5. 察看控制元器件外部有无损坏，动作是否正常，紧固件是否松动

（1）察看元器件有无松动、变形、裂纹和其他损伤等，有没有明显损坏的元器件。控制电器有无进水、油垢；轻推控制电器活动机构，移动是否灵活；开关位置是否正确等。

主要查看电气控制柜内的熔断器、继电器、接触器和行程开关等有关器件外部有无损坏。

（2）是否存在应该动作而又不动作的继电器和接触器，或者虽然动作了，但吸合不牢靠，时而吸合，时而释放；或者继电器和接触器虽然得电吸合了，但其常开触头闭合不良或常闭触头断开不良。反之，继电器和接触器的线圈虽然失电了，但其动合触点不断开或其动断触点闭合不良。同时也观察一下是否存在不该动作的继电器和接触器发生了动作（即出现误动作），即一方面观察触头动作情况，另一方面也可以听听触头动作的声音，必要时可借助万用表来进行检测。

动作程序：电器的动作程序应符合电气说明书和图纸的要求。如果某一电路上的电器动作过早、过晚或不动作，说明该电路或电器有故障。

（3）检查的紧固螺钉和接线螺钉是否松动。

6．察看连接导线、连接螺钉和接插件（或转插件）有无松动

在长期的运行过程中，由于振动而引起连接螺钉、接插件的松动，只要有松动，就会发生接触不良，另外，由于长期运动而引起弹簧的弹力不足，或者由于氧化等原因引起插头与插座之间接触不良。只要有接触不良，就会出现间隙性的无规律故障。

轻拉导线，看连接是否松动，察看有没有断线的地方，有没有被损伤的导线。特别要仔细观察一下导线的绝缘外皮有没有损坏，有没有大电流流过导线而使其发热，导致导线外皮绝缘被熔的现象，这些现象都能帮助我们判断故障的性质和寻找故障源。

7．察看有没有虚焊或者焊点脱落现象

只要查出虚焊或焊点脱落的地方，故障源也就不难找到了。因为虚焊造成接触不良，焊点脱落造成断路，它们都直接造成故障。

8．察看有没有被腐蚀生锈的触点

触点被腐蚀氧化后生成铜绿，也有一些出现灰褐色，变得粗糙和凹凸不平。发生氧化后，接触电阻增大，接触也就不良了。

1.2.1.2　听觉法（听）

对于存在故障，但仍能启动的设备，可以通过耳听方式寻找故障原因及故障点。听一下电气控制设备工作时有无异常响声，如振动声、摩擦声、打火放电声等。这对确定电路故障范围十分有用。

电气控制设备正常运行时，伴随发出的声音总是具有一定的音律和节奏。只要熟悉和掌握这些正常的音律和节奏，通过人们的听觉功能就能判断出设备是否出现了重、杂、怪、乱的异常噪声，消除设备内部出现的松动、撞击、不平衡等隐患。

1．听的方法

电子听诊器是一种振动加速度传感器。它将设备振动状况转换成电信号并进行放大，人工用耳机监听运行设备的振动声响，以实现对声音的定性测量。通过测量同一测点不同时期、相同转速、相同工况下的信号，进行对比来判断设备是否存在故障。当耳机出现清脆、尖细的噪声时，说明振动频率较高，一般是尺寸相对较小的、强度相对较高的零件发生局部缺陷或微小裂纹；当耳机传出混浊、低沉的噪声时，说明振动频率较低，一般是尺寸相对较大的、强度相对较低的零件发生较大的裂纹或缺陷；当耳机传出的噪声比平时增强时，说明故障正在扩大，声音越大，故障越严重。当耳机传出的噪声杂乱而无规律地间歇出现时，说明有零件发生了松动。

听诊可以用螺丝刀尖（或金属棒）对准所要诊断的部位，用手握住螺丝刀把，放在耳边细听，这样做可以滤掉一些杂音。用手锤敲打零件，听其是否发生破裂杂声，可判断有无裂纹产生。

2．听的部位

在设备还能运行和不损坏设备的前提下，可通电试车，细听电动机接触器和继电器等电器的声音是否正常。听一听有没有异常的声音，主要听有关电器在故障发生前后声音是否存在差异，如电动机启动时是否只"嗡嗡"响而不转；接触器线圈受电后是否噪声很大等。

电路存在接触不良时，在电源电压的作用下，常产生火花并伴随着一定的声响。因为火花的声音一般比较微弱，噪声稍大的场所常不容易被察觉，因此应在比较安静的情况下，聆听是否有放电的"嘶嘶"声或"噼啪"声。可以肯定，产生火花的地方存在着接触不良或放电击穿的故障。

1.2.1.3　触测法（摸）

人们用手的触觉可以检测设备的温度、振动及间隙的变化情况，故称为触测法。在刚切断电源后，应尽快触摸检查电动机、变压器、电磁线圈及熔断器等，判断是否有过热现象。

1.　手感检测设备的温度

人手上的神经纤维对温度比较敏感，可以比较准确地分辨出 80℃以内的温度。当机件温度在 0℃左右时，手感冰凉，若触摸时间较长会产生刺痛感。10℃左右时，手感较凉，但一般能忍受。20℃左右时，手感稍凉，随着接触时间延长，手感渐温。30℃左右时，手感微温，有舒适感。40℃左右时，手感较热，有微烫感觉。50℃左右时，手感较烫，若用掌心按的时间较长，会有汗感。60℃左右时，手感很烫，但一般可忍受 10s 的时间。70℃左右时，手感烫得灼痛，一般只能忍受 3s 的时间，并且手的触摸处会很快变红。触摸时，应试触后再细触，以估计机件的温升情况。

由于每个人的神经纤维对温度敏感程度不同，根据上述温度手感判定温度会有比较大的偏差。要想比较准确，必须个人进行温度手感判定训练。温度手感判定用节点式温度计，测出金属表面的 50℃、60℃、70℃、80℃几种状态，对于低温时可以用秒表，记录手能接触的时间，根据不同时间来断定温度。对较高温度不能手摸时，可以淋少量的水观察水蒸发的状态。然后记住这些状态，在诊断设备故障时使用，能得到较为准确的判断。

各种电气控制设备，不管是静止型还是旋转型，只要流过电流，就会产生热量，这种热量，使温度上升。但只要不超过额定温升，就能保证电气控制设备持续正常地运行。这时温度基本处于稳定状态，变化不会很大。如果发现某元器件或某部位的温度突然升高，发热发烫，出现反常情况，表明可能出现故障或者有故障隐患存在，此时可根据热源去寻找故障点。

2.　用触测法检测元器件的温度，需要注意以下几个问题

（1）摸的检查方法一般适用于仍能运行但存在故障的设备。对于不能启动运行的设备，送电必须在极短的时间内进行，否则随着时间的流逝零部件上的温度将降低，再采用摸的检查方式就没有任何意义了。

（2）平时，要有意识地经常去体验设备的温度，掌握设备正常运行情况下的温度。

（3）故障发生后，断开电源，通过用手去摸一摸感知元器件是否出现异常的温度。例如触摸电动机、接触器、导线、功率电子器件表面，检测温度是否过高。

（4）对一些十分重要的部件或者特别需要监视的部位，可以安放温度计，用温度计来检测和监视它们的温度。用配有表面热电偶探头的温度计测量滚动轴承、滑动轴承、主轴箱、电动机等机件的表面温度，则具有判断热异常位置迅速、数据准确、触测过程方便的特点，便于实现在线监控。

（5）对另外一些需要监视温度的部件或部位，不便安放温度计，也不能用手摸它。在这种情况下，可以贴上示温片或涂上示温涂料，根据它们的颜色随着温度的变化而变化的性能，就可以知道温度是否出现了异常。

3. 手感检测设备的振动及间隙的变化情况

用手晃动机件，可以感觉出 0.1～0.3mm 的间隙。用手触摸机件可以感觉振动的强弱变化和是否产生冲击，以及溜板的爬行情况。

1.2.1.4　嗅觉法（闻）

利用嗅觉可以闻出有没有异常气味，特别是有没有出现绝缘材料烧焦的气味。一般电气部件都由绝缘材料组成，当绝缘材料被通过的大电流（超过额定电流数倍）烧糊或烧焦后，会发出一种刺鼻的气味，追踪气味的发生处，能帮助我们查找故障源。

电气控制设备故障出现后，断开电源，将鼻子靠近电动机、变压器、继电器、接触器、绝缘导线等处，闻闻是否有焦味。如有焦糊味，则表明电器绝缘已被破坏，主要是过载、短路或三相电流严重不平衡等原因造成故障。

1.2.2　故障的逻辑分析方法

在完成外观检查之后应进行故障的分析，通过分析可以缩小下一步检测的范围。因为故障发生以后，刚开始不知道故障在哪里，犹如大海捞针。

逻辑分析法是根据控制系统的组成原理图，控制环节的动作程序以及它们之间的逻辑关系，通过追踪与故障相关联的信号，结合故障现象，进行比较、分析和判断，查出故障原因，并找出故障点。使用本方法可以减少测量与检查环节，并迅速确定故障范围。

这是一种偏重于理性的方法，要求维修人员对整个系统和单元电路的工作原理了解得十分清楚。有许多故障要借助于对元器件工作原理的分析以及对控制电路工作原理的分析来判断。在进行电路检查时，脑子里要想到电路图，由电路图的工作原理进行分析，便可准确地、较快地找到故障点。在检修较复杂的设备时，要借助于电路图纸和说明书。说明书能帮助维修人员掌握具体控制电路的原理和工作过程，当然维修人员对许多故障现象的物理概念要清楚。在这样的基础上进行分析，对寻找故障点特别准确，对迅速地诊断故障是极为有利的，所以逻辑分析法是故障诊断最好的、最常用的方法。

1.2.2.1　状态分析法

发生故障时，根据电气控制设备所处的状态进行分析的方法称为状态分析法。电气控制设备的运行过程总可以分解成若干个连续的阶段，这些阶段也可称为状态。电气控制设备的每一个状态之间存在着设计时规定的逻辑关系。

任何电气设备都处在一定的状态下工作，如电动机工作过程可以分解成启动、运转、正转、反转、高速、低速、制动、停止等工作状态。电气故障总是发生于某一状态。而在这一状态中，各种元器件又处于什么状态，这正是分析故障的重要依据。例如：电动机启动时，哪些元器件工作，哪些触点闭合等，因而检修电动机启动故障时只需注意这些元器件的工作状态。

这是一种通过对设备或装置中各元器件、部件、组件工作状态进行分析，查找电气故障的方法。状态划分得越细，对检修电气故障越有利。对于一种设备或装置，其中的部件和零件可能处于不同的运行状态，查找其中的电气故障时必须将各种运行状态区分清楚。

1.2.2.2　图形分析法

电气图是用以描述电气装置的构成、原理、功能，提供安装接线和使用维修信息的工具。电气图全面地显示出电气控制设备各部分及各元器件之间的逻辑关系。电气图种类很多，如原理图、构造图、系统图、接线图、位置图等。分析电气故障时必然要使用各类电气图，根据故障情况，从图形上进行分析，这就是图形分析法。

检修电气故障需要将实物和电气图对照进行。要对各种图进行分析，并且要掌握各种图之间的关系。然而电气图种类繁多，因此需要从故障检修方便出发，将一种形式的图变换成另一种形式的图。其中，最常用的是将设备布置接线图变换成电路图，将集中式布置电路图变换成为分开式布置电路图。

设备布置接线图是一种按设备大致形状和相对位置画成的图，这种图主要用于设备的安装和接线，对检修电气故障也十分有用。但从这种图上，不易看出设备和装置的工作原理及工作过程，而了解其工作原理和工作过程是检修电气故障的基础，对检修电气故障是至关重要的，因此需要将设备布置接线图变换成电路图。电路图能够描述电气控制设备的电气工作原理及各个部分之间的逻辑关系，对分析故障原因及查找故障点具有十分重要的意义。

1.2.2.3　单元分析法

一个复杂的电气装置通常是由若干个功能相对独立的单元构成的。检修电气故障时，可将这些单元分割开来，然后根据故障现象，将故障范围限制于其中一个或几个单元内，这种方法被称为单元分析法。它是根据系统的工作原理，控制环节的动作程序以及它们之间的逻辑关系，结合故障现象，进行比较、分析和判断，以减少测量与检查环节，并迅速判断故障范围。

对一些故障现象复杂、问题多、涉及面广，故障范围又不明确的疑难故障，宜采用单元切割的方法来查找。它能分割故障，化复杂为简单，缩小故障范围，容易诊断。经过单元分割后，查找电气故障就比较方便了。

这种方法更适用于闭环系统，如果在闭环系统中产生故障，可将反馈环节的连接线断开，使闭环系统成为开环系统。再进行观察检查，分析判断故障是发生在开环系统中还是反馈系统中。如果初步判断故障发生在开环系统中，则对开环系统进行逐级检查，找出故障部位，直至找到故障点；如果开环系统没有问题，则表明故障就发生在反馈系统，故障范围就缩小了，有助于加速查出故障点。

1．一般由继电器、接触器、按钮等组成的断续控制电路

可分为三个单元：

（1）前级命令单元由启动按钮、停止按钮、热继电器保护触点等组成。

（2）中间单元由交流接触器和热继电器组成。

（3）后级执行单元为电动机。

若电动机不转动，先检查控制箱内的部件，按下启动按钮，观察交流接触器是否吸合。如果吸合，则故障在中间单元与后级执行单元之间（即在交流接触器与电动机之间），检查是否缺相、断线或电动机有毛病等；如果接触器不吸合，则故障在前级命令单元与中间单元之间（即故障在控制电路部分）。这样，以中间单元为分界，可把整个电路一分为二，以判断故障是在前一半电路还是在后一半电路，是在控制电路部分还是主电路部分。这样可节约时间，提高工作效率，特别是对于较复杂的电气线路，效果更为明显。

2. 由电子元器件配有强电器件或可编程序控制器（以下简称PLC）组成的电气控制电路

也可分为三个单元：

（1）PLC的输入为前级命令单元。

（2）PLC的本身为中间控制单元。

（3）PLC的输出为后级执行单元。

若无信号发出，检查PLC的输入指令是否正常，若输入指令不正常，则为前级按钮等故障；若正常，则为PLC故障。如果PLC有输出并有使接触器吸合的信号发出，而接触器不吸合，则应检查接触器线圈端是否有电压，线圈是否正常；若无电压，则检查是否断线等。

如果接触器吸合，则为中间单元与后级执行单元之间的主电路故障，应检查熔断器熔体是否熔断、断线，电动机是否正常。

综上所述，对于目前工业生产中电气设备的故障，基本上全都可以某中间单元（环节）的元器件为基准，向前或向后一分为二地检修电气设备。在第一次一分为二地确定故障所在前段或后段以后，仍可再一分为二地确定故障所在段。这样能较快地寻找故障发生点，有利于提高维修工作效率，达到事半功倍的效果。

1.2.2.4　回路分析法

一个复杂的电路总是由若干个回路构成，每个回路都具有特定的功能，电气故障就意味着某种功能的丧失，因此电气故障也总是发生在某个或某几个回路中。回路就是闭合的电路，它通常应包括电源和负载。将回路分割，实际上简化了电路，缩小了故障查找范围。

1.2.2.5　简化分析法

电气控制装置的组成部件、元器件，虽然都是必要的，但从不同的角度去分析，可以划分出主要的元器件、部件。分析电气二次故障就是要根据具体情况，注意分析主要的、核心的、本质的零部件。这种方法称为简化分析法。

现代电气控制设备中普遍具有比较完善的安全保护系统。安全保护系统的动作将会导致整个电气控制设备停止工作。简化分析时将安全保护系统暂时简化掉，会使故障原因的分析简单很多。

1.2.2.6　树形分析法

电气控制装置的各个分支电路，犹如生长在电源这个大树上的枝枝杈杈，因此任何电气控制电路的逻辑关系都可以使用树形图表示出来。利用树形图进行故障分析的方法称为树形分析法。

电气控制装置的各种故障存在着许多内在的联系。例如，某装置故障"A"可能是由于故障"B"引起的，故障"B"可能是由于故障"C"和"D"引起的，故障"C"又可能是……，如果将这种故障按一定顺序排列起来，则形似一棵树，称为故障树。根据故障树分析电气故障，在有些情况下显得条理更分明、脉络更清晰，这也是常用的一种故障分析方法。

1.2.2.7　逐级类推排除分析法

逐级类推排除分析法又称为推理分析法，是根据电气控制设备出现的故障现象，由表及里，寻根溯源，层层分析和逻辑推理的方法。电气装置中各组成部分和功能都有其内在的联系，在分析电气故障时，常常需要从这一故障联系到它对其他部分的影响，或由某一故障现象找出故障的根源。

通过逐级类推排除分析法将一部分确定是正常的元器件和电路排除出去，这样就将注意力集中去检查其他元器件和电路。这样也就缩小了故障的范围，从而可以较快、较准地找到故障点。当然在采用排除法诊断故障时，也要借助于一些工具和仪器、仪表来判断。例如，有短路故障出现时，可逐步切除部分线路以确定故障范围和故障点。

逐级类推排除分析法是诊断故障的一种好方法，它可分为顺推理法和逆推理法。顺推理法一般是根据故障设备，从电源、控制设备及电路，逐步向后面分析和查找的方法；也可以从输入端开始逐级往后类推检查，直至暴露故障为止。逆推理法则采用相反的顺序推理，可以从输出端开始，逐级往前类推检查，即由故障设备倒推至控制设备及电路、电源等，从而确定故障的方法。

根据不同情况，无论采用哪一种检查方法，一般都应先检查故障级的输出电压和输出电流。如果输出电压值、输出电流值都正常，则表示这一级的工作状态都正常，故障点不在这一级，而在它的前面（或后面）。因此也用不着再去检查这一级的输入电压、输入电流及其他，可以直接往前级（或后级）推进，去检查上一级（或下一级）。

1.2.2.8 面板压缩法

因为不同的开关、按钮都有其对应的控制功能，及其对应的单元电路。因此，利用电气控制设备控制面板、操作台或机柜外露出的各个开关、按钮的作用来进行检查，大概判断故障发生的部位。例如，电视伴音时有时无，调音量旋钮，出现"咔嗒"声同时伴音时有时无，由此可知音量电位器接触不良。

以上所述的逻辑分析法还有很多。但一般只能作为故障查找时的辅助手段，最终确定故障点时，仍须使用检测法进行确认。

1.2.3 仪表、仪器检测法

系统的正常工作实际上是靠各种技术参数来保证的。比如，电压值、电流值、频率、阻抗等。系统正常工作时这些参数都是有确定的数值，某些参数变化了，不在确定值的范围内，我们就认为系统工作不正常，发生了故障。

检测法是指采用仪器仪表作为辅助工具对电气线路进行故障判断的检修方法。仪表、仪器检测法是借助各种仪器、仪表测量各种参数，经与正常的数值对比后，来确定故障部位和故障原因。

由于仪器仪表种类很多，例如目前市场上出现的电路板测试仪，在不知道电路原理的情况下，可以由仪器对线路板进行检测，据厂方数据，故障查准确率在 90%以上。但比较常用、比较实用的方法仍为利用欧姆表、电压表和电流表对电路进行测试。

许多电气故障靠人的直接感知是无法确定部位的，而要借助各种仪器、仪表，对故障设备的电压、电流、功率、频率、阻抗、绝缘值、温度、振幅、转速等进行测量以确定故障部位。把检测数据与图纸资料及平时记录的正常参数相比较来判断故障。对无资料又无平时记录的电路，可与同型号的完好电路相比较。例如，通过测量绝缘电阻、吸收比、介质损耗，判定设备绝缘是否受潮；通过直流电阻的测量，确定控制线路的短路点、接地点及开路点等。再如用示波器观察波形及参数的变化，以便分析故障的原因，仪器测试法多用于弱电线路中。仪表、仪器检测法的具体方法介绍如下所述。

1.2.3.1 万用表法

1. 电压测量法

电压测量法是指利用万用表相应的电压挡，测量电路中电压值的一种方法。通常测量时，有时测量电源、负载的电压，有时也测量开路电压以判断线路是否正常。测量时应注意电压表的挡位，选择合适的量程，一般测量未知交流或开路电压时通常选用电压的最高挡，防止在高电压低量程下进行操作把表损坏；同时测量直流电压时，要注意正负极性。

测量电压法是根据电路的供电方式，测量各点的电压值并与正常值进行比较。具体可分为分阶测量法、分段测量法和点测法。用万用表检查供电电压和各有关元器件的电压，特别是关键点电压。

低压回路的故障采用电压测量法就比较好。用万用表交流500V挡测量电源、主电路线电压以及各接触器和继电器线圈、各控制回路两端的电压。若发现所测处电压与额定电压不相符（超过10%以上），则是故障可疑处。电压测量时应考虑导线的压降。

如图1.2.1所示电压测量法电路，故障现象是行程开关SQ和中间继电器KA的常开触点闭合时，按启动按钮SB_1，接触器KM_1不吸合。

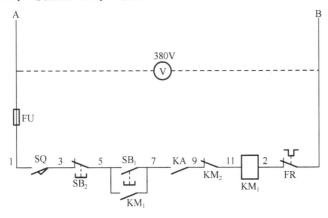

图1.2.1 电压测量法

用万用表测量电压的方法查找故障，若U_{AB}=380V，上述故障现象说明电路有断路之处，可用万用表测量相邻两点间电压，如电路正常，除接触器线圈（11与2点之间）电压等于电源电压380V外，其他相邻两点间的电压都应为0。如有相邻两点间的电压等于380V，说明该两点间的触点或导线接触不良或断路，例如3与5两点间的电压为380V，说明停止按钮SB_2接触不良。当各点间的电压均正常，只有接触器线圈11与2两点之间电压为380V，但不吸合，说明线圈断路或机械部分卡住。

电压测量法适合于多种电气线路故障判断，这是一种简单、实用的方法。

2. 电流测量法

电流测量法是通过测量线路中的电流是否符合正常值，以判断故障原因的一种方法。对弱电回路，常将电流表或万用表电流挡串接在电路中进行测量；对强电回路，常用钳形电流表或交流电流表测量主电路及有关控制回路的工作电流。若所测电流值与设计电流值不符（超过10%以上），则该相电路是故障可疑处。

有的故障必须测量电流或电阻才能找出故障点。有时测量电压正常，而测量电流就异常，很容易诊断和分析出毛病来。发热的故障常和电流有密切关系。有时同时测量电压和电流，检查有关部位，可以检查出相关部位的故障。

用万用表适当的电流挡，测量零部件的工作电流，可以迅速判断故障部位。例如常烧熔断器，测一测哪个电流比正常值大，若该支路断开电路，电流恢复正常，即可判定故障在此级及其以后电路。晶体管电流的测量能确定晶体管是否损坏。

3. 电阻测量法

用电阻测量法检查故障时，必须要断开电源。电阻测量法不加电源电压，比较安全。电阻测试法是指利用万用表的电阻挡，测量电机、线路、触头等是否符合使用标称值以及是否通断的一种方法。

（1）定性测量法。

利用电阻表进行定性测量，主要判断线路是否通断。测量时一般使用 R×1 挡。一般来讲，触头接通时，电阻值趋于"0"；断开时电阻值趋于"∞"。导线连接牢靠时，连接处的接触电阻也趋于"0"；连接处松脱时，电阻值则为"∞"。例如，测量熔断器管座两端，如果阻值小于0.5Ω，就认为正常；如果阻值为几个欧姆，则认为接触不良，需进行处理；如果阻值超过10kΩ，则认为断线不通。

（2）定量测量法。

定量测量电阻时，注意选择所使用的量程并校对表的准确性，一般使用电阻法测量时通用做法是先选用低挡（R×1），测量数值较大的电阻时，应注意换挡，以减小仪表测量误差。

同时要注意被测线路是否有其他回路，若被测电路与其他电路并联时，必须将该电路与其他电路断开，否则所测得的电阻值误差较大，容易造成错误判断。

断开电源后，用万用表欧姆挡测量有关部位电阻值。若所测电阻值与要求的电阻值相差较大，则该部位极有可能就是故障点。各种绕组（或线圈）的直流电阻值也很小，往往只有几欧姆至几百欧姆，而断开后的电阻值为"∞"。对晶体管是否击穿、断路，用电阻测量即可判定。

常用电路及元器件测量的常见阻值范围参见表1.2.1。

表 1.2.1　常用电路及元器件测量的常见阻值范围

名　称	规　格	电阻值	名　称	规　格	电阻值
铜连接导线	10m，1.5mm²	<0.012Ω	灯泡	220V，40W	90Ω
铝连接导线	10m，1.5mm²	<0.018Ω	启辉器、氖发光管		∞
接触器触头		<3Ω	日光灯丝		约5Ω
接触器线圈		20Ω～10kΩ	扬声器		4～16Ω
小型变压器绕组	高压侧绕组	10～9kΩ	控制电路		>10Ω
	低压侧绕组	数欧姆	镇流器		约40Ω

名 称	规 格	电 阻 值	名 称	规 格	电 阻 值
电动机绕组	≤10kW	1～10Ω	熔断器	小型玻璃管式 0.1A	<3Ω
	≤100kW	0.05～1Ω	电热器具	900W	50Ω
	>100kW	0.001～0.1Ω		2000W	20～30Ω

1.2.3.2 绝缘电阻测量法

漏电和绝缘不良的故障，往往用万用表是判断不了的，而用兆欧表（俗称摇表）来测量就可以找到故障。有时由于绝缘电阻低而形成的故障是很隐蔽的，或者说是奇特的，好像很难分析。在设备搁置较长时间后启用、灰尘较多时，尤其是在潮湿和有油、水汽的环境下发生故障时，不妨测量绝缘电阻，绝缘处理好后，再进行下一步的诊断和检修。

断开电源，用兆欧表测量元器件和线路对地以及相间绝缘值，电器绝缘层应根据电压等级而确定绝缘电阻值。绝缘电阻值过小，是造成相线与地、相线与相线，相线与中性线之间漏电和短路的主要原因，若发现这种情况，应着重予以检查处理。

使用兆欧表来测量绝缘电阻，必须选择与被测量电路及元器件相匹配的电压等级。常用的兆欧表有 500V、1000V、2500V 三种。电子元器件及组装好的印制电路板因为耐受电压较低，不允许使用兆欧表来测量绝缘电阻。当测量与其相关的低压电器设备及其电路时，必须将电子元器件及组装好的印制电路板连接的线路拆除。

1.2.3.3 仪器测量法

控制电路的故障有时使用电压、电流、电阻测量尚不太好检查出来，就要借助于仪器。借助各种仪器仪表测量各种参数，如用示波器观察波形及参数的变化以便分析故障的原因，多用于弱电线路中。

1. 图形测量仪器测量

测量波形能方便地检查出电子电路的故障，常用示波器、晶体管图示仪、扫频仪等来检查、判断出现问题的原因。

2. 数字测量仪器测量

有时光用通用的仪器尚不够，还要借助专用仪器，如数字式频率计、数字式电压表、数字式电流表、信号发生器、失真仪、数字逻辑检测仪等。这种方法投资较大，但是对许多控制电路的电气故障诊断也是必须具备的。

1.2.3.4 电路通、断状态检查法

1. 试电笔检查法

试电笔是较简单的常用工具，是维修人员必备之品。例如电源有无，是否漏电，都可以用试电笔来测试。有顺序地测试各点，还能检查电路的正确与否及判定电路通、断状态。测试注意事项如下：

（1）用试电笔依次测试各点，并按下按钮，测量到哪一点试电笔不亮即为断路处。

（2）当对一端接地的220V电路进行测量时，要从电源侧开始，依次测量，且注意观察试电笔的亮度，防止因外部电场感应及泄漏电流引起氖管发亮，而误认为电路没有断路。

（3）当检查380V并有变压器的控制电路中的熔断器是否熔断时，要防止由于电源电压通过另一相熔断器和变压器的一次线圈回到已熔断的熔断器的出线端，造成熔断器未熔断的假象。

2．校灯法

检修时将校灯一端接在公共端上，另一端依次逐点测试，并按下按钮，若接到某一号线上时校灯亮而接到另一号线上时校灯不亮，则说明按钮断路。校灯法检修注意事项如下：

（1）用校灯检修断路故障时，应注意灯泡的额定电压与被测电压相配合。如被测电压过高，灯泡易烧坏；如电压过低，灯泡不亮。一般检查220V电路时，用一只220V灯泡；若检查380V电路时，可用二只220V灯泡串联。

（2）用校灯检查故障时，要注意灯泡功率，一般查找断路故障时使用小容量（10～60W）灯泡为宜；查找接触不良而引起的故障时，要用较大功率（150～200W）灯泡，这样就能根据灯的亮、暗程度来分析故障。

1.2.3.5 逻辑电笔法

逻辑电笔法又称为逻辑电平法。在晶体管电路和集成电路中，使用直观、携带方便的逻辑电笔是一种诊断电气故障的好方法。它可以测量某一点电平的高低，也可以产生某种频率的方波作为模拟信号，还可以用来检查各种电子电路、集成电路、逻辑电路、程序控制电路的故障。

1.2.4 其他故障诊断法

1.2.4.1 对比法

1．元器件、部件替换法

替换法也就是比较法，又称为交换法。当怀疑某个部件或元器件有故障时，而一时又不太好确定是否有问题时，有许多故障，借助于工具、仪器、仪表都不大好判断，而且比较麻烦。用相同的良好的元器件或部件去替换有故障嫌疑的元器件或部件，看看故障是否被消除，以确定故障原因和故障部位。电子元器件、低压电器、复杂电路及微机控制系统、模块化的控制元器件，常采用替换法。以此方法，逐步查找、逐步缩小故障范围，对最终暴露故障所在部位效果较好，排除故障效率也比较高。

用于替换的元器件应与原元器件的规格、型号一致，且导线连接应正确、牢固，以免发生新的故障。运用替换法检查时应注意，当把原元器件拆下后，要认真检查是否已经损坏，只有肯定是由于该元器件本身因素造成损坏时，才能换上新元器件，以免新换元件再次损坏。

例如，怀疑故障出于某元器件或某块电路板时，可把认为有问题的元器件或电路板取下，用新的或确认无故障的同一型号的元器件或电路板替换可疑的零部件，如果换件后故障消失则认为判断正确，反之则需要继续查找。一般易损的元器件或重要的电子板往往都备有备用件，一旦有故障马上换上一块备用件即可解决问题，故障件带回来再慢慢查找修复，这也是一种快速排除故障的方法。再如：某装置中的一个电容是否损坏（电容值变化）无法判别，可以用一个同类型、完好的电容替换，如果设备恢复正常，则故障部位就是这个电容。

当有两台或两台以上完全相同的电气控制设备时，可把系统分成几个部分，将各系统的部件进行交换。当换到某一部件时，电路恢复正常工作，而将故障部分换到其他设备上时，其他设备也出现了相同的故障，则说明故障就在该部件。

当只有一台设备，而控制电路内部又存在相同元件时，可以将相同元件调换位置，检查相应元件对应的功能是否得到恢复，故障是否又转移到另外的部分。如果故障转到另外的部分，则说明调换元件存在问题；如果故障没有变化，则说明故障与调换元件没有关系。通过调换元件，可以不借用其他仪器来检查元件的好坏，因此可在检测条件不具备时采用。

2. 检测数值比较法

检测数值比较法也称为类比法。这一方法是利用相同的设备或电路，进行电压、电流、电阻、波形、频率等参数的比较，从而发现疑点，然后进行分析和判断，从而诊断和寻找故障点。使用这一方法时应特别注意：两设备的电路部分其零部件工作状况必须完全相同时才能互相参照对比，否则不能比较，至少是不能完全比较。当对故障设备的特性、工作状态等不太了解时，可采用与同类完好设备进行比较，即通过与同类非故障设备的特性、工作状态等进行比较，从而确定控制设备故障的原因。

检测数值比较法对找不到电路图时最为适用。

（1）根据相同元件的发热情况、振动情况、电流、电压、电阻及其他数据，可以确定该元件是否过载、电磁部分是否损坏、线圈绕组是否有匝间短路、电源部分是否正常等。

例如，一个线圈是否存在匝间短路，可通过测量线圈的直流电阻来判定，但直流电阻多大才是完好的却无法判别。这时可以与一个同类型且完好的线圈的直流电阻值进行比较来判别。

（2）并联电路中相同的功率管，就可以进行比较，利用晶体管的温度不同，来判断有故障的晶体管。温度很低的晶体管往往可能不工作或断路，而温度很高的晶体管，有可能是晶体管或相连接的元件和参数有问题。

（3）检测数值比较法适用于部分重复线路故障范围或故障点的直接判定。

例如：两地控制线路中，有一处控制正常，则说明电源负载及公共线路一定没有问题。因为两个部分同时发生相同故障的可能性很小，采用检测数值比较法，可以方便地测出各种情况下的参数差异，通过合理分析，可以方便地确定故障范围和故障情况。

1.2.4.2 短路和开路法

1. 短路法

设备电气故障中往往出现较多的断路故障。通常的断路故障包括：导线断路、虚连、松动、触点接触不良、虚焊、假焊、熔断器熔断等。对这类电气故障除用电阻法、电压法检查外，还有一种更为简单可靠的方法，就是短路法，又称为短接法。方法是用一根绝缘良好的导线，将所怀疑的断路部位短路连接起来，如短接到某处，电路工作恢复正常，说明该处断路。

交流短路法是利用电容器进行短路，对音频设备确定汽船声、啸叫声、杂音的所在范围特别有效。在不影响信号传递和不发生其他问题的情况下，可以把某处短路，观察输出电流等数据来判断某环节是否正常。

视具体情况操作可分为局部短接法和长短接法。控制环节电路都是开关或继电器、接触器触点组合而成。当怀疑某个触点有故障时，可以用导线（最好带鳄鱼夹）把该触点短接，此时若故障消失，则证明判断正确，说明该元器件触点接触不良或已损坏。但是要牢记，发现故障点做完试验后应立即拆除短接线，不允许用短接线代替开关或开关触点。短接法注意事项如下：

（1）短接法只适用于电压降极小的电路导线，电流不大的触点（5A以下）。

（2）短接法只适用于检查压降极小的导线和触头之间的断路故障。对于压降较大的元器件，如电阻、接触器和继电器的线圈、绕组等断路故障，不能采用短接法，否则就会出现短路故障。

（3）必须在确保电气设备或机械部位不会出现事故的情况下，才能采用短接法。

（4）由于短接法是用手拿着绝缘导线带电操作的，因此操作时要注意安全，防止触电事故的发生。

2. 断路法

断路法又称为开路法或逐步排除法。当有短路故障出现时，可通过切除某一部分电路或焊开某一元件来缩小故障范围和确定故障点。有时是断开输出与下一级输入的连线，分别测量两者电压或波形来判断问题、诊断故障点。这种方法简单，但容易把损坏不严重的元器件彻底烧毁。

多支路并联且较复杂的控制电路短路或接地时，一般有明显的外部表现，如冒烟、火花等。电动机内部或带有护罩的电路短路、接地时，除熔断器熔断外，不易发现其他外部现象。这种情况可采用逐步开路（或接入）法检查。

（1）逐步断开法：遇到难以检查的短路或接地故障，可重新更换熔体，把多支路交联电路，一路一路逐步或重点地从电路中断开，然后通电试验，若熔断器不再熔断，则故障就在刚刚断开的这条电路上。如某一电气控制设备电流过大，可分别切断可疑部分电路，断开哪一部分电路电流恢复正常，故障就出在哪一部分，采用断路法来检修电流过大、烧毁熔断器等故障行之有效。

（2）逐步接入法：电路出现短路或接地故障时，换上新熔断器逐步或重点地将各支路一条一条地接入电源，重新试验。当接到某段时熔断器熔断，故障就在刚刚接入的这条电路及其所包含的元器件上。然后再将这条支路分成几段，逐段地接入电路。当接入某段电路时熔断器熔断，故障就在这段电路及某元器件上。

1.2.4.3 信号注入法

1. 信号发生器注入法

信号发生器注入法是用信号发生器的信号注入有故障的电路里，寻找故障部位。此方法一般检修较为复杂的故障。不同的电路需要注入不同的信号，高、中、低频放大电路应分别注入高、中、低频信号，到哪一级信号无法注入了，则表明故障出在这一级上。

2. 干扰法

手拿螺丝刀或镊子的金属部分碰触有关检测点，人为制造杂波信号，看显示器上的杂波反应，听扬声器的"咔咔"声来判断故障部位。此法常用于检查视频设备的公共通道、图像通道和伴音通道及音频设备。例如检测无图像、无声音故障时，拿螺丝刀碰一中放基极，若显示器有杂波反应，扬声器有"咔咔"声，说明中放以后电路正常，故障在高频头或天线部分。

1.2.4.4　接触不良及机械部分检查方法

1. 弹压活动部件法

弹压活动部件法主要用于活动部件，如接触器的衔铁、行程开关的滑轮臂、按钮、开关等。通过反复弹压活动部件，使活动部件动作灵活，同时也使一些接触不良的触头得到摩擦，达到接触导通的目的。但必须注意，弹压活动部件法可用于故障范围的确定，而不常用于故障的排除，因为仅采用这一种方法，故障的排除常常是不彻底的，要彻底排除故障还需采用另外的措施。

例如，对于长期没有启用的控制系统，在启用前，应采用弹压活动部件法全部动作一次，以消除动作卡滞与触头氧化现象。对于因环境条件污物较多或潮气较大而造成的故障，也应使用这一方法。

2. 敲击振动法

在带电工作状态下，用小螺丝刀柄、小木锤或橡皮锤轻轻敲击电路板或电路上某一处，观察情况来判定故障部位（注意：高压部位一般不能敲击）。此法尤其适合检查虚假焊和接触不良故障。

在制造时由于虚焊、压接不实，造成接触不良，或者在使用过程中由于周围环境条件差，导致元器件、触点、触头腐蚀生锈，引起接触不良，造成电气控制设备运行时好时坏，发生无规则的间隙性故障。为了暴露故障和故障发生源，可使用敲击振动法。

在做敲击振动时，可一个部分一个部分地进行，不要几个部分同时进行敲击，这样便于暴露故障源。如果电路故障突然排除，或者故障突然出现，都说明被敲击元器件附近或者是被敲击元器件本身存在接触不良现象。对正常电气设备，一般能经住一定幅度的冲击，即使工作没有异常现象，如果在一定程度的敲击下，发生了异常现象，也说明该电路存在着故障隐患，应及时查找并予以排除。

如控制面板上的液晶显示屏时有时无，用手轻轻敲击液晶显示屏驱动板，故障明显，打开后盖拉出电路板，用螺丝刀柄轻轻敲击可疑元器件，敲到某一部位故障明显时，说明故障就在这一部位。

3. 重新装配法

装配质量不好可能造成设备不能正常工作，采用重新装配法可以消除控制设备故障。同样的元器件和部件，不同的装配工艺，电路工作状态不一样，甚至有时通过打扫卫生也会使故障消失。

有些故障，特别是部件和结构复杂的元器件，有时检查哪儿都没有问题，就是接触不良，动作不灵活，甚至卡死等，往往通过拆卸后重新按工艺要求装配一次，故障就排除了。

1.2.4.5　温度故障检查法

对于开机工作正常，运行一段时间后出现的故障，可能是由于温度升高造成半导体元器件、功率电子元器件等软击穿。对于此类故障必须采用温度故障检查法确定故障点。

1．加热法

此类故障与开机时间呈一定的对应关系时，可采用加热法促使故障更加明显。因为随着开机时间的增加，电气线路内部的温度上升。在温度的作用下，电气线路中的故障元器件或侵入污物使电气性能不断改变，从而引发故障。因此可采用加热法，加速电路温度的上升，起到诱发故障的作用。具体做法是：使用电吹风或其他加热方式，对怀疑元器件进行局部加热，如果诱发故障，判定被怀疑元器件存在故障；如果没有诱发故障，则说明被怀疑元器件没有故障，从而起到确定故障点的作用。

使用这一方法时应注意安全，加热面不要太大，温度不能过高，以达到电路正常工作时所能达到的最高温度为限，否则可能会造成绝缘材料及其他元器件的损坏。为了减小加热面积一般常使用电烙铁靠近被怀疑元器件进行加热，利用调节电烙铁靠近被怀疑元器件的距离来控制加热温度。

对被怀疑元器件进行升温，可以加速该元器件的"死亡"，以迅速判断出故障部位。例如，某显示屏刚开机时行幅正常，几分钟后行幅回缩，查到行输出管外壳变黄，手摸行管烫热，此时可拿烙铁靠近行管对其升温，若行幅继续回缩，即可判定行管有问题。

2．冷却法

对被怀疑元器件进行降温，以迅速判断出故障部位。冷却法适用于规律性出现的故障，如开机正常，但使用一会儿就不正常。同加热法相比，具有快速、方便、准确、安全等优点。例如，某示波器显示屏开机场幅正常，数分钟后场幅压缩，半小时后形成一条水平亮带。手摸场输出管烫热，此时将酒精球放到场输出管上冷却降温，场幅开始回升，不久故障消失，即可判定故障由场输出管热稳定性差所致。

3．非接触测温法

温度异常时，元器件性能常发生改变，同时，元器件温度异常也反映了元器件本身的工作情况，如超负荷、内部短路等。因此可以用测温法判断电路的工作情况。元器件的温度测量最简单的可采用感温贴片，复杂一点的也可以采用红外辐射测温计。

感温贴片是一种感温变色的薄膜，具有一定的变色温度点，超过这一温度，感温贴片就会改变颜色（如鲜红色）。将具有不同变色温度点的感温贴片贴在一起，通过颜色的变化情况，就可以直接读出温度值。目前生产的感温贴片通常是每5℃一个等级，因此用感温贴片可读出±5℃的温度值。

红外辐射测温仪是一种典型的非接触式测温仪，有的还带有激光瞄准系统。其测温点较小，基本上可以实现对远距离"点"的测温，测温区域直径与测温距离之比可达 1:150。温度显示反应快，精度高。

1.2.4.6　断电检查法

检查前首先将被控制设备的电源断开，必要时取下控制柜内的熔断器，在确保安全的情况下，根据不同性质的故障及可能产生故障的部位，有所侧重地进行检查。一般用万用表的电阻挡检查故障区域的元器件有无开路、短路或接地等现象。断电检查如果找不到故障原因，则进行通电检查。

1．断电检查内容

（1）检查电线进口处有无损伤而引起的电源接地、短路等现象。

（2）熔断器有无烧损痕迹。

（3）检查配线、元器件有无明显变形损坏或过热、烧焦或变色而出现臭味等。

（4）限位开关、继电保护、热继电器是否动作。

（5）断路器、接触器、继电器等的可动部分，动作是否灵活。

（6）可调电阻的滑动触点，电刷支架是否窜动而离开原位。

（7）导线连接是否良好，接头有无松动或脱落。

（8）对故障部分导线、元器件、电动机等可用万用表进行通断检查。

（9）用兆欧表检查电动机、控制线路的绝缘电阻，通常不小于 0.5MΩ。

2．断电复位法

自动装置本身是由各种元器件组成的整体，加之装置长时间带电运行，常引起元器件工作不稳定，容易受到电气干扰、热稳定等因素的影响而发生各种偶发性故障。例如，变频调速器、励磁调节器、同期装置、可编程控制器等使用计算机软件的自动控制装置的偶发性故障，通常采用断电复位法来消除，但应做好故障现象记录。

1.2.4.7　通电动作试验法

如果断电检查，仍不能找到故障原因，可对电气设备进行通电检查。

通电动作试验法又称为故障再现法。这种方法在维修中经常使用，因为许多故障在静态时暴露不出来，只有在通电或运行中才会发生，所以要通电试动作，再观察和测量，才能找到故障点。但是通电时，有时会出现冒烟、火光、响声，甚至有爆炸和着火等危险，所以要有足够的准备和防范措施。通电动作试验法在电气箱、柜、板调试时经常采用。

通电动作试验必须通过初步检查，确认不会使故障进一步扩大和造成人身、设备事故后，方可进行。通电试车中要注意有无严重跳火、异常气味、异常声音等现象，一经发现应立即停车，切断电源。注意检查元器件的温升及电器的动作程序是否符合电气设备原理图的要求，从而发现故障部位。

1．通电检查要求及方法

（1）被控制设备的正常运行，是由电气线路和机械系统互相协调配合实现的；设备出现停止运行，不一定都是电气原因，也有可能是机械问题所造成的。因此，最好将负载暂时切除。

（2）通电检查应在不带负载下进行，以免发生事故。

（3）断开全部开关，取下各熔断器，再按顺序，逐一插入需要检查部位的熔断器，合上开关，观察有无冒烟、打火花、熔体熔断等现象，然后再观察各元器件是否能按要求顺序动作，认真地逐项检查，以免故障范围扩大。

（4）切断电动机电源，给控制电路通电，操作按钮或开关，检查控制电路上的接触器、继电器等有没有按要求顺序进行工作。如果动作正常，说明故障在主电路；如果不动作或动作不正常，说明故障在控制电路。应进一步找出原因，确定故障点，予以排除。

（5）通电检查时应根据动作顺序来检查有故障的线路。对复杂的电气设备，可将电路划分为若干单元，要认真地检查每个单元，以防故障点被漏掉。

（6）使用万用表、钳形电流表等测量电压、电流等工作参数，将测量结果与正常值进行比较，从中分析故障原因，并进行排除。一般用万用表的电压挡检查电路有没有开路的地方，但注意不能转到电流挡或电阻挡，以免烧坏仪表。有时怀疑某触点接触不良，则可用导线短接该触点进行试验；有时也可用验电笔或钳形电流表等进行检查。

2．不允许进行通电检查的情况

（1）通电时会烧坏元器件或电动机。

（2）因短路烧坏熔断器的熔丝，未查明原因前。

（3）发生飞车和打坏传动机构等情况。

（4）因为有的设备相序不能接错，尚未确定相序是否正确前。

3．通电检查时应注意的事项

（1）检查前知道停车按钮和电源总开关在什么地方，发现不正常情况应立即停车检查。

（2）不要随意触碰带电元器件。

（3）养成单手操作的习惯。

（4）一般可断开主电路（断开主电路熔断器的熔丝或开关），检查控制电路。

1.2.4.8　参数调整法

有时出现故障的情况下，电气控制柜中元器件不一定损坏，线路接线接触也良好，只是由于某些物理量（如时间、位移、电流、电阻值、温度、反馈信号强弱等）调整得不合适或运行时间长了，有可能因高温、氧化、锈蚀、振动或机械磨损等外界因素，致使系统参数发生变化或不能自动修正系统值，从而导致系统不能正常工作，这时应根据电气控制设备的工作原理及设备的具体情况进行调整。

上述检查方法，可以单独使用，也可以混合使用，碰到实际的电气故障应结合具体情况灵活应用。各种方法可交叉使用，综合运用多种方法来检查一些较为复杂的故障，可以迅速有效地找出故障点。

1.2.5　检查电路注意事项

（1）检查时若需拆开电动机或元器件接线端子，应在拆开处两端标上标号，不要凭记忆标号，以免出现差错。断开线头要做通电试验时，应检查有无接地、短路或人体接触，尽量用绝缘胶布临时包上，以防发生意外事故。

（2）更换熔体时，要按规定容量更换，不准用铜线或铁丝代替，在未处理故障前，尽可能临时换上规格略小于额定电流的熔体，以防止故障范围扩大。

（3）对于连续烧坏的元器件应查明原因后再进行更换。

（4）严禁违反设备电器控制的原理，试车时手不得离开电源开关。

（5）注意测量仪器挡位的选择。

（6）当电机、电机扩大机、磁放大器、继电器及继电保护装置等需要重新调整时，一定要熟悉调整方法、步骤，应达到规定的技术参数，并做好记录，供下次调整时参考。

（7）检查完毕后，应先清理现场，恢复所有拆开的端子线头、熔断器、开关把手、行程开关的正常工作位置，再按规定的方法、步骤进行试车。

实践经验证明，熟练掌握处理电气控制设备故障的一些方法和技巧，就能够正确判断和及时处理电气控制设备调试及维修过程中发生的各种设备问题或故障，将事故或故障造成的损失降到最低，提高调试及维修工作的效率。

1.3 电子元器件简易测试方法

1.3.1 电阻的检测方法

1.3.1.1 固定电阻器的检测

（1）将两支表笔（不分正负）分别与电阻的两端引脚相连接即可测出实际电阻值。为了提高测量的精度，应根据被测电阻标称值的大小来选择量程。由于欧姆挡刻度的非线性关系，应使指针指示值尽可能落到刻度的中段位置，即全刻度起始的 20%～80%弧度范围内，可使测量更准确。根据电阻误差等级不同，读数与标称阻值之间分别允许有±5%、±10%或±20%的误差。如不相符，超出误差范围，则说明该电阻值变化了。

（2）注意：测试时，特别是在测几十千欧以上阻值的电阻时，手不要触及表笔和电阻的导电部分；被检测的电阻从电路中焊下来，至少要焊开一个头，以免电路中的其他元器件对测试产生影响，造成测量误差；色环电阻的阻值虽然能以色环标志来确定，但在使用时最好还是用万用表测试一下其实际阻值。

1.3.1.2 电位器的检测

检查电位器时，首先要转动旋柄，看看旋柄转动是否平滑，开关是否灵活，开关通、断时"咔嗒"声是否清脆，并听一听电位器内部接触点和电阻体摩擦的声音，如有"沙沙"声，说明质量不好。用万用表测试时，先根据被测电位器阻值的大小，选择好合适的电阻挡位，然后按下述方法进行检测：

（1）用万用表的欧姆挡测"1"、"3"两端，其读数应为电位器的标称阻值，比如万用表的指针不动或阻值相差很多，则表明该电位器已损坏。

（2）检测电位器的活动臂与电阻片的接触是否良好。用万用表的欧姆挡测"1"、"2"（或"2"、"3"）两端，将电位器的轴柄按逆时针方向旋至接近"关"的位置，这时电阻值越小越好。再顺时针慢慢旋转轴柄，电阻值应逐渐增大，表头中的指针应移动平稳。当轴柄旋至极端位置"3"时，阻值应接近电位器的标称值。如万用表的指针在电位器的轴柄转动过程中有跳动现象，说明活动触点有接触不良的问题。

1.3.1.3 敏感电阻的检测

1. 热敏电阻的检测

1）正温度系数热敏电阻（PTC）的检测

检测时，用万用表 R×1 挡，具体可分以下两步操作：

（1）常温检测（室内温度接近 25℃）：将两支表笔接触 PTC 热敏电阻的两端引脚测出其实

际阻值，并与标称阻值相对比，二者相差在±2Ω内即为正常。实际阻值若与标称阻值相差过大，则说明其性能不良或已损坏。

（2）加温检测：在常温测试正常的基础上，可进行第二步测试——加温检测，将一热源（如电烙铁）靠近PTC热敏电阻对其加热，同时用万用表监测其电阻值是否随温度的升高而增大，如果阻值增大说明热敏电阻正常；如果阻值无变化，说明其性能变差不能继续使用。注意不要使热源与PTC热敏电阻靠得过近或直接接触热敏电阻，以防将其烫坏。

2）负温度系数热敏电阻（NTC）的检测

（1）测量标称电阻值 R_t

用万用表测量NTC热敏电阻的方法与测量普通固定电阻的方法相同，即按NTC热敏电阻的标称阻值选择合适的电阻挡，可直接测出其实际阻值。但因NTC热敏电阻对温度很敏感，故测试时应注意以下几点：

① 由标称电阻值 R_t 的定义可知，此值是生产厂家在环境温度为 25℃ 时所测得的。所以用万用表测量NTC热敏电阻的标称电阻值 R_t 时，也应在环境温度接近 25℃时进行，以保证测试的可信度。

② 测量功率不得超过规定值，以免电流热效应引起测量误差。例如，MF12-1 型NTC热敏电阻，其额定功率为 1W，测量功率 $P_1 = 0.2mW$。假定标称电阻值 R_t 为 1kΩ，则测试电流为 141μA。显然使用 R×1k 挡比较合适，该挡满度电流 I_m 通常为几十至一百几十微安。例如，常用的 500 型万用表 R×1k 挡的 $I_m = 150μA$，与 141μA 很接近。

③ 注意正确操作。测试时，不要用手捏住热敏电阻体，以防人体温度对测试产生影响。

（2）估测温度系数 α_t

先在室温 t_1 下测得电阻值 R_{t_1}；再用电烙铁作热源，靠近热敏电阻，测出电阻值 R_{t_2}，同时用温度计测出此时热敏电阻表面的平均温度 t_2。将所测得的结果输入下式，即

$$\alpha_t \approx (R_{t_2} - R_{t_1})/[R_{t_1}(t_2 - t_1)]$$

NTC热敏电阻的 $\alpha_t < 0$。

（3）注意事项

① 给热敏电阻加热时，宜用 20W 左右的小功率电烙铁，且电烙铁头不要直接去接触热敏电阻或靠得太近，以防损坏热敏电阻，如图 1.3.1 所示。

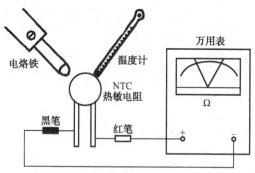

图 1.3.1　热敏电阻温度系数测量方法

② 若测得的 $\alpha_t > 0$，则表明该热敏电阻不是NTC热敏电阻而是PTC热敏电阻。

2. 压敏电阻的检测

用万用表的 R×1k 挡测量压敏电阻两端引脚之间的正、反向绝缘电阻，均应为无穷大，否则说明漏电流大。若所测电阻很小，说明压敏电阻已损坏，不能使用。

3. 光敏电阻的检测

（1）用黑纸片将光敏电阻的透光窗口遮住，此时万用表的指针基本保持不动，阻值接近无穷大。此值越大说明光敏电阻性能越好。若此值很小或接近为零，说明光敏电阻已损坏不能再继续使用。

（2）将一光源对准光敏电阻的透光窗口，此时万用表的指针应有较大幅度的摆动，阻值明显减小，此值越小说明光敏电阻性能越好。若此值很大甚至无穷大，表明光敏电阻内部已损坏不能再继续使用。

（3）将光敏电阻透光窗口对准入射光线，用黑纸片在光敏电阻的透光窗口上晃动，使其间断受光，此时万用表指针应随黑纸片的晃动而左右摆动。如果万用表指针始终停在某一位置而不左右摆动，说明光敏电阻已损坏不能再继续使用。

1.3.2　电容器的检测方法

1.3.2.1　固定电容器的检测

测量时将万用表打到电阻挡，把两支表笔放在电容器两端引脚上，应当看到数值在不断变大，当接近无穷大时，将两支表笔反接，此时数值应当从负数迅速接近无穷大。这个过程是电容的充放电过程。

1. 检测 10pF 以下的小电容

因为 10pF 以下的固定电容器容量太小，用万用表进行测量时，只能定性地检查其是否有漏电，内部短路或击穿现象。测量时，可选择万用表 R×10k 挡，用两支表笔分别任意连接电容的两端引脚，阻值应为无穷大。若测出阻值为零，则说明电容漏电损坏或内部击穿短路。

2. 检测 10pF～0.01μF 的固定电容器

检测容量在 10pF～0.01μF 的固定电容器是否有充电现象，可判断其好坏。由于电容量太小，也可以自制如图 1.3.2 所示的放大电路来配合测量。测量时，将电路的黑、红两端分别接万用表的黑表笔和红表笔。对于 2200pF 以下的电容器，可并接在电路的 1 端与 2 端之间；大于 2200pF 的电容器，可并接在电路的 2 端与 3 端之间。通过观察正、反向测量时表针向右摆动的幅度，即可判断出该电容器是否失效（与测量电解电容器时的判断方法类似）。

可选用 3DG6 等型号硅三极管组成复合管进行放大，两只三极管的 β 值均为 100 以上，且穿透电流要小。电容器接到复合管的输入端，万用表选用 R×1k 挡，红和黑表笔分别与复合管的发射极 e 和集电极 c 相接。由于复合三极管的放大作用，把被测电容的充放电过程予以放大，使万用表指针摆动幅度加大，从而便于观察。

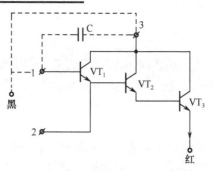

图 1.3.2　小容量电容器测量放大电路

应该注意的是：在测试操作时，特别是在测较小容量的电容时，要反复调换万用表两支表笔与被测电容两端引脚的接触点，才能明显地看到万用表指针的摆动。

3．对于 0.01μF 以上的固定电容

对于 0.01μF 以上的固定电容，可用万用表的 R×10k 挡直接测试电容器有无充电过程以及有无内部短路或漏电，并可根据指针向右摆动的幅度大小估算出电容器的容量。

4．对于贴片电容

对于贴片电容，在印制电路板上测量很难判断好坏，只能摘下来测量，测量时电容两端应为无穷大。漏电的贴片电容会比周围的电容颜色略深一些。坏电容会引起电气控制系统中的计算机进入系统蓝屏、死机、运行大程序死机等问题，漏电会引起计算机重启。

1.3.2.2　电解电容器的检测

1．万用表量程的选择

因为电解电容的容量较一般固定电容大得多，所以，测量时，应针对不同容量选用合适的量程。根据经验，一般情况下，1～47μF 间的电容，可用 R×1k 挡测量，47～470μF 的电容可用 R×100 挡测量，大于 470μF 的电容可用 R×10 挡测量。

2．电解电容器好坏的判定

电解电容损坏后外观上会出现鼓包、漏液、变形等。

将万用表红表笔接负极，黑表笔接正极，在刚接触的瞬间，万用表指针即向右偏转较大角度（对于同一电阻挡，容量越大，摆幅越大）后，逐渐向左回转直到停在某一位置上。此时的阻值便是电解电容的正向漏电阻，此值略大于反向漏电阻。实际经验表明，电解电容的漏电阻一般应在几百千欧以上，否则将不能正常工作。电容量与漏电阻关系是电容量越大漏电阻越小。

在测试中，若正向、反向均无充电的现象，即表针不动，则说明容量消失或内部断路；用万用表测量没有放电过程或放电过程很短，跳变动作比较缓慢甚至不能跳变到无穷大，则表明电容漏液或性能不良；如果所测阻值很小或读数一直为零，说明电容漏电大或已击穿短路损坏，不能再使用。

3．电解电容器极性的判定

对于正、负极标志不明的电解电容器，可利用上述测量漏电阻的方法加以判别。先任意测一下漏电阻并记录其大小，然后交换表笔再测出一个阻值。两次测量中阻值大的那一次便是正向接法，即黑表笔接的是正极，红表笔接的是负极。

4．电解电容器容量的判定

使用万用表电阻挡，采用给电解电容进行正、反向充电的方法，根据指针向右摆动幅度的大小，可估测出电解电容的容量。

1.3.2.3　可变电容器的检测

（1）用手轻轻旋动轴柄，应感觉十分平滑，不应有时松时紧甚至卡滞的现象。将轴柄向前、后、上、下、左、右等各个方向推动时，轴柄不应有松动的现象。

（2）用一只手旋动轴柄，另一只手轻摸动片的外缘，不应感觉有任何松脱现象。轴柄与动片之间接触不良的可变电容器，是不能再继续使用的。

（3）将万用表置于 R×10k 挡，一只手将两支表笔分别连接可变电容器的动片和定片的引出端，另一只手将轴柄缓缓旋动几个来回，万用表指针都应在无穷大位置不变。在旋转轴柄的过程中，如果指针有时指向零，说明动片和定片之间存在短路点；如果碰到某一角度，万用表读数不为无穷大而是出现一定阻值，说明可变电容器动片与定片之间存在漏电现象。

1.3.3　二极管的检测方法

1.3.3.1　普通二极管的检测原理与方法

可以归类为普通二极管的包括检波二极管、整流二极管、阻尼二极管、开关二极管、续流二极管等，它们是由一个 PN 结构成的半导体器件，具有单向导电特性。通过用万用表检测其正、反向电阻值，可以判别出二极管的电极，还可估测出二极管是否损坏。

1．测量二极管的正向压降

我们知道锗管的正向压降一般为 0.1～0.3V，硅管一般为 0.6～0.7V。测量二极管的正向压降的目的是，根据其管压降的数值来判断是锗管还是硅管。

测量方法：用两只万用表测量，当一只万用表测量其正向电阻的同时用另外一只万用表测量它的管压降。硅管可用万用表的 R×1k 挡来测量，锗管可用 R×100 挡来测。

2．判定二极管的好坏

利用二极管的单向导电特性，可以用万用表测其正反向电阻，来判断它的好坏。通常小功率锗二极管的正向电阻值为 300～500Ω，硅管为 1kΩ 或更大些。锗管反向电阻为几十千欧，硅管反向电阻在 500kΩ 以上（大功率二极管的数值要大得多）。正反向电阻差值越大越好。

用数字式万用表测二极管时，红表笔接二极管的正极，黑表笔接二极管的负极，此时测得的阻值才是二极管的正向导通阻值，这与指针式万用表的表笔接法刚好相反。

使用指针式万用表测试的方法是：将指针式万用表置于 R×100 挡或 R×1k 挡，测二极管的电阻，然后将红表笔和黑表笔交换一下再测。若两次测得的电阻一大一小，且大的那一次趋于无穷大，就可断定这个二极管是好的。同时还可以断定二极两端的极性。当测得阻值较小时，黑表笔接的那一端即为二极管的正极。

两次测量中可能发现如下几种情况：

（1）一次电阻接近于无穷大，而另一次电阻较小，则断定二极管良好。

（2）两次测量电阻都为无穷大，则断定二极管内部断路。

（3）两次测量电阻都很小，则断定二极管短路即被击穿。

（4）两次测量电阻都一样，则断定二极管失去单向导电作用。

（5）两次测量电阻相差不太大，则断定二极管的单向导电性差。

3. 二极管的正负极判别

将指针式万用表置于 R×100 挡或 R×1k 挡，两支表笔分别接二极管的两个电极，测出一个结果后，对调两支表笔，再测出一个结果。两次测量的结果中，有一次测量出的阻值较大（为反向电阻），一次测量出的阻值较小（为正向电阻）。在阻值较小的一次测量中，黑表笔接的是二极管的正极，红表笔接的是二极管的负极。

4. 反向击穿电压的检测

（1）用摇兆欧表的方法测二极管的反向耐压，同时用万用表监测二极管两端的电压。

可以用兆欧表和万用表来测量二极管的反向击穿电压：测量时，被测二极管的负极与兆欧表的正极相接，将二极管的正极与兆欧表的负极相连，同时用万用表（置于合适的直流电压挡）监测二极管两端的电压。因为兆欧表的工作电流较小，所以二极管反向击穿时，是不会被损坏的。

先缓慢摇兆欧表，然后逐渐加速，万用表监测的电压值就会慢慢上升。二极管被击穿时，尽管摇动兆欧表的速度增加，可万用表显示的电压却不会再升高了。这时二极管处于被击穿的状态，所测量出的电压值就是二极管的反向击穿电压。

（2）用晶体管直流参数测试表测量。

二极管反向击穿电压（耐压值）也可以用晶体管直流参数测试表来测量。其方法是：测量二极管时，将测试表的"NPN/PNP"选择键设置为 NPN 状态，再将被测二极管的正极接测试表的"c"插孔内，负极插入测试表的"e"插孔，然后按下"$V_{(BR)}$"键，测试表即可指示出二极管的反向击穿电压值。

5. 数字式万用表检测二极管注意事项

（1）利用二极管检测挡测量正向电压时，若将晶体二极管的正、负极接反，将会显示溢出符号"1"，这时可交换两支表笔再测。

（2）大功率整流二极管的正向导通电压 V_F 值可达 1V。

（3）不宜用数字式万用表的电阻挡检测二极管。其原因在于数字式万用表电阻挡所提供的测试电流太小，而二极管属于非线性元件，正、反向电阻值与测试电流有很大关系，因此测试值与正常值相差很大，使单向导电性不明显，有时难以判定。因此，应该使用二极管检测挡去检测二极管。

1.3.3.2　专用二极管的检测方法

1．稳压二极管的检测

1）正、负电极的判别

从外形上看，金属封装稳压二极管管体的正极一端为平面形，负极一端为半圆形。塑封稳压二极管管体上印有彩色标记的一端为负极，另一端为正极。对标志不清楚的稳压二极管，也可以用万用表来判别其极性，测量的方法与普通二极管相同。

2）稳压值的测量

用 0～30V 连续可调直流电源，对于 13V 以下的稳压二极管，可将稳压电源的输出电压调至 15V，将电源正极串接 1 只 1.5kΩ 限流电阻后与被测稳压二极管的负极相连接，电源负极与稳压二极管的正极相接，再用万用表测量稳压二极管两端的电压值，所测的读数即为稳压二极管的稳压值。若稳压二极管的稳压值高于 15V，则应将稳压电源调至比二极管的稳压值高 5V 以上。

也可用低于 1000V 的兆欧表为稳压二极管提供测试电源。其方法是：将兆欧表正端与稳压二极管的负极相接，兆欧表的负端与稳压二极管的正极相接后，按规定匀速摇动兆欧表手柄，同时用万用表监测稳压二极管两端电压值（万用表的电压挡应视稳定电压值的大小而定），待万用表的指示电压指示稳定时，此电压值便是稳压二极管的稳定电压值。

若测量稳压二极管的稳定电压值忽高忽低，则说明该稳压二极管的性能不稳定。

2．双向触发二极管的检测

1）正、反向电阻值的测量

用万用表 R×1k 或 R×10k 挡，测量双向触发二极管正、反向电阻值。正常时其正、反向电阻值均应为无穷大。若测得正、反向电阻值均很小或为零时，则说明该二极管已击穿损坏。

2）测量转折电压

测量双向触发二极管的转折电压有 3 种方法，即兆欧表法、市电法和可调直流电源法。

（1）兆欧表法

将兆欧表的正极（E）和负极（L）分别接双向触发二极管的两端，用兆欧表提供击穿电压，同时用万用表的直流电压挡测量出电压值，将双向触发二极管的两极对调后再测量一次。比较一下两次测量的电压值的偏差（一般为 3～6V）。此偏差值越小，说明此二极管的性能越好。

双表测量触发二极管示意图如图 1.3.3 所示。

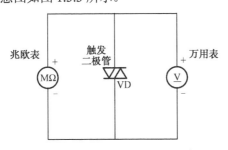

图 1.3.3　双表测量触发二极管示意图

（2）市电法

先用万用表测出市电电压 U，然后将被测双向触发二极管串入万用表的交流电压测量回路中，接入市电电压，读出电压值 U_1，再将双向触发二极管的两极对调连接后并读出电压值 U_2。

若 U_1 与 U_2 的电压值相同，但与 U 的电压值不同，则说明该双向触发二极管的导通性能对称性良好。若 U_1 与 U_2 的电压值相差较大时，则说明该双向触发二极管的导通性不对称。若 U_1、U_2 电压值均与市电 U 相同时，则说明该双向触发二极管内部已短路损坏。若 U_1、U_2 的电压值均为 0V，则说明该双向触发二极管内部已开路损坏。

（3）可调直流电源法

用 0～50V 连续可调直流电源，将电源的正极串接 1 只 20kΩ 电阻器后与双向触发二极管的一端相接，将电源的负极串接万用表电流挡（将其置于 1mA 挡）后与双向触发二极管的另一端相接。逐渐增加电源电压，当电流表指针有较明显摆动时（几十微安以上），则说明此双向触发二极管已导通，此时电源的电压值即是双向触发二极管的转折电压。

3. 发光二极管与光敏二极管的检测

1）普通发光二极管的检测

（1）用万用表检测

① 正、负极的判别

将发光二极管放在一个光源下，观察两个金属片的大小，通常金属片大的一端为负极，金属片小的一端为正极。

② 性能好坏的判断

由于发光二极管的导通电压大于 1.6V（高于万用表 R×1k 挡内的电池电压值 1.5V），必须利用具有 R×10k 挡的指针式万用表才能大致判断发光二极管的好坏。用万用表 R×10k 挡，测量发光二极管的正、反向电阻值。正常时，正向电阻值（黑表笔接正极时）约为 10～20kΩ，反向电阻值为 250kΩ～∞（无穷大）。如果正向电阻值为 0 或 ∞，反向电阻值很小或为 0，则说明此发光二极管已损坏。较高灵敏度的发光二极管，在测量正向电阻值时，管内会发微光。

用万用表的 R×10k 挡对一只 220μF/25V 电解电容器充电（黑表笔接电容器正极，红表笔接电容器负极），再将充电后的电容器正极接发光二极管正极、电容器负极接发光二极管负极，若发光二极管发光很亮，则说明该发光二极管完好。

（2）外接电源测量

用 3V 稳压源或两节串联的干电池及万用表（指针式或数字式皆可）可以较准确地测量发光二极管的光电特性。如果测得 V_F 在 1.4～3V 之间，且发光亮度正常，则说明发光二极管正常；如果测得 $V_F=0$ 或 $V_F≈3V$，且不发光，则说明发光二极管已坏。

也可用 3V 直流电源，在电源的正极串接 1 只 33Ω 电阻后接发光二极管的正极，将电源的负极接发光二极管的负极，正常的发光二极管应发光。

还可以利用两块指针式万用表（最好同型号）检查发光二极管的发光情况。用一根导线将其中一块万用表的"+"接线柱与另一块表的"−"接线柱连接。余下的"−"笔接被测发光二极管的正极（P 区），余下的"+"笔接被测发光二极管的负极（N 区）。两块万用表均置于 R×10 挡。

正常情况下，接通后就能正常发光。若亮度很低，甚至不发光，可将两块万用表均拨至 R×1 挡，若仍很暗甚至不发光，则说明该发光二极管性能不良或损坏。应该注意的是：不能一开始测量就将两块万用表置于 R×1 挡，以免电流过大损坏发光二极管。

2）光敏二极管（接收管）的检测

（1）电阻测量法

用黑纸或黑布遮住光敏二极管的光信号接收窗口，然后用万用表 R×1k 挡测量光敏二极管的正、反向电阻值。正常时，正向电阻值在 10～20kΩ之间，反向电阻值为∞（无穷大）。若测得正、反向电阻值均很小或均为无穷大时，则说明该光敏二极管漏电或开路损坏。

再去掉黑纸或黑布，使光敏二极管的光信号接收窗口对准光源，然后观察其正、反向电阻值的变化。正常时，正、反向电阻值均应变小，阻值变化越大，则说明该光敏二极管的灵敏度越高。

（2）电压测量法

将万用表置于 1V 直流电压挡，黑表笔接光敏二极管的负极，红表笔接光敏二极管的正极，将光敏二极管的光信号接收窗口对准光源。正常时应有 0.2～0.4V 电压（其电压与光照强度成正比）。

（3）电流测量法

将万用表置于 50μA 或 500μA 电流挡，红表笔接光敏二极管的正极，黑表笔接光敏二极管负极，正常的光敏二极管在白炽灯光下，随着光照强度的增加，其电流从几微安增大至几百微安。

3）红外发光二极管（发射管）的检测

由于红外发光二极管，它发射 1～3μm 的红外光，人眼看不到。通常单只红外发光二极管发射功率只有数毫瓦，不同型号的红外 LED 发光强度角分布也不相同。红外 LED 的正向压降一般为 1.3～2.5V。正是由于其发射的红外光人眼看不见，所以利用上述可见光 LED 的检测法只能判定其 PN 结正、反向电学特性是否正常，而无法判定其发光情况是否正常。为此，最好准备一只光敏器件（如 2CR、2DR 型硅光电池）作为接收器。用万用表测光电池两端电压的变化情况来判断红外 LED 加上适当正向电流后是否发射红外光。

（1）正、负极性的判别

红外发光二极管多采用透明树脂封装，管芯下部有一个浅盘，管内电极宽大的为负极，而电极窄小的为正极。也可从管身形状和引脚的长短来判断。通常，靠近管身侧小平面的电极为负极，另一端引脚为正极。长引脚为正极，短引脚为负极。

（2）性能好坏的测量

用万用表 R×10k 挡测量红外发光二极管有正、反向电阻。正常时，正向电阻值约为 15～40kΩ（此值越小越好）；反向电阻大于 500kΩ（用 R×10k 挡测量，反向电阻大于 200 kΩ）。若测得正、反向电阻值均接近零时，则说明该红外发光二极管内部已击穿损坏。若测得正、反向电阻值均为无穷大时，则说明该二极管已开路损坏。若测得的反向电阻值远远小于 500kΩ，则说明该二极管已漏电损坏。

4）红外光敏二极管（接收管）的检测

将万用表置于 R×1k 挡，测量红外光敏二极管的正、反向电阻值。正常时，正向电阻值（黑表笔所接引脚为正极）为 3～10kΩ左右，反向电阻值为 500kΩ以上。若测得其正、反向电阻值均为 0 或均为无穷大时，则说明该光敏二极管已击穿或开路损坏。

在测量红外光敏二极管反向电阻值的同时，用电视机遥控器对着被测红外光敏二极管的接收窗口。正常的红外光敏二极管，在按动遥控器上按键时，其反向电阻值会由 500kΩ以上减小至 50～100kΩ。阻值下降越多，说明红外光敏二极管的灵敏度越高。

5）照明用发光二极管 LED 的检测

测试 V_F、亮度、波长时电流必须设为 20mA，测试 V_R 时 I_R 设置为 10μA，测试 I_R 时 V_R 设置为 5V。

检测和使用 LED 时，必须给每个 LED 提供相同的电流，即使用恒流源检测，才能保证检测亮度及其他特性的一致性。

6）激光二极管的检测

（1）阻值测量法

拆下激光二极管，用万用表 R×1k 或 R×10k 挡测量其正、反向电阻值。正常时，正向电阻值为 20～40kΩ，反向电阻值为 ∞（无穷大）。若测得正向电阻值已超过 50kΩ，则说明激光二极管的性能已下降。若测得的正向电阻值大于 90kΩ，则说明该二极管已严重老化不能再使用了。

（2）电流测量法

用万用表测量激光二极管驱动电路中负载电阻两端的电压降，再根据欧姆定律估算出流过该二极管的电流值，当电流超过 100mA 时，若调节激光功率电位器，而电流无明显变化时，则可判断激光二极管严重老化。若电流剧增而失控时，则说明激光二极管的光学谐振腔已损坏。

4．变容二极管的检测

1）正、负极的判别

有的变容二极管的一端涂有黑色标记，这一端即是负极，而另一端为正极。还有的变容二极管的管壳两端分别涂有黄色环和红色环，红色环的一端为正极，黄色环的一端为负极。也可以用数字万用表的二极管挡，通过测量变容二极管的正、反向电压降来判断其正、负极性。正常的变容二极管，在测量其正向电压降时，表的读数为 0.58～0.65V；测量其反向电压降时，表的读数显示为溢出符号"1"。在测量正向电压降时，红表笔接的是变容二极管的正极，黑表笔接的是变容二极管的负极。

2）性能好坏的判断

用指针式万用表的 R×10k 挡测量变容二极管的正、反向电阻值。正常的变容二极管，其正、反向电阻值均为 ∞（无穷大）。若被测变容二极管的正、反向电阻值均有一定阻值或均为零时，则说明该二极管漏电或击穿损坏。

5．桥堆的检测

1）全桥的检测

大多数的整流全桥上，均标注有"＋"、"－"、"～"符号，其中"＋"为整流后输出电压的正极，"－"为输出电压的负极，"～"为交流电压输入端，很容易确定出各电极。

检测时，可通过分别测量"＋"极与两个"～"端、"－"极与两个"～"端之间各整流二极管的正、反向电阻值（与普通二极管的测量方法相同）是否正常，即可判断该全桥是否已损坏。若测得全桥内部一只二极管的正、反向电阻值均为 0 或均为无穷大，则可判断该二极管已击穿或开路损坏。

2）半桥的检测

半桥是由两只整流二极管组成，通过用万用表分别测量半桥内部的两只二极管的正、反电阻值是否正常，即可判断出该半桥是否正常。

6. 变阻二极管的检测

用万用表 R×10k 挡测量变阻二极管的正、反向电阻值，正常的高频变阻二极管的正向电阻值（黑表笔接正极时）为 4.5～6kΩ，反向电阻值为无穷大。若测得其正、反向电阻值很小或均为无穷大时，则说明被测变阻二极管已损坏。

7. 肖特基二极管的检测

二端型肖特基二极管可以用万用表 R×1 挡测量。正常时，其正向电阻值（黑表笔接正极）为 2.5～3.5Ω，反向电阻值为无穷大。若测得正、反电阻值均为无穷大或均接近 0 时，则说明该二极管已开路或击穿损坏。

三端型肖特基二极管应先测出其公共端，判别出是共阴对管还是共阳对管，然后再分别测量两个二极管的正、反向电阻值。

1）正向特性测试

把万用表的黑表笔（表内正极）连接二极管的正极，红表笔（表内负极）连接二极管的负极。若表针不摆到 0 值而是停在标度盘的中间，这时的阻值就是二极管的正向电阻，一般正向电阻越小越好。若正向电阻为零时，说明管芯短路损坏，若正向电阻接近无穷大时，说明管芯断路。

2）反向特性测试

把万用表的红表笔连接二极管的正极，黑表笔连接二极管的负极，若表针指在无穷大时或接近无穷大时，则说明二极管是合格的。

8. 快恢复二极管检测方法

1）测量反向恢复时间

由直流电流源供规定的 I_F，脉冲发生器经过隔直电容器 C 加脉冲信号，利用电子示波器观察到的 t_{rr} 值，即为从 $I=0$ 到 $I_R=I_{rr}$ 时所经历的时间。设器件内部的反向恢复电荷为 Q_{rr}，有

$$t_{rr}\approx 2Q_{rr}/I_{RM} \tag{1.3.1}$$

由式（1.3.1）可知，当 I_{RM} 为一定时，反向恢复电荷越少，则反向恢复时间就越短。

2）常规检测方法

利用万用表能检测快恢复、超快恢复二极管的单向导电性，以及内部有无开路、短路故障，并能测出正向导通压降。若配以兆欧表，还能测量反向击穿电压。

实例：测量一只 C90-02 超快恢复二极管，其主要参数：t_{rr}=35ns，I_d=5A，I_{FSM}=50A，V_{RM}=700V。将 500 型万用表拨至 R×1k 挡，读出正向电阻为 6.4Ω，n'=19.5 格；反向电阻则为无穷大。进一步求得 V_F=0.03V/格×19.5=0.585V，证明该二极管是好的。

3）检测注意事项

（1）有些单管有三个引脚，中间的为空脚，一般在出厂时剪掉，但也有不剪的。

（2）若对管中有一只管子损坏，则可作为单管使用。

（3）测正向导通压降时，必须使用 R×1 挡。若用 R×1k 挡，因测试电流太小，远低于管子的正常工作电流，故测出的 V_F 值将明显偏低。在上面例子中，如果选择 R×1k 挡测量，正向电阻就等于 2.2kΩ，此时 n'=9 格。由此计算出的 V_F 值仅为 0.27V，远低于正常值（0.6V）。

1.3.3.3 普通二极管和稳压二极管的区分方法

1. 方法一

根据二者反向击穿电压在数值上的差异及稳定性，可以区分标记不清楚的稳压二极管和普通二极管，其区分电路如图 1.3.4 所示。利用兆欧表提供合适的反向击穿电压，将被测管反向击穿。选择万用表合适的直流电压挡测出反向击穿电压值。

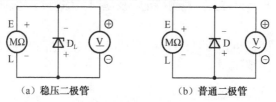

（a）稳压二极管　　　　　　　　（b）普通二极管

图 1.3.4　普通二极管和稳压二极管的区分方法一

测量时按额定转速摇动兆欧表，由于普通二极管反向击穿区域的动态电阻较大，曲线不陡，因此电压表指针的摆动幅度就比较大。而稳压二极管的 R_z 很小，曲线很陡，表针摆动很小。

实例：测量一只 2AP5 型锗二极管，按额定转速摇兆欧表时，反向击穿电压为 110～130V，表针摇摆不稳（手册中规定反向击穿电压 $V_{BR} \geqslant 110V$）。测另一只 2CW136 型稳压二极管时表针基本稳定，指在 115V 位置（手册中仅给出 2DW136 的工作电压范围是 100～120V，但具体到某只稳压二极管，其工作电压基本为一确定值）。

2. 方法二

利用万用表的电阻挡也可以区分稳压管与半导体二极管。具体方法：首先用 R×1k 挡测量正、反向电阻，确定被测管的正、负极。然后将万用表拨到 R×10k 挡，黑表笔接负极，红表笔接正极，由表内 9～15V 叠层电池提供反向电压。其中，电阻读数较小的是稳压二极管，电阻读数无穷大的是普通二极管。

注意：此方法只能测量反向击穿电压比 R×10k 挡电池电压低的稳压二极管。

1.3.4　晶体三极管的检测

1.3.4.1　普通三极管的管型及引脚判断

1. 三颠倒找基极

三极管基极的判别原理：晶体三极管由两个 PN 结组成，基极是三极管中两个 PN 结的公共端。PN 结的正向电阻很小，反向电阻很大。根据三个电极之间的电阻关系，只要找出两个 PN 结的公共端，即为三极管的基极。

测试三极管要使用万用表的欧姆挡，并选择 R×100 或 R×1k 挡位。假定并不知道被测三极管是 NPN 型还是 PNP 型，也分不清各引脚是什么电极。测试的第一步是判断哪个引脚是基极。这时，任取两个电极（如这两个电极为 1、2），用万用表两支表笔颠倒测量它的正、反向电阻，观察表针的偏转角度；接着，再取 1、3 两个电极和 2、3 两个电极，分别颠倒测量它们的正、反向电阻，观察表针的偏转角度。在这三次颠倒测量中，必然有两次测量结果相近，即颠倒测量中表针一次偏转大，一次偏转小，剩下一次必然是颠倒测量前后指针偏转角度都很小，这一次未测的那只引脚就是我们要寻找的基极。

2．PN 结定管型

众所周知，三极管是含有两个 PN 结的半导体器件。根据两个 PN 结连接方式不同，可以分为 NPN 型和 PNP 型两种不同导电类型的三极管。

找出三极管的基极后，就可以根据基极与另外两个电极之间 PN 结的方向来确定三极管的导电类型。将万用表的黑表笔连接基极，红表笔连接另外两个电极中的任意电极，若表头指针偏转角度都很大，则说明被测三极管为 NPN 型；若表头指针偏转角度都很小，则被测三极管即为 PNP 型。反之，若用红表笔连接基极，重复上述做法，若测得两个阻值都大，则说明三极管是 PNP 型的；若测得两个阻值都小，则说明三极管是 NPN 型的。

3．判别集电极

找出了基极 b 后，另外两个电极哪个是集电极 c，哪个是发射极 e 呢？这时可以用测穿透电流 I_{CEO} 的方法确定集电极 c 和发射极 e。

1）方法 1

（1）对于 NPN 型三极管，由 NPN 型三极管穿透电流的流向原理，用万用表的黑、红表笔颠倒测量两极间的正、反向电阻 Rce 和 Rec，虽然两次测量中万用表指针偏转角度都很小，但仔细观察，总会有一次偏转角度稍大，此时电流的流向一定是：黑表笔→c 极→b 极→e 极→红表笔，电流流向正好与三极管符号中的箭头方向一致，所以此时黑表笔所接的一定是集电极 c，红表笔所接的一定是发射极 e。

（2）对于 PNP 型的三极管，道理也类似于 NPN 型，其电流流向一定是：黑表笔→e 极→b 极→c 极→红表笔，其电流流向也与三极管符号中的箭头方向一致，所以此时黑表笔所接的一定是发射极 e，红表笔所接的一定是集电极 c。

2）方法 2

由于三极管发射结与集电结结构上的差别，当把集电极当发射极使用时，其电流放大系数 β 较小，反之 β 值较大。在确定基极后，比较三极管的 β 值大小，可以确定集电极和发射极。

因此，先假设一个集电极，用欧姆挡连接，（对于 NPN 型三极管，发射极接黑表笔，集电极接红表笔）。测量时，用手捏住基极和假设的集电极，两极不能接触，若指针摆动幅度大，而把两极对调后指针摆动小，则说明假设是正确的，从而确定集电极和发射极。

4. 电流放大系数 β 的估算

选用欧姆挡的 R×100（或 R×1k）挡，对 NPN 型三极管，红表笔接发射极，黑表笔接集电极，测量时，只要比较用手捏住基极和集电极（两极不能接触）和把手放开两种情况指针摆动的大小，摆动越大 β 值越高。

因为使三极管基极开路，在发射极和集电极之间加一小电压，使发射结承受正向电压，集电结承受反向电压，这时用手捏住基极和集电极相当于在基极和集电极之间加一偏流电阻，集电极电流显著增大（因有了一定的基极电流），这时集电极和发射极之间电阻仅为偏流电阻的十几分之一。从集电极电流的摆动幅度可判断 β 值的大小（用欧姆表时，如果指针偏转角度较基极开路时增加的幅度大，则 β 值就大）。

1.3.4.2　普通晶体三极管好坏的判断

1. 利用数字万用表判别三极管的极性和好坏

（1）使用数字万用表二极管挡时，红表笔代表正电极，用红表笔去接三极管的某一引脚（假设是基极），用黑笔分别接另外两个引脚，如果两次万用表都显示有零点几的数字（锗管为 0.3 左右，硅管为 0.7 左右）时，则说明此三极管应为 NPN 管，且红表笔所接的那一个引脚是基极。如果两次所显的为"OL"，则红表笔所接的那一个引脚便是 PNP 型三极管的基极。

（2）在判别出管子的型号和基极的基础上，可以再判别发射极和集电极。仍用二极管挡。对于 NPN 型三极管，令红表笔接其"b"极，黑表笔分别接另两个引脚上，两次测得的极间数字中，其值微高的那一极为"e"极，其值低一些的那极为"c"极。如果是 PNP 型三极管，令黑表笔接其"b"极，同样所得数据高的为"e"极，数据低一些的为"c"极。

例如：用红表笔接 C9018 的中间那个引脚（b 极），黑表笔分别接另外两个引脚，可得 0.719、0.731 两个值。其中 0.719 为"b 与 c"之间的测试值，0.731 为"b"与"e"之间的测试值。

（3）判别三极管的好坏时，只要查一下三极管各 PN 结是否损坏，通过数字万用表测量其发射极、集电极的正向电压和反向电压来判定。如果测得的正向电压与反向电压相似且几乎为零或正向电压为"OL"时，则说明三极管已经短路或断路。

测试的三极管如果为 TO-92 封装。只要环境温度在 5～35℃的条件下进行上述测试都正确。文中的"OL"是指万用表不能正常显示数字时出现的一个固定符号，出现什么样的固定符号，要看是使用什么牌子的万用表，如有的万用表则会显示一个固定符号"1"。

2. 用指针式万用表检测三极管的好坏

将指针式万用表拨到 R×1k 挡，现在讲一下测 NPN 型三极管的好坏。将黑表笔与三极管基极相连，分别测三极管基极与发射极，基极与集电极之间的电阻，这两种情况下的电阻值均为千欧（若三极管为锗管，阻值为 1kΩ左右；若为硅管，阻值为 7kΩ左右）。对调一下表笔，再测发射结和集电结的电阻，其阻值均为无穷大。由此可初步判定此三极管是好的，否则说明此三极管是坏的。

也可以按以下方法判断三极管的好坏。将万用表拨到 R×10k 挡，用红黑表笔测三极管发射极和集电极之间的电阻，然后对调一下表笔再测一次。这两次所测得的电阻有一次应为无穷大，另一次为几百到几千千欧，由此即可判定此三极管是好的。如果两次测得三极管发射极和集电极之间的电阻都为零或都为无穷大时，则说明三极管发射极和集电极之间短路或开路，三极管已不可再用。对于 PNP 型三极管，用上面的方法判断时将万用表的红黑表笔对调一下即可。

1.3.4.3 特殊类型晶体三极管的检测

1. 达林顿管的检测

1）通过检测各引脚正、反向电阻识别电极

利用三颠倒的方法，分别测量各引脚之间的正反向电阻值，因为只有集电极 c 与发射极 e 之间的正向与反向电阻值为无穷大，而基极 b 与发射极 e 之间的正向、反向电阻值和基极 b 与集电极 c 之间的正向与反向电阻值差别都很大，便可以判定出基极 b。

根据发射极 e 与基极 b 之间的正向电阻值（测 NPN 型三极管时，黑表笔接基极 b；测 PNP 型三极管时，黑表笔接发射极 e）是集电极 c 与基极 b 之间的正、反向电阻值的 2～3 倍的规律，正向电阻值小的引脚即可判定为是集电极 c，正向电阻值大的引脚即可判定为是发射极 e。

2）达林顿管好坏的检测判定

普通达林顿管性能好坏的检查方法与普通三极管基本相同。达林顿管为 PNP 型时，在测正向电阻值时，黑表笔接集电极 c。当达林顿管为 NPN 型时，红表笔接集电极 c。

① 测基极 b 与发射极 e 之间的正向、反向电阻。

测 PNP 型达林顿管基极与发射极之间电阻，正向电阻一般为 5kΩ～30kΩ，反向电阻一般为无穷大。

② 测基极 b 与集电极 c 之间的正向与反向电阻。

PNP 型达林顿管正向电阻一般为 3kΩ～10kΩ，反向电阻一般为无穷大。

NPN 型达林顿管正向电阻一般为 1kΩ～10kΩ，反向电阻一般为无穷大

正常时，集电极 c 与基极 b 之间的正向与反向阻值应有明显的差别。若测得集电结的正向与反向电阻值均很小、均为零或均为无穷大，则说明该达林顿管已击穿短路或开路损坏。

③ 集电极与发射极之间的正向与反向电阻值。

集电极 c 与发射极 e 之间的正向与反向电阻值均应接近无穷大。

若测得达林顿管的集电极 c 与发射极 e 之间的正向与反向电阻值或 be 极、bc 极之间的正向与反向电阻值均接近 0，则说明该达林顿管已击穿损坏。若测得达林顿管的 be 极或 bc 极之间的正向与反向电阻值为无穷大，则说明该达林顿管已开路损坏。

将红、黑表笔对调，重复上述步骤，便可测得 NPN 型达林顿管的好坏。

3）检测达林顿管的放大能力

应选择万用表 R×10k 挡（因为达林顿管的基极与发射极间含有多个发射结），不宜选用 R×1k 挡检查达林顿管的放大能力。因为该挡电池电压仅为 1.5V，很难使达林顿管进入放大区工作。

对于 PNP 型达林顿管，黑表笔接发射极 e，红表笔接集电极 c，记录此时的电阻值应为几百千欧姆，然后在集电极 c 和基极 b 间加一个十几千欧姆的电阻，此时万用表的阻值应大幅度减小至几十千欧姆，由此可证明该达林顿管有较好的放大能力。

在上述的测量中如果正向与反向阻值均为零或无穷大时，表明该达林顿管已经损坏不能再使用。

4）大功率达林顿管的检测

大功率达林顿管的结构如图 1.3.5 所示，该类管子在集电极 c 与发射极 e 之间反向并接了一只过电压保护二极管以保护三极管不被击穿。在 VT_1 和 VT_2 的发射结上分别并联了电阻 R_1 和电阻 R_2，其作用是为漏电流提供泄放支路。检测大功率达林顿管的方法与检测普通达林顿管基本相同。但由于大功率达林顿管内部设置了 VD、R_1、R_2 等保护和泄放漏电流元器件，所以在检测时应将这些元器件对测量数据的影响加以区分，以免造成误判。具体检测可按下述几个步骤进行：

（1）用万用表 R×10k 挡测量基极 b 与集电极 c 之间 PN 结电阻值，应明显测出具有单向导电性能。正向与反向电阻值应有较大差异。

（2）在大功率达林顿管 b-e 之间有两个 PN 结，并且接有电阻 R_1 和 R_2。用万用表电阻挡检测时，当正向测量时，测到的阻值是 b-e 结正向电阻与 R_1、R_2 阻值并联的结果；当反向测量时，发射结截止，测出的则是（R_1+R_2），大约为几百欧，且阻值固定，不随电阻挡位的变换而改变。但需要注意的是，有些大功率达林顿管在 R_1、R_2 上还并联有二极管，此时所测得的阻值则不是（R_1+R_2），而是（R_1+R_2）与两只二极管正向电阻之和的并联电阻值。若测得阻值为零或无穷大，则说明被测管已损坏。

（3）因大功率达林顿管的 e-c 之间并联有二极管 VD，所以，对 NPN 管，当黑表笔接发射极 e，红表笔接集电极 c 时，二极管 VD 导通，所测得的阻值为二极管 VD 的正向电阻值。对于 PNP 管，则红表笔接发射极 e，黑表笔接集电极 c 时，所测得阻值也是 VD 的正向电阻值，一般为 5～15kΩ 左右，反向电阻值应为无穷大。将红、黑表笔对调测得的阻值应为无穷大，否则是该管的 c-e 结或二极管击穿或开路损坏。

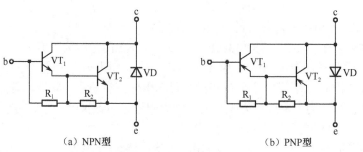

（a）NPN型　　　　　　　　　　　　　（b）PNP型

图 1.3.5　大功率达林顿管结构图

（4）大功率达林顿管测量时不能用手触摸管壳。

2. 带保护二极管的大功率三极管的检测

将万用表置于 R×1 挡，通过单独测量带续流二极管的三极管各电极之间的电阻值，即可判断其是否正常。以 NPN 型硅晶体三极管为例，具体测试原理、方法及步骤如下所述。

（1）将红表笔接发射极 e，黑表笔接基极 b，此时相当于测量大功率管 b-e 结的等效二极管与保护电阻 R 并联后的阻值，由于等效二极管的正向电阻值较小，而保护电阻 R 的阻值一般也仅有 20～50Ω，所以，二者并联后的阻值也较小。反之，将表笔对调，即红表笔接基极 b，黑表笔接发射极 e，则测得的是大功率管 b-e 结等效二极管的反向电阻值与保护电阻 R 阻值的并联值，由于等效二极管反向电阻值较大，所以，此时测得的阻值即是保护电阻 R 的阻值，此值仍然较小。

（2）将红表笔接集电极 c，黑表笔接基极 b，此时相当于测量管内大功率管 b-c 结等效二极管的正向电阻值，一般测得的阻值也较小；将红、黑表笔对调，即将红表笔接基极 b，黑表笔接集电极 c，则相当于测量管内大功率管 b-c 结等效二极管的反向电阻值，测得的阻值通常为无穷大。

（3）将红表笔接发射极 e，黑表笔接集电极 c，相当于测量管内续流二极管的反向电阻值，测得的阻值一般都较大，约 300kΩ 至无穷大；将红、黑表笔对调，即红表笔接集电极 c，黑表笔接发射极 e，则相当于测量管内续流二极管的正向电阻值，测得的阻值一般都较小，约几欧至几十欧。

1.3.4.4　结型场效应管的检测

场效应管测量时，最好从电路板上取下来测量，在电路板上测量会不准确。

1. 判别结型场效应管的引脚

场效应管的栅极相当于晶体管的基极，源极和漏极分别对应于晶体管的发射极和集电极。制造工艺决定了场效应管的源极和漏极是对称的，可以互换使用，并不影响电路的正常工作，所以不必加以区分。源极与漏极间的电阻约为几千欧姆。

根据场效应管的 PN 结正、反向电阻值不一样的现象，可以判别出结型场效应管的三个电极。具体方法如下所述。

1）用测电阻法判定引脚

将万用表拨到 R×1k 挡上，任选两个电极，分别测出其正、反向电阻值。当某两个电极的正、反向电阻值相等，且为几千欧姆时，则该两个电极分别是漏极 D 和源极 S。

因为对结型场效应管而言，漏极和源极可互换，剩下的电极肯定是栅极 G。对于有 4 个引脚的结型场效应管，另外一极是屏蔽极（使用中接地）。

也可以将万用表的黑表笔（红表笔也行）任意接触一个电极，另一支表笔依次去接触其余的两个电极，测其电阻值。当出现两次测得的电阻值近似相等时，则黑表笔所接触的电极为栅极，其余两电极分别为漏极和源极。

2）判定沟道类型及栅极

若两次测得的电阻值均很大，说明是反向 PN 结，即都是反向电阻，判定为 N 沟道场效应管，且黑表笔接的是栅极；若两次测出电阻值均很小，说明是正向 PN 结，即是正向电阻，判定为 P 沟道场效应管，黑表笔接的也是栅极。若不出现上述情况，可以调换黑、红表笔按上述方法进行测试，直到判别出栅极为止。

2. 用电阻测量法判别结型场效应管的好坏

电阻测量法是用万用表测量场效应管的源极与漏极、栅极与源极、栅极与漏极、栅极 G_1 与栅极 G_2 之间的电阻值同场效应管手册标明的电阻值是否相符去判别该场效应管的好坏。

首先将万用表置于 R×10 或 R×100 挡，测量源极 S 与漏极 D 之间的电阻值，通常在几十欧姆到几千欧姆范围（在手册中可知，各种不同型号的管，其电阻值是各不相同的），如果测得阻值大于正常值，可能是由于内部接触不良；如果测得阻值是无穷大，可能是内部断极。然后把万用表置于 R×10k 挡，再测栅极 G_1 与 G_2 之间、栅极与源极、栅极与漏极之间的电阻值，当测得各项电阻值均为无穷大时，则说明该场效应管是正常的；若测得上述各阻值太小或为通路时，则说明该场效应管是坏的。需要注意的是：若两个栅极在该场效应管内断极，可用元件代换法进行检测。

3. 用感应信号输入法估测结型场效应管的放大能力

具体方法：用万用表的 R×100 挡，红表笔接源极 S，黑表笔接漏极 D，给场效应管加上 1.5V 的电源电压，此时万用表指针指示出的漏源极间的电阻值。然后用手捏住结型场效应管的栅极 G，将人体的感应电压信号加到栅极上。这样，由于该场效应管的放大作用，漏源电压 V_{DS} 和漏极电流 I_D 都要发生变化，也就是漏源极间电阻发生了变化，由此可以观察到万用表指针有较大幅度的摆动。如果手捏栅极万用表指针摆动较小，说明该场效应管的放大能力较差；若万用表指针摆动较大，则说明该场效应管的放大能力较强；若万用表指针不动，则说明该场效应管是坏的。

例如，根据上述方法用万用表的 R×100k 挡，测结型场效应管 3DJ2F。先将该场效应管的 G 极开路，测得漏源电阻 R_{DS} 为 600Ω，用手捏住 G 极后，万用表指针向左摆动，指示的电阻 R_{DS} 为 12kΩ，万用表指针摆动的幅度较大，则说明该场效应管是好的，并有较强的放大能力。运用这种方法时，需要注意以下几点：

（1）在测试场效应管用手捏住栅极时，万用表指针可能向右摆动（电阻值减小），也可能向左摆动（电阻值增大）。这是由于人体感应的交流电压较高，而不同的场效应管用电阻挡测量时的工作点可能不同（或者工作在饱和区或者工作在不饱和区）所致，试验表明，多数场效应管的 R_{DS} 增大，即万用表指针向左摆动；少数场效应管的 R_{DS} 减小，使万用表指针向右摆动。但无论万用表指针摆动方向如何，只要万用表指针摆动幅度较大，就说明场效应管有较强的放大能力。

（2）此方法对 MOS 场效应管也适用。但要注意，MOS 场效应管的输入电阻高，栅极 G 允许的感应电压不应过高，所以不要直接用手去捏栅极，必须用手握螺丝刀的绝缘柄用金属杆去碰触栅极，以防人体感应电荷直接加到栅极，引起栅极击穿。

（3）每次测量完毕，应当 G-S 极间短路一下。这是因为 G-S 结电容上会充有少量电荷，建立起 V_{GS} 电压，造成再进行测量时万用表指针可能不动，只有将 G-S 极间电荷短路放掉才行。

4. 用测电阻法判别无标志的结型场效应管

首先用测量电阻的方法找出两个有电阻值的引脚，也就是源极 S 和漏极 D，余下两个引脚为第一栅极 G_1 和第二栅极 G_2。先用两支表笔将测得的源极 S 与漏极 D 之间的电阻值记下来，对调表笔再测量一次，把其测得的电阻值也记下来，两次测得阻值较大的一次，黑表笔所接的电极为漏极 D；红表笔所接的为源极 S。用这种方法判别出来的 S、D，还可以用估测该场效应管放大能力的方法进行验证，即放大能力大时黑表笔所接的是漏极 D；红表笔所接地是源极 S，两种方法检测结果均应一样。当确定了漏极 D、源极 S 的位置后，按 D、S 的对应位置装入电路，一般 G_1、G_2 也会依次对准位置，这就确定了两个栅极 G_1、G_2 的位置，从而就确定了 D、S、G_1、G_2 引脚顺序。

5. 用测反向电阻值的变化判断跨导的大小

对 VMOSV 沟道增强型场效应管测量跨导性能时，可用红表笔接源极 S、黑表笔接漏极 D，这就相当于在源、漏极之间加了一个反向电压。此时栅极是开路的，该管的反向电阻值是很不稳定的。将万用表的欧姆挡选在 R×10k 挡，此时表内电压较高。当用手接触栅极 G 时，会发现该管的反向电阻值发生明显的变化，变化越大说明该管的跨导值越高；如果被测管的跨导很小，则反向电阻值变化也不大。

6. 用数字万用表进行结型场效应管的检测

用数字万用表进行结型场效应管的检测应使用电阻挡。

1）测量极性以及判断管型

红笔接源极 S、黑笔接漏极 D，其值为 300～800Ω时，该管为 N 沟道。

红笔接漏极 D、黑笔接源极 S，其值为 300～800Ω时，该管为 P 沟道。

如果先测栅极 G、漏极 D 再测源极 S、漏极 D，表内蜂鸣器会长鸣，用表笔放在栅极 G 和最短脚相连处放电，如果表内蜂鸣器再长鸣则该场效应管击穿。

贴片场效应管与三极管难以区分，先按三极管测量，如果不是再按场效应管测量。

2）好坏判断

测量漏极 D、源极 S 两引脚间电阻值为 300～800Ω时为正常，如果显示"0"且蜂鸣器长鸣，说明场效应管击穿；如果显示"1"，则说明场效应管为开路；软击穿（测量是好的，换到电路板上是坏的）时，场效应管输出不受栅极 G 控制。

1.3.4.5 绝缘栅型场效应管的检测

因为绝缘栅型场效应管的输入电阻极高，栅-源间的极间电容又小，测量时只要有少量的电荷，就可在极间电容上形成很高的电压，很容易将该场效应管损坏。因此必须采取恰当的措施，才能使用万用表检测电阻的方法进行绝缘栅型场效应管的检测。

1．检测 MOS 场效应管的准备工作

测量之前，先进行人体对地短路，才能摸触 MOSFET 的引脚。最好在手腕上接一条导线与大地连通，使人体与大地保持等电位。再把引脚分开，拆掉短路导线进行检测。

目前有的 MOSFET 管在 G-S 极间增加了保护二极管，平时就不需要把各引脚短路了。

2．VMOS 场效应管的检测方法

1）判定栅极 G

将万用表拨至 R×1k 挡分别测量三个引脚之间的电阻。若发现某引脚与其他两引脚间的电阻值均为无穷大，并且交换表笔后仍为无穷大，则证明此引脚为 G 极，因为它和另外两个引脚是绝缘的。

2）判定源极 S 和漏极 D

在源-漏之间有一个 PN 结，因此根据 PN 结正、反向电阻存在差异，可识别 S 极与 D 极。用交换表笔法测两次电阻，其中电阻值较低（源-漏之间的电阻值应为几百欧姆至几千欧姆）的一次为正向电阻，此时黑表笔连接的是 S 极，红表笔连接的是 D 极。日本生产的 3SK 系列产品，S 极与管壳接通，据此很容易确定 S 极。

3）测量漏-源通态电阻 $R_{DS}(on)$

将栅-源短路，选择万用表的 R×1k 挡，黑表笔接 S 极，红表笔接 D 极，所测阻值应为几欧至十几欧。

由于测试条件不同，测出的 $R_{DS}(on)$值比手册中给出的典型值要高一些。例如，用 500 型万用表 R×1k 挡实测一只 IRFPC50 型 VMOS 管，$R_{DS}(on)=3.2\Omega$，大于 0.58Ω（典型值）。

4）检查跨导

将万用表置于 R×1k（或 R×100）挡，将 G 极悬空，红表笔接 S 极，黑表笔接 D 极，手持螺丝刀去碰触栅极，万用表指针应有明显偏转，偏转越大，该场效应管的跨导越高。双栅 MOS 场效应管有两个栅极 G_1 和 G_2。为了区分，可用手分别触摸 G_1 和 G_2 极，其中万用表指针向左侧偏转幅度较大的为 G_2 极。

5）注意事项

（1）VMOS 管也分为 N 沟道管与 P 沟道管两类，但绝大多数产品属于 N 沟道管。对于 P 沟道管，测量时应交换表笔的位置。

（2）有少数 VMOS 管在栅–源之间并接保护二极管，本检测方法中的前两项不再适用。

（3）目前市场上还有一种 VMOS 功率模块，专供交流电动机调速器、逆变器使用。例如，美国 IR 公司生产的 IRFT001 型模块，内部有 N 沟道、P 沟道管各 3 只，构成三相桥式结构。

（4）现在市售 VNF 系列（N 沟道）产品，是美国 Supertex 公司生产的超高频功率场效应管，其最高工作频率 $f_\mathrm{p}=120\mathrm{MHz}$，$I_\mathrm{DSM}=1\mathrm{A}$，$P_\mathrm{DM}=30\mathrm{W}$，共源小信号低频跨导 $g_\mathrm{m}=2000\mu\mathrm{S}$。适用于高速开关电路和广播、通信设备中。

（5）必须加装合适的散热器后才能使用 VMOS。以 VNF306 为例，该管加装 140mm×140mm×4mm 的散热器后，最大功率才能达到 30W。

1.3.5　集成电路的检测

1.3.5.1　常用集成电路的检测方法

集成电路是由多个元器件组成的，因此不能采用简单的方法来判断其好坏，一般可用下列几种方法进行质量判定。

1. 电阻测试法

电阻测试法适用于非在路集成电路的测试，对于在路集成电路，如有必要，也可从电路上拆下后再进行测试。测量阻值可用万用表进行，万用表应置于 R×1k 挡比较安全。

电阻测试法实际上是一个元器件的质量比较法。首先测试质量完好的单个集成电路各引脚对其接地端的阻值并做好记录，然后测试单个集成电路各引脚对其接地端的阻值，将测试结果进行比较，以判断被测集成电路的好坏。

这种方法一般可准确地判断集成电路质量的好坏，但应注意的是，这种比较不是阻值数值要绝对相等，而是要求变化规律相同，阻值的差异对半导体器件来说是正常的。例如，某型号集成电路阻值标准数据为 2.6kΩ、4.8kΩ、1.2kΩ 和 9.6kΩ，而被检测集成电路测得的阻值为 2.8kΩ、5.1kΩ、1.6kΩ 和 10.8kΩ，虽然两者的具体阻值数有差异，但由于变化规律是相同的，应该认为该集成电路是好的。如果测得其中某引脚阻值出现反向变化，则可怀疑该集成电路有问题。

2. 在路集成电路的质量判断

在路集成电路的质量判断常采用在路电压差别法。当集成电路供电端电压正常时，集成电路各引脚电压有两种情况：一是有的引脚电压数据取决于外部条件及外接元件；二是有的引脚电压数据是由集成电路内部给出的。如果在路测得的电压与标准数据的规定有较大的差异，应首先确认外部条件及外接元件是否正常，在排除外部条件及外接元件有质量问题后，大多数情况下可确认集成电路已损坏。

在路电压的标准数据有两种，若图纸上只给出一种，常为静态输入电压，即通电后无输入信号时测得的电压值；如图纸中给出两个电压数据，则括号内的为动态输入电压，即通电后有输入信号时测得的电压值。

1.3.5.2　用万用表检测数字集成电路的好坏

1. 检测原理和一般方法

（1）检测在路集成电路本身好坏的准确方法。

按照厂家给定的测试电路、测试条件，逐项进行测试，在大多数情况下既不现实，也无必要。在电气调试或维修过程中，较为常用而且准确的方法是焊接在实际电路上检测。

具体做法：在一台工作正常的、应用该型号集成电路的电子设备上，先在印制电路板的对应位置上焊接一只集成电路座，在断电的情况下小心地将检测的集成电路插上，接通电源。若电路工作不正常，说明该集成电路性能不好或者是坏的。显然，这种检测方法的优点是准确、实用，对引脚数目少的小规模集成电路比较方便，但是对引脚数目很多的集成电路，不仅焊接的工作量大，而且往往受客观条件的限制，容易出错，或不易找到合适的设备或配套的插座等。

（2）检测非在路集成电路好坏的简便方法。

非在路检测是指将集成电路从电路板上拆下来，使用万用表测量集成电路各引脚对其接地引脚（俗称接地脚）之间的电阻值。此法也可用于在路检测，但需要比较丰富的经验。

具体方法：拆下集成电路后，将万用表拨到 R×1k 挡或 R×100、R×10 挡（一般不用 R×10k、R×1），先让红表笔接集成电路的接地脚，且在整个测量过程中不变。然后利用黑表笔从其第 1 只引脚开始，按着 1，2，3，4……的顺序，依次测出相对应的电阻值。用这种方法可得：集成电路的任意一只引脚与其接地引脚之间的电阻值（不应为零或无穷大，空脚除外），多数情况下具有不对称的电阻值，即正、反向（或称黑表笔接地、红表笔接地）电阻值不相等，有时差别小一些，有时差别悬殊。

这一结论也可以这样叙述：如果某一只引脚与接地脚之间，应当具有一定大小的电阻值，而现在变为 0 或∞，或者其正、反向电阻值应当有明显差别，而现在变为相同或差别规律相反，则说明该引脚与接地引脚之间存有短路、开路、击穿等故障。显然，这样的集成电路是坏的，或者性能已变差。这一结论就是利用万用表检测集成电路好坏的根据。

2. 数字集成电路的检测

数字集成电路输出与输入之间的关系并不是放大关系，而是一种逻辑关系。输入条件满足时，输出高电平或低电平。在数字电路中，最基本的逻辑电路是门电路。用门电路可以组成各种各样的逻辑电路，因而门电路在数字电路中应用最多，在使用中，一些门电路的损坏是在所难免的。基于这个原因，有必要对门电路进行检测。在这里，主要介绍利用万用表对门电路的好坏进行检测的一般原理和一般方法。门电路的基本形式有"与"门、"非"门、"或"门、"与非"门和"或非"门。

对数字集成电路进行检测，就是检测其输入引脚与输出引脚之间逻辑关系是否存在。由于数字集成电路种类太多，完成的逻辑功能又多种多样，逐项测量其指标高低是不现实的。比较简便易行的方法是：用万用表测量集成电路各引出脚与接地引脚之间的正、反向电阻值——内部电阻值，并与正品的内部电阻值相比较，便能很快确定被测集成电路的好坏。实践证明，这种检测数字集成电路好坏的方法是行之有效的，既适用于早期生产的 TTL 型数字电路，也适用于近几年生产的 MOS 集成电路。

下面主要介绍"与非"门电路的检测方法。

1）电源引脚与接地引脚的检测

"与非"门电路及其他数字电路电源引脚与接地引脚的安排方式有两种：一种是左上角最边上的一只为电源引脚，右下角最边上的一只为接地脚；另一种是上边中间一只为电源引脚；下边一只为接地脚。这两种引脚的安排方式，前一种居多，后一种较少。数字集成电路电源引脚与接地引脚之间，其正、反向电阻值一般有明显的差别。红表笔接电源引脚、黑表笔接接地引脚测出的电阻为几千欧，红表笔接接地引脚、黑表笔接电源引脚测出的电阻为十几欧、几十千欧甚至更大。根据这两种方法，一般就不难检测出其电源引脚和接地引脚。

2）输入引脚与输出引脚的检测

根据门电路输入短路电流值不大于 2.2mA、输出低电平电压不大于 0.35V 的特点，即可方便地检测出它的输入引脚和输出引脚。将待检测门电路电源引脚接+5V 电压，接地引脚按要求接地，然后利用万用表依次测量各引脚与接地引脚之间的短路电流。若其值低于 2.2mA，则说明该引脚为输入引脚，否则便是输出引脚。另外，当"与非"门的输入端悬空时，相当于输入高电平，此时其输出端应为低电平，根据这一点可进一步核实它的输出引脚。具体方法：将万用表拨到直流 10V 挡，测量输出引脚的电压值，此值应低于 0.4V。

对 CMOS 与非门电路，用万用表 R×1k 挡，以黑表笔接接地引脚，红表笔依次测量其他各引脚对接地引脚之间的电阻值，其中阻值稍大的引脚为与非门的输入端，而阻值稍小的引脚为其输出端。这种方法同样适用于或非门、与门、反相器等数字电路。

3）同一组"与非"门输入、输出引脚的检测

将"与非"门的电源引脚接 5V 电压，接地引脚按要求正确接地。万用表拨到直流 10V 挡，黑表笔接地、红表笔接其任意一个输出引脚。用一根导线，依次将其输入引脚与地短路，并注意观察输出电压的变化。所有能使输出引脚电压由低电平变为高电平的输入引脚，便是同一个"与非"门的输入引脚。然后将红表笔移到另一输出引脚上，重复上述实验，便可找出与该输出端相对应的所有输入引脚，它们便组成了另一个"与非"门。有几个输出引脚，就说明该集成电路由几个"与非"门组成。

1.3.6 光耦的产品检测

1.3.6.1 光电耦合器的简易测试方法

由于光电耦合器的组成方式不尽相同，所以在检测时应针对不同的结构特点，采取不同

的检测方法。例如，在检测普通光电耦合器的输入端时，一般均参照红外发光二极管的检测方法进行。对于光敏三极管输出型的光电耦合器，检测输出端时应参照光敏三极管的检测方法进行。

对于光电耦合器的检测，应首先将所有发光二极管的引脚判别出来，然后再确定对应的光敏三极管的引脚。对于在路的光电耦合器，最好的检测方法是"比较法"，即拆下怀疑有问题的光电耦合器，用万用表测量其内部二极管、三极管的正向和反向电阻值，并与好的同型号光电耦合器对应引脚的测量值进行比较，若阻值相差较大，则说明被测光电耦合器已损坏。

1. 万用表检测法

光电耦合器中常用红外发光二极管的正向导通电压较普通发光二极管要低，一般在 1.3V 以下，所以可以用指针式万用表的"R×100"挡直接测量。这里以 MF50 型指针式万用表和 4 引脚 PC817 型光电耦合器为例说明具体检测方法。

1）测量输入端的正向压降

使用数字表二极管挡，测量输入侧正向压降为 1.2V，反向压降无穷大。输出侧正、反压降或电阻值均接近无穷大。

2）输入端及输出端的判定

当不清楚光电耦合器哪一侧的引脚为输入端时，可通过断开输入端电源，用 R×1k 挡测量正向电阻为几百欧，反向电阻几十千欧的一侧为输入端 1、2 引脚。测量电阻值为无限大的一侧为输出端 3、4 引脚。

3）光耦合器引脚极性判定

（1）如图 1.3.6（a）所示，将指针式万用表置于"R×100"（或"R×1k"）挡，红、黑表笔分别接光电耦合器输入端发光二极管的两个引脚。如果有一次表针指数为无穷大，但红、黑表笔互换后有几千至十几千欧姆的电阻值，则此时黑表笔所接的引脚即为发光二极管的正极，红表笔所接的引脚为发光二极管的负极。

（2）如图 1.3.6（b）所示，在光电耦合器输入端接入正向电压，将指针式万用表仍然置于"R×100"挡，红、黑表笔分别接光电耦合器输出端的两个引脚。如果有一次表针指数为无穷大（或电阻值较大），但红、黑表笔互换后却有很小的电阻值（<100Ω），则此时黑表笔所接的引脚即为内部 NPN 型光敏三极管的集电极 c、红表笔所接的引脚为发射极 e。当切断输入端正向电压时，光敏三极管应截止，万用表指数应为无穷大。

4）光耦合器好坏的判定

测量 1、2 引脚与 3、4 引脚间任意一组之间的阻值应为无限大。

输入端接通电源后，3、4 引脚的电阻很小。调节输入端输入电压，3、4 引脚间电阻发生变化，说明该器件是好的。如果检测时万用表指针始终不摆动，则说明光电耦合器已损坏。

5）测量时的注意事项

（1）光耦器件的一侧可能与"强电"有直接联系，触及会有触电危险，建议维修过程中为机器提供隔离电源。

（2）不能用 R×10k 挡，否则导致发射管击穿。

（3）如果输出端不采用光敏晶体管的其他类型光电耦合器，应根据不同结构的光敏器件进行判断。

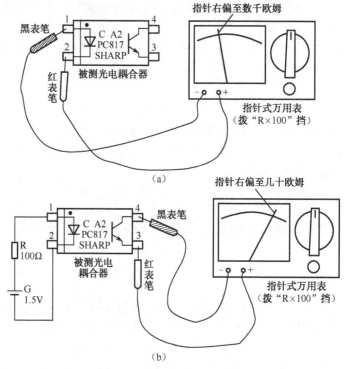

图 1.3.6　光电耦合器的检测电路

2．光电耦合器的加电检测法（不在路时）

在光电耦合器的初级，即 4 引脚类和 5 引脚类的 1、2 引脚间或 8 引脚类的 2、3 引脚间加上+5V 电压，电源电流限制在 35mA 左右，可在+5V 电源正极串接一只 150Ω1/2W 的限流电阻。加电用 R×1k 挡测次级正向电阻，即 4 引脚类的 3、4 引脚间，即 5 引脚类的 4、5 引脚间，即 8 引脚类的 7、8 引脚间的正向电阻，一般在 30～100Ω为正常，偏差太大为损坏。测量上述引脚间的反向电阻为无穷大，如偏小则为漏电或击穿。

3．鉴别器检测法

根据光电耦合器的原理，可以制作一个能够快速判断光电耦合器好坏的小巧鉴别器，其电路如图 1.3.7 所示。当将光电耦合器的输入、输出引脚分清极性后正确插入鉴别器的 4 个相应插孔内，如果发光二极管 VD_1、VD_2 同步闪烁发光，则证明该光电耦合器完好。如果 VD_1 不闪烁发光，则说明光电耦合器内部发光管已开路；如果 VD_1 闪烁发光，但 VD_2 不亮或恒定发光，说明光电耦合器内部不是发光管失效就是光敏晶体管已开路或击穿损坏。

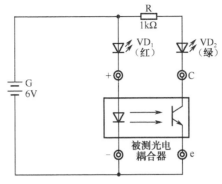

图 1.3.7　光电耦合器鉴别器电路图

1.3.6.2　通用型与达林顿型光耦合器区分

1. 方法之一

在通用型光耦合器中，接收器是一只硅光电半导体管，因此在基-发之间只有一个硅 PN 结。达林顿型光耦合器则不然，它由复合管构成，两个硅 PN 结串联成复合管的发射结。根据上述差别，很容易将通用型与达林顿型光耦合器区分开来。具体方法：将万用表拨到 R×100 挡，黑表笔接 b 极，红表笔接 e 极，采用读取电压法求出发射结正向电压 V_{be}。若 $V_{be}=0.55\sim0.7V$，就是达林顿型光耦合器。

实例：用 500 型万用表的 R×100 挡分别测量 4N35、4N304 型光耦合器的 V_{BE}，测量数据及结论一并列入表 1.3.1 中。

表 1.3.1　测试结果

型　　号	R_{BE}（Ω）	n_1, n_2（格数）	V_{BE}（V）	计算公式测试结论
4N35	850	23, 0.69	V_{BE}=0.03 格数	通用型
4N304	3k	40.5, 1.215	V_{BE}=0.03 格数	达林顿型

2. 方法之二

通用型与达林顿型光电耦合器的主要区别是接收管的电流放大系数不同。前者的 h_{FE} 为几十倍至几百倍，后者可达数千倍，二者相差 1～2 个数量级。因此，只要准确测量出 h_{FE} 值，即可加以区分。在测量时应注意以下事项：

（1）因为达林顿型光耦合器的 h_{FE} 值很高，所以万用表指针两次偏转格数非常接近。准确读出 n_1、n_2 的格数是本方法关键所在，否则将引起较大的误差。此外，欧姆零点也应事先调准。

（2）若 4N30 中的发射管损坏，但接收管未发现故障，则可代替超 β 管使用。同理，倘若 4N35 中的接收管完好无损，也可作普通硅 NPN 晶体管使用，实现废物利用。

（3）对于无基极引线的通用型及达林顿型光耦合器，本方法不再适用。建议采用测电流传输比 CTR 的方法加以区分。

1.3.7 晶闸管的简易测试

严禁用兆欧表（即摇表）检查晶闸管模块的绝缘情况。

1.3.7.1 晶闸管简易检测方法

1. 单向晶闸管的检测

1）判别各电极

根据普通晶闸管的结构可知，其门极 G 与阴极 K 极之间为一个 PN 结，具有单向导电特性，而阳极 A 与门极之间有两个反极性串联的 PN 结。因此，通过用万用表的 R×100 或 R×1k 挡测量普通晶闸管各引脚之间的电阻值，即能确定三个电极。

具体方法：将万用表黑表笔任意接晶闸管某一极，红表笔依次去连接另外两个电极。若测量结果有一次阻值为几千欧姆（kΩ），而另一次阻值为几百欧姆（Ω），则可判定黑表笔接的是门极 G。在阻值为几百欧姆的测量中，红表笔接的是阴极 K，而在阻值为几千欧姆的那次测量中，红表笔接的是阳极 A，若两次测出的阻值均很大，则说明黑表笔接的不是门极 G。应用同样方法改测其他电极，直到找出三个电极为止。

也可以测任意两个引脚之间的正、反向电阻，若正、反向电阻均接近无穷大，则两极即为阳极 A 和阴极 K，而另一脚即为门极 G。

2）判断其好坏

用万用表 R×1k 挡测量普通晶闸管阳极 A 与阴极 K 之间的正、反向电阻，正常时均应为无穷大（∞）；若测得阳极 A、阴极 K 之间的正、反向电阻值为零或阻值均较小时，则说明晶闸管内部击穿短路或漏电。

测量门极 G 与阴极 K 之间的正、反向电阻值，正常时应有类似二极管的正、反向电阻值（实际测量结果要较普通二极管的正、反向电阻值小一些），即正向电阻值较小（小于 2kΩ），反向电阻值较大（大于 80kΩ）。若两次测量的电阻值均很大或均很小时，则说明该晶闸管 G、K 极之间开路或短路。若正、反电阻值均相等或接近，则说明该晶闸管已失效，其 G、K 极间 PN 结已失去单向导电作用。

测量阳极 A 与门极 G 之间的正、反向电阻，正常时两个阻值均应为几百千欧姆（kΩ）或无穷大，若出现正、反向电阻值不一样（有类似二极管的单向导电性），则是 G、A 极之间反向串联的两个 PN 结中的一个已击穿短路。

3）触发能力检测

对于小功率（工作电流为 5A 以下）的普通晶闸管，可用万用表 R×1 挡测量。测量时黑表笔接阳极 A，红表笔接阴极 K，此时万用表指针不动，显示阻值为无穷大（∞）。用镊子或导线将晶闸管的阳极 A 与门极短路，如图 1.3.8 所示，相当于给 G 极加上正向触发电压，此时若电阻值为几欧姆至几十欧姆（具体阻值根据晶闸管的型号不同会有所差异），则表明晶闸管因正向触发而导通。再断开 A 极与 G 极的连接（A、K 极上的表笔不动，只要将 G 极的触发电压断掉）。若万用表指针示值仍保持在几欧姆至几十欧姆的位置不动，则说明该晶闸管的触发性能良好。

对于工作电流在 5A 以上的中、大功率普通晶闸管，因其通态压降 V_T 维持电流 I_H 及门极触发电压 V_0 均相对较大，万用表 R×1k 挡所提供的电流偏低，晶闸管不能完全导通，故检测时可在黑表笔端串接一只 200Ω 可调电阻和 1～3 节 1.5V 干电池（视被测晶闸管的容量而定，其工作电流大于 100A 的，应用 3 节 1.5V 干电池），如图 1.3.9 所示。

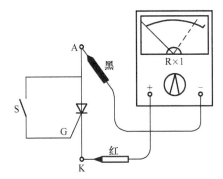

图 1.3.8　测量小功率单向晶闸管的触发能力

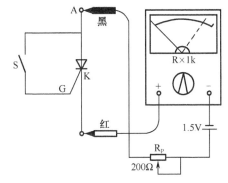

图 1.3.9　测量中大功率普通晶闸管的触发能力

2．双向晶闸管的电极，好坏及触发能力检测方法

1）判别各电极

用万用表 R×1 或 R×10 挡分别测量双向晶闸管三个引脚间的正、反向电阻值，若测得某一引脚其他两引脚均不通，则此引脚便是主电极 T_2。

找出 T_2 极之后，剩下的两引脚便是主电极 T_1 和门极 G_3。测量这两引脚之间的正、反向电阻值，会测得两个均较小的电阻值。在电阻值较小（约几十欧姆）的一次测量中，黑表笔接的是主电极 T_1，红表笔接的是门极 G。

2）判别其好坏

用万用表 R×1 或 R×10 挡测量双向晶闸管的主电极 T_1 与主电极 T_2 之间、主电极 T_2 与门极 G 之间的正、反向电阻值，正常时均应接近无穷大。若测得电阻值均很小，则说明该晶闸管电极间已击穿或漏电短路。

测量主电极 T_1 与门极 G 之间的正、反向电阻值，正常时均应在几十欧姆至一百多欧姆之间（黑表笔接 T_1 极，红表笔接 G 极时，测得的正向电阻值较反向电阻值略小一些）。若测得 T_1 极与 G 极之间的正、反向电阻值均为无穷大，则说明该晶闸管已开路损坏。

3）触发能力检测

对于工作电流为 8A 以下的小功率双向晶闸管，可用万用表 R×1 挡直接测量。测量时先将黑表笔接主电极 T_2，红表笔接主电极 T_1，然后用镊子将 T_2 极与门极 G 短路，给 G 极加上正极性触发信号，若此时测得的电阻值由无穷大变为十几欧姆，则说明该晶闸管已被触发导通，导通方向为 $T_2 \rightarrow T_1$。

再将黑表笔接主电极 T_1，红表笔接主电极 T_2，用镊子将 T_2 极与门极 G 之间短路，给 G 极加上负极性触发信号时，测得的电阻值应由无穷大变为十几欧姆，则说明该晶闸管已被触发导通，导通方向为 $T_1 \to T_2$。

若在晶闸管被触发导通后断开 G 极，T_2、T_1 极间不能维持低阻导通状态而阻值变为无穷大，则说明该双向晶闸管性能不良或已经损坏。若给 G 极加上正（或负）极性触发信号后，晶闸管仍不导通（T_1 与 T_2 间的正、反向电阻值仍为无穷大），则说明该晶闸管已损坏，无触发导通能力。

对于工作电流在 8A 以上的中、大功率双向晶闸管，在测量其触发能力时，可先在万用表的某支表笔上串接 1～3 节 1.5V 干电池，然后再用 R×1 挡按上述方法测量。

对于耐压为 400V 以上的双向晶闸管，也可以用 220V 交流电压来测试其触发能力及性能好坏。如图 1.3.10 所示为双向晶闸管的测试电路。电路中，EL 为 60W/220V 白炽灯泡，VT 为被测双向晶闸管，R 为 100Ω 限流电阻，S 为按钮开关。

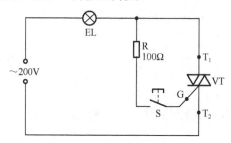

图 1.3.10 双向晶闸管的测试电路

将电源插头接入市电后，双向晶闸管处于截止状态，灯泡不亮（若此时灯泡正常发光，则说明被测晶闸管的 T_1、T_2 极之间已击穿短路；若灯泡微亮，则说明被测晶闸管漏电损坏）。按下按钮开关 S，为晶闸管的门极 G 提供触发电压信号，正常时晶闸管应立即被触发导通，灯泡正常发光。若灯泡不能发光，则说明被测晶闸管内部开路损坏。若按住按钮开关 S 时灯泡点亮，松手后灯泡又熄灭，则表明被测晶闸管的触发性能不良。

1.3.7.2 晶闸管模块的简单测试方法

（1）将模块的输入端按电压要求接好三相或单相交流电源。

（2）将模块的输出端接电阻性负载，负载所提供的电流应满足大于晶闸管的维持电流，空载时测出的数据不准确。建议负载功率如下：

150A 或 150A 以内交流模块	负载功率≥100W
150A 以上交流模块	负载功率≥500W
200A 或 200A 以内整流模块	负载功率≥300W
200A 以上整流模块	负载功率≥1500W

（3）将模块控制端按手动电位器控制的接法接好，把电位器调至零电位端后，先接入主电源，再接入控制电源。

（4）调节电位器旋钮，可对模块输出电压进行平滑调节。当模块输入电压为单相 220V AC、三相 380V AC 时，调节范围如下：

单相交流模块输出电压范围	0～219V AC
单相整流模块输出电压范围	0～197V AC
三相交流模块输出电压范围	0～379V AC（且三相电压 V_{AB}、V_{BC}、V_{CA} 相同）
三相整流模块输出电压范围	0～512V DC

（5）经上述测试，若模块无异常，则说明模块为合格产品。

1.3.7.3　单/双向晶闸管的区分

单向晶闸管有其独特的特性：当阳极接反向电压，或者阳极接正向电压但控制极不加电压时，它都不导通，而阳极和控制极同时接正向电压时，它就会变成导通状态。一旦导通，控制电压便失去了对它的控制作用，不论有没有控制电压，也不论控制电压的极性如何，将一直处于导通状态。要想关断单向晶闸管，只有把阳极电压降低到某一临界值或者反向。

双向晶闸管的引脚多数是按 T_1、T_2、G 的顺序从左至右排列的（电极引脚向下，面对有字符的一面时）。加在控制极 G 上的触发脉冲的大小或时间改变时，就能改变其导通电流的大小。

与单向晶闸管的区别是：双向晶闸管 G 极上触发脉冲的极性改变时，其导通方向就随着极性的变化而改变，从而能够控制交流电负载。而单向晶闸管经触发后只能从阳极向阴极单方向导通，所以晶闸管有单双向之分。

1.3.8　绝缘栅极双极型晶体管（IGBT）的检测

1.3.8.1　IGBT 裸管简单检测

1. 判断极性

首先将万用表拨到 R×1k 挡，用万用表测量时，若某一极与其他两极阻值为无穷大，调换表笔后该极与其他两极的阻值仍为无穷大，则判断此极为栅极（G）。其余两极再用万用表测量，若测得阻值为无穷大时，调换表笔后测量阻值则较小。在测量阻值较小的一次中，可判断红表笔连接的为集电极（c）；黑表笔接的为发射极（e）。

2. 判断好坏

一般任何指针式万用表皆可用于检测 IGBT。注意：判断 IGBT 好坏时，一定要将万用表拨到 R×10k 挡，因为 R×1k 挡以下各挡万用表内部电池电压太低，检测好坏时不能使 IGBT 导通，而无法判断 IGBT 的好坏。此方法同样也可以用于检测功率场效应晶体管（P-MOSFET）的好坏。

将万用表拨到 R×10k 挡，用黑表笔接 IGBT 的集电极 c（漏极 D），红表笔接 IGBT 的发射极 e（源极 S），此时万用表的指针指在无穷处。用手指同时触及一下栅极（G）和集电极 c（漏极 D），这时 IGBT 被触发导通，万用表的指针摆向阻值较小的方向，并能停止指示在某一位置不变。然后再用手指同时触及一下栅极（G）和发射极 e（源极 S），这时 IGBT 被阻断，万用表的指针回到无穷处。此时即可判断 IGBT 是好的。操作步骤如下所述：

（1）用万用表红表笔和黑表笔分别检测 Ge 及 Gc 两极间的正反向阻值，对于良好的 IGBT 上述测值均为无穷大。

（2）用万用表红表笔接 c 极，黑表笔接 e 极，所测值在 3.5～7.5kΩ，则所测管为内含阻尼二极管的 IGBT；若所测阻值大于 60kΩ，则所测管为内不含阻尼二极管的 IGBT。

（3）若所测管三个引脚间阻值均很小，说明该管已击穿损坏。

（4）若所测管三个引脚电阻均为无穷大，说明该管已开路损坏。以上所测阻值根据使用万用表型号及 IGBT 管型不同，阻值可能略有差异。

1.3.8.2　IGBT 模块好坏的检测方法

IGBT模块测试以双管IGBT（FGA25N120AND）为例，用指针式万用表测试。仪器测量时，将 100Ω电阻与 G 极串联，使用万用表 R×1k 挡。在检测前先将 IGBT 三只引脚短路放电以防影响检测准确度。

1．静态测量

将指针万用表放在拨到 R×100 挡，万用表黑表笔接端子 1、红表笔接端子 2，其电阻值为无穷大；表笔对调，显示电阻应在 400Ω左右。用同样的方法，测量黑表笔接端子 3、红表笔接端子 1，显示电阻值应为无穷大；表笔对调，显示电阻应在 400Ω左右。以上情况可说明此 IGBT 没有明显故障，可放心上机使用。

2．动态测试

将模拟万用表的挡位放在 R×10k 挡，用黑表笔接端子 4，红表笔接端子 5，此时黑表笔接端子 3，红表笔接端子 1，测出电阻值应为 300～400Ω，把表笔对调也是 300～400Ω的电阻值，此现象表明 IGBT 完全合格。用同样的方法测试端子 1、2 间的电阻值，若符合上述的情况表明该 IGBT 是完好的。

第2章 电气控制柜的试验

2.1 试验的种类和要求

对于任何电气控制设备，不论是定制生产还是批量生产，按照技术标准都必须进行试验。电气控制设备的试验是验证技术设计的正确性，生产工艺的稳定性，产品质量的可靠性，控制功能的准确性的必要手段。但是，对于进行技术改造的已使用的单件或小批量生产制作，往往不专门进行试验，而是在实际使用中进行试验验证。

2.1.1 试验的分类

将电气控制设备的试验进行分类的目的，是为了便于进行试验条件的准备及管理，提高试验工作的效率，以便为设计、工艺、生产、管理等工作的改进和提高提供可靠的验证数据。

2.1.1.1 按试验目的分类

1．控制功能试验

根据与用户签订的技术协议，要求电气控制设备必须为实现控制功能而进行试验。
对于控制功能试验，应根据国际、国家、行业及企业的相关标准进行试验。

2．电气性能试验

电气性能是指为保证可靠地实现控制功能所必须具备的电气参数。电气性能试验应按照国际、国家、行业及企业的相关标准进行试验。

3．保护功能试验

保障电气控制设备使用者人身安全和被控制设备的安全是对电气控制设备的基本要求。保护功能试验应按照国际、国家、行业及企业的相关标准进行试验。

4．环境适应性能试验

环境适应性是指产品在其寿命期，预计可能遇到的各种环境的作用下能实现其所有预定功能和性能及不被破坏的能力。环境适应性能试验应根据与用户签订的技术协议中约定的环境条件，按照国际、国家、行业及企业的相关标准进行试验。

2.1.1.2 按试验性质分类

电气控制设备的试验分为型式试验（TTA）、出厂试验（PTTA）抽样试验和特殊试验（随机试验）。对某些试验项目（如大功率的通电操作试验及电气性能指标试验等）可以根据协议在设备的运行现场进行。

1．型式试验（TTA）

型式试验是对按某一设计而制造的一个或多个电气控制设备或电器进行的试验，以表明这一电气控制设备或电器设计符合一定的标准规范。型式试验应在每一特定电气控制设备或电器的典型试品上进行。

2．出厂试验（PTTA）

出厂试验也称为常规试验或部分型式试验，它是对每个电气控制设备或电器在制造过程中和/或制造后进行的试验，用以判断其是否符合某些标准。

出厂试验应在按照有关产品标准制造的电气控制设备或电器的每个单独的产品上进行。

3．抽样试验

从一批电气控制设备或电器中随机提取若干个所进行的试验。

如果工程和统计分析表示常规试验没有必要在每台产品上进行，而可由抽样试验来代替，则在有关产品标准中应予以规定。例如，破坏性试验、寿命试验就只能进行抽样试验。

4．特殊试验（随机试验）

除型式试验和常规试验外，特殊试验是由制造厂确定的或根据制造厂和用户的协议确定的试验。

2.1.2 试验要求

2.1.2.1 试验的基本要求

电气控制设备的检验要求必须与该产品的技术文件一致。

试验可由制造厂选择在工厂内或任何适合的试验室进行。需要时，制造商应为验证提供试验场地。

对某些试验项目（如大功率的通电操作试验及电气性能指标试验，需要现场安装的电气控制设备等）可以根据协议在设备的运行现场进行。

对于一般电气控制设备，需要进行型式试验和部分型式试验的试验与验证项目参见表2.1.1。

表2.1.1　型式试验和出厂试验的试验与验证项目

序　号	被检性能	型式试验（TTA）	出厂试验（PTTA）
1	温升极限	用试验（型式试验）验证温升极限	用试验或外推法验证温升极限
2	介电性能	用试验（型式试验）验证介电性能	验证介电性能及绝缘电阻

序　号	被检性能	型式试验（TTA）	出厂试验（PTTA）
3	短路耐受强度	用试验（型式试验）验证短路耐受强度	用试验或通过类似的型式试验安排的外推法验证短路耐受强度
4	保护电路有效性，控制设备裸露导电部件与保护电路之间的有效连接，保护电路的短路耐受强度	通过目测或电阻测量（型式试验）；验证控制设备裸露导电部件与保护电路之间的有效连接；用试验（型式试验）验证保护电路的短路耐受强度	用试验或对保护导体的合理设计与安排验证保护电路的短路耐受强度；用试验（型式试验）验证保护电路的短路耐受强度
5	电气间隙与爬电距离	用试验（型式试验）验证电气间隙与爬电距离	验证电气间隙与爬电距离
6	机械操作	验证机械操作（型式试验）	验证机械操作
7	防护等级	验证防护等级（型式试验）	验证防护等级
8	连接线、通电操作	检查控制设备，包括检查连接线，如有必要需进行通电操作试验（出厂试验）	检查控制设备，包括检查连接线，如有必要需进行通电操作试验
9	绝缘性能	介电强度试验（出厂试验）	介电强度试验或验证绝缘电阻
10	防护措施	检查防护措施和保护电路的连续性（出厂试验）	检查防护措施
11	绝缘电阻		验证绝缘电阻

对于在产品标准中规定了试验顺序、某些试验项目的试验结果不受顺序试验的影响和对规定的试验顺序而对后续试验无影响的这些试验项目，可根据制造厂的规定在顺序试验中省略，并在单独的新的试品上进行试验。

如果控制设备中的电器和独立元件按照要求进行过挑选，并且是按照制造商的说明书进行安装的，则不要求进行型式试验或出厂试验。

如果机械及有关设备的一些部分有变动或改进，这些部分应重新检验和试验。尤其应该注意的是，重复试验对设备可能有不利的影响（如绝缘过电压，器件的断开/重新连接）。

这些试验应按照标准规定的测量设备进行。对于符合国家标准规定的试验，应采用符合 GB/T18216—2007《交流 1000V 和直流 1500V 以下低压配电系统电气安全防护措施的试验、测量或监控设备》系列标准的测量设备。

试验完成后应提供试验结果文件。

2.1.2.2　型式试验

1. 型式试验及基本要求

型式试验用来验证给定型式的电气控制设备及部件的设计是否符合相关产品标准规定的技术要求。

型式试验可以在一个控制设备的样机上进行或在按相同或类似设计制造的控制设备的部件上进行，也可以在相同设计而制造的同一批产品中的多台产品上分别进行。对某些型式试验项目，也可以在相同设计而制造的关键部件上进行。如果是系列设计产品，可以选取若干种典型品种、规格进行型式试验。

型式试验应由制造商主动进行。如果控制设备的部件进行了修改，只在这种修改可能对试验结果产生不利影响时才必须重新进行型式试验。

在下列情况下应进行型式试验：

（1）已定型的产品，当设计、工艺或关键材料更改有可能影响到产品性能时。

（2）新产品试制定型时。

（3）制造商或用户认为有必要进行时（本项主要是指已定型的产品，而使用现场对工作性能有更严格的要求时，可以根据协议对该批产品进行全部项目或部分项目的型式试验）。

型式试验有一项不合格时，应经返修后再对该项目进行复试；若复试仍不合格，则该产品为不合格品。

2. 型式试验注意事项

在有关产品标准中应该规定该产品需要进行的型式试验项目、获得的试验结果、试验程序（顺序）以及试品数量（如有关系）。根据有关产品标准的要求，上述试验可由试验程序（顺序）组成。否则这些试验可以按任意次序在同一样机上或在同一型式的不同样机上进行。

2.1.2.3 出厂试验基本要求

出厂试验旨在检查产品的材料和加工质量的缺陷，并检测电气控制设备的固有功能。出厂试验应在每一台装配好的、新的电气控制设备上或在每一个运输单元上进行，一般在安装现场不做另外的出厂试验。每台设备出厂前必须进行出厂试验，全部出厂试验项目检查合格后应挂合格证。

出厂试验的细节和进行试验条件应在有关产品标准中规定。出厂试验中，如有不符合产品标准的地方，认为该产品不合格，须返修并经再次试验合格后，方可发放合格证。

在制造商进行出厂试验工作后，不能免除安装单位在经过运输和安装后进行检查试验的责任。控制设备采用标准化零部件进行装配，而使用的零部件是制造商为此用途而设计和提供的，则应由负责装配控制设备的厂商进行出厂试验。

应在设备不带负载或模拟负载情况下进行试验，用来验证设备的电气性能和控制功能满足用户订货要求。

2.1.2.4 抽样试验

1. 采用抽样试验的情况

（1）一些产品及其零部件在试验项目中，可能对其性能和使用寿命产生不利的、不可逆转的影响（导致试验成本过高）时，必须采用抽样试验，否则只会产生事与愿违的结果。一些在型式试验中进行的试验项目而在出厂试验中不再进行的项目，多数属于这种情况。

（2）如果工程和统计分析表示常规试验没有必要在每台产品上进行而可由抽样试验来代替，则在有关产品标准中应予以规定。

（3）如果产品的生产数量很大且生产效率很高时，而在每台产品上全部进行试验是不可行的（试验成本太高或试验效率太低），则只能采用抽样试验。

2．抽样试验基本要求

抽样试验是用来验证控制设备及电器规定的性能或特性，这些规定可由制造商提出或是由制造商和用户协商。控制设备及电器的抽样试验可根据有关产品标准及制造商与用户的协议进行。

3．抽样试验项目

（1）短路耐受强度验证。

（2）短路接通和分断能力试验。

（3）冲击耐受能力试验。

（4）温升极限的验证。

2.1.2.5　成套设备中电器和独立元件的试验

成套设备中电器和独立元件的试验能够有效地提高调试的一次成功率，因此在电气控制设备中，凡是能够独立试验的电器和元件一般均在装配前进行必要的试验。

2.1.3　试验前的检查

2.1.3.1　一般检查

（1）设备中的元件、器件安装接线应牢固、端正、正确，应符合图样及相应的标准要求。
根据系统配置的要求，检查元器件以及通信器件符合所选现场总线协议或其他数字通信协议的要求。器件安装，柜体内布线等符合工艺要求。

（2）设备的铭牌及标志应正确、清晰、齐全，且易于识别，安装位置正确。

（3）操作器件应装在易于操作的位置，安装高度不应高于 2m。

（4）设备的尺寸、形状、结构及焊接应符合图样的要求。

（5）柜（台）体及面板表面应平整无凹凸现象，漆层厚度及油漆颜色应均匀。在距离设备 1m 处观察不应有明显的色差和反光，漆层整洁美观，不应有起泡、裂纹和流痕现象。柜体材料和漆层应是非易燃的或自熄的。

（6）母排、导线的规格、尺寸、颜色、相序布置、连接等应符合要求。

① 装置中的控制电路导线截面，应按规定的载流量选择，并考虑到机械强度的需要。

② 设备外部接线必须通过接线座，但电流在 63A 以上的电路，允许外部电缆直接连接到元器件上。

③ 在经常移动的地方（如跨越柜门的连接线）应用软导线，并且要有足够的长度裕量，以免急剧弯曲或过度张力损坏导线。

④ 电源线及高电平电路导线，应与低电平（测量、信号、脉冲等）电路导线分束走线，并应有一定的间隔，必要时应采取隔离或屏蔽措施。

⑤ 设备主电路相序排列，以设备的正视方向为准，应符标准的规定，对于无法区分相序和极性的电路可不规定。

⑥ 螺钉及导线连接应紧固，尤其是保护电路应采取有效的措施（如螺栓、接地垫圈等）以

保证接触良好。母排搭接处应自然吻合，不应有应力。

（7）检查插件、抽屉的接插是否良好。

① 抽屉和插件应使用支撑度好的导轨支撑，以保证在接插时预先对准，并能在各种所需位置（如使用、调整或检查、不使用）上固定牢靠。必要时，在上述位置应装设机械锁紧机构。

② 抽屉和插件应能方便地插入和拔出，所有的接插点均应保证电接触可靠。

③ 抽屉和插件应具有互换性。

④ 插入式印制电路板，应有拔插件工具。设备整体设计应考虑到印制电路板的子单元不必关断电源便可进行拆卸或更换。如必须关断电源才能进行拆卸和更换时，则应在子单元的上面或附近设立明确的标志。

（8）检查设备门是否开启灵活，角度应不小于 90°。

（9）所有机械操作零部件、联锁、锁扣等运动部件的动作应灵活，动作效果应正确。

（10）设备保护功能应符合以下要求：

应检查防止直接接触、间接接触的防护措施，进行保护电路的电连续性检查。

可利用直观检查来验证保护电路以确保上述措施得以实施，尤其应检查螺钉连接是否接触良好，可能的话可抽样试验。

（11）机械操作验证。

对于按照其有关规定进行过型式试验的成套设备的器件，只要在安装时机械操作部件无损坏，则不必对这些器件进行此型式试验。

对于需要作此项型式试验的部件，应验证机构操作是否良好，操作循环次数应为 50 次。

对于抽出式功能单元，一次操作循环应从连接位置到分离位置，然后再回到原连接位置。

（12）检查设备的标志及随设备出厂的技术文件与资料应完整。

电路图、接线图和技术数据应与设备相符合。

2.1.3.2　电气间隙与爬电距离检查

1．测量电气间隙与爬电距离

试验前及出厂试验时，应进行直观检查以保证符合规定的电气间隙和爬电距离。

应测量相与相之间、不同电压的电路导体之间及带电部件与裸露导电部件之间的最小电气间隙及爬电距离。

设备内电气元件的电气间隙应符合各自标准中规定的距离。在正常使用条件下也应该保持此距离。在异常情况（如短路）下不应永久地将母线之间、连接线之间、母线与连接线之间（电缆除外）的电气间隙或介电强度减小到小于与其直接相连的电气元件所规定的值。

如果设备包含抽出式部件，则应分别验证部件在不同工作位置时的电气间隙和爬电距离是否符合要求。

2．电气间隙与爬电距离的要求

已标明额定冲击耐受电压的控制设备，按照表 2.1.2 和表 2.1.3 确定设备的最小电气间隙和最小爬电距离。若控制设备未标明额定冲击耐受电压值时，按照表 2.1.4 规定确定最小电气间隙和最小爬电距离。

表 2.1.2　空气中的最小电气间隙

额定冲击耐受电压 U_{imp}（kV）	最小电气间隙（mm）							
	情况 A：非均匀电场条件				情况 B：均匀电场条件（理想条件）			
	污 染 等 级				污 染 等 级			
	1	2	3	4	1	2	3	4
0.33	0.01	0.2	0.8	1.6	0.01	0.2	0.8	1.6
0.5	0.04				0.04			
0.8	0.1				0.1			
1.5	0.5	0.5			0.3	0.3		
2.5	1.5	1.5	1.5		0.6	0.6		
4	3	3	3	3	1.2	1.2	1.2	
6	5.5	5.5	5.5	5.5	2	2	2	2
8	8	8	8	8	3	3	3	3
12	14	14	14	14	4.5	4.5	4.5	4.5

注：最小的电气间隙值以大气压为 80 kPa 时（它相当于海拔 2000m 处的正常大气压）的 1.2/50μs 冲击电压为基准。

表 2.1.3　最小爬电距离

产品的额定绝缘电压或实际工作电压，交流有效值或直流（V）⑤	承受长期电压的电器的最小爬电距离（mm）													
	污 染 等 级			污 染 等 级				污 染 等 级				污 染 等 级		
	①⑥	②⑥	1	2				3				4		
	材 料 组 别			材 料 组 别				材 料 组 别				材 料 组 别		
	②	③	②	I①	II	IIIa	IIIb	I	II	IIIa	IIIb	I	II	IIIa	IIIb
10	0.025	0.04	0.08	0.4	0.4	0.4		1	1			1.6	1.6	1.6	
12.5	0.025	0.04	0.09	0.42	0.42	0.42		1.05	1.05	1.05		1.6	1.6	1.6	
16	0.025	0.04	0.1	0.45	0.45	0.45		1.1	1.1	1.1		1.6	1.6	1.6	
20	0.025	0.04	0.11	0.48	0.48	0.48		1.2	1.2	1.2		1.6	1.6	1.6	
25	0.025	0.04	0.125	0.5	0.5	0.5		1.25	1.25	1.25		1.7	1.7	1.7	
32	0.025	0.04	0.14	0.53	0.53	0.53		1.3	1.3	1.3		1.8	1.8	1.8	
40	0.025	0.04	0.16	0.56	0.8	1.1		1.4	1.6	1.8		1.9	2.4	3	
50	0.025	0.04	0.18	0.6	0.85	1.2		1.5	1.7	1.9		2	2.5	3.2	4)
63	0.04	0.063	0.2	0.63	0.9	1.25		1.6	1.8	2		2.1	2.6	3.4	
80	0.063	0.1	0.22	0.67	0.95	1.3		1.7	1.9	2.1		2.2	2.8	3.6	
100	0.1	0.16	0.25	0.71	1	1.4		1.8	2	2.2		2.4	3.0	3.8	
125	0.16	0.25	0.28	0.75	1.05	1.5		1.9	2.1	2.4		2.5	3.2	4	
160	0.25	0.4	0.32	0.8	1.1	1.6		2	2.2	2.5		3.2	4	5	
200	0.4	0.63	0.42	1	1.4	2		2.5	2.8	3.2		4	5	6.3	
250	0.56	1	0.56	1.25	1.8	2.5		3.2	3.6	4		5	6.3	8	

产品的额定绝缘电压或实际工作电压，交流有效值或直流（V）⑤	承受长期电压的电器的最小爬电距离（mm）														
	污染等级 ①⑥	污染等级 ②⑥	污染等级 1	污染等级 2				污染等级 3				污染等级 4			
	材料组别	材料组别	材料组别	材料组别				材料组别				材料组别			
	②	③	②	I①	II	IIIa	IIIb	I	II	IIIa	IIIb	I	II	IIIa	IIIb
320	0.75	1.6	0.75	1.6	2.2	3.2		4	4.5	5		6.3	8	10	
400	1	2	1	2	2.8	4		5	5.6	6.3		8	10	12.5	
500	1.3	2.5	1.3	2.5	3.6	5		6.3	7.1	8		10	12.5	16	
630	1.8	3.2	1.8	3.2	4.5	6.3		8	9	10		12.5	16	20	
800	2.4	4	2.4	4	5.6	8		10	11	12.5		16	20	25	
1000	3.2	5	3.2	5	7.1	10		12.5	14	16		20	25	32	
1250			4.2	6.3	9	12.5		16	18	20		25	32	40	
1600			5.6	8	11	16		20	22	25		32	40	50	
2000			7.5	10	14	20		25	28	32		40	50	63	
2500			10	12.5	18	25		32	36	40	4)	50	63	80	
3200			12.5	16	22	32		40	45	50		63	80	100	4)
4000			16	20	28	40		50	56	63		80	100	125	
5000			20	25	36	50		63	71	80		100	125	160	
6300			25	32	45	63		80	90	100		125	160	200	
8000			32	40	56	80		100	110	125		160	200	250	
10000			40	50	71	100		125	140	160		200	250	320	

① 由于 GB/T 16935.1—1997 中 2.4 的条件，材料组别 I 或材料组别 II、IIIa、IIIb 漏电起痕的可能性减小。

② 材料组别 I、II、IIIa、IIIb。

③ 材料组别 I、II、IIIa。

④ 此区域内的爬电距离值尚未确定。材料组别 IIIb 一般不推荐用于 630V 以上的污染等级 3，也不推荐用于污染等级 4。

⑤ 作为例外，额定绝缘电压 127V、208V、415/440V、660/690V 和 830V 的爬电距离可分别对应于 125V、200V、400V、630V 和 800V 的较低档的爬电距离。

⑥ 这两栏中给出的值适用于印制电路材料的爬电距离。

注 1. 在实际工作电压 32V 及以下的绝缘不会出现漏电或漏电起痕现象，然而必须考虑到电解腐蚀的可能性，为此规定了最小的爬电距离值。

2. 表中按 R10 数系选择电压值。

表 2.1.4 最小电气间隙和最小爬电距离

额定绝缘电压 U_i（V）	最小电气间隙（ram）				最小爬电距离（mm）	
	$I_e \leqslant 63A$		$I_e \geqslant 63A$		$I_e \leqslant 63A$	$I_e \geqslant 63A$
	相-相	相-地	相-相	相-地		
$U_i < 60$	2	3	3	5	3	4
$60 < U_i \leqslant 250$	3	5	5	6	4	8

续表

额定绝缘电压 U_i（V）	最小电气间隙（ram）				最小爬电距离（mm）	
	I_e≤63A		I_e≥63A		I_e≤63A	I_e≥63A
	相-相	相-地	相-相	相-地		
250<U_i≤380	4	6	6	8	6	10
380<U_i≤500	6	8	8	10	10	12
500<U_i≤660	6	8	8	10	12	14
660<U_i≤750 交流 660<U_i≤800 直流	10	14	10	14	14	20
750<U_i≤1000（1140）交流 800<U_i≤1500 直流	14	20	14	20	20	28

3．电气间隙和爬电距离的测量方法

1）基本原则

【例 1】至【例 11】规定了槽宽度 X 基本适用于以污染等级为函数的所有实例，参见表 2.1.5 及图 2.1.1。

表 2.1.5　槽宽度与污染等级的关系

污染等级	1	2	3	4
槽宽度 X 的最小值（mm）	0.25	1.0	1.5	2.5

如果有关的电气间隙小于 3mm，凹槽最小宽度则可以减小至该电气间隙的 1/3。

测量爬电距离和电气间隙的方法在下面【例 1】至【例 11】中示出。这些举例使得在间隙与槽之间，或各种绝缘形式之间没有什么区别，而且：

● 假定任意角被宽度为 X mm 的绝缘连接件在最不利的位置上桥接（见【例 3】）；
● 当横跨槽顶部的距离为 X mm 或更大时，应沿着凹槽的轮廓测量爬电距离（见【例 2】）；
● 在相对运动部件处于最不利的位置时，测量这些部件之间的电气间隙和爬电距离。

2）筋的使用

由于筋对污染物的影响以及它有较好的干燥效果，因此可以明显地减少泄漏电流的形成（假设筋的最小高度为 2mm）。爬电距离则可以减小至要求值的 0.8 倍。

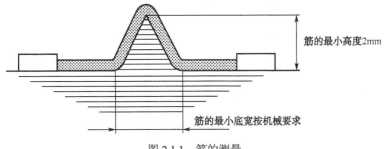

图 2.1.1　筋的测量

筋的测量实例如图 2.1.2 所示。

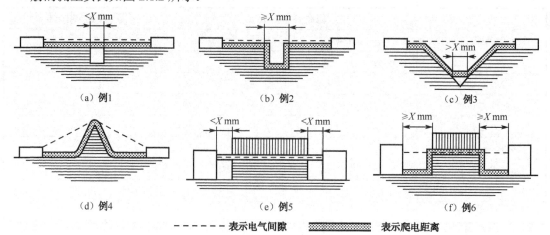

（a）例1   （b）例2   （c）例3

（d）例4   （e）例5   （f）例6

- - - - - - 表示电气间隙   ▨▨▨▨ 表示爬电距离

图 2.1.2　筋的测量实例（一）

【例 1】条件：该爬电距离路径包括宽度小于 X mm、深度为任意的平行边或收敛形边的槽。

规则：爬电距离和电气间隙如图 2.1.2（a）所示，直接跨过槽进行测量。

【例 2】条件：此爬电距离路径包括任意深度且宽度等于或大于 X mm 的平行边的槽。

规则：电气间隙是"虚线"的距离。爬电距离路径沿槽的轮廓测量。

【例 3】条件：此爬电距离路径包括宽度大于 X mm 的 V 形槽。

规则：电气间隙是"虚线"的距离。爬电距离路径沿槽的轮廓但被 X mm 的连接把槽底"短路"。

【例 4】条件：爬电距离路径包括一条筋。

规则：电气间隙是通过筋顶的最短直接空气路径。爬电距离为沿着筋的轮廓。

【例 5】条件：爬电距离路径包括一条未绕合的接缝及每边宽度小于 X mm 的槽。

规则：爬电距离和电气间隙是如图 2.1.2（e）所示的"虚线"距离。

【例 6】条件：此爬电距离路径包括一条未绕合的接缝以及每边宽度等于或大于 X mm 的槽。

规则：电气间隙为"虚线"距离。爬电距离路径为沿槽的轮廓。

下面我们再举例说明一下筋的测量，其实例如图 2.1.3 所示。

【例 7】条件：爬电距离路径由未绕合的接缝以及一边宽度小于 X mm 而另一边宽度等于或大于 X mm 的槽构成。

规则：电气间隙和爬电距离路径如图 2.1.3（a）所示。

【例 8】条件：穿过一条未绕合接缝的爬电距离小于通过隔板顶部的爬电距离。

规则：电气间隙是通过隔板顶部的最短直接空气距离。

【例 9】条件：应将螺钉头与凹壁之间足够宽的间隙考虑在内。

规则：电气间隙和爬电距离路径如图 2.1.3（c）所示。

【例 10】条件：螺钉头与凹壁之间的间隙过分窄小以致不必考虑。

规则：当距离等于 X mm 时，测量爬电距离是从螺钉至槽壁。

【例 11】C 移动部件：电气间隙为 $d+D$ 的距离，爬电距离也为 $d+D$ 的距离。

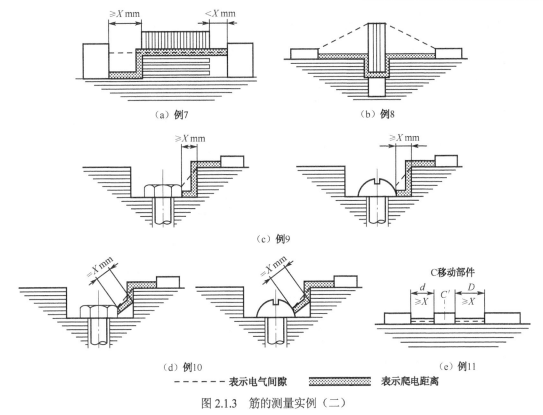

（a）例7 （b）例8

（c）例9

（d）例10 （e）例11

- - - - - 表示电气间隙 ▨▨▨ 表示爬电距离

图 2.1.3 筋的测量实例（二）

3）测量结果

按照上述方法，对应于材料组别和污染等级所测得的电气间隙和爬电距离应符合以下几点的要求：

（1）通过测量验证电气间隙等于或大于表 2.1.2 中情况 A 的值。如果大于表 2.1.2 给出的"情况 A：非均匀电场条件"的值时，则不要求进行冲击耐受电压试验。

（2）爬电距离应符合规定的污染等级和表 2.1.3 给出的在额定绝缘电压（或实际工作电压）下的相应的材料组别。

对于必须考虑绝缘故障的严重后果场合下使用的电路，应改变表 2.1.3 中的一个或多个有影响的因素（距离、绝缘材料、微观环境中的污染），以使绝缘电压高于表 2.1.3 给出的电路额定绝缘电压值。

2.1.4 一般试验条件

根据下面要求进行试验的产品不排除在成套装置的使用中需要增加附加试验，例如根据 GB 7251.1 的要求增加附加试验。

2.1.4.1 一般要求

除非有关产品标准另有规定，每项试验无论是单项试验还是顺序试验都应在完好的产品上进行。

除非另有规定，试验采用的电流种类应与预期使用情况一致，在交流情况下还应规定相同的额定频率和相数。

凡本部分未规定的试验参数值，应在有关产品标准中规定。

为了便于试验而采用提高试验严酷度的方法，例如为了缩短试验时间而采用较高的操作频率进行试验，如果仅在制造商同意的情况下方可进行，试验结果应认为是有效的。

根据制造商的说明书规定环境条件，被试产品应如正常使用情况一样接线和完整安装在固有支架或等效的支架上。

施加到产品接线端子上的拧紧力矩应按制造商说明书的规定，如说明书中无此规定，则按表 2.1.6 规定施加拧紧力矩。

表 2.1.6　验证螺纹型接线端子机械强度的拧紧力矩

螺纹直径（mm）		拧紧力矩（N·m）		
米制标准值	直径范围	I	II	III
2.5	$\phi \leqslant 2.8$	0.2	0.4	0.4
3.0	$2.8 < \phi \leqslant 3.0$	0.25	0.5	0.5
—	$3.0 < \phi \leqslant 3.2$	0.3	0.6	0.6
3.5	$3.2 < \phi \leqslant 3.6$	0.4	0.8	0.8
4	$3.6 < \phi \leqslant 4.1$	0.7	1.2	1.2
4.5	$4.1 < \phi \leqslant 4.7$	0.8	1.8	1.8
5	$4.7 < \phi \leqslant 5.3$	0.8	2.0	2.0
6	$5.3 < \phi \leqslant 6.0$	1.2	2.5	3.0
8	$6.0 < \phi \leqslant 8.0$	2.5	3.5	6.0
10	$8.0 < \phi \leqslant 10.0$	—	4.0	10.0
12	$10 < \phi \leqslant 12$	—	—	14.0
14	$12 < \phi \leqslant 15$	—	—	19.0
16	$15 < \phi \leqslant 20$	—	—	25.0
20	$20 < \phi \leqslant 24$	—	—	36.0
24	$24 < \phi$	—	—	50.0

注：第 I 列——适用于拧紧时不凸出孔外的无头螺钉和不能用刀口宽度大于螺钉顶部直径的螺丝刀拧紧的其他螺钉。

第 II 列——适用于可用螺丝刀拧紧的螺钉和螺母。

第 III 列——适用于不可用螺丝刀拧紧的螺钉和螺母。

具有整体外壳的产品应完整地安装，正常工作中关闭的孔，试验时应关闭。

预期使用在单独外壳中的产品，应在制造商规定的最小外壳中进行试验。单独外壳是仅为容纳一台产品而设计和确定尺寸的外壳。

所有产品应在自由空气中进行试验。如果产品也可用在规定的单独外壳中，且在自由空气中进行过试验，则这类产品应增加一个在制造商规定的最小外壳中的附加试验，规定的试验要求应在产品标准中明确并记录在试验报告中。

如果产品也可在规定的单独外壳中，且全部试验是在制造商规定的最小外壳中进行的，则该产品在自由空气中的试验可以不必进行，条件是外壳为裸金属、无绝缘。具体细节，包括外壳的尺寸，应记录在试验报告中。

对在自由空气中进行试验的产品，除非产品标准另有规定，涉及产品接通和分断能力及短路性能的试验时，在产品周围的各点应设置金属丝网模拟有一电源可能发生击穿的现象，丝网的布置及距离由制造商规定。具体细节，包括产品至丝网的距离应记录在试验报告中。

金属丝网特性要求应包括以下几项内容：

（1）结构——金属丝网或打孔金属板或拉制的金属板。

（2）材料——钢。

（3）材料厚度——最小 1.5mm。

（4）开孔面积与全部面积之比——0.45～0.65。

（5）网孔面积——不超过 30mm^2。

（6）表面处理——裸露或镀金属。

（7）电阻——熔断元件的电阻应包括在电路预期故障的电流计算中，电阻值从电弧喷射到金属丝网可能达到的最远点测得。

除非另有规定，试验时不允许维修和更换零部件。

产品在试验前可以空载操作几次。

除非本部分或有关产品标准另有规定，在试验中，机械开关器件的操动系统试验环境应如同制造商规定的使用环境一样，并应控制在参数（例如电压、气压）的额定值下进行试验。

2.1.4.2 试验参数

1. 试验参数值

所有试验应按有关产品标准中确定的试验参数进行试验，而试验参数应与制造商规定的额定值相对应。

2. 试验参数的允差

除非有关条款另有规定，记录在试验报告中的试验参数的允差应符合表 2.1.7 的规定。但经制造商同意，试验可以在比规定的要求严酷的条件下进行。

表 2.1.7　试验参数的允差

所　有　试　验		空载、正常负载和过载条件下的试验		短路条件下的试验	
电流	+5% 0	功率因数	±0.05	功率因数	0 -0.05
电压	+5% 0	时间常数	+15% 0	时间常数	+25% 0
（包括工频恢复电压）		频率	±5%	频率	±5%

注：1. 表中给定的允差不适用于动作范围，最大和/或最小动作极限在产品标准中规定。
　　2. 制造商和用户双方同意，在 50Hz 下进行的试验可以认为允许在 60Hz 条件下运行，反之亦然。

3. 恢复电压

1）工频恢复电压

对所有分断能力和短路分断能力试验，工频恢复电压值应为额定工作电压值的 1.05 倍，该额定工作电压值由制造商规定或在有关产品标准中规定。

根据 IEC 60038，规定工频恢复电压值为 1.05 倍额定工作电压值及符合表 2.1.7 中试验参数的允差，被认为包括了在正常工作条件下电源系统的电压变化。

可以要求增高外施电压，但未经制造商同意预期接通峰值电流不应超过规定值。

在制造商同意下，可以增高工频恢复电压的上限值。

2）瞬态恢复电压

瞬态恢复电压在有关产品标准提出要求时，该值按常规试验的介电性能验证确定。

2.1.4.3　试验结果的评定

产品的极与极之间或极与框架之间不应发生电弧，也不应有闪络；检测电路中的熔断元器件也不应熔断。试验后，产品应符合有关产品标准的规定。

2.1.4.4　试验报告

制造厂应提供有效的型式试验报告证实电气控制设备及零部件符合有关产品标准。试验布置的详情，如外壳的尺寸和型式（如有）、导体的尺寸、带电部件至外壳或接地部件之间的距离、操动系统的操作方式等，应在试验报告中列出。

试验值和试验参数应作为试验报告的主要内容。

2.1.5　试验的安全措施

电气设备控制柜在进行任何一项电气设备试验时，都要注意各项安全措施。特别是正规的生产制造企业更是要注意技术安全问题，在实际操作中要注意电气设备试验的各项要求。

在电气控制柜试验中必须坚持实事求是的科学态度，要严肃认真，既不应放过隐患，也不应将隐患扩大化。应在生产车间内设置专门的试验区，在试验区内，做好各项试验的安全技术措施，要注意以下几项：

（1）合理、整齐地布置试验场地。试验器具应靠近试品，所有带电部分应互相隔开，面向试验人员并处于视线之内。操作者的活动范围及与带电部分的最小允许距离应满足规定。调压、测量装置及电源控制箱应靠近放置，控制柜由 1 人操作和读数。

（2）周密的准备工作应包括：拟订试验程序，准备好试验设备、仪器及仪表、电源控制箱，准备好绝缘接地棒、接地线、小导线、工具，等等。

（3）试验接线应清晰明了、无误。

（4）电气控制柜操作顺序应有条不紊，试验接线应正确无误。在操作中除有特殊要求外，均不得突然加压或失压。当发生异常现象时，应立即停止升压，并进行降压、断电、放电、接地，而后再检查分析。

（5）做好试验的善后工作。善后工作包括清理现场，以防在试品上遗忘物件，妥善保管试验器具，方便再次使用。

（6）试验记录。对试验项目、测量数据、试品名称和编号、仪器仪表编号、气象条件及试验时间等应进行详细地记录，作为分析和判断设备状态的依据，然后整理成试验报告，以便抄报和存档。

试验区的操作人员必须注意以上几项技术措施。做好以上几项技术措施，才能更好地保障电气控制柜试验的安全性和正确性，使产品质量进一步提高，工作更加可靠。

2.2 结构设计验证

2.2.1 结构验证要求

电气控制设备的主要性能指标是由电气控制设备设计阶段和生产制造过程中的工艺所决定的。电气控制设备的结构设计是电气控制设备设计阶段的重要组成部分。电气控制设备制作完成后其结构设计是否合理、可靠，必须通过试验来验证电气控制设备的结构设计的正确性，以保证电气控制设备达到要求的电气及机械性能指标。如果不能保证达到要求的电气及机械性能指标，则必须重新设计或修改原设计。

有关结构验证要求包括：材料、产品结构、封闭产品的外壳防护等级、接线端子的机械性能、操动器、位置指示器件。

2.2.2 材料的易燃性试验

材料的易燃性直接影响电气控制设备的短路耐受强度，因此要求在型式试验时必须对材料的易燃性进行试验。

2.2.2.1 试验要求

材料试验应采用《电工电子产品着火危险试验》规定的方法进行试验。

1. 灼热丝试验

灼热丝试验应在下面的条件下进行：

在电的作用下可能受到热应力影响且有可能使产品的安全性降低的绝缘材料，在非正常热和火的作用下不应该产生不利的影响。保护导体不认为是承载电流部件。

用于固定载流部件所使用的绝缘材料部件应满足规定的灼热丝试验，试验强度根据绝缘材料部件预期的着火危险性应选择 850℃ 或 960℃。应根据产品标准的规定选择适用于产品的相应的温度值。

除上述规定的绝缘材料部件外，其他绝缘材料部件应满足规定的灼热丝试验要求，温度值为 650℃。如果试验必须在试品上的多个地方进行，应保证首次试验引起的材料损坏不影响后续试验。

对于小的绝缘材料部件（表面尺寸不超过 14mm×14mm），有关产品标准可以规定其他的试验要求（如针焰试验）。对于其他情况，如金属部件大于绝缘材料（如接线端子排）时，也可采用该方法。

2. 火焰试验、电热丝引燃试验和电弧引燃试验

在材料上进行的试验应根据易燃性试验的规定进行，应选择合适的试品进行火焰试验、电热丝引燃试验和电弧引燃试验。与材料可燃性类别有关的电热丝引燃（HWI）和电弧引燃（AI）试验要求应符合表 2.2.1 的规定。

表 2.2.1　电热丝引燃（HWI）和电弧引燃（AI）特性

可燃性类别	FV0	FV1	FV2	FHI	FH3≤40（mm/min）	FH3≤75（mm/min）
部件厚度（mm）	任意	任意	任意	任意	≥3	<3
HWI 引燃时间最小值（s）	7	15	30	30	30	30
AI 引燃电弧的最小次数	15	30	30	60	60	60

当在材料上进行试验时，可根据下面规定的可燃性分类法，采用电热丝引燃和电弧引燃（如适用）方法进行试验。

（1）火焰试验，根据 GB/T 11020《固体非金属材料暴露在火焰源时的燃烧性试验方法清单》确定的可燃性类别进行。

（2）与材料可燃性类别有关的电热丝引燃（HWI）和电弧引燃（AI）试验值见表 2.2.1 的规定。

每一栏表征与可燃性类别有关的 HWI 和 AI 的最低性能值。

例如：任何厚度的具有可燃性类别 FVI 的材料必须具有至少 15s 的 HWI 值和至少 30 次电弧 AI 值。

制造厂应提供绝缘材料供应商所供应的绝缘材料满足上述数据的要求。

（3）该项试验只在与燃弧部件距离 13mm 内的材料上或会使带电部件连接松动的材料上进行。如果产品用于接通和分断试验，与燃弧部件距离 13mm 内的这部分材料无须进行这项试验。

引燃电弧的平均数和每组样品的厚度应记录在试验报告中。

2.2.2.2　试验方法

1. 电热丝引燃试验

（1）每种材料用 5 件样品进行试验，试样应是长为 150mm，宽为 13mm，并且试样厚度均匀，材料的厚度由材料制造厂规定。

材料的各边应无毛刺、飞边等。

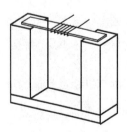

图 2.2.1　电热丝引燃
试验装置

（2）应采用直径约为 0.5mm、长（250±5）mm、冷电阻约为 5.28Ω/m 的镍铬电阻丝（80%镍、20%铬，无铁）。该电阻丝应以直线长度的方式接到可调节的电源上，该电源被调节到 8s 至 12s 内使电阻丝的功率损耗为 0.26W/mm。冷却后，电阻丝应当被绕在试样上 5 圈，各圈之间的距离为 6mm。

（3）被绕上电阻丝的试样放在水平位置上，电阻丝的两个接线端子接到可调的电源上，重新调整电源至电阻丝的内耗为 0.26W/mm，如图 2.2.1 所示。

（4）开始试验，接通电路电源使得通过电阻丝的电流产生线功率密度为 0.26W/mm。

（5）继续加热电热丝直到试样引燃，当引燃一旦发生，断开电源，记录引燃时间。

如果在 120s 内不引燃，结束试验。对于穿过电阻丝绕组被熔化但不燃烧的试样，当试样不再与所有 5 圈加热电阻丝紧密接触时结束试验。

（6）试验应在其余的试样上重复进行。

（7）平均引燃时间和每组样品的厚度应记录下来。

2. 电弧引燃试验

（1）电弧引燃试验在 3 个样品上进行，试样长为 150mm、宽为 13mm，并具有均匀的厚度，试样的厚度由材料制造厂规定。试样的边应无毛刺、飞边等。

（2）试验在一对电极下进行，试验电路与 50Hz 或 60Hz、230V 的交流电源相连接，如图 2.2.2 所示，电路中应具有可变的感性阻抗。

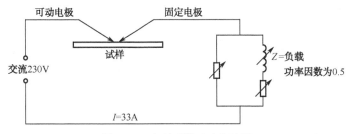

图 2.2.2 电弧引燃试验电路图

（3）一个电极应是固定的，另一个电极应是可以移动的。固定的电极由一个 8～10mm 的硬质铜导体制成，并应具有一个与水平线成 30°角的凿状横刃。可移动电极是一个直径为 3mm 的不锈钢圆棒，具有一个 60°角的圆锥头，该电极可在自身的轴线方向移动，电极顶尖的曲线弧度半径在开始试验时，不应超过 0.1mm。电极应相对放置，与水平线成 45°角。将电极短路时，调整可变的感性负载，使其功率因数等于 0.5 时电流为 33A。

（4）被试样品应水平放置在空气中，在两个电极接触时可以触及试品的表面。可移动电极应采用人力或其他可控方式使其沿自身的轴线向后移动，与固定的电极分开，使电路断开。随后，放低电极重新接通电路，以产生一系列电弧，其速度大约为每分钟产生 40 个电弧。电极的分开速度为（250±25）mm/s。

（5）试验进行到样品发生引燃时，在样品上生成一个孔，或进行 200 次试验循环为止。

（6）引燃电弧的平均数和每组样品的厚度应记录在试验报告中。

2.2.3 封闭控制设备及电器的外壳防护等级试验

检查电气控制设备的外壳防护等级应符合设计的规定。
出厂试验时，可进行直观检查以保证规定的防护等级。

2.2.3.1 试验要求

（1）本标准所规定的试验为型式试验，允许仅在新产品定型或结构改变而影响防护性能时进行。

（2）防水和防尘试验的标准环境条件规定为：

- 温度：15～35℃；
- 相对湿度：45%～75%；
- 气压：86～106kPa（860～1060mbar）。

（3）除另有规定外，每次试验的样机应是清洁后的新制品，所有部件均应按照制造厂规定的正常使用、安装条件装配完整的产品上进行。但外壳接缝处的临时涂封（如防锈油脂、油漆等）在试验前应去除。

（4）一般情况，试验是在产品不通电情况下进行的。如需要在通电情况下进行试验，应在相应的产品标准或技术条件中加以规定，并应采取充分的安全措施。

（5）对于第一位表征数字为1和2L，第二位表征数字为1，2，3和4的防护等级，如直观检查已显示出符合预期的防护等级的要求，则无须再做试验，如有怀疑，则可按下面的规定进行试验。

（6）如有附加要求，应在有关产品标准或技术条件中加以规定。

（7）对于第二位表征数字条件要求试验时，试验应用清水进行。在试验过程中，壳内的湿气可能部分凝结，应避免将冷凝的露水误认为进水。

（8）在按产品表面积确定试验时间时，计算表面积的误差为±10%。

2.2.3.2　试验方法和合格评定

1. 第一位表征数字的试验

第一位表征数字及数字后补充字母的试验方法和合格评定参见表2.2.2。

表2.2.2　第一位表征数字及数字后补充字母的试验方法和合格评定

第一位表征数字及数字后补充字母	试验方法及合格评定
0	无须试验
1	用直径为（50+0.05）mm 的刚性试球对外壳各开启部分施加（50±5）N 的力做试验。 如试球未能穿过任意开启部分并与电器内运行时带电部分或转动部件保持足够的间隙，即认为试验合格。
2L	本试验包括试指试验和试球试验。 a. 试指试验 用如图2.2.3 所示的标准试指做试验：试指的2 个连接点可绕其轴线向同一方向弯曲90°。用不大于10N 的力将试指推向外壳各开启部分，如能进入外壳，则应注意活动至各个可能的位置。 如试指与壳内带电部分或转动部件保持足够的间隙，即认为试验合格。但允许试指与非危险的光滑转轴及类似的部件接触。 试验时，如有可能应使壳内转动部件缓慢地转动。 试验产品时，可在试指和壳内带电部分之间中接一适当的指示灯，并供以 40～50V 的安全电压，对仅用清漆、氧化物及类似方法涂覆的导电部件，应用金属箔包覆，并将金属箔与运行时带电的部件连接。试验时如指示灯不亮，即认为试验合格 b. 试球试验 用直径为 12.5$_0^{0.2}$ mm 的刚性试球对外壳各开启部分旋加（30±3）N 的力做试验。 如试球未能穿过任意开启部分并与电器壳内带电部分或转动部件保持足够的间隙，即认为试验合格。

第一位表征数字及数字后补充字母	试验方法及合格评定
3	防固体异物进入产品壳内。 用直径为 $2.5^{+0.05}_{0}$ mm 直的硬钢丝或棒施加（3±0.3）N 的力做试验。钢丝或棒的端面应无毛刺，并与其长度成直角。 如钢丝或棒不能进入壳内，试验即认为合格
3L	防止与带电部分或运动部件接触。 用直径为 $2.5^{+0.05}_{0}$ mm、长为 100mm 的直的硬钢丝或棒施加（3±0.3）N 的力做试验。钢丝或棒的端面应加工成圆形。 如钢丝或棒与电器壳内带电部分或转动部件保持足够的间隙，即认为试验合格。 另外，第一位表征数字 2L 的试球试验也应满足。
4	防止固体异物进入电器壳内。 用直径为 $1^{+0.05}_{0}$ mm 的直的硬钢丝或棒施加（1±0.1）N 的力做试验。钢丝或棒的端面应无毛刺并与其长度成直角。 如钢丝或棒不能进入壳内，试验即认可合格
4L	防止与带电部分或运动部件接触。 用直径为 $1^{+0.05}_{0}$ mm、长为 100mm 的直的硬钢丝或棒施加（1±0.1）N 的力做试验。钢丝或棒的端面应加工成圆形。 如钢丝或棒与产品壳内带电部分或转动部件保持足够的间隙，即认为试验合格。 另外，第一位表征数字 2L 的试球试验也应满足。
5	a．防尘试验 用如图 2.2.4 所示的防尘试验设备做试验，在一适当密封的试验箱内盛有呈悬浮状态的滑石粉，滑石粉应能通过筛孔尺寸为 75μm，筛丝直径为 50μm 的金属方孔筛。滑石粉的用量按试验箱体积为 2kg/m^3，使用次数应不超过 20 次。 外壳根据壳内外压力差情况可以分为两种类型，有关产品标准应对产品外壳指明属于何种类型。 第一种类型：产品在正常工作循环时，由于热效应而导致壳内气压比壳外气压低。 第二种类型：产品正常工作时，壳内外的压力是相同的。 对于第一种类型的产品外壳，试验时，产品支撑于试验箱内，用真空泵抽气使产品壳内气压低于环境气压。如外壳只有一个导线孔（电缆进线孔），则抽气管应接在这一孔上而不应另外开孔。如果有几个导线孔（电缆进线孔），则其他的孔在试验时应封闭。本类型外壳不允许有泄水孔和其他开孔。 试验是利用适当的压差将箱内空气抽入产品壳内，如有可能，抽气量至少为 80 倍壳内空气体积，抽气速度应不超过每小时 60 倍壳内空气体积，在任何情况下，压力计上的压差不超过 1.96kPa（200mm 汞柱），见图 2.2.4 中 3 所示。 如抽气速度达到每小时 40～60 倍壳内空气体积，则试验进行 2h 为止。如抽气速度低于每小时 40 倍壳内空气体积且压差已达 1.96kPa，则试验应持续到抽满 80 倍壳内空气体积或试满 8h 为止。 对于第二种类型的产品外壳，试验时，产品按正常工作位置放入试验箱内，但是并不与真空泵连接，在正常情况下，开启的孔试验时仍保持开启，试验持续 8h。 如不能将整台产品置于试验箱内做试验时，可用产品外壳的各个独立的封闭部分分别进行试验。 如有其他具体规定，可在产品标准中进一步说明。 上述两种类型，经试验后，如滑石粉没有大量积聚且其沉积地点如同其他尘埃（如不导电、不易燃、不易爆或无化学腐蚀的尘埃）一样不足以影响产品的正常运行，即认为试验合格。 如有需要，制造厂可根据特殊使用的环境条件规定采用其他性质和种类的尘埃大小进行试验，但必须把此情况列入试验报告，并且使用补充字母"N"表示。 b．钢丝试验 如产品具有泄水孔（孔不应小于 2.5mm），还需用直径为 $1^{+0.05}_{0}$ mm、长度为 100mm 的直的硬钢丝或棒对泄水孔施加（1±0.1）N 的力做试验。钢丝或棒端面应加工成圆形。 如钢丝或棒与产品壳内带电部分或转动部件保持足够的间隙，即认为试验合格。
6	试验条件按本表第 5 级 a 的方法进行试验。试后如产品壳内无可见的尘埃，即认为试验合格。

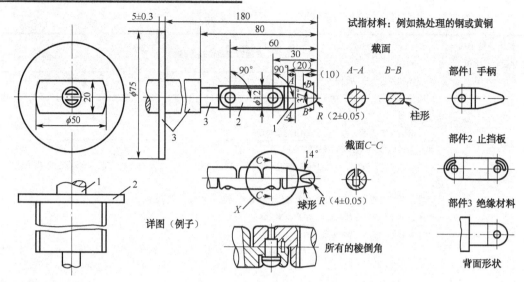

注：标准试指尺寸单位为 mm。

未指定公差部分的尺寸公差：角度—$^0_{-10'}$；直线尺寸—25mm 及以下 $^0_{-0.05}$，25mm 以上±0.2。

试指的两个连接点可在 90°$^{+10'}_{0}$ 范围内弯曲，但只能向同一方向。

图 2.2.3　标准试指

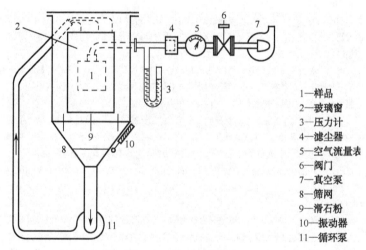

1—样品
2—玻璃窗
3—压力计
4—滤尘器
5—空气流量表
6—阀门
7—真空泵
8—筛网
9—滑石粉
10—振动器
11—循环泵

图 2.2.4　防尘试验设备

2. 第二位表征数字的试验

（1）第二位表征数字的试验方法及条件参见表 2.2.3。

表 2.2.3　第二位表征数字的试验方法及条件

第二位表征数字	试验方法及条件
0	无须试验

第二位表征数字	试验方法及条件
1	用滴水设备进行试验，其原理如图 2.2.5 所示。设备整个面积的滴水应均匀分布，并能产生每分钟为 3～5mm 的降雨量（如用相当于图 2.2.5 的设备，即每分钟水位降低 3 至 5mm）。 被试产品按正常运行位置放在滴水设备下面设备底部应大于被试产品的水平投影面。除预定安装在墙上或顶板上的产品外，被试产品的支撑物应小于产品的底部。 对安装在墙上或顶板上的产品，应按正常使用位置安装在木板上，木板的尺寸应等于产品在正常使用时与墙或顶板的接触面积。 试验持续时间为 10min
2	试验设备和降雨量与本表第 1 级相同。 在电器 4 个固定的倾斜位置上各试验 2.5min，这 4 个位置在 2 个互相垂直的平面上与垂直线各倾斜 15°。 全部试验持续时间为 10min
3	当被试产品的尺寸和形状能容纳在图 2.2.4 所示的半径不超过 lm 的摆管中时，则用此设备做试验，如不可能，则用如图 2.2.6 所示的手持式淋水和溅水试验设备做试验。 用如图 2.2.7 所示的淋水和溅水试验设备做试验时的试验条件如下所述。 水压约为 80kPa（0.8bar）。 水源至少每分钟应能供水 10L。 摆管在中心点两边 60° 角的弧段内布有喷水孔，并固定在垂直位置上。被试产品置于转台上并靠近半圆摆管的中心，转台绕其垂直轴线以适当的速度转动，使电器各部分在试验中均被淋湿。 试验持续时间至少 10min。 如无法使外壳在转台上旋转，则外壳置于摆管半圆中心，而将摆管沿垂直两边各摆动 60° 角时速度为 60r/s，持续 5min，然后把外壳沿水平方向旋转 90° 角，再持续 5min。 用图 2.2.7 设备时的试验条件如下所述。 试验时应装上活动挡板。 水压约为 80～100kPa（0.8～1.0bar）（喷水率为（10±0.5）L/min）。 试验持续时间：按被试产品表面积计算（不包括任何安装面积）每平方米为 1min，至少需要 5min
4	采用图 2.2.6 或图 2.2.7 设备的条件与本表第 3 级相同。 用图 2.2.6 设备时的试验条件： 摆管在 180° 的半圆内应布满喷水孔。试验时间、转台转速及水压与本表第 3 级相同。 被试产品的支撑物应开孔，以免挡住水流。摆管以每秒钟摆动 60° 的角速度向每边摆动至最大限度，使产品在各个方向均受到喷水。 用图 2.2.7 设备时的试验条件： 拆去淋水器上的活动挡板，使产品在各个方向均受到喷水。 喷水率与单位面积的喷水时间与本表第 3 级相同
5	用如图 2.2.8 所示的喷水试验标准喷嘴，从实际可能的各个方向向电器喷水，应遵守的条件如下所述。 喷嘴内径：6.3mm。 喷水率：（12.5±0.625）L/min。 喷嘴水压：约 30kPa（0.3bar）（相当于垂直方向上自由喷流高度为 2.5m）。 试验时间：按被试产品的表面积计算，每平方米为 1min，至少需要 3min。 喷嘴距离：与被试产品表面相距约 3m（但为了能从各个方向喷射产品，必要时可适当缩短此距离）

第二位表征数字	试验方法及条件
6	试验设备与本表第 5 级相同，应遵守的条件如下所述。 喷嘴内径：12.5mm。 喷水率：（100±5）L/min。 喷嘴水压：约 100kPa（1bar）（相当于垂直向上自由喷流高度为 8m）。 试验时间：按被试电器的表面积计算，每平方米为 1min，至少需要 3min。 喷嘴距离：与被试电器相距约 3m（但为了能从各个方向喷射电器，必要时可适当缩短此距离）。
7	将电器完全浸入水中做试验。水面应高出电器顶点至少 150mm，电器底部应低于水面至少 1m。试验持续时间至少为 30min。水与电器的温差不大于 5℃。
8	试验条件按制造厂与用户的协议，但其严酷程度应不低于本表第 7 级的要求。

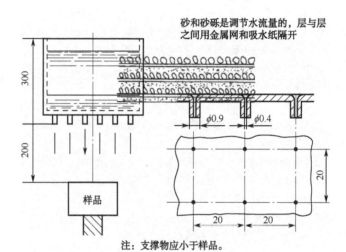

注：支撑物应小于样品。

图 2.2.5　滴水试验设备

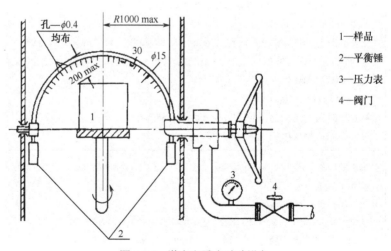

1—样品
2—平衡锤
3—压力表
4—阀门

图 2.2.6　淋水和溅水试验设备

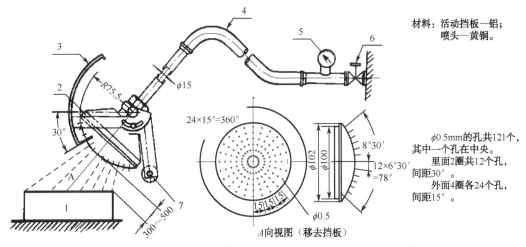

材料：活动挡板—铝；
喷头—黄铜。

$\phi0.5mm$的孔共121个，
其中一个孔在中央。
里面2圈共12个孔，
间距30°。
外面4圈各24个孔，
间距15°。

A向视图（移去挡板）

1—样品；2—喷头；3—活动挡板；4—蛇管；5—压力表；6—阀门；7—平衡锤

图2.2.7 手持式淋水和溅水试验设备

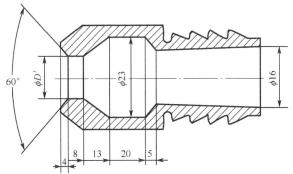

D'=6.3mm用于表2.2.3中5的试验。
D'=12.5mm用于表2.2.3中6的试验。

图2.2.8 喷水试验标准喷嘴

（2）第二位表征数字各项试后的合格评定。

按表2.2.3所规定的试验方法及条件进行试验后，先把电器外表面擦干，然后检查电器外壳内是否进水。外壳内进水量应符合以下要求并通过耐电压试验。

① 进水量应不足以妨碍电器正常可靠运行。

② 进水不积聚在电缆接头附近或进入电缆。

③ 进水不应浸入线圈和带电部件（指不允许在受潮状态下运用者）。

④ 如果外壳有泄水孔，应检查并证明进入壳内的水不会积聚且应证明水的排泄对电器性能不能造成有害影响。

⑤ 耐电压试验的试验电压值为电器产品所规定的耐电压值的50%。

对于表2.2.3中第8级，试验后壳内不允许进水，可用肉眼进行检查判定。

2.2.4 接线端子的机械性能

如果电气控制设备中所选用的是符合GBI4048标准的接线端子，接线端子可以免除本试验。本条不适用于铝接线端子，也不适用于连接铝导体的接线端子。

2.2.4.1　试验的一般条件

除非制造商另有规定，每一试验应在完好的和新的接线端子上进行。

当采用圆铜导线进行试验时，应采用符合 IEC 60028《铜电阻国际标准》规定的铜线。

当采用扁铜导体进行试验时，铜导体应具有以下特性：

● 最小纯度：99.5%；
● 极限抗张强度：200～280N/mm²；
● 维氏硬度：40～65。

2.2.4.2　接线端子的机械强度试验

试验应采用具有最大截面的合适型号的导体来进行试验。

每个接线端子应接上和拆下导体 5 次。

对螺纹型接线端子，拧紧力矩应按表 2.1.6 规定或制造厂规定的力矩的 110%（取其大者）来进行试验。

试验应在 2 个紧固部件上分别进行。

具有六角头的螺钉也可用螺丝刀拧紧，并且表 2.1.6 第Ⅱ和第Ⅲ列之值不同，则试验应进行 2 次，首先按表 2.1.6 第Ⅲ列规定力矩施加至六角头螺钉上来进行试验，然后在另一组试品上按表 2.1.6 第Ⅱ列规定的力矩用螺丝刀拧紧螺钉进行第二次试验。

如果表第Ⅱ和第Ⅲ列之值相同，只需要进行螺丝刀拧紧试验。

每次拧紧的螺钉或螺母松掉后，应采用新的导体来进行下一次拧紧试验。

在试验中，紧固部件和接线端子不能松掉并且不会有影响其进一步使用的损坏，例如螺纹滑牙或者螺钉头的槽、螺纹、垫圈、镫形件的损坏等。

2.2.4.3　导线的偶然松动和损坏试验（弯曲试验）

本试验用于连接非预制圆铜导线的接线端子，连接导线的根数、截面和类型（软线和/或硬线，多股线和/或单芯线）由制造商规定。用于扁铜导体的接线端子试验可由供需双方协商。

用 2 个新试品进行以下试验：

（1）用最小截面导线及其允许的最多根数连接至接线端子进行试验；

（2）用最大截面导线及其允许的最多根数连接至接线端子进行试验；

（3）用最小和最大截面导线及其允许的最多根数连接至接线端子进行试验。

预期要连接软线或硬线（多股线和/或单芯线）的接线端子应采用每种类型导线在不同的试品组上进行试验。

预期将软线和硬线（多股线和/或单芯线）一起接入的接线端子应同时进行上述第 3 项规定的试验。

试验应在合适的试验设备上进行，规定的导线根数应连接至接线端子。试验导线长度应比表 2.2.4 规定的高度 H 长 75mm。紧固螺钉应拧紧，施加的拧紧力矩按表 2.1.6 的规定或制造商规定的力矩，被试电器应按图 2.2.9 所示固定。

表 2.2.4　圆铜导体拉出和弯曲试验数值

图 2.2.9、弯曲试验的试验设备	导体截面		衬套孔直径 mm	高度（H±13）mm	质量 kg	拉力 N
	mm²	AWG/MCM				
	0.2	24	6.4	260	0.3	10
	—	22	6.4	260	0.3	20
	0.5	20	6.4	260	0.3	30
	0.75	18	6.4	260	0.4	30
	1.0	—	6.4	260	0.4	35
	1.5	16	6.4	260	0.4	40
	2.5	14	9.5	279	0.7	50
	4.0	12	9.5	279	0.9	60
	6.0	10	9.5	279	1.4	80
	10	8	9.5	279	2.0	90
	16	6	12.7	298	2.9	100
	25	4	12.7	298	4.5	135
	—	3	14.3	318	5.9	156
	35	2	14.3	318	6.8	190
	—	1	15.9	343	8.6	236
	50	0	15.9	343	9.5	236
	70	00	19.1	368	10.4	285
	95	000	19.1	368	14	351
	—	0000	19.1	368	14	427
	120	250	22.2	405	14	427
	150	300	22.2	406	15	427
	185	350	25.4	432	16.8	503
	—	400	25.4	432	16.8	503
	240	500	28.6	464	20	578
	300	600	28.6	464	22.7	578

注：如果规定的衬套孔直径不足以容纳包扎导线，则可以用一个较大孔径的衬套。

按以下程序试验，使每根导线承受圆周运动的考核。

被试导体的末端应穿过压板中合适尺寸的衬套孔，压板处于电器接线端子向下高度 H 之处，高度 H 值见表 2.2.4。除被试导线外其余导线均应弄弯，以免影响试验结果。衬套应处在水平位置的压板中，且压板与导线同轴。衬套做圆周运动应使衬套中心在水平面上围绕压板中心画一直径为 75mm 的圆，运动速度为每分钟 8 转至 12 转。接线端子出口至衬套的上表面距离应是高度 H，允差为±13mm。衬套应加润滑油，以防止绝缘导线的弯曲、扭转或自转。表 2.2.4 规定的质量挂在导线的末端。试验应连续旋转 135 转。

试验过程中，导线应既不脱出接线端子又不在夹紧件处折断。

弯曲试验后应把被试电器上每根经过弯曲试验的导线进行下面的拉出试验。

2.2.4.4 拉出试验

1. 圆铜导线的拉出试验

弯曲试验后，应将表2.2.5规定的拉力作用到进行试验的导线上。

表2.2.5 扁铜导线拉出试验数值

扁铜导线的最大宽度（mm）	12	14	16	20	25	30
拉力（N）	100	120	160	180	220	280

本试验的紧固被试导线的螺钉不应再拧紧。

拉力应平稳的持续作用1min，拉力不应突然施加。

试验过程中，导线应既不脱出接线端子又不在夹紧件处折断。

2. 扁铜导线拉出试验

适当长度的导线固定在接线端子上，将表2.2.5规定的拉力平稳地作用1min，拉力方向与导线插入方向相反，拉力不应突然施加。

试验过程中，导线应既不脱出接线端子又不在夹紧件处折断。

2.2.4.5 最大规定截面的非预制圆铜导线的接入能力试验

试验采用表2.2.6规定的型式A或型式B模拟量规进行。模拟量规的测量部分应用量规钢制成，尺寸 a、b 及允差参见表2.2.6。

表2.2.6 最大导线截面和相应的模拟量规

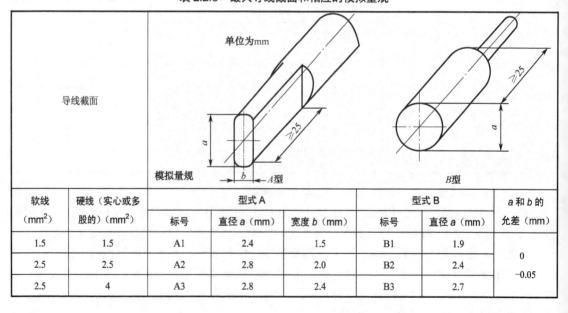

软线	硬线（实心或多股的）（mm²）	型式A			型式B		a 和 b 的
（mm²）		标号	直径 a（mm）	宽度 b（mm）	标号	直径 a（mm）	允差（mm）
1.5	1.5	A1	2.4	1.5	B1	1.9	0 −0.05
2.5	2.5	A2	2.8	2.0	B2	2.4	
2.5	4	A3	2.8	2.4	B3	2.7	

软线 (mm²)	硬线（实心或多股的）(mm²)	型式 A			型式 B		a 和 b 的允差（mm）
		标号	直径 a（mm）	宽度 b（mm）	标号	直径 a（mm）	
4	6	A4	3.6.	3.1	B4	3.5	0 −0.06
6	10	A5	4.3	4.0	B5	4.4	
10	16	A6	5.4	5.1	B6	5.3	
16	25	A7	7.1	6.3	B7	6.9	0 −0.07
25	35	A8	8.3	7.8	B8	8.2	
35	50	A9	10.2	9.2	B9	10.0	
50	70	A10	12.3	11.0	B10	12.0	
70	95	A11	14.2	13.1	B11	14.0	0 −0.08
95	120	A12	16.2	15.1	B12	16.0	
120	150	A13	18.2	17.0	B13	18.0	
150	185	A14	20.2	19.0	B14	20.0	
185	240	A15	22.2	21.0	B15	22.0	0 −0.09
240	300	A16	26.5	24.0	B16	26.0	

注：对于导体截面不同于本表的实心或多股的导体，可以用适当截面的预制导线作为模拟量规，插入力应不大。

量规的测量截面应能穿进接线端子的孔中，在量规重力的作用下插入接线端子的底部。

2.2.5　验证指示隔离电器主触头位置机构的有效性

应验证适用于隔离电器的附加要求的主触头位置指示机构的有效性，所有指示主触头位置方法的验证，都应在电器的操作性能型式试验和特殊的寿命试验后（如有）仍能保持正常的功能。

2.2.5.1　控制电器试验的条件

用于试验的控制电器的条件应在有关产品标准中规定。

2.2.5.2　试验方法

1. 有关人力和无关人力操作

首先应确定把电器操作到断开位置时，在其操动器末端所需要的正常操作力 F。

对于闭合位置上的电器，应把被认为试验最严酷的一极的动静触头固定在一起，例如焊接在一起。

操动器应施加 $3F$ 的操动力，但该试验力不应小于表 2.2.7 相应类型操动器所规定的最小试验力，也不应大于表 2.2.7 相应类型操动器所规定的最大试验力。

表2.2.7　规定型式的操动器试验力极限值

操动器的型式	最小试验力（N）	最大试验力（N）
按钮（图（a））	50	150
单指操作（图（b））	50	150
两指操作（图（c））	100	200
单手操作（图（d）和（e））	150	400
双手操作（图（f）和（g））	200	600

试验力应无冲击地施加到操动器的末端，试验力施加的持续时间为10s。试验力的方向是使电器的触头断开。试验力的方向在整个试验过程中必须保持不变，见表2.2.7中图所示。

2．有关动力操作

电器处于闭合位置时，在试验中承受最严酷考核一极的触头固定的和移动的部分应固定在一起，例如焊接在一起。

提供操动器动力的电源电压应为正常额定值的110%，施加电源电压以便打开电器的触头系统。

对电器的试验应进行3次，每次试验时间为5s，每次间隔5min。只有相应的由动力操作的保护器对此时间有限制时，该时间才可以缩短。

3．无关动力操作

电器处于闭合位置时，在试验中承受最严酷考核一极的触头固定的和移动的触头应固定在一起，例如焊接在一起。

动力操作系统储存的能量应释放，以便打开电器的触头系统。

通过释放储存能量的方式，对电器进行3次打开试验。

2.2.5.3　电器试验时和试验后条件

1．有关人力和无关人力操作的电器

试验后，当操动力不再施加、操动器处于自由状态时，不能用其他任何方式指示电器的断开位置。同时电器不能有任何影响其正常使用的损坏。

当电器在断开位置具有锁扣方式时，在施加操动力时电器不能被锁住。

2．有关动力和无关动力操作

在试验期间和试验后，不能用其他任何方式指示电器的断开位置。同时电器不能有任何影响其正常使用的损坏。

当设备在断开位置配有锁定装置时，在试验过程中设备不能被锁定。

2.2.6　机械操作验证

对于按照其有关规定进行过型式试验的控制设备的器件，只要在安装时机械操作部件无损坏，则不必对这些器件进行此型式试验。

对于需要作此项型式试验的部件，在控制设备安装好之后，应验证机构操作是否良好，操作循环次数应为 50 次。

对于抽出式功能单元，一次操作循环是指从连接位置到分离位置，然后再回到连接位置。

同时应检查与这些动作相关的机械联锁机构的操作。如果器件、联锁机构等工作条件未受影响，而且所要求的操作力与试验前一样，则认为通过了此项试验。

2.2.7　金属导线管的拉出、弯曲和扭转试验

试验应在具有相当尺寸长（300±10）mm 的导线管上进行。

电器的聚酯外壳应按制造商的说明，以试验考核最严酷的方式安装。

试验应在同一导线管通道上进行，该通道口应是考核最严酷的。

试验应根据下面的顺序进行。

2.2.7.1　拉出试验

将导线管向通道口方向旋转，旋转力不能突然施加，施加的力矩为表 2.2.8 规定值的 2/3。之后，拉导线管 5min，拉力不应突然施加。

表 2.2.8　导线管拉出试验的试验值

导线管型号	导 线 管 直 径		拉出力（N）
（GB/T 17193—1997）	内径（mm）	外径（mm）	
12H	12.5	17.1	900
16H～41H	16.1～41.2	21.3～48.3	900
53H～155H	52.9～154.8	60.3～168.3	900

除非有关产品标准另有规定，施加的拉力应符合表 2.2.8 的规定。

试验后，导线管在通道口上的位移不应超过通道口深度的 1/3。同时，导线管不应有明显影响电器外壳进一步使用的损坏。

2.2.7.2　弯曲试验

应缓慢施加弯曲力矩至导线管的自由端（力不能突然施加）。

当在每 300mm 长的导线管上产生 25mm 的偏移或弯曲力矩已达到表 2.2.9 规定的值时，保持该值 1min。之后，在相反的方向重复该试验。

表2.2.9　导线管弯曲试验的试验值

导线管型号	导线管直径		弯曲力矩（N·m）
（GB/T 17193—1997）	内径（mm）	外径（mm）	
12H	12.5	17.1	35 [a]
16H～41H	16.1～41.2	21.3～48.3	70
53H～155H	52.9～154.8	60.3～168.3	70
注：[a] 对于仅用于引入导线而不用于引出导线的导线管，其试验值可减少到17N·m。			

试验后，不应有明显影响电器外壳进一步使用的损坏。

2.2.7.3　扭转试验

导线管应按表2.2.10的规定力矩进行扭转试验，力矩不能突然施加。

表2.2.10　导线管扭转试验的试验值

导线管型号	导线管直径		弯曲力矩（N·m）
（GB/T 17193—1997）	内径（mm）	外径（mm）	
12H	12.5	17.1	90
16H～41H	16.1～41.2	21.3～48.3	120
53H～155H	52.9～154.8	60.3～168.3	180

对不具备预组装导线管通道的外壳，扭矩试验不必进行，这表明导线管通道口是先与导线管机械连接后再与外壳连接的。

对具有可连接16H及以下规格的导线管的外壳，只提供引入导线管而无引出导线管，扭转力矩可减小到25N·m。

试验后，导线管应可以旋出，并不应有明显影响电器外壳进一步使用的损坏。

2.3　气候环境试验

2.3.1　低温存放试验

低温试验是考核各类单元在规定的低温条件下，经规定时间的存放后，电气性能是否仍能符合产品技术条件的规定。

1．试验条件及试验设备

（1）试验的温度与持续存放时间由产品技术条件规定。

（2）低温箱（室）应能在放置设备的任何区间内保持恒定的低温（可以用强迫空气循环来保持条件的均匀性）。

（3）为了减少辐射对试验的影响，各个箱（室）壁温度与规定试验环境温度间的差值不应超过 8%（按绝对温度计算）。

（4）低温箱（室）内温度变化的平均速率应为 0.7～1℃/min。

2．试验程序

（1）对设备进行外观和电气性能检测。

（2）将设备放入具有大气温度的低温试验箱（室）内。

（3）使低温箱（室）降温，直至达到所规定的恒定低温值。

（4）低温试验后，将设备保持大气温度的条件下，并开始计算恢复时间（时间要足以使设备的温度趋于稳定，一般不得少于 1h）。

3．试验结果

试验后，设备的外观和电气性能仍符合产品技术条件的规定。

2.3.2　高温存放试验

高温存放试验是考核各类单元在规定的高温条件下，经规定时间的存放后，电气性能是否仍能符合产品技术条件的规定。

1．试验条件及试验设备

（1）试验的温度等级与持续存放时间，需由产品技术条件进行规定。

（2）高温箱（室）应能在放置设备的任何区间内保持恒定的高温（可以用强迫空气循环来保持条件的均匀性）。

（3）高温箱（室）内的空气应流通（设备附近的流速不得小于 2m/s）。

（4）摆放设备安装件的支撑架应是低热导率的。

（5）为了减少辐射对试验的影响，各个箱（室）壁温度与规定试验环境温度间的差值不得超过 3%（按绝对温度计算）。

（6）绝对湿度：空气中的水蒸气不应超过 20g/m³。（相当于 35℃时，50%的相对湿度）。当试验温度低于 35℃时，相对湿度不应低于 50%。

（7）高温箱（室）的容积与体积之比，应不小于 5∶1。

（8）高温箱（室）内温度变化的平均速率应为 0.7～1℃/min。

（9）试验时，设备应尽可能地放在高温箱（室）的中央，以使设备与各个箱（室）间有比较匀称的空间。

2．试验程序

（1）对设备进行外观和电气性能检测。

（2）将设备放入具有大气温度的高温试验箱（室）内。

（3）将高温箱（室）升温，直至达到所规定的恒定高温值。

（4）经规定的高温持续时间后，再以平均为 0.7～1℃/min 的速率降温，直至降到大气温度值。

（5）设备应在大气温度的条件下进行恢复（要足以使设备的温度趋于稳定，一般不得少于1h）。

3．试验结果的评定

经过高温存放试验后，待被试品恢复到试验室环境温度 t 测量其电气机械性能时，应符合规定要求。试验后，设备的外观和电气性能仍符合产品技术条件的规定。

2.3.3　湿热试验

1．试验条件及试验设备

（1）室内应装有监控温、湿度的传感器。

（2）室内任何两点的温差在任意瞬时不应大于1℃，短期的温度波动也必须保持在较小的范围内，以保证温度容差（±2℃），相对湿度容差（+2%，−3%）。

（3）凝结水要连续排出试验箱（室）外，在未纯化处理时不得再次使用。

（4）试验箱（室）内壁和顶上的凝结水不能滴落到试验设备上。

（5）试验设备的特性及电气负载不应明显地影响工作空间内的温、湿度条件。

2．试验程序

（1）对设备进行外观和电气性能检测（须符合产品技术条件的规定）。

（2）将无包装、不通电的试验设备，按正常的工作位置放入试验箱（室）内。

（3）将试验箱（室）内的温度在不加湿的条件下上升到40℃，对试验设备进行预热，待试验设备达到温度后再加热，以免试验设备产生凝露。

（4）待工作空间内的温度和相对湿度达到规定值并稳定后，开始计算试验持续时间。

（5）在试验期间或结束时，按有关标准可以对试验设备加电负载和（或）测量，规定试验项目。

（6）中间检测时不允许将试验设备移出试验箱（室）外，更不允许在试验后进行测量。

（7）在条件试验结束时，一般试验设备应在测量和试验用标准大气环境条件下恢复，时间不小于1h，但不大于2h；对于热时间常数大的试验设备，恢复时间应足够长，以便使温度达到稳定。

（8）测量和试验用标准大气环境，应按表2.3.1进行湿热试验。

表2.3.1　湿热试验测量和试验用标准大气环境

内　　容	相 对 湿 度	温　　度	气　　压	试 验 持 续 时 间	设 备 状 态
要求	（93^{+3}_{-2}）%	（+40±2）℃	（86～106）kPa	2d，4d，10d（推荐采用4d）	不通电

注：1．作为设备试验的一部分在进行系列测量期间建议使温度和相对温度的变化量保持最小。

　　2．对于较大设备或在试验箱（室）内难以保持温度在上述规定范围内，当有关规定允许时，其范围可适当放宽，下限为10℃，上限可延至40℃。

（9）根据试验设备的特性和实验室的条件，试验设备也可留在试验箱（室）中恢复或在另外的试验箱（室）中恢复。留在试验箱（室）中恢复时，应在 0.5h 内将相对湿度降到 75±3%，然后在 0.5h 内将温度调节到满足 15～35℃之间，相对湿度 73%～77%，空气压力 86～106kPa 的要求，温度容差为±2℃。

转移到另外的试验箱（室）中恢复时，转移试验设备的时间应尽可能短，最长不应超过 5min。在特定情况下，如果需要不同的恢复条件，有关规范应加以规定。

（10）如果上述标准的恢复条件对试验设备不适用，有关标准可以提出另外的恢复条件。

3．恢复阶段结束后的最后检验

检测工作应在恢复阶段结束后立即进行。对湿度变化最敏感的参数应先测量。除非有关标准另有规定，所有参数应在 30min 内测量完毕。

根据有关标准的要求，对试验设备的外观进行检查，对其电气和机械性能进行检测，应注意是否有元件过热、紧固件松动、绝缘损坏的迹象。

使设备恢复 1～2h 后，按照要求进行绝缘电阻和工频耐受电压试验，试验电压为规定值的 85%。

2.3.4　交变湿热试验

1．试验设备

（1）工作空间内应装有监控温、湿度条件的传感器。

工作空间内的温度应在（25±3）℃与选定的高温之间循环变化。

（2）温度变化速率和温度变化容差应满足图 2.3.1 的要求。

（3）工作空间内的相对湿度应满足图 2.3.1 的要求。

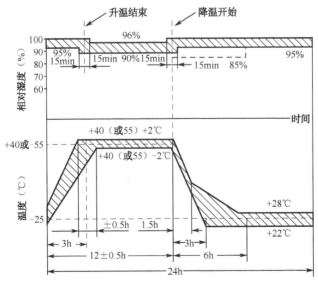

图 2.3.1　交变湿热试验周期

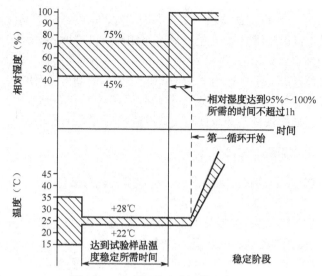

图 2.3.1　交变湿热试验周期（续）

（4）工作空间内的温度和湿度应均匀，并尽可能与温、湿度传感器处的条件一致。

（5）试验设备加热元件的辐射热不应直接作用于受试试验设备上。

（6）使用直接与水接触产生湿度的加湿法时，在试验中水的电阻率应保持不低于 $500\Omega \cdot m$。

（7）凝结水应不断排出工作室外，未经纯化处理不得再次使用。

（8）试验箱（室）内壁和顶部的凝结水不应滴落到试验设备上。

（9）试验设备的性能及电气负载不应明显地影响工作空间内的温、湿度条件。

2．试验程序

（1）将无包装、不通电的试验设备，在"准备使用"状态下，按其正常工作位置，或按有关标准规定的状态放入试验箱（室）的工作空间内。

（2）在温度为（25±3）℃、相对湿度为 45%～75% 的条件下，使试验设备达到温度稳定之后，在 1h 内将工作空间内的相对湿度升高到不小于 95%（见图 2.3.1）。

注意：温度稳定也可在另一试验箱（室）内进行。

（3）按图 2.3.1 的规定，使工作空间内的温度在 24h 内循环变化。

① 升温阶段。在（3±0.5）h 内，将工作空间的温度连续升至有关标准规定的高温值，升温速率应限定在图 2.3.1 的阴影范围内。在该阶段，除最后 15min 相对湿度可不低于 90% 外，其余时间的相对湿度都应不低于 95%，以便使试验设备产生凝露。但大型试验设备不得产生过量的凝露。

试验设备上产生凝露，意味着试验设备的表面温度低于工作空间中空气的露点温度。

② 高温高湿恒定阶段。将工作空间的温度维持在（40±2）℃（或（55±2）℃）的范围内，直到从升温阶段开始算起满（12±0.5）h 为止。在该阶段，除最初和最后 15min 相对湿度应不低于 90% 外，其余时间均应为 93%±3%。

③ 降温阶段。将工作空间的温度在 3～6h 内由（40±2）℃（或（55±2）℃）降至（25±3）℃。

降温速率应限定在图 2.3.1 规定的阴影范围内。应该注意的是，在降温开始后的 1.5h 内，降温速率为：在 3h±15min 内，温度由（40±2）℃（或（55±2）℃）降至（25±3）℃。在该阶段，相对湿度有以下两种变化方式。

变化 1：除最后 15min 相对湿度应不低于 90%外，其余时间均应不低于 95%。

变化 2：允许相对湿度不低于 85%。

④ 低温高湿恒定阶段。将工作空间的温度维持在（25±3）℃，相对湿度应不低于 95%，直至从升温阶段开始计算满 24h 为止。

3. 中间检测

中间检测时，不允许将试验样品移出工作空间，恢复后进行测量。

如果要求中间检测，有关标准应明确规定测量项目以及在条件试验的哪一（些）阶段进行测量。

4. 恢复

条件试验后，设备应在标准大气条件范围内（温度为 15～35℃；相对湿度为 25%～75%；气压为 86k～106kPa）进行 1～2h 恢复处理。

5. 最后检测

应在恢复阶段结束后立即进行，测量工作应在 30min 内完成。

2.3.5　环境温度试验

环境温度试验是考核设备在表 2.3.2 规定的环境温度的上限和下限情况下长期运行的可靠性。

表 2.3.2　最高和最低环境温度限值条件

内　容	试验的环境温度（℃）		试验持续时间（h）	设 备 状 态
要　求	最高	最低	4 或 16	额定负载/额定电流时工作正常
	+40±2	−5 或 +5±2	（推荐采用 16）	

试验箱的容积及其空气循环应使设备放入后，在 5min 内温度保持在规定的范围内。

环境温度试验条件推荐按表 2.3.2 的规定。设备分别置于表 2.3.2 的最高环境温度和最低环境温度条件下，待设备温升达到稳定值后（但不小于 4h）测其电气性能。

设备在额定负载条件下，模拟正常工作状态分别在规定的最高和最低试验环境温度下，保持规定的试验持续时间，待设备温升达到稳定值后（但不小于 4h）测其电气性能。设备应能正常、可靠工作。试验后，对其进行直观检查，应注意是否有元件过热、紧固件松动及绝缘损坏等迹象。

2.3.6　高、低温冲击试验

高、低温冲击试验的目的是考核控制单元的储存、运输及使用过程中受空气温度迅速变化的能力，同时考核印制电路板组装件的焊接质量及对早期失效的元器件进行筛选。

试验时，设备应在没有包装及不工作状态下进行。

设备首先置于温度为 T_L 的低温箱中存放到规定时间 t_1，然后取出置于试验室内的环境温度

下保持时间为 t_2，再放入到温度为 T_H 的高温箱中存放到规定时间 t_3，再取出置于试验室环境温度下保持时间 t_2。以此为一次循环，如图 2.3.2 所示。循环次数不应小于 5 次。

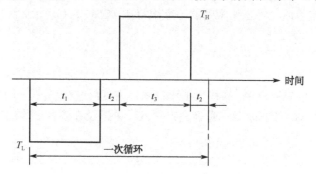

图 2.3.2　高、低温冲击试验示意图

温度 T_L、T_H 及时间 t_1、t_2 取决于设备的热容量及对产品要求考核的严酷程度，应在有关产品的标准中加以规定。若无特殊需要，一般应不低于本标准规定：

$$T_L=-40℃$$

$$T_H=+60℃$$

$$t_1=t_3 \geqslant 30min$$

$$2min \leqslant t_2 \leqslant 3min$$

对于自动两箱设备，t_2 可以小于 30s，而且不需要放在试验室温度下。

试验时温度允许偏差范围应在 ±3℃ 以内。

试验温箱的容积及其空气循环应使设备放入后，在 5min 或存放时间的 10% 内（两者取其中较小者的数值），其温度应保持在规定允差之内。

经过高、低温冲击试验后，待设备恢复到试验室环境温度后进行外观检查及测试其电气性能，应符合所规定要求。

2.3.7　盐雾试验

在海洋及近海环境条件下工作的控制设备，金属零部件及绝缘部分应按下面的有关规定进行 48h 的盐雾试验。

如果制造厂具备金属零部件及绝缘材料的盐雾试验合格报告，在有效期内可以不做盐雾试验。

2.3.7.1　严酷等级

1. 严酷等级定义

严酷等级（1）和（2）：是指喷雾周期数和接在每个喷雾周期后的湿热储存持续时间的组合。

严酷等级（3）至（6）：是指试验循环数。一个试验循环有 4 个喷雾周期和紧跟在每个喷雾周期之后的湿热储存周期，在这 4 个喷雾周期和湿热储存周期后，还有 1 个在试验用标准大气压下的附加储存周期。

2. 有关规定应指定使用下述 6 种严酷等级中的哪一级

严酷等级（1）：4 个喷雾周期，每个 2h，每个喷雾周期后有 1 个为期 7 天的湿热储存周期。

严酷等级（2）：3 个喷雾周期，每个 2h，每个喷雾周期后有 1 个为期 20～22h 的湿热储存周期。

严酷等级（3）：一个试验循环含有 4 个喷雾周期，每个 2h；每个喷雾周期之后有 1 个 20～22h 的湿热储存周期。此后，有 1 个在试验用标准大气（温度为（23±2）℃，相对湿度为 45%～55%）下为期 3 天的储存周期。

严酷等级（4）：严酷等级（3）所规定的 2 个试验周期。

严酷等级（5）：严酷等级（3）所规定的 4 个试验周期。

严酷等级（6）：严酷等级（3）所规定的 8 个试验周期。

2.3.7.2　试验原理

本试验适用于预定耐受含盐大气的元器件或设备，其耐受程度随选用的严酷等级而定。盐能降低金属零件和（或）非金属零件的性能。本试验除显示腐蚀效果外，还可以显示某些非金属材料因吸收盐而劣化的程度。

在下述试验方法中，喷射盐溶液的时间是足以充分润湿整件试样。由于这种润湿在湿热条件下储存会重复进行（严酷等级（1）和严酷等级（2）），在某些场合下还要补充在试验用标准大气下储存（严酷等级（3）至严酷等级（6）），因此可以较有效地重现自然环境的效应。

严酷等级（1）和严酷等级（2）适用于试验在海洋环境或在近海地区使用的产品。此外严酷等级（1）和严酷等级（2）通常在元器件质量保证程序中用作普通腐蚀试验。严酷等级（3）至严酷等级（6）适用于在含盐大气与干燥大气之间频繁交替使用的产品，例如汽车及其零部件。

2.3.7.3　试验的一般说明

（1）预处理。

有关规范应规定在试验前才立即进行的清洁程序，也应说明是否应除去临时表面保护层。

注意：所用的清洁方法不应影响盐雾对样品的作用，更不能引起二次腐蚀。在试验前，应尽量避免用手接触受试样品的表面。

（2）严酷等级（1）和严酷等级（2）将试验程序分成若干个规定的喷雾周期，每个喷雾周期之后接 1 个湿热储存周期；喷雾温度在 15～35℃ 之间，储存条件为温度为（40±2）℃，相对湿度（93$_{+2}^{-3}$）%。

（3）严酷等级（3）至严酷等级（6）将试验程序分若干规定的试验循环。每个试验循环的组成：先是 4 个喷雾周期，每个喷雾周期之后都紧跟着一个湿热储存周期，在喷雾和湿热储存之后再在试验用标准大气条件下储存 1 个周期。喷雾的湿度在 15～35℃ 之间。湿热储存条件：温度为（40±2）℃，相对湿度为（93$_{+2}^{-3}$）%。试验用标准大气压，温度（23±2）℃，相对湿度 45%～55%。

（4）如果喷雾与储存在不同的试验箱（室）中进行，则应注意避免在转移试验样品时损失附着在样品上的盐溶液和对样品造成的损害。

（5）在喷雾期间决不应给样品通电，在储存期间通常也不通电。

2.3.7.4　试验设备

1．盐雾箱

（1）盐雾试验箱（室）应由不影响盐雾腐蚀效果的材料构成。

盐雾试验箱（室）的细部结构，包括产生盐雾的方式是任选的，但要满足以下条件：

① 盐雾箱内的条件应在规定的范围之内；

② 盐雾箱具有足够大的容积，具有恒定而均匀的条件（不受湍流的影响），并不受试验样品的影响；

③ 试验时盐雾不得直接喷射到被试样品上；

④ 凝结在盐雾箱顶板、侧壁及其他部位上的液体不得滴落在样品上；

⑤ 盐雾箱应设有适当的通风孔以防盐雾箱内气压升高并使盐雾均匀分布。通风孔的排气端应能避免强抽风，以免在盐雾箱内形成强气流。

（2）喷雾器。

喷雾器的设计和结构应能产生细小、分散、湿润、浓密的盐雾。制造喷雾器的材料不应与盐溶液产生任何反应。

（3）喷雾用过的盐溶液不应重复使用。

（4）气源。

如用压缩空气，则空气在进入喷嘴时基本上应不含一切杂质，如油、灰尘等。

应提供能加湿压缩空气的装置，使压缩空气的湿度满足试验条件的要求。空气的压力应适用于产生细小、分散、湿润、浓密的盐雾。

为保证喷雾器的喷嘴不被盐的析出物阻塞，喷嘴处的空气相对湿度应不低于 85%。一个令人满意的方法是使空气以细小气泡的形式通过一个自动保持水位的水塔，水塔中的水温不得低于盐雾箱的温度。

空气压力应能调节，以保证溶液的收集率。

2．湿热箱

湿热箱应能保持相对湿度为（93±2）%，温度为（40±2）℃。

3．标准大气箱

试验箱应满足在（23±2）℃的温度下保持 45%～55% 的相对湿度。

2.3.7.5　盐溶液

1．5% 氯化钠溶液（NaCl）

试验用盐应为高质量的氯化钠（NaCl），干重中碘化钠的含量不超过 0.1%，总杂质含量不超过 0.3%。

盐溶液的质量百分比浓度为 5%±1%。

制备盐溶液时，应将（5±1）份盐（按质量）溶解在 95 份蒸馏水或去离子水（按质量）中。

注意：有关规范可以要求其他盐溶液，其成分与特性（浓度，pH 值等）应在该规范中清楚地说明，如模拟海洋环境的特殊效应。

2．盐溶液的 pH 值

在温度为（20±2）℃时盐溶液的 pH 值应在 6.5～7.2 之间。在试验期间，pH 值应保持在这一范围内，因此，可用稀盐酸或氢氧化钠溶液调节 pH 值，但氯化钠的浓度仍要在规定的范围内。每配制一批新溶液都必须测定 pH 值。

2.3.7.6 初始检测及预处理

对试验样品进行外观检查，如需要则按有关规范的要求进行电性能和机械性能检测。

有关规范应规定在试验前才开始进行的清洁程序，也应说明是否应除去临时表面保护层。

注意：所用的清洁方法不应影响盐雾对样品的作用，更不能引起二次腐蚀。在试验前，应尽量避免用手接触受试样品的表面。

2.3.7.7 试验程序

（1）将试验样品放入盐雾箱内，在 15～35℃下喷盐雾 2h。

（2）盐雾应充满盐雾箱内所有暴露空间，用水平收集面积为 80cm^2 的干净收集器放置于盐雾箱空间内任意一点，平均在每个收集周期内每小时收集 1.0～2.0mL 的溶液。最少要用两个收集器。收集器应放置在不被试验样品遮盖的位置并避免来自各个方向的冷凝物进入收集器。

注意：为得到精确的测量结果，在校准试验盐雾箱的喷雾速率时，最小喷雾周期不应少于8h。

（3）严酷等级（1）和严酷等级（2）：是指喷雾周期数和接在每个喷雾周期后的湿热储存持续时间的组合。

严酷等级（1）：4 个喷雾周期，每个 2h，每个喷雾周期后有 1 个为期 7 天的湿热储存周期。

严酷等级（2）：3 个喷雾周期，每个 2h，每个喷雾周期后有 1 个为期 20～22h 的湿热储存周期。

在 15～35℃下喷盐雾 2h，每次喷雾结束后将试验样品转移到湿热箱中储存，储存条件按照温度为（40±2）℃，相对湿度为（93±2）%构成一个循环。

严酷等级所要求的循环次数与储存时间应按上述的要求进行。

（4）严酷等级（3）至严酷等级（6）：是指试验循环数。一个试验循环有 4 个喷雾周期和紧跟在每个喷雾周期之后的湿热储存周期，在 4 个喷雾周期和湿热储存周期后还有 1 个在试验用标准大气压下的附加储存周期。

严酷等级（3）：一个试验循环含有 4 个喷雾周期，每个 2h；每个喷雾周期之后 1 个 20～22h 的湿热储存周期。此后，有 1 个在试验用标准大气（温度为（23±2）℃，相对湿度 45%～55%）下为期 3 天的储存周期。

严酷等级（4）：严酷等级（3）所规定的 2 个试验周期。

严酷等级（5）：严酷等级（3）所规定的 4 个试验周期。

严酷等级（6）：严酷等级（3）所规定的 8 个试验周期。

每次喷雾结束后，将试验样品转移到湿热箱中，在温度为（40±2）℃、相对湿度为（93±2）%的条件下储存 20～22h，将这一过程再重复 3 次。

然后，试验样品应在试验用标准大气条件下（温度为（23±2）℃、相对湿度为 45%～55%）

储存 3 天。

在 4 个喷雾周期和湿热储存周期之后，接着在试验用标准大气下储存 3 天构成一个试验循环。

严酷等级所要求的试验循环次数应按照上述的规定。

（5）在将试验样品从盐雾箱转移到湿热箱时应尽量减少样品上盐溶液的损失。

如果盐雾箱能保持规定的湿度与温度条件，在储存阶段样品可继续保存在盐雾箱内。

（6）如果试验样品由不止 1 个零件组成，则这些零件之间或这些零件与其他金属零件之间不得彼此接触，它们的排列应不互相影响。

2.3.7.8　恢复（在试验末尾）

有关规范应说明是否应清洗样品，如要清洗，则应在流动的自来水中清洗 5min，再用蒸馏水或去离子水漂洗，然后用手摇晃或用水流吹去水珠，在温度为（55±2）℃的条件下干燥 1h，接着在控制的恢复条件下冷却 1～2h，清洗用水的温度不应超过 35℃。

2.3.7.9　最后检测

试验样品应接受有关规范规定的外观、尺寸和功能检测。

控制设备的金属零部件及绝缘部分经过 48h 的盐雾试验后，试样表面不应产生金属腐蚀物。若产生金属腐蚀物则判定为不合格。

有关规范应提供据以接收或拒收试验样品的依据。

2.4　工作环境试验

2.4.1　振动试验

2.4.1.1　振动试验要求

振动试验是检验设备承受振动的能力。设备的振动试验应分别在 3 个互相垂直的轴向上进行。振动试验要求按表 2.4.1 的规定。

表 2.4.1　振动试验要求

频 率 范 围	振幅和加速度	振动持续时间	设 备 状 态
10Hz≤f≤57Hz	0.075 mm	10 个扫描周期/每轴（在相互垂直的每个轴上）	不带电
57Hz≤f≤150Hz	10 m/s^2		
试验检查		进行直观检查和通电试验	

2.4.1.2　试验条件及试验设备（振动台）

（1）试验应用机械方法直接的或间接的将设备紧固在振动台上（不得附加任何拉条）。

（2）应为正弦式振动。

（3）振动加速度波形失真不得超过 25%。

（4）设备上的振幅容差范围不得大于±15%。

（5）共振频率的误差不得大于等于 0.5Hz。

（6）50Hz 以下的频率的误差不得大于 1Hz，50Hz 以上频率的误差范围不得大于±2%。

（7）扫描应是连续的、对数的。扫描速度约等于每分钟一个倍频程（误差范围应不大于±10%）。

2.4.1.3　试验程序

1．初始检测

按产品技术条件的规定对设备进行外观检查，并测量电气性能。

2．设备的安装与测试点的选取

将设备紧固在振动台上（具体紧固时，应使其易受振动影响的方向与振动方向保持一致）。试验过程中设备是否处于带电工作状态，需由产品技术条件做出规定。

试验时振动量值的测量点，一般应在设备与试验夹具的刚性连接点（如有多个测试点，应避免因安装夹具对振动有衰减或放大作用而引起的误差）。

3．寻找共振点

在规定的试验频率范围内，用高频段定加速度、低频段定位移的对数式扫描方式，按规定的加速度或位移进行共振寻查，找出共振点。

4．耐扫频试验

适用于设备在规定的频率范围内有共振点的情况，此时，应在规定的振动频率内往复扫描，其扫描频率、振幅、加速度和时间也应符合标准的规定。

5．耐共振试验

按共振寻查发现的共振点，确定耐共振试验（振幅、加速度和时间也应符合标准和技术条件的规定）。

6．耐预定频率试验

在某几个频率上进行定频振动，其试验频率、振幅、加速度和时间也应符合标准的规定。

7．最后共振寻查

进行上述各项试验后，应重复再进行一次共振的寻查，要对最初和最后共振寻查中所发现的每个有影响的频率进行数据比较，并采取必要的措施。

8．最后检测

振动试验后对被试设备做机械和电气方面的功能检查。按标准的规定，对设备进行外观检查，并测量其电气性能。

2.4.1.4 试验结果

在整个扫频过程中，带电振动的设备应能不间断地正常工作。

振动试验后对被试设备做机械和电气方面的功能检查。

振动试验后，设备的各部分（如结构、插件或元器件等）均应完好无损，电气性能仍应符合产品技术条件的规定。

2.4.2 跌落试验

2.4.2.1 跌落试验目的

跌落试验主要用于非包装的试验样品以及在运输箱中其包装可以作为样品一部分的试验样品。

确定产品在搬运期间由于粗率装卸遭到跌落的适应性，或确定安全要求所需的最低牢固等级。

2.4.2.2 试验设备

1. 冲击试验台

冲击台面为水平平面，试验时不移动、不变形，并满足下列要求：

（1）为整块物体时，质量至少为试验样品质量的 50 倍；

（2）要有足够大的面积，以保证试验样品完全落在冲击台面上；

（3）在冲击台上任意两点的水平高度不得超过 2mm；

（4）冲击台面上任何 $100mm^2$ 的面积上承受 10kg 的静负荷时，其变形量不得超过 0.1mm。

2. 提升装置

在提升或下降过程中，不应损坏试验样品。

3. 支撑装置

支撑试验样品的装置在释放前应能使试验样品处于所要求的预定状态。

4. 释放装置

在释放试验样品跌落过程中，应使试验样品不碰到装置的任何部件，保证其自由跌落。

2.4.2.3 试验条件

1. 试验表面

试验表面应该是混凝土或钢制成的平滑、坚硬的刚性表面。必要时，有关规范可以规定其他表面。

除有关规范另有规定外，试验样品应跌落在一厚度为 10～19mm 之间的木板垫衬着的 3mm 厚钢板的平滑、坚硬、牢固的试验表面上。

2. 跌落高度

跌落高度是指试验样品在跌落前悬挂着时，试验表面与离它最近的样品部位之间的高度。

3. 释放方法

释放试验样品的方法应使试验样品从悬挂着的位置自由跌落。释放时，要使干扰最小。

4. 严酷等级

1）跌落次数

有关规范应根据试验样品预定的使用情况，从下列诸值中选取总的试验次数：50、100、200、500、1000 次。

2）跌落频率

跌落频率约为每分钟十次。

跌落高度的选择应考虑到实施的可能性，可容许的损坏程度以及操作使用、运输和储存的条件。应从表 2.4.2 诸值中选取跌落高度。

表 2.4.2　试验严酷等级的典型应用示例

跌落高度（mm）	试验样品质量		未包装试验样品示例	搬运方式
	未包装（kg）	在完整的运输箱中（kg）		
25	>100	≤250	>500	机柜	*叉式装卸机
50	>50	≤100	≤500	机柜	*叉式装卸机
100	>10	≤50	≤200	开关板	*起重机
250	>5	≤10	≤100	便携式机箱	储存堆码
500	>2	≤5	≤50	小型产品	自传送带跌落
1000		≤2	≤20	元件、小型组件	从工作台、卡车尾板上跌落

*：其目的是模拟叉式装卸机或起重机将试验样品放置到装卸面时发生的撞击，而不是模拟试验样品从卡车平板或起重机吊钩上的跌落。

2.4.2.4　试验步骤

（1）初始检测。按有关规范的规定对样品进行外观检查、电性能和机械性能检测。

（2）条件试验。应按有关规范的规定，使样品处于正常运输和使用时的姿态进行自由跌落。根据设备的特点和储运情况，选择不同的跌落高度（一般不小于 300mm），每端跌落两次。

（3）提起试验样品至所需的跌落位置，并按预定状态将其支撑住。它的提起高度与预定高度之差不得超过预定高度的±2%。跌落高度是指准备释放时试验样品的最低点与冲击台面之间的距离。

（4）按下列预定状态，释放试验样品。

① 面跌落时，使试验样品的跌落面与水平面之间的夹角最大不超过 2°。

② 棱跌落时，使跌落的棱与水平面之间的夹角最大不超过 2°，试验样品上规定面与冲击

台面夹角的误差不大于±5°或夹角的10%（以较大的数值为准），使试验样品的重力线通过被跌落的棱。

③ 角跌落时，试验样品上规定面与冲击台面之间的夹角误差不大于±5°或此夹角的10%（以较大的数值为准），使试验样品的重力线通过被跌落的角。

④ 无论何种状态和形状的试验样品，都应使试验样品的重力线通过被跌落的面、线、点。

（5）实际冲击速度与自由跌落时的冲击速度之差不超过自由跌落时的±1%。

2.4.2.5 最后检测

试验样品应按有关规范的规定进行外观检查、电性能和机械性能检测。

试验后按有关标准或规定检查包装及内装物的损坏情况，并分析试验结果。

设备应无明显破损与变形。

有关规范应说明接收或拒收样品的条件。

2.4.2.6 试验报告

试验报告应包括下列内容：

（1）内装物的名称、规格、型号、数量等。

（2）试验样品的数量。

（3）详细说明——包装容器的名称、尺寸、结构和材料规格；附件、缓冲衬垫、支撑物、固定方法、封口、捆扎状态以及其他防护措施。

（4）试验样品和内装物的质量，按千克计。

（5）预处理的温度、相对湿度和预处理时间。

（6）试验场所的温度和相对湿度。

（7）详细说明试验时试验样品的放置状态。

（8）试验样品的跌落顺序、跌落次数。

（9）试验样品的跌落高度，以毫米计。

（10）试验所用设备类型。

（11）试验结果的记录以及在试验中观察到的任何有助于解释试验结果的现象。

（12）说明所用试验方法与本标准的差异。

（13）试验日期、试验人签字、试验单位盖章。

2.4.3 倾斜和摇摆试验

控制箱、柜、台要求型式试验时都应进行倾斜试验，安装在运动设备上的控制箱、柜、台必须进行摇摆试验，以验证其结构设计及电气连接设计的可靠性。倾斜试验和摇摆试验应按以下规定进行。

2.4.3.1 试验条件

倾斜试验分为纵倾、横倾两种形式。

在控制设备的安装方向上做前、后、左、右4个方向的倾斜试验，每个方向各倾斜22.5°，持续15min。

摇摆试验分为纵摇、横摇、首摇、纵荡、横荡和垂荡 6 种形式。

除有关标准另有规定外，一般只进行纵、横倾斜试验和纵、横摇摆试验。

1．摇摆试验台的特性

（1）当在摇摆试验台上进行倾斜试验时，试验台在其最大试验载荷下应能稳定地保持在所规定的位置上，不得发生明显的晃动和漂移。

摇摆试验台至少应能模拟一种形式的运输、安装及使用中摇摆，通常为横摇和（或）纵摇。其摆幅和周期除应满足下面的要求外，还应能任意调节。

当某一摇摆试验台无法满足有关标准所要求的摇摆试验形式时，允许采用转动安装方向、更换试验台或采用经有关部门认可的方法进行试验。

（2）正弦形摇摆试验台的特性。

正弦形摇摆试验台中安装试验样品后所产生的摇摆波形应为连续、光滑的正弦波，其波形失真度应小于 15%。试验台的摇摆幅值容差为±10%，周期容差为±5%。

（3）随机摇摆试验台的特性。

随机摇摆试验台的特性由有关标准规定。

2．测量系统

进行摇摆试验时，摇摆试验台的摇摆幅值和周期应采用直视式或其他仪器进行监视。

3．安装

试验样品应根据实际安装方式或有关标准所规定的安装方式，采用足以使试验样品承受规定试验条件作用的形式，直接或通过安装架安装在试验台台面上。当有数种安装方式时，应选取可能承受到最严酷的条件作用的那种方式或对数种安装方式都进行试验。安装架的刚性应足以保证在施加试验条件的过程中，安装架不会因试验样品的重量和因摇摆而形成的附加惯性力的作用而发生明显的变形。

测试、监测和在试验时为保证试验样品工作或通电所必须的外部连接对试验样品所形成的附加质量和约束应保持最小或尽可能与实际安装时相似。

在实际安装时带减震器的设备一般应连同减震器一起进行试验。

2.4.3.2 严酷等级

倾斜试验的严酷等级由倾斜角度和试验持续时间 2 个参数来确定。

正弦形摇摆试验的严酷等级由摇摆角度（纵摇、横摇、首摇）或线加速度幅值（纵荡、横荡、垂荡）、摇摆周期和试验持续时间 3 个参数来确定。

倾斜试验和正弦形摇摆试验的严酷等级一般应从表 2.4.3 和表 2.4.4 中选取，有特殊要求者，可按有关标准规定。

表 2.4.3　倾斜试验的严酷等级

试 验 项 目	倾 斜 角	试验持续时间
纵倾	5°，7°，5°，10°	前后各不少于 15min
横倾	10°，15°，22.5°	左右各不少于 15min

表 2.4.4　正弦形摇摆试验的严酷等级

试 验 项 目	幅 值	周 期	试验持续时间
纵摇	±5°	3s，　5s，　7s	不少于 30min
	±10°		
横摇	±22.5°	5s，　7s，　10s	不少于 30min
	±45°		
首摇	±4°	20s	不少于 30min
纵荡	±0.5g	5s *	不少于 30min
横荡	±0.6g	5s	不少于 30min
垂荡	±0.6g	5s	不少于 30min
	±1g		

* ：考虑船舶操纵的回转角速度的试验值可取为 6°/s。

随机（不规则）摇摆试验的严酷等级由有关标准规定。

变桨控制器的摇摆试验要求摇摆 22.5°，周期 10s，持续时间为 30min。

2.4.3.3　试验程序

1．初始检测

按有关标准规定，对试验样品进行外观检查及机械、电性能检测。

2．试验

按有关标准规定调整试验样品在试验时所必须处于的状态，待其稳定后对试验样品施加试验条件，并用监测仪器对试验参数进行监视。同时按有关标准规定进行试验过程中的必要的性能检测。

试验顺序是先倾斜后摇摆，先纵向后横向。

当有关标准规定要进行几种摇摆形式的复合试验时，应当由有关标准规定出每一种摇摆形式的试验严酷等级及相应的试验参数，并予以合理的耦合。

3．最后检测

按有关标准规定对试验样品进行外观检查及机械、电性能检测，然后对试验结果做出评定。

试验后控制设备外观、机械结构、电气性能应无损坏，能够正常工作。

设备应无明显破损与变形。

2.4.4　弹跳试验

包装状态下的电气控制设备产品，应按下面的规定，进行 15min 的弹跳试验。

2.4.4.1 一般要求

弹跳试验用来模拟样品作为散装货物，在轮式车辆上，在不规则路面上运输时，可能受到的随机冲击条件的影响。

本部分规定的弹跳试验主要适用于准备运输的产品，包括将运输包装作为样品本身的一部分考虑时。

只要可能，用于样品的试验严酷度应与样品在运输期间经历的环境相关。有关规范应说明样品拒收或接收的标准。通常，样品在试验中不工作，经过弹跳试验后应保持完好。

2.4.4.2 试验设备

1. 弹跳试验机的特性

（1）弹跳试验机由水平工作台组成，工作台与偏心驱动轴连接，如图 2.4.1 所示。

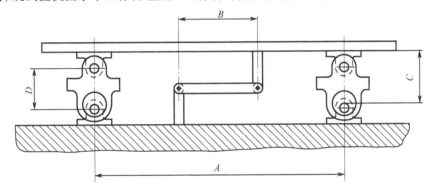

图 2.4.1 非同步运动基本驱动机构

由图 2.4.1 可知：尺寸 A 是两个垂直驱动器之间的标称距离：

$$600\text{mm} \leqslant A \leqslant 1700\text{mm}$$
$$B \geqslant 250\text{mm}$$
$$C = 0.25A（1 \pm 5\%）$$
$$D = 0.08A（1 \pm 5\%）$$

（2）工作台面应由（25±1）mm 厚的胶合板制成，并被紧固在钢架上，周围有适合的围栏。

（3）偏心机构应使工作台产生垂直位移，在驱动轴之间的区域测得其最大的峰-峰值为（25.5±0.5）mm。

（4）当弹跳试验机装载有样品和试验需要的其他装置时，也应满足在对应的方法中所规定的特性。

2. 工作台的运动

1）概述

工作台的运动应是同步圆周运动或非同步运动，产生所需运动的机构见图 2.4.1。

2）方法 A：同步圆周运动

弹跳试验机的工作台的运动应使台面上的每个点在垂直平面内作直径为（25.5±0.5）mm 的

圆周运动。

工作台面的峰值加速度应在 $1.1 \sim 1.2 g_n$ 之间，可以通过（285±3）r/min 的平均转速来达到。

无论准备运输的样品带或不带有关规范描述的运输包装，都应不加固定地放置在两个驱动轴之间的台面的中心。

围栏所允许的水平运动的总距离可调整到（50±5）mm，即当样品以正常的位置放置在台面中心时，样品可在任何水平方向上进行标称值为 25mm 的自由运动。

3）方法 B：非同步运动

弹跳试验机工作台的运动应在线性垂直运动和摆动之间循环变化。非同步运动是由工作台所用的两个相距最小为 600mm、最大为 1700mm 的标称垂直驱动器产生。在工作台面上驱动点产生峰-峰值位移应是（25.5±0.5）mm。

两个驱动点，即低频驱动点和高频驱动点的驱动频率之比应为（0.9 ~ 1）±0.03，较高转速轴应以（285±5）r/min 的平均速度转动。

除了驱动机构的误差，在所需运动的横向方向的位移原则上应为零。

工作台上两个驱动点之间的距离一般应大于受试样品的最大底部尺寸，试验设备的尺寸应按照该尺寸选择。

当设备不能完全满足要求时，另提供的适用的设备应在测试报告中注明。

无论准备运输的样品带或不带有关规范描述的运输包装，都应不加固定地放置在两个驱动轴之间的台面的中心。

围栏所允许的水平运动的总的距离可调整到 100 ~ 150mm 之间，即当样品以正常的位置放置在台面中心时，样品应可在任何水平方向上作标称值为 50 ~ 75mm 之间的自由运动。

3. 工作台的水平精度

弹跳试验机的安装应满足一定条件，即当偏心机构位于最低点时，包括驱动机构的容差的工作台的水平精度应在以下容差范围内：

方法 A——纵轴和横轴方向上的水平精度在±0.5°之间。

方法 B——纵轴的水平精度在 10′~0.5°之间，横轴的水平精度在±0.5°之间。

4. 控制

工作台的加速度由驱动轴的转速决定，样品的加速度值不需要测量。

5. 安装

为了达到弹跳试验的目的，在条件试验期间，样品应不加固定地放置在弹跳试验机工作台面的中心。

6. 样品的水平运动

弹跳试验机的工作台需要安装围栏，这样就可以模拟样品与车厢挡板的冲击。围栏的安装应保证围栏与样品之间保持规定的间距，围栏应由木墙、带木质饰面的槽钢或方形截面的木材制成。典型的围栏排列方式如图 2.4.2 所示。

样品的水平运动应根据要求以适合的方法采用适合的木制围栏加以限制，这些围栏应模拟

50mm 厚松木板的弹性特性。

无论对方法 A 还是方法 B，围栏的顶边到工作台面的高度都不应超过 600mm，并应符合下面的附加要求：

方法 A——围栏至少应达到样品的高度。

方法 B——围栏应比样品的顶部低 25～75mm。

围栏的适合的排列方式如图 2.4.2 所示。

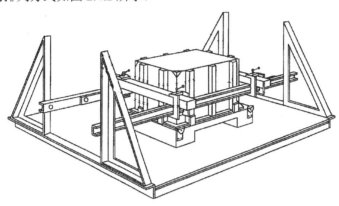

图 2.4.2　围栏的典型排列

2.4.4.3　严酷等级

控制设备弹跳的严酷等级由试验的持续时间确定，控制设备弹跳试验的持续时间一般为 60min。

试验的持续时间应在每一规定的方向上平均分配。

2.4.4.4　预处理

要求对样品进行包装预处理。

2.4.4.5　初始检测

样品应按照有关规范的规定进行外观、尺寸和功能检查。

2.4.4.6　条件试验

（1）当样品以某一面放置时，样品应经受 2 种摆放样式的弹跳。在 2 种摆放样式的弹跳之间，样品应在工作台面上转动 90°，以使样品与弹跳试验机的围栏沿着样品的两条正交轴发生碰撞。如果放置面有一条长边，与围栏碰撞的其中的一个轴应与此长边平行。

（2）控制设备质量或纵横比较大时，或有不同外形的样品时，试验应根据有关规范的要求进行。只有有限个面放置运输的样品，有关规范应规定样品受试的方位。

（3）如果有关规范有要求，只要总高度不超过 600mm，任何纵横比的样品均可堆码。为了限制最上面的样品，如果围栏有特殊的排列，则在有关规范中注明。

（4）为了模拟与车厢挡板或其他货物的碰撞，在用每一个支承面放置时，样品需在水平面内旋转 90°，以便样品与试验机的围栏产生的碰撞施加到每一个垂直面上。按照有关规范的要求，对应每一轴向和每一方向的试验时间应相同。

2.4.4.7 最后检测

产品试验规范应提供样品接收或拒收的标准。

样品应按照有关规范的规定进行外观、尺寸和功能检查。

在评估带运输包装的样品性能时，应注意任何螺丝或紧固件的松动，包装和填料的损坏，负荷传递零件的强度和位置，任何缓冲或填充材料的垫层沉降等。试验还能导致某些气候防护结构的破坏，如防护罩的擦伤和损坏。

控制设备应能承受弹跳试验，试验后控制设备其外观、机械结构、电气性能应无损坏，能够正常工作。

样品的损坏，虽然可以随着性能的变化检测到，但通常是机械性质的，如螺丝松动、机械零件连接失效。在完成试验时，应特别注意这种类型的损伤及其对性能的影响。

2.4.5 噪声试验

测试噪声的目的是检测设备在运行时产生的噪声是否符合有关标准的规定。

2.4.5.1 试验条件

1．测试环境

测试环境可以是半消声室、户外空间或体积较大的普通房间。

采用半消声室作为测试场地时，该室必须有一面是硬反射面。试验完的其他表面，应能大体上吸收有关频率范围内的所有入射角的声能。

在室外空间进行测试时，设备应安放在由混凝土或沥青构成的硬的平坦地面上，并且附近没有声的反射体。

2．环境噪声

在传声器位置上，环境噪声的 A 计权声压级应比设备运行时的 A 声级低 6 dB。

3．测试仪器

传声器、具有 A 计权的声级计、频率分析仪和自动记录仪。

2.4.5.2 试验程序

（1）依据设备检测噪声的具体需要，可按产品技术条件的规定安排测量点（如检测噪声对人体的影响），可从正对设备外壳前面的中心开始，俯视时以顺时针方向围绕设备按每间隔 1m 取一个参考点，应当取不少于 4 个参考点。每个参考点离设备外壳的距离为 1m。传声话筒应置于参考点上离地面 1.2～1.5m 高处，且应正对着设备，当考虑受试设备顶部噪声影响时，我们将测试面假想为一包络的矩形六面体，其各个面与对应的设备面平行，间距为 1m 装设传声器的位置（即测量点），需按如图 2.4.3 所示分布在六面体的测量面上（共有 9 个测量点）。传声器位置测量点见表 2.4.5。

试验应在周围 2m 内没有声音反射面的场所进行。测量应在正对设备操作面 1m 处，测量时测试设备应正对被试设备噪声源。用声级计沿被试设备表面移动，按每间隔 1m（不能小于 0.5m）

作为一个参考点，可在 1.2～1.58m 范围内选取。

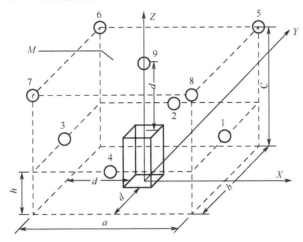

M—测量面；

○—测量点

图 2.4.3 测量面上的测点分布图

表 2.4.5 传声器位置测量点

测量点编号	X 向	Y 向	Z 向
1	$a/2$	0	h
2	0	$b/2$	h
3	$-a/2$	0	h
4	0	$-b/2$	h
5	$a/2$	$b/2$	C
6	$-a/2$	$b/2$	C
7	$-a/2$	$-b/2$	C
8	$a/2$	$-b/2$	C
9	0	0	C

（2）传声器应按表 2.4.5 的位置布置于各测量点上，测量每个规定位置上的 A 声压级，测量后，先按表 2.4.6 对测得的 A 声压级平均值进行修正，然后再按规定的方法计算表面声压级和声功率级。

表 2.4.6 背景噪声的修正

设备工作时的声压级与环境声压级之差（dB）	<6	6	7	8	9	10	>10
为获得受试设备的单独声压级，而需从受试设备工时的声压级中减去的修正值 KLi	测量无效	1.0	1.0	1.0	0.5	0.5	0.0

（3）表面声压级和声功率级的计算。

① 表面声压级的计算。

从测得的 A 计权声压级 L_{Pi}（经表 2.4.6 修正后的数据）计算 A 计权表面声压级 L_{Pm}：

$$L_{Pm} = 10\lg[1/N \sum_{i=1}^{N} 10^{0.1L_{Pi}}]$$

式中　L_{Pm}——A 计权表面声压级，单位为分贝（dB）；

　　　L_{Pi}——第 i 次测量所得的 A 计权表面声压级，单位为分贝（dB）；

　　　N——测量次数。

注意：当测得值间的差别不超过 5dB 时，也可用算术平均值计算 L_{Pm}。

② 声功率级的计算。

受试设备的 A 计权声功率级 L：

$$Lw=(L_{Pm}-K)+10lg(S/S_0)$$

式中　S——测量表面的面积。单位为平方米（m²）；

　　　S_0——1m²；

　　　K——环境修正值（取值方法参见表 2.4.6）；

　　　N——测量次数。

2.4.5.3　试验结果

若在规定的位置上所测得的环境噪声的 A 计权声压级，要比受试设备运行时所测得的 A 声压级至少低 6dB，否则测试结果无效。试验结果符合产品技术条件规定则合格。

2.5　电磁环境试验

2.5.1　试验要求

2.5.1.1　试验目的

装有电子器件的控制设备受电磁干扰的影响是比较明显的，有必要用试验来加以验证。EMC（电磁兼容性）试验的目的是考核设备对特定的外加干扰条件的耐受能力。在存在电磁干扰的情况下，设备应仍能进行工作而不降低其性能，验证设备性能是否满足要求的判别方法，应在有关产品技术文件中予以说明。

2.5.1.2　可免除 EMC 试验的设备

以下情况不要求进行 EMC 试验：

（1）在主要与低压公共电网有关或主要与低压非公共电网、工业电网有关的环境下进行设计的组合器件和元件符合相关的产品技术条件或一般的 EMC 标准。

（2）对设备选用的组合器件和元件符合相关的产品标准或 EMC 标准，并且内部安装及接线是按照元器件制造厂的说明书进行的（考虑互相影响、电缆屏蔽和接地等）设备可不进行此项验证。

否则，应按照 EMC 试验项目的要求验证 EMC。

2.5.1.3　环境条件

气候环境条件要求如下：

环境温度——15～35℃；

相对湿度——10%～75%；

大气压力——86～106kPa。

实验室的电磁环境不应影响试验结果。

2.5.1.4　EMC 试验的要求

电气控制设备与电器的抗扰度和发射试验是型式试验，应按制造厂安装说明书规定的相应的运行和环境条件进行试验。试验应根据相关 EMC 标准进行，但产品标准可规定必要的附加措施来验证产品的性能。

无电子线路的电器无须进行抗扰度试验和发射试验。

具有电子线路的电器的抗扰度试验和发射试验，除非产品标准中给出不同的试验标准，否则试验应根据表 2.5.1 的要求进行。产品性能标准应按表 2.5.2 的验收标准为基础，在产品标准中列出。

表 2.5.1　EMC 试验——抗扰度

试验的形式	所要求的试验水平
静电放电抗扰度试验	8kV/空气放电或 4kV/接触放电
射频电磁场辐射抗扰度试验	10V/m
电快速瞬变脉冲群抗扰度试验	2kV 对电源端[①]，1kV 对信号端[②]
1.25/50μs～8/20μs 浪涌抗扰度试验[③]	2kV（线对地），1kV（线对线）
射频传导抗扰度试验（150kHz～80MHz）	10V
工频磁场抗扰度试验[④]	30A/m
电压暂降、中断抗扰度试验	半个周波下降30%，5～50 个周波下降60%，250 个周波下降100%
电源谐波抗扰度试验	[⑤]

注：① 电源端：由导体或电缆输送电器与其相连的并联设备运行所需主要电能的端口。

② 信号端：由导体或电缆传送与设备相连的数据或信号等信息的端口。可应用端口在产品标准中规定。

③ 额定直流电压 24V 及以下不适用。

④ 仅适用于含有易受工频磁场影响元器件的产品。

⑤ 要求待制定。

表 2.5.2　抗电磁扰动等级评定准则的验收标准

项　目	验收标准（试验中应执行的标准）		
	A	B	C
全部运转	工作特性无明显变化，按预期计划执行	性能暂时降低或丧失，但能自恢复	性能暂时降低或丧失（需操作者干预或系统复位）
电源和控制电路运转	无不正确运转	性能暂时降低或丧失，但能自恢复	性能暂时降低或丧失（需操作者干预或系统复位）
显示器和控制面板运转	显示信息无变化；仅 LED 有轻微的光亮度变化或轻微字符移动	暂时的可视变化或信息丢失；非预想 LED 照明显示	停机或显示死机；显示错误信息或非法操作模式；不能自恢复

项　目	验收标准（试验中应执行的标准）		
	A	B	C
信息处理和传感功能	与外部设备进行无干扰通信和数据交换	临时干扰通信；有内、外部设备的错误报表①	信息的错误处理；数据或信息丢失；通信有错误；不能自恢复

注：① 特殊要求应在产品标准中规定。

2.5.2　低频扰动试验

无电子线路的电器无须进行低频抗扰度试验。

1．电压波动

设备在正常条件下工作，调节电源输入电压变化为额定电压的±10%，短时（小于 0.5s）电源变化为额定电压的-15%～+10%的情况下，设备应能正常的工作，对被试设备不应造成任何损坏和有害的影响。

2．频率波动

设备应设计成能以规定电源额定频率运行，调节供电电源系统的频率变化达到标称值的±2%，被试设备应能正常工作。

2.5.3　高频干扰试验

高频扰动试验主要是浪涌（冲击）、电快速瞬变脉冲群抗扰度试验、静电放电、射频电磁场辐射试验。抗电磁扰动等级评定准则参见表 2.5.2。无电子线路的电器无须进行高频抗扰度试验。高频干扰的试验要求按表 2.5.1 的规定进行。

2.5.3.1　浪涌（冲击）

浪涌（冲击）试验的目的是检验与通信线路相连的设备对浪涌骚扰（如雷电引起的）的抗扰度，它适用于终端设备（如调制解调器）及具有控制输入/输出口、通过通信端口来发送和接收信息的类似设备。

1．试验设备

（1）组合波（混合）信号发生器（1.2/50～8/20μs）。

能产生 1.2/50μs 的电压浪涌（开路状态下）和 8/20μs 的电流浪涌（短路情况），被称为组合波浪涌信号发生器（CWG）或混合信号发生器。

（2）组合波浪涌信号发生器的特征与性能。

开路输出电压：至少在 0.5～4.0kV 范围内能输出。

浪涌电压波形参数：参见表 2.5.3。

开路输出电压容差：±10%。

短路输出电流：至少在 0.25～2.0kA 范围内能输出。

浪涌电流波形参数：参见表 2.5.3。

短路输出电流容差：±10%。

极性：正/负。

相位偏移：随交流电源相角在 0°～360° 变化。

重复率：每分钟至少一次。

表 2.5.3　浪涌波形参数的规定

规　定	根据 GB 16927.1	
	波前时间（μs）	半峰值时间（μs）
开路电压	1.2	50
短路电流	8	20

应该使用输出端浮地的信号发生器，频率范围不小于 10MHz。

2．试验程序

1）试验等级

试验电压值等级应根据安装类别及试验电压等级来选择，参见表 2.5.4。

表 2.5.4　安装类别及试验电压等级

安装类别	试验等级（kV）							
	电源耦合方式		不平衡工作电路/线路（LDB）耦合方式		平衡工作电路/线路耦合方式		SDB，DB[①]耦合方式	
	线-线	线-地	线-线	线-地	线-线	线-地	线-线	线-地
0	NA	NA	NA	NA	NA	NA	NA	NA
1	NA	0.5	NA	0.5	NA	0.5	NA	NA
2	0.5	1.0	0.5	1.0	NA	1.0	NA	0.5
3	1.0	2.0	1.0	2.0[③]	NA	2.0[③]	NA	NA
4	2.0	4.0[②]	2.0	4.0[③]	NA	2.0[③]	NA	NA
5	[②]	[②]	2.0	4.0[②]	NA	4.0[②]	NA	NA

注：① 距离从 10m 到最长 30m，有特别的结构并经过专门的布置。对 10m 以下的互连电缆不做试验。仅第二类适用。

② 取决于当地电力系统的等级。

③ 通常带第一级保护进行试验。

说明：(1) DB=数据总线；SDB=短距离总线；LDB=长距离总线；NA=不适用。

(2) 安装类别：

0 类——保护良好的电气环境，常常在一间专用房间内。浪涌电压不超过 25V。

1 类——有部分保护环境。浪涌电压不超过 500V。

2 类——电缆隔离良好。浪涌电压不超过 1000V。

3 类——电源电缆和信号电缆平行敷设的电气环境。浪涌电压不超过 2000V。

4 类——互连线作为户外电缆一样走线甚至连到高压设备上。浪涌电压不超过 4000V。

5 类——接地故障电流达 10kA，和雷电电流达 100kA 引起的干扰电压。

2）耦合/去耦网络

（1）用于电源线的电容耦合（并联耦合）。

在接入电源去耦网络的同时，还可以通过电容耦合将试验电压按线-线或线-地方式加入。如果没有其他规定，装置和耦合/去耦网络之间的电源线长度为2m（或更短）。

耦合/去耦网络的额定参数：

耦合电容C——9μF或18μF。

电源去耦电感L——1.5mH。

当装置、供电网络没有与去耦网络连接时，在去耦网络电源输入端上的残余浪涌电压不应超过所施加试验电压的15%或电源电压峰值的两倍（两者中取较大值）。

（2）用于电源线的电感耦合（通过串联变压器耦合）。

（3）用于互连线的电容耦合。

对于非屏蔽不平衡I/O线路，当电容耦合对该线上的通信功能没有影响时推荐使用此方法，其应用如图2.5.1所示（包括线-线耦合和线-地耦合）。如果没有其他规定，装置和耦合/去耦网络之间的电源线长度为2m（或更短）。

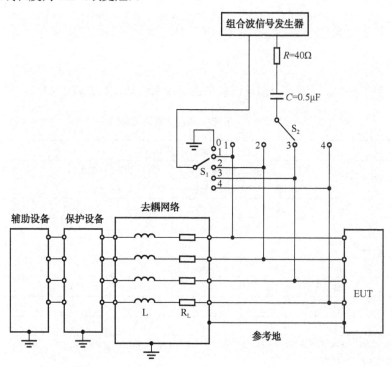

图2.5.1　非屏蔽互连线电容耦合的试验配置示例（线-线/线-地耦合，用电容器耦合）

注意：开关S_1：线-地，置于"0"。线-线，置于"1"～"4"。开关S_2：试验时置于"1"～"4"，但与S_1不在相同的位置。$L=20mH$，R_L为L的电阻部分。

电容耦合/去耦网络的额定参数：耦合电容C为0.5μF；去耦电感L（没有补偿电流时）为20mH。

应考虑信号电流容量，它取决于受试线路。

应按线-线和线-地方式施加浪涌。进行线-地试验时，如果没有其他规定，试验电压必须依次地加到每根线和地之间。

如果没有其他规定，则浪涌应在交流电压波（正和负）的零值和峰值的电压相位处同步加入。

3）对每一极性（正/负）至少各进行 5 次试验，如果可能，每次试验在电源电压波形的不同位置进行。相邻脉冲的时间间隔（重复频率）为 1min，相邻两次浪涌的间隔取决于（内部）保护装置的恢复时间，两个脉冲的极性相反。

当使用组合波浪涌信号发生器对两根或多根线对地进行试验时，试验脉冲的持续时间可能会减少。试验时还应考虑被试设备的非线性电流-电压特性。因此，试验电压只能由低等级逐步增加到规定值。为了找到设备工作周期内的所有关键点，应施加足够次数的正、负极性浪涌。

3. 浪涌冲击试验注意事项

当使用组合波浪涌信号发生器对两根或多根线对地进行试验时，试验脉冲的持续时间可能会减少。

试验时还应考虑被试设备的非线性电流-电压特性。因此，试验电压只能由低等级逐步增加到规定值。为了找到设备工作周期内的所有关键点，应施加足够次数的正、负极性浪涌。

每一极性至少进行各五次试验，如果可能，每次试验在电源电压波形的不同位置进行。两次浪涌间的时间间隔取决于（内部）保护装置的恢复时间（重复频率为 1 次/min）。试验电压值按照工频耐受电压试验中的规定。

4. 试验结果

试验结果应符合表 2.5.2 的规定。

2.5.3.2 电快速瞬变脉冲群抗扰度试验

试验标准规定了电气和电子设备的供电电源端口、信号和控制端口对重复电快速瞬变脉冲群抗扰度试验严酷等级和试验方法。

1. 试验设备

（1）试验发生器。

试验发生器的主要部件包括：高压源、充电电阻、储能电容器、放电器、脉冲持续形成电阻、阻抗匹配电阻和隔直电容器。

（2）电快速瞬变脉冲群发生器性能特性。

开路输出电压范围（在储能电容器两端的电压）0.25(1-10%)kV～4(1+10%)kV 发生器应能在短路的条件下工作。电快速瞬变脉冲群发生器在接 50Ω 负载时的运行特性参见表 2.5.5。

表 2.5.5　电快速瞬变脉冲群发生器在接 50Ω 负载时的运行特性

项　　目	特　　性
最大能量	4mJ/脉冲（在 2kV 接 50Ω 负荷时）
极性	正极性、负极性
输出型式	同轴
动态源阻抗（见注）	50（1±20%）Ω（1MHz～100MHz）
发生器内的隔直电容	10μF

续表

项　目	特　性
脉冲重复频率	与选择的试验等级有关
单个脉冲的上升时间	5（1±30%）ns
脉冲持续时间（50%值）	50（1±30%）ns
输出到50Ω负载时的脉冲波形	参见表2.5.6和图2.5.2
与电源的关系	异步
脉冲群持续时间	15（1±20%）ms（参见表2.5.6和图2.5.3）
脉冲群周期	300（1±20%）ms（参见表2.5.6和图2.5.3）
注：源阻抗可通过分别在无负载和50Ω负载条件下测量脉冲的峰值加以验证（比例为2:1）。	

表2.5.6　负载50Ω时电快速瞬变脉冲群发生器校验特性

项　目	特　性	
极性	正极性、负极性	
脉冲上升时间	5（1±30%）ns	
脉冲的持续时间（50%值）	50（1±30%）ns	
脉冲群持续时间	15（1±20%）ms	
脉冲群周期	300（1±20%）ms	
脉冲的重复频率和输出电压的峰值	输出电压的峰值（kV）	重复频率（kHz）
	0.125	5（1±20%）
	0.25	5（1±20%）
	0.5	5（1±20%）
	1.0	5（1±20%）
	2.0	2.5（1±20%）

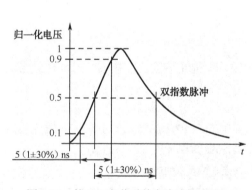

图2.5.2　接50Ω负载时单个脉冲的波形

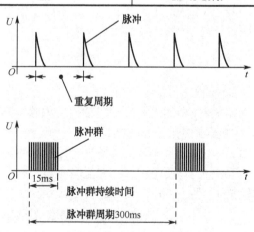

图2.5.3　快速瞬变脉冲概略图

2．试验程序

（1）试验等级相对应的试验参数参见表2.5.7。

表 2.5.7 试验等级相对应的参数

等　　级	开路输出试验电压（±10%）和脉冲的重复频率（±20%）			
	在供电电源端口、保护接地（PE）		在 I/O（输入/输出）信号、数据和控制端口	
	电压峰值（kV）	重复频率（kHz）	电压峰值（kV）	重复频率（kHz）
1	0.5	5	0.25	5
2	1	5	0.5	5
3	2	5	1	5
4	4	2.5	2	5
×①	待定	待定	待定	待定

①："×"是一个开放等级，在专用设备技术规范中必须对这个级别加以规定。

注：对于受试设备 I/O、控制、信号和数据端口，试验电压为电源端口试验电压的1/2。

这些开路输出电压将显示在电快速瞬变脉冲群发生器上。有关试验等级的选择，建议按照工作环境及表 2.5.8 的要求进行选择。

表 2.5.8 试验等级的选择（根据工作环境）

	试验等级的选择			
试 验 级 别	1	2	3	4
工作环境	具有良好的保护环境	受保护的环境	典型的工业环境	严酷的工业环境
环境代表	计算机机房	控制室或终端室	发电厂或高压变电站的继电器房	露天的高压变电站

（2）受试设备的放置。

① 应放置在接地参考平面上（接地参考平面采用铜或铝金属板时其厚度不小于 0.25mm，采用其他金属材料时其厚度至少为 0.65mm），并用厚度（0.1±0.01）m 的绝缘支座与之隔开。

② 接地参考平面的最小尺寸为 1m×1m，各边至少应比受试设备超出 0.1m。受试设备距离导电结构（例如屏蔽室的墙壁）应大于 0.5m。

③ 若受试设备为台式设备，应放置在接地参考平面上方（0.8±0.08）m 处。

④ 耦合装置和受试设备之间的信号线和电源线的长度不超过 1m。如果制造商提供的与设备不可拆卸的电源电缆的长度超过 1m，那么超出的部分应该收拢在一起形成一个直径为 0.4m 的扁平线圈并放置在接地参考平面上方 0.1m 处。受试设备和耦合装置之间的距离应不大于 1m。

（3）试验电压耦合到被试设备的方法。

① 交/直流主电源的耦合/去耦网络。

采用此网络可以使试验电压能在非对称的状态下施加到受试设备的电源输入端。如果线路上的电流大于耦合/去耦网络规定的电流容量，即大于 100A，应经过一个 33μF 的耦合电容把试验电压施加到受试设备上。

② 对 I/O 和通信端口的试验。

为了把试验电压耦合到线路上，应尽可能地使用容性耦合夹。但是，如果因为电缆敷设中机械方面的问题而不能使用耦合夹时，则可代之以金属带或导电箔。不允许把试验电压施加到同轴电缆或屏蔽通信线路的接头（带电线）上。

③ 对供电电源端子和保护接地端子的试验电压应该施加在接地参考平面和每一个交流或

直流供电电源的接地端子之间，以及受试设备机壳的保护接地或功能接地端子上。接地参考平面应与电源插座处的保护导线连接。

④ 对每一极性（正/负）进行试验，试验的持续时间，不少于 1min。

3．试验注意事项

应该按照设备或系统的最终安装状态进行试验。为了尽可能地逼真模拟实际的电磁环境，在进行安装后，试验时应该不用耦合/去耦网络。

试验过程中，除了被试设备以外，如果有其他装置受到不适当的影响，经用户和制造商双方同意可以使用去耦网络。

试验中，被试设备不应出现性能和功能的降低或丧失，试验程序和结果的说明应在产品技术文件中加以规定。被试设备满足产品技术文件的要求，则表明试验合格。

4．试验结果的评定

试验的结果应符合表 2.5.2 的规定。

2.5.3.3　静电放电

试验标准规定了电气和电子设备对来自操作者和邻近物体的静电放电时的抗扰度要求的试验等级和试验方法。

1．试验发生器

试验发生器的主要部件包括：充电电阻、储能电容器、放电电阻、电压指示器、放电开关、可更换的电极头、放电回路电缆、电源装置。

静电放电发生器特性参见表 2.5.9。

表 2.5.9　静电放电发生器特性

项　目	特　性
储能电容（C_r+C_d）	150pF±10%
放电电阻（R_d）	330Ω±10%
充电电阻（R_c）	50～100MΩ
输出电压[①]	接触放电 8kV（标称值），空气放电 15kV（标称值）
输出电压示值的容许偏差	±5%
输出电压极性	正、负极性
保持时间	至少 5s
放电操作方式[②]	单次放电（连续放电之间的时间至少 1s）
放电电流波形	如图 2.5.4 所示
①：在储能电容器上测得的开路电压。	
②：仅为了探测的目的，发生器应能以至少 20 次/s 的重复频率产生放电。	

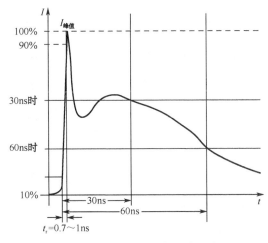

图 2.5.4 静电发生器输出电流典型波形图

2. 试验等级

静电放电有以下两种形式：

（1）对导电表面和耦合平面的接触放电。

（2）在绝缘表面上的空气放电。

接触放电是优先选择的试验方法。试验优先采用表 2.5.10 中的试验等级范围。

表 2.5.10 接触放电试验等级

放电试验等级	1	2	3	4	×[①]
接触放电试验电压（kV）	2	4	6	8	特殊
空气放电试验电压（kV）					特殊
① "×"是一个开放等级。在专用设备技术规范中必须对这个级别加以规定，如果规定了高于表格中的电压，则可能需要专用的试验设备。					

试验等级选择的导则参见表 2.5.11。

表 2.5.11 试验等级选择的导则

级 别	相对湿度/%	抗静电材料	合成材料	最大电压（kV）
1	35	×		2
2	10	×		4
3	50		×	8
4	10		×	16

3. 受试设备的放置

（1）应放置在接地参考平面上（接地参考平面采用铜或铝金属板时其厚度不小于 0.25mm，采用其他金属材料时其厚度至少为 0.65mm），并用厚度（0.1±0.01）m 的绝缘支座与之隔开。

（2）接地参考平面的最小尺寸为 1m×1m，各边至少应比受试设备超出 0.5m。受试设备距离导电结构（例如屏蔽室的墙壁）应大于 1m；接地电缆与参考平板和所有搭接处的连接阻抗应很低，高频率应用时应采用夹紧装置。

（3）若受试设备为台式设备，应放置在接地参考平面上方 0.8m 高的木桌上。

（4）若受试设备为落地式设备，受试设备和电缆用厚度大约为 0.1m 的绝缘支架与接地参考平面隔开。

（5）静电放电发生器的放电回路电缆应与接地参考平面连接，该电缆的总长度一般为 2m。如果电缆的长度超过 2m，那么将多余的长度以无感方式离开接地参考平面放置，且试验配置的其他导电部分保持不小于 0.2m 的距离。

为了便于放电回路电缆的连接，接地参考平面与受试设备约为 0.1m 的距离，参考平面为宽 0.3m 长 2m 厚度 0.25mm 的铜或铝板，若使用其他金属材料最小厚度为 0.65mm。

4．对受试设备直接施加的放电

静电放电施加于受试设备可能接触的点和表面上。在接触放电的情况下，放电电极的顶端应在操作放电开关之前接触受试设备。接触放电电极头如图 2.5.5（b）所示。

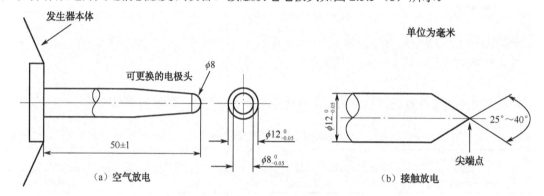

图 2.5.5　静电放电发生器的放电电极

试验应以单次放电的方式进行。在预选点上，至少施加十次单次放电。连续单次放电之间的时间间隔至少 1s。但为了确定系统是否会发生故障，可能需要较长的时间间隔。

放电点通过以 20 次/秒或以上放电重复率来进行试探的方法加以选择。

静电发生器：应保持与实施放电的表面垂直，以改善试验结果的可重复性。

在实施放电时，发生器的放电回路电缆与受试设备的距离至少应保持 0.2m。

5．间接施加的放电

对放置与（或）安装在受试设备附近的物体的放电，应采用静电放电发生器对参考接地平面接触放电的方式。

受试设备的放置除满足第 3 条规定外，还应满足下列要求：

（1）静电发生器放在距被试设备 0.1m 处，放电电极指向参考接地平面。

（2）在被试设备的每个可接触到的平面上对参考接地平面应进行至少 10 次单独快速放电。

6．空气放电

如果漆膜为绝缘层则只进行空气放电。试验时，放电电极的圆形放电头应尽可能接近并触及受试设备（不要造成机械损伤）。每次放电之后，应将静电放电发生器的放电电极从受试设备上移开，然后重新触发发生器，进行新的单次放电，直至放电完成。在空气放电试验的情况下，用作接触放电的放电开关应闭合。空气放电电极头如图 2.5.5（a）所示。

注： 放电开关建议尽可能靠近放电电极安装。

7．试验注意事项

静电放电应施加于操作人员正常使用被试设备时可能接触的点和面上。

为了确定故障的临界值，试验电压应从最小值到选定的试验电压值逐渐增加，最后的试验电压值不应超过产品的规定值，以免损坏设备。

试验电压示值的容许偏差为±5%，输出电压极性为正极和负极（可切换）。试验应以单次放电的方式进行。在预选点上，至少施加 10 次单次放电（最敏感的极性）。

对于表面涂漆的情况，应采用以下操作程序：

（1）如设备制造厂家未说明漆膜为绝缘层，则发生器的电极头应穿入漆膜，以便与导电层接触；如生产厂指明漆膜是绝缘层，则应只进行空气放电。这类表面不应进行接触放电试验。

（2）在接触放电的情况下，放电电极的圆形放电头应尽可能快地接近并触及被试设备（不要造成机械损伤）。每次放电后，应将静电放电发生器的放电电极从被试设备上移开，然后重新触发发生器进行新的单次放电，这个程序应当重复直至放电完成为止。

8．试验结果

试验结果应符合表 2.5.2 的规定。试验中，被试设备不应出现性能和功能的降低或丧失，被试设备满足产品技术条件的要求，则表明试验合格。

2.5.3.4　射频电磁场辐射

1．试验设备

施加射频电磁场辐射取决于发射机的功率及其与设备间的距离。为此对电子设备的电磁辐射抗扰度进行试验，规定了试验等级和必要的试验方法。

试验设备基本包括：试验室（产生均匀场的电波暗室）、带放大器的信号源、天线、测量设备。

（1）电波暗室。

对于受试设备应有足够空间的均匀场域，局部安装一些吸收材料可以使室内的反射减弱，是目前推荐采用的场均匀性较好的一种试验室。

（2）电磁干扰（EMI）滤波器。

应注意确保滤波器在连接线路上不致引起谐振效应。

（3）射频信号发生器。

能覆盖整个频率范围，并应能被 1kHz 的正弦波进行幅度调制，调幅深度为 80%；应具有慢于 1.5×10^{-3} 十倍频程/s 的自动扫描功能。

（4）功率放大器。

功率放大器可以放大信号（调制的或未调制的）并提供天线输出所需的场强电平。放大器产生的谐波和失真电平应比载波电平低至少 15dB。

（5）发射天线。

发射天线能够满足频率特性要求，如双锥形（20～300MHz）、对数周期（80～1000MHz）或其他线性极化天线系统。垂直和水平极化或各向同性场强监视天线，采用总长度为 0.1m 或更短的偶极子，其置于被测场强中的前置增益和光电转换装置具有足够的抗扰度，另配有一根与室外指示器相连的光纤电缆，还需采用充分滤波的信号连接。

（6）垂直和水平极化或各向同性场强监视天线。

（7）记录功率电平的辅助设备。

用于记录试验规定场强所需的功率电平和控制产生试验场强的电平。应注意确保辅助设备具有充分的抗扰度。

2．试验程序

1）试验等级

频率范围为 80～1000MHz。

表 2.5.12 给出了未调制信号的试验场强。作为试验设备要用 1kHz 的正弦波对未调制信号进行 80%的幅度调制来模拟实际情况。

表 2.5.12　试验等级

等　　级	1	2	3	×
试验场强（V/m）	1	3	10	待定
注：×是一个开放等级。				

选择试验等级的一般性原则参见表 2.5.13。

表 2.5.13　选择试验等级的一般性原则

等　级	辐　射　环　境	受试设备使用场所
1	低电平电磁辐射	1km 以外的当地无线电广播或电视台产生的场以及小功率无线电收发机产生的场
2	中等电磁辐射	离设备相对较近但不小于 1m 的便携式无线电收发机产生的场
3	严酷电磁辐射	离设备很近的大功率无线电收发机产生的场
×	极其严酷电磁辐射	开放等级，该等级由用户和制造厂协商。

2）受试设备的放置

试验应尽可能在受试设备的实际工作状态下进行，布线应按生产厂推荐的规程进行，装置应置于机壳内，所有盖子和观察板均应安放就位。

当需要某种装置支撑受试设备时，应该选用不导电的非金属材料制作。但设备的机箱或外壳的接地应符合生产厂商的安装条件。

首先使被试设备的一面与均匀域平面重合。

当受试设备由台式和落地式部件组成时，要保持正确的相对位置。典型受试设备的布置如下所述。

（1）台式设备的布置。

受试设备应放置在一个 0.8m 高的绝缘试验台上。

注意：使用非导体支撑均可防止受试设备的偶然接地和场的畸变。为了保证不出现场的畸变，支撑体采用非导电体，而不是绝缘层包裹的金属支架。

（2）落地式设备的布置。

落地式设备应置于高出地面 0.1m 的非导体支撑物上，而不是绝缘层包裹的金属构架。如果受试设备质量轻且体积小，可以放在 0.8m 高的平台上进行试验。这种与标准试验方法的差别应在试验报告中说明。

（3）布线。

如果对受试设备的进、出线没有规定，则使用非屏蔽平行导线。

从受试设备引出的连线暴露在电磁场中的距离为 1m。

受试设备壳体之间的布线按下列规定：

——使用生产厂商规定的导线类型和连接器；

——如果生产厂商规定导线长度不大于 3m，则按生产厂商规定长度用线，导线捆扎成 1m 长的感应较小的线束。

——如果生产厂商规定导线长度大于 3m 或无规定，则受辐射的线长为 1m，其余长度为去耦部分，比如套上射频损耗铁氧体管。

（4）屏蔽室。

被试设备放在屏蔽室的木桌上，然后根据相应的安装说明接上电源线和信号线。

试验前，应用场探头在校准方格某一节点上检验所建立的场强强度，产生场的天线和电缆位置应与校准时一致，测量达到校准场强所需的正向功率与校准均匀时记录一致。双锥和对数周期天线放置在距离被试设备 1m 处，用 1kHz 的正弦波对信号进行 80%的幅度调制后，在 80～1000MHz 频率范围内进行扫描测量。

当需要时，可以暂停扫描以调整射频信号电平或振荡器波段开关和天线。扫描速度不应超过 1.5×10^{-3} 十倍频程/s，在频率范围内步进递增扫描时，应在校准点之间采用线性插入法，以不超过基频 1%步长扫描，试验场强为规定值。

（5）发射天线应对受试设备的 4 个面之每一侧面进行试验。对于双锥形发射天线要在受试设备的每一侧面进行两种极化状态试验，一次在天线垂直极化位置，一次在天线水平极化位置。对数周期天线产生的是圆形极化场，就不必改变天线的位置。

当被试设备能以不同方向（如垂直或水平）放置使用时，各个侧面均应进行试验。

（6）带状线电路。

对被试设备的每一侧面要在发射天线的两种极化状态下进行试验。一次在天线垂直极化位置，一次在天线水平极化位置。

对尺寸数量级为 0.3m×0.3m×0.3m 的小型受试设备进行试验时，由于是产生横向辐射，受试设备应在 TEM 小室里转动，以便在水平和垂直极化方向上进行试验。

可以采用射频吸波材料来提高场的均匀性和减小外部场，而带状线和其他反射物体之间至少保持 2m 的距离。

只有当均匀性的要求得到满足并且受试设备的导线可以按照本标准的要求进行布置时，才能使用带状线和 TEM 小室。

在试验过程中应尽可能使被试设备充分运行，并在所有选定的敏感运行模式下进行抗干扰试验。

（7）试验报告中应包括：受试设备的尺寸；类型和运行条件；受试设备放置的高度；发射天线的位置；扫描速率、驻留时间和频率步长；适用的试验等级；受试设备是台式还是落地式；互连线的类型与数量及接口；受试设备操作方法的描述。

3. 试验结果的评定

试验的结果应符合表 2.5.2 中 A 级验收标准的规定。

2.5.4 发射

对于电子、电气设备来自 0.15～30.0MHz 频率范围内电网端扰动电压的极限值必须进行试验。无电子线路的产品不需要进行发射试验。

1. 发射试验的要求

设备有可能发射出传导或辐射的无线电频率干扰，产品设计时应考虑对其的限制，以免对电网和环境造成污染而干扰其他设备。表 2.5.14 给出设备电网终端扰动电压的极限值。表 2.5.15 给出设备电磁辐射干扰的极限值。

表 2.5.14　设备电网终端扰动电压的极限值

频带（MHz）	$0.15 \leqslant f < 0.50$	$0.5 \leqslant f < 5.0$	$5.0 \leqslant f < 30.0$
准峰值/dB（μV）	79	73	73
平均值/dB（μV）	66	60	60

表 2.5.15　设备电磁辐射干扰的极限值

频带（MHz）	电场强度分量 dB（μV/m）	测量距离（m）
$30 \leqslant f < 230$	30	30[①]
$230 \leqslant f < 1000$	37	30[①]

注①：若采用 10m 处进行测量，则 30m 距离的发射限值应增加 10dB。如果由于高环境噪声电平或其他原因不能在 10m 处进行测试，则可在近距离处（如 3m 处）进行测试后加以修正。

2. 试验设备

1）频谱分析仪

频谱分析仪常常用来评估高频扰动。如果频谱分析仪不完全符合 CISPRl6—1 的要求，若前端灵敏性欠佳，就可能出现交叉调制，使读数不正确。

2）接收机

应采用一种有专用检测器的接收机，这种检测器称之为准峰值检测器或平均值检测器。有时，准峰值检测器被称为"CISPR"检测器。它具有较强的过载能力。

如不具有正确的带宽也会产生误差，为了对电网端子的扰动（传导性发射）进行测量，接收机覆盖的频率范围为 150kHz～30MHz，准峰值和平均值检测器都可采用，带宽应为 9kHz。

电磁辐射（辐射性发射）测量所用的接收机覆盖的频率范围应为 30～1000MHz。这时带宽为 120kHz，应采用准峰值检测器。

3．试验方法

用以评估电网终端电源端口的高频干扰电压发射的测量设备可采用模拟电网网络（若适用）或高阻抗电压探针。

1）阻抗/模拟电网（AMN）

由于电子设备中的高频扰动源有一个源阻抗，所以扰动电压的测量受电网阻抗的影响。应采用 AMN 模拟电网使电源阻抗标准化，这有助于改善不同试验场地间的重现性。在本试验方法所规定的扰动电压测量频率范围内，可采用 $50\Omega//（50\mu H+5\Omega）$ 的电网。在频率为 150kHz～300MHz 之间时，电子设备视为一个由 $50\mu H$ 电感并联 50Ω 接地阻抗，与进线电网的阻抗无关。AMN 设有复现每相的电路。中性点（若采用的话）通过与每相所用的相同电路连接。

2）高阻抗的探针

当不能采用模拟电网电路时，扰动电压可以采用高阻抗的探针来测量。由于工频电流不通过探针，所以它甚至可与最大电流额定值的电子设备连用。通过调节电容器的电容量和电压额定值，这种探针可与 1000V 以下的电源一起使用。若将电容器的电容量减小，在校准时应考虑对测量精度的影响。

探针连接在电源线和基准接地之间。若电子设备采用接地的金属机架，则机架可被看做是基准的参考接地，探针应接于电子设备的电源引线上。到探针的连线应尽可能地短，最好小于 0.5m。使被试导体和基准接地之间形成的回路区减至最小。反之该回路会降低磁场的灵敏度。

考虑到主电路中无源电容、电阻或电感元件的影响。主电路和控制电路出现故障的原因通常与电压值（而不是电流值）相关。所以可以使用轻载试验（即电动机空载运行试验）检验电子设备的电磁兼容性。

试验时，也可以采用无源电阻和电感来模拟电动机的负载条件。特别提出的是电动机的外壳可以充当天线。

4．发射试验注意事项

试验接收机覆盖的频率范围应为 150kHz～30MHz，通常将频率分为 3 个常用的频段（0.15～0.50MHz；0.50～5.0MHz；5.0～30MHz）将各个频段中测得的最大值记录下来作为该部分的典型值。

在进行辐射性发射测试时，被试设备应安置于一个旋转台上，以便各个方向的辐射性发射都可测量到。

在 150kHz～30MHz 频率范围内，有此覆盖范围的准峰值和平均值检测器都可采用，带宽应为 9kHz。在 30～1000MHz 频率范围内，应采用准峰值检测器，带宽应为 120kHz。

5．试验结果评定

试验结果应符合表 2.5.2 中 A 级验收标准的规定。

第3章 性能试验

3.1 安全防护试验

3.1.1 防护措施和保护电路的电连续性检查

防护措施和保护电路的电连续性检查应检查防止直接接触和间接接触的防护措施。

可利用直观检查来验证保护电路，以确保通过直接的或由保护导体完成的相互有效的连接来确保保护电路的连续性。尤其应检查螺钉连接是否接触良好，可能的话可抽样试验。

试验应使设备尽可能在避免受到超过其额定值冲击的条件下进行。

1. 过电流保护检验

直流侧短路保护检验：在直流侧进行人为短路，检验快速熔断器和快速开关等保护器件是否正确动作。

交流侧短路保护检验：在交流侧进行人为短路，检验交流侧保护器件是否正确动作。

2. 断相及欠压保护试验

当电源侧三相中任意一相断相或欠电压，应能对设备进行有效保护，并发出相应的报警指示信号。

3. 残余电压的防护

适当时，应进行此项试验以确保电源切断后，任何残余电压高于 60V 的外露可导电部分，都应在 5s 之内放电到 60V 或 60V 以下；对插头/插座或类似的器件，拔出它们会裸露出导体件（如插针），放电时间不应超过 1s。否则，应采用附加的断开器件或做耐久性警告标志提醒注意危险，并说明在打开柜门以前的必要延时。

3.1.2 保护电路有效性的试验

1. 控制设备的裸露导电部件和保护电路之间的有效连接验证

应验证控制设备的不同裸露导电部件是否有效地连接在保护电路上，进线保护导体和相关的裸露导电部件之间的电阻不应超过 0.1Ω。

应使用电阻测量仪器进行验证，此仪器的功率应保证（交流或直流）电流通过电阻测量点之间 0.1Ω 的阻抗时，其电流值不小于 10A。

将试验时间限制在 5s，否则，低电流设备可能会受到试验的不利影响。

出厂试验时，可利用直观检查来验证保护电路的电连续性，尤其应检查螺钉连接是否接触良好，可能的话可抽样试验。

2. 通过试验验证保护电路的短路强度

可免除短路耐受强度验证的成套设备的电路本条不适用。

一个单相试验电源，一极连接在一相的进线端子上，另一极连接到进线保护导体的端子上。如控制设备带有单独的保护导体，应使用最近的相导体。对于每个有代表性的出线单元应进行单独试验，即用螺栓在单元的对应相的出线端子和相关的出线保护导体之间进行短路连接。

试验中的每个出线单元应配有保护装置，该保护装置可使单元通过最大峰值电流和 I^2t 值。此试验允许用控制设备外部的保护器件来进行。

对于此试验，控制设备的框架应与地绝缘。试验电压应等于额定工作电压的单相值。所用预期短路电流值应是控制设备三相短路耐受试验的预期短路电流值的 60%。

此试验的所有其他条件应同短路耐受强度试验程序相同。

3. 试验结果

无论是由单独导体或是由框架组成的保护电路，其连续性和短路耐受强度都不应遭受严重破坏。

除直观检查外，还可用通以相关出线单元额定电流的方法进行测量，以验证上述结果。

当把框架作为保护导体使用时，只要不影响电的连续性，而且邻近的易燃部件不会燃烧，那么接合处出现的火花和局部发热是允许的。

试验前后，在进线保护导体端子和相关的出线保护导体端子间测量电阻比值可验证是否符合这一条件。

3.1.3　用自动切断电源作保护条件的检验

自动切断电源的条件应通过试验检验。

3.1.3.1　TN 系统试验方法

对于 TN 系统，这些试验方法的描述见 TN 系统试验方法；对于不同电源条件的应用，按照 TN 系统试验方法中应用的规定。

1. 试验 1：保护联结电路连续性的试验

PE 端子（见图 3.1.1）和各保护联结电路部件的有关点之间的每一个保护联结电路的电阻应采用取自最大空载电压为 24VAC 或 DC 的独立电源，电流在 0.2～10A 之间进行测量。建议不使用 PELV（保护特低电压）电源，因为这种电源在这种试验中会产生使人误解的结果。根据有关保护联结导体的长度、截面积和材料，测出的电阻应在预期范围内。

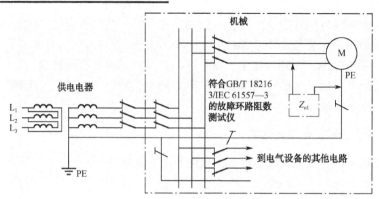

图 3.1.1　测量故障环路阻抗的典型配置

对于连续性试验使用较大的电流可以提高试验结果的准确性，尤其包括低电阻在内，即较大截面积和（或）较短的长度。但是为了避免引起火灾和爆炸危险，试验宜采用小电流。

2. 试验2：故障环路阻抗检验和关联的过电流保护器件的适合性

设备的电源连接和引入的外部保护导线至 PE 端子的连接，应通过观察检验。

试验2用于自动切断电源作保护条件的检验，应通过下列两种方法检验。

1）故障环路阻抗的测量

故障环路阻抗的测量应使用符合 GB/T18216.3 要求的测量设备进行。有关测量结果的信息和在测量设备的文件中规定要遵循的程序应予考虑。

在测量装置处，当机械连接到其频率与电源的标称频率相同的电源时，应进行测量。

如图3.1.1所示为在机械上测量故障环路阻抗的典型配置。在试验期间如果不能连接电动机，在试验中，不适用的两相导体可以断开，例如拆去熔断器。

满足用自动切断电源作保护条件的故障环路阻抗的测量值为

$$Z_s \times I_a \leqslant U_o$$

式中　Z_s——包括电源、故障点和电源之间的带电导体到故障点以及带电导体到保护导体的故障环路阻抗，单位为Ω；

　　　I_a——在规定的时间内引起切断保护器件自动动作的电流，单位为 A；

　　　U_o——对地标称对地交流电压，单位为 V。

应注意：由于故障电流使导体的温度升高，其电阻也随之增加。

导体电阻的测量值和故障条件下实际导体电阻值之间差异应考虑在环境温度下进行测量，由于电流小，故障条件下则需要考虑导体的电阻随温度的升高而增加以检验故障回路阻抗的测量值符合要求。

由于故障电流导体的电阻随温度的升高而增加，在下式中考虑：

$$Z_{R(5s)} \leqslant 2U_o/3I_a$$

式中　$Z_{R(5s)}$——Z_{PE} 的测量值，Z_{PE} 为保护接地阻抗。

如果故障环路阻抗的测量值大于 $2U_o/3I_a$，按照程序可以进行更准确地评价。

2）确认关联过电流保护器件的设置和特性

对于用自动切断电源作保护条件，要求电流 I_s 约等于 1kA 的电路可以进行故障环路阻抗测量（在表 3.1.1 规定的时间内，I_s 是引起切断器件自动动作的电流）。

表 3.1.1 TN 系统的最长切断时间

U_o（V）	120	230	277	400	>400
切断时间（s）	0.8	0.4	0.4	0.2	0.1

注：（1）U_o 是对地标称交流电压方均根值。

（2）在 GB 156 规定的允许偏差范围内的电压值，切断时间适用于施加的标称电压。

（3）对于两级之间的电压值，使用表中紧接在其后的较高值。

保护接地回路不超过 30m 的小型机械、预制机械或机械部件，机械不能接到用于回路阻抗的测试电源，下列方法是适当的：

- 保护接地电路的连续性应通过引入来自 PELV 电源的 50Hz 或 60Hz 的低电压、至少 10A 电流和至少 10s 时间的验证。该试验在 PE 端子和保护接地电路部件的有关点间进行。
- PE 端子和各测试点间的实测电压降不应超过表 3.1.2 所规定的值。

表 3.1.2 保护接地电路连续性的检验

被测保护导线支路最小有效截面积（mm²）	1.0	1.5	2.5	4.0	>6.0
最大的实测电压降（对应测试电流为 10A 的值）（V）	3.3	2.6	1.9	1.4	1.0

3.1.3.2 TN 系统试验方法的应用

对设备的每个保护连接电路应完成试验 1 规定的内容。当通过测量完成试验 2 时，试验 1 总应先于试验 2。

在环路阻抗试验期间，保护联结电路连续性中断可能对试验者或其他人员引起危险情况或导致电气设备损坏。

对不同情况的机械所需要的试验用表 3.1.3 进行规定。表 3.1.4 可用于确定机械情况。

表 3.1.3 TN 系统试验方法的应用

程序	机械情况	在现场检验
A	机械电气设备在现场安装和连接，若保护联结电路的连续性在现场的后续安装和连接尚未确认	试验 1 和试验 2 例外：若由制造厂预先计算的故障环路阻抗或电阻是可靠的，并且： ● 设备的安装，允许检验用于计算的时间长度和截面积； ● 若可以确定现场的电源阻抗小于或等于制造厂用于计算电源阻抗的假定值。 在现场连通保护联结电路的试验 1 和通过观察电源的连接和引入的外部保护导线到机械 PE 端子的连接检验是足够了
B	保护联结电路有超过表 3.1.4 给定示例的电缆长度，通过试验 1 和试验 2 经测量使机械通过保护联结电路连续性检验的证明。 情况（B1）：为了装运提供完全装配和不拆卸。 情况（B2）：为装运提供的拆卸，这里拆卸、运输和重新装配后（如使用插头/插座连接）要保证保护导体的连续性	试验 2 例外：可以确定现场电源阻抗小于或等于计算的值或试验 2 期间经测量的试验电压阻抗值时，现场不要求试验，但连续检验除外： ● 电源的情况（B1）和机械引入的外部保护导线到 PE 端子的情况（B1）； ● 电源的情况（B2）和机械引入的外部保护导线到 PE 端子的情况（B2）；以及为运装拆分所有保护导线连接的情况（B2）

续表

程　序	机　械　情　况	在现场检验
C	有保护联结电路且不超过表3.3给定示例的电缆长度的机械，通过试验1和试验2，经测量通过保护联结电路连续性检验的证明。 情况（C1）：为了装运提供完全装配和不拆卸。 情况（C2）：为装运提供的拆卸，这里拆卸、运输和重新装配后（如使用插头/插座连接）要保证保护导体的连续性	不要求现场试验，对于不通过插头/插座连接电源的机械，引入的外部保护导体到机械的PE端子的正确连接应通过目测检验。 情况（C2）安装文件要求所有保护导体的连接应目测检验，此处连接为装运被分拆过

表 3.1.4　从每个保护器件到负载间最大电缆长度的示例

1	2	3	4	5	6	7	8
至每个保护器件的电源阻抗	截面积	保护器件标定额定值或整定值 I_N	熔丝断开时间 5s	熔丝断开时间 0.4s	小型断路器特性（B1）$I_s=5\times I_N$ 断开时间 0.1s	小型断路器特性（B2）$I_s=10\times I_N$ 断开时间 0.1s	可调断路器 $I_s=8\times I_N$ 断开时间 0.1s
$m\Omega$	mm^2	A	从每个保护器件到负载间最大电缆长度（m）				
500	1.5	16	97	53	76	30	28
500	2.5	20	115	57	94	34	36
500	4.0	25	135	66	114	35	38
400	6.0	32	145	59	133	40	42
300	10	50	125	41	132	33	37
200	16	63	175	73	179	55	61
200	25（相）/16（PE）	80	133				38
100	35（相）/16（PE）	100	136				73
100	50（相）/25（PE）	125	141				66
100	70（相）/35（PE）	160	138				66
50	95（相）/50（PE）	200	152				98
50	120（相）/70（PE）	250	157				79

注：本表中最大电缆长度值基于下列假设：
- PVC电缆用铜导体，在短路条件下导体温度为160℃；
- 16mm² 及以下包含相导体的电缆，保护导体与相导体截面积相等；
- 16mm² 及以上电缆，保护导体的尺寸可以减少如表中所示；
- 3相系统，电源的标称电压400V；
- 每个保护器件最大电源阻抗依照第1栏（列）；
- 第3栏（列）的值与电缆不同敷设方法有关。

与这些假设不一致时可能要求完整计算或测量故障环路阻抗。

3.1.3.3　ＴＴ系统试验方法

1. ＴＴ系统是否符合采用自动切断电源的条件应进行下述试验

（1）测量装置的外露可导电部分的接地电阻。

（2）检验相关保护电器特性。这种检验应是对剩余电流保护器进行检验和试验。

● 检查断路器的电流整定值、熔断器的电流额定值。

● 对保护导体则检验其连续性。

2. 剩余电流动作保护器试验方法

1）方法 1

如图 3.1.2 所示为检验方法 1 的原理图。图中可变电阻接在负荷侧的带电导体和外露可导电部分之间。电流随可变电阻 R_P 的减小而增大。

剩余电流动作保护器的动作电流不应大于剩余电流动作电流 $I_{\triangle n}$。

对于 TN-S、TT 和 IT 系统均可采用方法 1。在 IT 系统中，为使试验时 RCD 动作，可能需要将系统的一点直接接地。

2）方法 2

如图 3.1.3 所示为检验方法 2 的原理图。图中可变电阻接在电源侧的一根带电导体和负荷侧的另一根带电导体之间。

剩余电流动作保护器的动作电流 $I_{\triangle}$ 不应大于剩余电流动作保护器（RCD）的额定动作电流 $I_{\triangle n}$，在试验时应断开负荷。

对于 TN-S、TT 和 IT 系统均可采用方法 2。

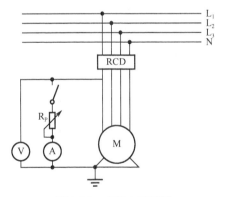

图 3.1.2　方法 1 原理图

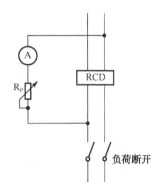

图 3.1.3　方法 2 原理图

3）方法 3

如图 3.1.4 所示为采用辅助电极的检验方法 3 的原理图。电流随可变电阻 R_P 的减小而增大。测量的则是外露可导电部分与独立的辅助电极之间的电压 U。电流 $I_{\triangle}$ 也被测量，它不应大于剩余电流动作保护器（RCD）的额定动作电流 $I_{\triangle n}$。

方法 3 应满足以下条件：

$$U \leqslant U_L \times I_{\triangle} / I_{\triangle n}$$

式中　U_L——约定接触电压限值。

方法 3 只能用于允许设置辅助电极的系统。对于 TN-S、TT、IT 系统均可采用方法 3。为使试验时 RCD 动作，对于 IT 系统可能需要将系统的一点直接接地。

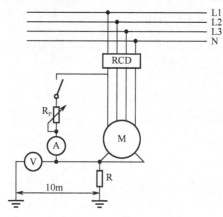

图 3.1.4　方法 3 原理图

3.1.3.4　IT 系统试验方法

IT 系统是否符合采用自动切断电源的条件应进行下述试验：

1．第一次故障电流的计算或测量

（1）在电源系统通过阻抗接地时，如果装置的所有外露可导电部分都是接到电源系统的地，则不需要做这种测量。

（2）只有在所有参数都不知道而又无法计算时才进行测量。应采取预防措施以避免在测试时由于出现第二次故障带来危险。

2．当发生第二次故障时

若出现类似于 TT 系统试验那种情况时，则应按 TT 系统进行检验。

当出现类似于 TN 系统试验的那种情况时，则应按 TN 系统进行检验。

在进行故障回路阻抗测量时，在系统中性点与装置进线端的保护导体之间需要设置一个阻抗可忽略的连线。

3.1.4　具有保护性隔离的控制设备与电器的试验

具有保护性隔离的控制设备与电器的试验一般作为型式试验。对于结构设计，由于产品的使用条件对用于保护性隔离的绝缘可能产生影响，因此制造厂或有关产品标准可以把下述试验全部或部分作为常规试验。

3.1.4.1　一般要求

适用于这样的控制设备与电器，它的一个或多个电路能用于保护特低压电路（SELV）及安全特低压电路（PELV）（控制设备与电器本身不具备类别Ⅲ）。

验证试验应在 SELV（PELV）电路与其他电路间进行，例如主电路、辅助电路和控制电路。

试验应在电器运行的所有状态下进行，例如打开、闭合、脱扣位置。

要求的目的是尽实际可能统一具有保护性隔离（该隔离施加在用于 SELV（PELV）电路的部件与其他电路的部件之间）的低压开关设备和控制设备的所有规则和要求，以使相应范围内的设备的性能要求和试验获得一致，避免根据不同的标准进行所需试验。

3.1.4.2　性能要求

除非有关产品标准另有规定外，具有保护性隔离的控制设备与电器规定了如下基本要求：

（1）为达到保护性隔离所考虑的唯一方法是基于在 SELV（PELV）电路与其他电路之间采用双重绝缘（或加强绝缘）。

（2）正常情况下，开关设备和控制设备爬电距离尺寸的确定已经考虑了其灭弧罩中产生的电弧对绝缘的影响，因此不需要进行特殊的验证。

（3）局部的放电影响不必考虑。

3.1.5　介电性能试验

介电性能试验也属于具有保护性隔离的控制设备与电器的试验，试验的性能要求见 3.1.4 节。

介电性能试验可分为冲击耐受电压试验、工频耐受电压试验和绝缘电阻试验。

3.1.5.1　总则

对于成套设备的某些部件，已经按照有关规定进行型式试验，而且在安装时没有损坏其介电强度，则不需要单独对其进行此项型式试验。

当成套设备包含一个与裸露导电部件已绝缘的保护导体时，该导体应被视为一个独立的电路，也就是说，应采用与其所在主电路相同的电压进行试验。

（1）如果制造厂已标明额定冲击耐受电压 U_{imp} 的值，应进行冲击耐受电压试验。

（2）在其他情况下，进行工频耐受电压试验。

3.1.5.2　介电性能验证的一般条件

被试电器应符合试验条件规定的一般要求。

如果电器不使用在外壳中，试验时应把电器安装在金属板上，并应将正常工作中连接至保护接地的所有外露导电部件（框架等）都接至金属板。

当电器的基座为绝缘材料时，电器的金属部件应连接到电器正常安装条件规定的固定连接点上，这些部件应被看作电器框架的一部分。

由绝缘材料制成的电器的操动器和构成电器整体所需的非金属外壳（不附加另外的外壳）应包以金属箔，并应接至框架或安装板上，金属箔应包覆在可能被标准试指触及的电器所有表面上。如果附加外壳的存在使标准试指无法触及电器的整体外壳的绝缘部件，则电器的绝缘外壳不需覆盖金属箔。

注意：上述规定是指在正常使用中操作者易于接近的部件，例如正常使用中按钮的操动器。当电器的介电性能与电器的引线绝缘层或特殊绝缘的使用有关，则在进行介电性能试验时应考虑这些引线绝缘层和特殊绝缘的使用。

3.1.5.3 冲击耐受电压试验

1. 冲击电压波形

冲击耐受电压试验是以全波形式模拟电力系统中所出现的大气过电压。在绝缘没发生闪络现象时,通常是具有全波形式的非周期的冲击波。冲击耐受电压试验规定了 1.2/50μs 冲击电压波形。

如图 3.1.5 所示,T_1 称为脉冲前沿,是指电压从 0 上升至 100%峰值的时间;T_2 为从 0 至幅值下降到 50%峰值的时间。$T=1.2μs$,允许误差±30%;$T_2=50μs$,允许误差±20%;脉冲峰值 U_m 的允许误差为±3%。

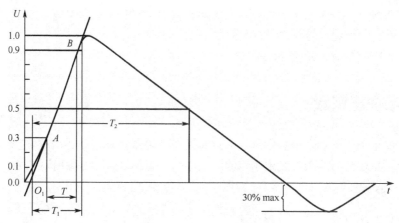

图 3.1.5 1.2/50μs 冲击电压波形

2. 基本条件

设备应同正常使用时一样完整地安装在它自身的支撑件上或等效的支撑件上。

任何用绝缘材料制作的操作机构和任何无附加外壳设备的完整的非金属外壳应用金属箔覆盖,金属箔连接到框架或安装金属板上。该金属箔应将可以触及的所有表面全部盖住。

3. 试验电压

1)主电路的冲击耐受电压

(1)带电部件与接地部件之间,极与极之间的电气间隙应能承受《电气控制柜设计制作——结构与工艺篇》表 1.2.1 给出的对应于额定冲击耐受电压的试验电压值。

(2)对于处在隔离位置的抽出式部件,断开的触点之间的电气间隙应能承受《电气控制柜设计制作——结构与工艺篇》表 1.2.2 给出的与额定冲击耐受电压相适应的试验电压值。

(3)与(1)及(2)项的电气间隙有关的设备的绝缘应承受(1)和(2)规定的冲击电压(如适用)。

2)辅助电路的冲击耐受电压

(1)以主电路的额定工作电压(没有任何减少过电压的措施)直接操作的辅助电路应符合上一条中(1)和(2)项的要求。

（2）不由主电路直接操作的辅助电路，可以有与主电路不同的过电压承受能力。这类交流或直流电路的电气间隙和相关的固态绝缘应能承受表 3.1.5 中给出的相应电压值。

表 3.1.5　不由主电路直接供电的辅助电路试验电压值

额定绝缘电压 U（线-线）（V）	$U_i\leqslant12$	$12<U_i\leqslant60$	$60<U_i$
介电试验电压（交流方均根值）（V）	250	500	$2U_i+1000$，其最小值为 1500

3）绝缘外壳的试验电压

用绝缘材料制造的外壳，还应进行一次补充的介电试验，在外壳的外面包覆一层能覆盖所有的开孔和接缝的金属箔，试验电压则施加于这层金属箔和外壳内靠近开孔和接缝的相互连接的带电部件以及裸露导电部件之间。对于这种补充试验，其试验电压应等于表 3.1.6 中规定数值的 1.5 倍。

表 3.1.6　主电路冲击耐受电压试验值

额定绝缘电压 U_i（线-线）（V）	介电试验电压（交流方均根值）（V）
$U_i\leqslant60$	1000
$60<U_i\leqslant300$	2000
$300<U_i\leqslant690$	2500
$690<U_i\leqslant800$	3000
$800<U_i\leqslant1000$	3500
$1000<U_i\leqslant1500$	3500

4）用绝缘材料制造的外部操作手柄

按照技术要求用绝缘材料制造或覆盖的手柄，介电试验是在带电部件和用金属箔裹缠整个表面的手柄之间施加表 3.1.6 规定的 1.5 倍试验电压值。进行该试验时，框架不应当接地。也不能同其他电路相连接。

4．电源系统的标称电压与设备的额定冲击耐受电压的关系

1）不装浪涌抑制器进行过电压保护时

在此给出了关于选择在电气系统中或部分系统中的一条电路上使用的设备的必要资料。

还应指出，用电源系统的条件，例如合适的阻抗或电缆馈线，可以控制与表 3.1.7 的值相关的过电压值。

如果控制过电压是采用浪涌抑制器以外的其他方法（例如设备自身抑制），在设备全部由低压地下系统而不含架空线供电的情况下，设备耐冲击电压值按表 3.1.7 取，不需要附加的大气过电压保护。

注意：具有接地金属屏蔽的悬挂绝缘电缆视作与地下电缆相同。

表 3.1.7 提供了关于电源系统标称电压与相应的设备额定冲击耐受电压之间关系的实例。

表 3.1.7 给出的额定冲击耐受电压值是依据浪涌抑制器的性能特征确定的。

表 3.1.7　不装浪涌抑制器进行过电压保护时，电源系统的标称电压与设备冲击耐受电压的相应关系

电气装置标称电压（V）		要求的耐冲击电压值（kV）			
三相系统	带中性点的单相系统	电气装置电源进线端的设备（耐冲击类别Ⅳ）	配电装置和末级电路的设备（耐冲击类别Ⅲ）	用电器具（耐冲击类别Ⅱ）	有特殊保护的设备（耐冲击类别Ⅰ）
—	120～240	4	2.5	1.5	0.8
230/400 277/480	—	6	4	2.5	1.5
400/690	—	6	6	4	2.5
1000	—	由系统工程师决定			
Ⅰ类供专用的设备工程使用。Ⅱ类供与干线相连的设备的产品技术条件委员会使用。Ⅲ类供安装材料产品技术条件委员会以及某些专用产品技术条件委员会使用。Ⅳ类供供电部门和系统工程师使用。					

2）采用涌浪抑制器进行过电压保护

设备在采用符合 IEC 60099—1 规定的浪涌抑制器进行过电压保护时，电源系统的标称电压与设备额定冲击耐受电压之间的相关关系见表 3.1.8 的规定。

表 3.1.8　采用涌浪抑制器进行过电压保护时，电源系统的标称电压与设备冲击耐受电压的相应关系

额定工作电压对最大值交流方均根或直流（V）	电源系统的标称电压（<设备的额定绝缘电压）（V）				额定冲击耐受电压（1.2/50μs）优先值（kV）（在海拔2000m时）			
	交流均方根值	交流均方根值	交流均方根值或直流	交流均方根值或直流	过电压类别			
					Ⅳ	Ⅲ	Ⅱ	Ⅰ
					电源进点（进线端）水平	配电电路水平	负载（装置设备）水平	特殊保护水平
50	—		12.5,24.25 30,42,48		1.5	0.8	0.5	0.33
100	66/115	66	60	—	2.5	1.5	0.8	0.5
150	120/208 127/220	115,120, 127	110,120	220～110 240～120	4	2.5	1.5	0.8
300	220/380,230/400 240/415,260/400 277/480	347,380,400 415,440,480 500,577,600	220	440～220	6	4	2.5	1.5
600	347/600,380/660 400/690,415/720 480/830	347,380,400 415,440,480 500,577,600	480	960～480	8	6	4	2.5
1000		600,690,720 830,1000	1000	—	12	8	6	4

按照制造厂的协议，可用表 3.1.5 给出的工频电压或直流电压进行试验。如果了解浪涌抑制器的性能，在该项试验时允许断开浪涌抑制器。然而最好用冲击电压对带有过压抑制装置的设

备进行试验。试验电流的能量不应超过过压抑制装置的额定能量。

如果控制过电压是采用浪涌抑制器以外的其他方法，在 IEC 60364-4-443 中给出了电源系统标称电压与设备的额定冲击耐受电压之间的关系指南。

5．试验电压施加部位

（1）成套设备的每个带电部件（包括连接在主电路上的控制电路和辅助电路）与裸露导电部件之间。

（2）在主电路每个极与其他极之间。

（3）没有连接到主电路上的每个控制电路和辅助电路与

——主电路；

——其他电路；

——裸露导电部件；

——外壳或安装板之间。

（4）对于断开位置上的抽出式部件，穿过绝缘间隙，在电源侧和抽出式部件之间以及在电源端和负载端之间。

6．施加试验电压

（1）对每个极应施加 3 次 1.2/50μs 的冲击电压，间隔时间至少为 1s。

（2）施加工频电压和直流电压，在交流情况下，持续时间为 3 个周期；或在直流情况下，每极施加 10ms。

7．试验结果

在试验过程中，不应有击穿放电。

（1）为某个目的而设计的击穿放电除外，例如瞬间过电压抑制装置。

（2）"击穿放电"一词指的是与电应力下的绝缘故障有关联的现象。此时，放电完全穿过试验中的绝缘体，将电极间的电压降至零或接近零。

（3）"火花放电"一词用在击穿放电，出现在气体或液体介质中的情况下。

（4）"闪络"一词用在击穿放电，出现在气体或液体介质表面时。

（5）"电击穿"一词用在击穿放电，出现并贯穿固体介质时。

（6）出现在固体介质中的击穿放电会使介电强度产生永久性的减弱；而气体或液体介质中的击穿放电所造成的介电强度减弱只是暂时的。

3.1.5.4　工频耐受电压试验

1．试验时设备应断开电源后进行

设备应形成一个连续的电路，主电路的开关和控制设备应闭合或旁路。对半导体器件和不能承受规定电压的元件，应将其断开或旁路。对于安装在带电部件和裸露导电部件之间的抗扰性电容器不应断开，可以采用交流电压或等于规定的交流电压的峰值的直流电压进行试验。

设备应完全关闭后进行。主电路的触头应处于闭合或短接状态。对不能承受规定电压的元件应将其短接或断开。水冷设备应在无水情况下进行。

安装在带电部件和裸露导电部件之间的抗干扰电容器不应断开，此电容器应能够进行耐受试验。

2．交流或直流试验电压有效值不应超过规定值±5%

开始施加时的试验电压不应超过规定值的 50%。然后在几秒钟内应将试验电压平稳增加至本款规定的最大值并保持 5s。交流电源应具有足够的功率以维持试验电压，可以不考虑漏电流。此试验电压实际为正弦波，而且频率在 45～62Hz 之间。

3．试验电压施加部位

（1）成套设备的所有带电部件与裸露导电部件之间。

（2）每个极与裸露导电部件、其他极之间。

注意： 此项试验应将裸露导电部件与其他极相连接，试验后应拆除这些连接。

4．绝缘外壳的试验

用绝缘材料制造的外壳，还应进行一次补充的介电试验。在外壳的外面包覆一层能覆盖所有开孔和接缝的金属箔，试验电压则施加于这层金属箔和外壳内靠近开孔和接缝的相互连接的带电部件以及裸露导电部件之间。对于这种补充试验，其试验电压应等于表 3.1.6 中规定数值的 1.5 倍。

5．用绝缘材料制造的外部操作手柄

用绝缘材料制造或覆盖的手柄，介电试验是在带电部件和用金属箔裹缠手柄之间施加表 3.1.6 规定的 1.5 倍试验电压值。进行该试验时，框架不应该接地，也不能同其他电路相连接。

6．试验电压值

主电路及由主电路直接供电的辅助电路，按《电气控制柜设计制作——结构与工艺篇》表 1.2.1 规定。制造厂已指明不适于由主电路直接供电的辅助电路，按表 3.1.5 规定。

7．试验结果

如果没有电击穿或闪络现象，则工频耐受电压试验通过。

3.1.5.5　绝缘电阻试验

1．试验条件

设备绝缘电阻测试，应在电路无电的状态下进行。绝缘电阻测量仪器（简称兆欧表）的电压等级，按表 3.1.9 的规定选取。对不能承受兆欧表电压等级的元器件，测量前应将其短接或拆除。

表 3.1.9　试验仪器的电压等级

设备额定电压 U_i（V）	$U_i<500$	$500<U_i<1000$	$U_i\geqslant1000$
测量仪器的电压等级（V）	500	1000	2500

2．试验程序

（1）对不能承受绝缘电压试验的元器件，消耗电流的元器件（如线圈、测量仪器等），在施加试验电压前应将其拆除或短接。

（2）试验电压施加部位及时间与工频耐受电压试验要求完全相同。

3．试验结果

所测得的绝缘电阻按标称电压至少为 1000Ω/V，则认为试验通过。

3.2 温升试验

3.2.1 温升试验的方法

对需要检验的回路或部件通以额定电流。

试验应维持足够的时间以使设备各部位的温度达到热平衡的稳定值。如果温度的变化小于 1℃/h，则认为温升已达到稳定。

3.2.1.1 总则

（1）温升试验是验证设备中各部件的温升极限是否超过设备技术条件的规定，试验结果应符合表 3.2.1 至表 3.2.3 的规定。

表 3.2.1 控制设备温升限值

控制设备的部件	温升（K）
内装元件[①]	根据不同元器件的有关要求，变流器及变流变压器见表 3.2.2、表 3.2.3，或根据制造厂的说明书
用于连接外部绝缘导线的端子	70[②]
母线和导线连接到母线上的可移动式部件和抽出式部件 插接式触点	受下述条件限制： （1）导电材料的机械强度； （2）对相邻设备的可能影响； （3）与导体接触的绝缘材料的允许温度极限； （4）导体温度对与其相连的元器件的影响； （5）对于接插式触点，接触材料的性质和表面的加工处理
操作手柄为金属 绝缘材料	15[③] 25[②]
可接近的外壳和覆板为金属表面 绝缘表面	30[①] 40[④]
分散排列的插头与插座	由组成设备的元器件的温升极限而定

控制设备的部件	温升（K）
① "内装元件" 一词指： ——常用的开关设备和控制设备； ——电子部件（例如整流桥、印刷电路）； ——设备的部件（例如调节器、稳压电源、运算放大器）。 ② 温升极限为 70 K 是根据的常规试验而定的有效值。在安装条件下使用或试验的控制设备，由于接线、端子类型、种类、布置与试验（常规）所用的不尽相同，因此端子的温升会不同，这是允许的。如果内装元件的端子同时也是外部绝缘导体的端子，较低的温升极限值是适用的。 ③ 那些只有在控制设备打开后才能接触到的操作手柄，例如事故操作手柄、抽出式手柄等，由于不经常操作，所以允许有较高的温升。 ④ 除非另有规定，那些可以接触，但在正常工作情况下无须触及的外壳和覆板，允许其温升提高 10K。 ⑤ 就某些设备（如电子器件）而言，它们的温升限值不同于那些通常的开关设备和控制设备，因此有一定程度的伸缩性。	

表 3.2.2　变流器各部位的极限温升

部件和部位	极限温升（K）
主电路半导体器件	外壳温升和结温由产品技术条件或分类标准规定
主电路半导体器件与导体的连接处	裸铜：45 有锡镀层：55 有银镀层：70
母线（非连接处）：铜 铝	35 25
浪涌吸收器与主电路的电阻元件	距外表面 30 mm 处的空气：25

表 3.2.3　变流变压器的极限温升

变流器工作制等级	变压器冷却介质	变压器温度等级	用电阻测量的绕组极限温升（K）
I 和 II	空气	A	55
		B	70
		H	110
	油	A	65
III	空气	A	50
		B	65
		H	100
	油	A	60
IV	空气	A	45
		B	60
		H	90
	油	A	50

续表

变流器工作制等级	变压器冷却介质	变压器温度等级	用电阻测量的绕组极限温升（K）
V	空气	A	40
		B	55
		H	85
	油	A	50

（2）一般应在所有电器元件上通以电流进行温升试验。

试验也可用功率损耗等效的加热电阻器来进行。

（3）对于某些主电路和辅助电路额定电流比较小的封闭式控制设备，其功率损耗可使用能产生相同热量的加热电阻器来模拟，该电阻器安装在设备内适当的位置上。

连接电阻器的引线截面不应导致显著的热量传出外壳。

加热电阻器试验，对外壳相同的所有控制设备应具有充分的代表性，尽管外壳内装有不同的电器元件，但只要考虑分散系数后，其内装元件的总功率损耗不超过试验中施加的功率损耗值即可。

内装的电器元件的温升不得超过规定值。该温升也可采用在测量出该电器元件在大气中的温升后，再加上外壳内部与外部的温差的方法求得近似值。

（4）只有在采取适合的措施使试验具有代表性的情况下允许对控制设备的单独部件（板、箱、外壳等）进行试验。

在各单独电路上进行温升试验，应采用设计所规定的电流类型和频率。所用的试验电压应使流过电路的电流等于所规定的电流值。应对继电器、接触器、脱扣器等的线圈施加额定电压。

（5）对于开启式控制设备，如果其单个部件上的型式试验、导体的尺寸以及电器元件的布局明显不会出现过高的温升，也不会对控制设备相连接的设备及相邻的绝缘材料部件造成损害，则无须进行温升试验。

（6）对出厂试验（PTTA）进行温升极限的验证应根据本节要求进行试验，或用外推法，例如依据 IEC 60890。

（7）环境条件。

① 为防止空气流动和辐射对温升测量的影响，设备应在正常的通风和散热条件下使用。

② 在满足标准的温升的前提下，试验房间应有一定的容积。

③ 周围的空气温度应在 10℃～40℃之间。如果环境温度超出此范围，则本标准不适用，制造厂和用户应另行协商专门的协议。

3.2.1.2 试验程序

（1）控制设备的放置。

控制设备应如同正常使用时一样放置，所有覆板都应就位。

试验单个部件或结构部件时，与其邻接的部件或结构单元应产生与正常使用时一样的温度条件。此时，可以使用电阻加热器。

（2）在进行温升试验前，应先进行通电操作试验。然后对温升试验的回路通以额定电流（为缩短试验时间，只要设备允许，开始试验时可加大电流，电流提高的数值一般不超过额定电流的 1.25 倍，然后再降到规定的额定电流值）。这个电流可以由设备本身产生，也可由外部低压电源供给。

（3）周围空气温度，应在试验 1/4 周期的时间内测量，测量时至少用两支温度计或热电偶，均匀地布置在设备的周围（高度为设备的 1/2，距设备外壳 1m）。测量后取各测量点读数的平均值。

（4）试验应在产生最高温升的设备及部位上进行以及在最不利冷却的条件下进行。

（5）温升测量点应尽可能在规定点测量。对于设备中的半导体器件，应测量若干个器件，其中包括冷却条件最差的部件。

（6）在所有电器元件上通以电流进行温升试验。

试验应在控制设备所设计一个或多个有代表性的组合电路上进行，这些电路体现了该控制设备的主要用途，所选择的电路应能足够准确地得到尽可能的最高温升。

对于这种试验，进线电路通以其额定电流，每条出线电路通过的电流乘以额定分散系数。如果控制设备中包含有熔断器，试验时应按制造厂的规定配备熔芯。试验所用熔芯的功率损耗应载入试验报告中。

如果元器件允许的话，可以在试验开始时加大电流，然后再降到规定的试验电流值，用这样的方法缩短试验时间。

在试验期间，当控制电磁铁通电时，应测量主电路和控制电路电磁铁都达到热平衡时的温度。

在任何场合下，只有当磁场的作用小到可以忽略的程度，控制设备的多相试验才允许采用单相交流电，尤其是当电流大于 400A 时，需特别注意这一点。

3.2.1.3 温升试验时使用的外连导体的尺寸

温升试验用导体应根据试验电流（由约定自由空气发热电流或约定封闭发热电流确定）按以下规定选取。连接到发热件（如管形电阻、板形电阻、瓷盘电阻等）上的导线应从侧方或下方引出，并需剥去适当长度的绝缘层，换套耐热瓷珠，使导线的绝缘端部温度不超过 65℃。

试验时使用的外连导体的尺寸和布置方式也应记入试验报告。

在缺少外接导体和使用条件的详细资料时，外接试验导体的截面积应按如下所述。

1. 试验电流值 400A 以下（包括 400A）

（1）连接导线应采用单芯聚氯乙烯（PVC）绝缘铜导线，其截面积按表 3.2.4 给出的数值。

（2）连接导线应置于大气中，导线之间的间距约等于电器端子间的距离。

（3）单相或多相试验，从电器一个端子至另一端子或至试验电源或至星形点的连接导线长度规定如下：

① 当截面小于或等于 35mm^2 时，长度为 1m。

② 当截面大于 35mm^2 时，长度为 2m。

表 3.2.4　用于试验电流为 400A 及以下的铜导线

试验电流的范围[1]（A）	导线尺寸[2][3]	
	mm^2	AWG/MCM
0~8	1.0	18
8~12	1.5	16
12~15	2.5	14

试验电流的范围①（A）	导线尺寸②③	
	mm²	AWG/MCM
15～20	2.5	12
20～25	4.0	10
25～32	6.0	10
32～50	10	8
50～65	16	6
65～85	25	4
85～100	35	3
100～115	35	2
115～130	50	1
130～150	50	0
150～175	70	00
175～200	95	000
200～225	95	0000
225～250	120	250
250～275	150	300
275～300	185	350
300～350	185	400
350～400	240	500

① 试验电流值应高于第一栏中的第一个值，低于或等于此栏中的第二个值。

② 为了方便试验，在经过制造商同意后，对规定的试验电流可采用小于给出值的导线。

③ 对给出的试验电流范围，可使用规定的两个导体中的一种。

2. 试验电流值高于 400A 但不超过 800A 时

（1）根据制造商的建议，导线应是单芯聚氯乙烯绝缘铜电缆，其截面积在表 3.2.5 中给出，或者是表 3.2.5 中给出的等效的铜排。

表 3.2.5　对应于试验电流的铜导线的标准截面积

额定电流值（A）	试验电流的范围①（A）	试 验 导 线			
		铜电缆		铜排②	
		数目	截面积③（mm²）	数目	尺寸③（mm）
500	400～500	2	150（16）	2	30×5（15）
630	500～630	2	185（18）	2	40×5（15）
800	630～800	2	240（21）	2	50×5（17）
1000	800～1000			2	60×5（19）
1250	1000～1250			2	80×5（20）

续表

额定电流值 （A）	试验电流的范围[①] （A）	试 验 导 线			
		铜电缆		铜排[②]	
		数目	截面积[①]（mm²）	数目	尺寸[③]（mm）
1600	1250～1 600			2	100×5（23）
2000	1600～2000			3	100×5（20）
2500	2000～2500			4	100×5（21）
3150	2500～3150			3	100×10（23）

① 电流值应大于第一个值，小于或等于第二个值。

② 假设铜排是垂直排列的，如果制造商有规定，也可采用水平排列。

③ 括号内的值为试验导线的温升估计值（以绝对温标 K 表示），仅供参考。

（2）铜电缆或铜排的间隔大约为端子之间的距离。铜排应涂成无光的黑色。每个端子的多条平行电缆应捆在一起，相互间的距离大约为 10mm。每个端子的多条铜排之间的距离大约等于铜排的厚度。如果所要求的铜排尺寸不适合端子或没有这种尺寸的铜排，则允许采用截面积大致相同、冷却面积大致相同或略小一些的其他铜排。电缆或铜排不应交叉。

（3）单相或多相温升试验，从电器的端子至另一端子或至试验电源的任何试验连接导体之间的最小长度为 2m，而至星形连接点之间的最小长度可以减少到 1.2m。

3．试验电流值大于 800A 但不超过 3150A 时

（1）导线应是表 3.2.5 中规定尺寸的铜排，除非控制设备的设计规定只能用电缆。在这种情况下，电缆的尺寸和布置应由制造商给出。

（2）铜排的间隔大约为端子之间的距离。铜排应涂成无光的黑色。每个端子的多条铜排应以大约等于铜排厚度的间距隔开。如果所要求的铜排尺寸不适合端子或没有这种尺寸的铜排，则允许采用截面积大致相同、冷却面积大致相同或略小一些的其他铜排。铜排不应交叉。

（3）对于单相或多相试验，连接试验电源的任何临时接线的最小长度为 3m，但如果连接线的电源末端的温升低于连接导体中点的温升不超过 5K，那么，连接线可减小到 2m。连接中性点的接线最小长度应为 2m。

4．试验电流值高于 3150A 时

试验电流值高于 3150A 时，有关试验的所有项目，例如电源类型、相数和频率（如需要的话）、试验导线的截面积等，在制造厂和用户之间应达成协议。这些数据应作为试验报告的一部分。

3.2.1.4 温升的测量方法

试验时，测温元件可以使用温度计、热电偶、红外测温计或其他有效方法。被试设备内部件的温升一般采用热电偶法测量。测量时，将热电偶的热端胶黏固定或采用钻孔埋入法固定到被试部件的测量点上，并尽可能使热电偶置于强交变磁场的作用范围之外。

对于线圈，通常采用测量电阻变化值的方法来测量温度。为测量设备内部的空气温度，应在适宜的地方配置几个测量器件。

试验持续的时间应足以使温度上升到稳定值。当温度变化不超过 1K/h 时，即认为达到稳定

温度。

如果元器件允许的话，可以在试验开始时加大电流，然后再降到规定的试验电流值，用这样的方法缩短试验时间。

在试验期间，当控制电磁铁通电时，建议应测量主电路和控制电路电磁铁都达到热平衡时的温度。

在任何场合下，只有当磁场的作用小到可以忽略不计的程度，设备的多相试验才允许采用单相交流电，尤其是当电流大于 400A 时，需特别注意这一点。

1．胶黏固定法

将热电偶工作点焊在厚 0.1～0.2mm 小铜片上，并把被测点与小铜片清理干净，在小铜片上涂薄薄一层快干胶（目前普遍采用 502 胶）压在被测点上，待其固化后即可。

目前 502 胶极限使用温度在 80～100℃，而 502 胶产生的热阻，使胶黏固定法测出的温度值偏低，所以应用下式进行修正：

$$t_2=1.025t_i$$

式中　t_2——修正后的被测点的温度，单位为摄氏度（℃）；

t_i——胶黏固定法测出的温度，单位为摄氏度（℃）。

2．钻孔埋入法

先在被测点上钻一小孔，孔的深度和直径略大于热电偶的工作端。然后将焊好的热电偶的工作端放入孔中，四周用冲子冲挤固定或用导热性能好的材料填充塞紧。

3．电磁线圈的温升测量法

有绝缘层的电磁线圈温升，一般用电阻法测量。平均温升可以按下式计算出线圈的温升值。

对于紫铜：

$$K_1 = \frac{(R_2 - R_1)}{R_1}(235+T_1)-(T_2-T_1)$$

对于铝：

$$K_2 = \frac{(R_2 - R_1)}{R_1}(235+T_1)-(T_2-T_1)$$

式中　R_1——温度为 T_1 时，放测线圈的电阻值，单位为欧姆（Ω）；

R_2——温度为 T_2 时，被测线圈的电阻值，单位为欧姆（Ω）；

T_1——测量冷态线圈的电阻值时的周围空气温度，单位为摄氏度（℃）；

T_2——测量热态线圈的电阻值时的周围空气温度，单位为摄氏度（℃）。

试验应在发热结束后，立即测量电阻 R_2。若不可能，则应在分断电源后，经过相等的时间间隔用电阻法求出冷却曲线，再用外推法确定线圈的稳定温升（第一次热态电阻的测量，必须在切断电源后 30s 内进行）。

4．用功率损耗等效的加热电阻器进行温升试验

对于某些主电路和辅助电路额定电流比较小的封闭式控制设备，其功率损耗可使用能产生相同热量的加热电阻器来模拟，该电阻器安装在外壳内适当的位置上。

连接到电阻器上的引线截面不应导致显著的热量传出外壳。

加热电阻器试验，对外壳相同的所有控制设备应具有充分的代表性，尽管外壳内装有不同的电器元件，但只要考虑分散系数后，其内装件的总功率损耗不超过试验中施加的功率损耗值即可。

内装的电器元件的温升不得超过表 3.2.1 给出的值。该温升可按如下方法求得近似值，即测量出该电器元件在大气中的温升，然后再加上外壳内部与外部的温差。

3.2.1.5　试验结果的评定

温升试验结束时，温升极限的验证不应超过表 3.2.1 至表 3.2.3 或产品技术条件的规定。

电器元件在控制设备内部温度下，并在其规定的电压极限范围内应良好地工作。

3.2.2　各部位温升的试验

一个元件或部件的温升是指按照试验的要求所测得的该元件或部件的温度与控制设备外部环境空气温度的差值。

3.2.2.1　周围空气环境温度的测量

在试验周期的最后 1/4 时间内应记录周围空气温度。测量时至少用两个温度检测器（如温度计或热电偶），均匀分布在被试电器的周围，放置在被试电器高度的 1/2 处距离被试电器的距离约为 1m。温度检测器应保证免受气流、热辐射影响和由于温度迅速变化产生的显示误差。

试验中，周围空气温度应在+10℃～+40℃，其变化应不超过 10K。

如果周围空气温度的变化超过 3K。应按电器的热时间常数用适当的修正系数对测得的部件温升予以修正。

如果试验时环境温度在+10℃～+40℃，则表 3.2.1 给出的值就是温升的极限值。

如果试验时环境温度高于+40℃或低于+10℃时，则本标准不适用，制造商和用户应另行协商专门的协议。

3.2.2.2　部件的温升与测量

部件的温升是按表 3.2.1 测得的该部件温度与按本条要求测得的周围空气温度之差。

除线圈外，电器的所有部件应用合适的温度检测器来测量其可能达到最高温度的不同位置上的各点，这些点应记录在试验报告中。

油浸式电器的油温测量，可以用温度计测量油的上部温度作为油的温度。

温度测量选用的温度检测器应不会影响被测量部件的温升。

试验中，温度检测器与被试部件的表面应保证良好的热传导性。

电磁线圈的温度测量一般应采用电阻变化确定温度的方法，只有在电阻法难以实行时才允许使用其他方法。

温升试验开始前线圈的温度与周围介质温度的差异不应超过 3K。

线圈的热态温度 T_i 可以用以下式从冷态温度 T_1 和热态电阻 R_i 与冷态电阻 R_1 之比值的函数得到：

$$L = \frac{R_i}{R_1}(T_i + 234.50 - 34.5)$$

式中　T_i——热态温度，单位为摄氏度（℃）；

　　　R_1，R_i——分别为冷态电阻和热态电阻，单位为欧姆（Ω）。

试验应进行到足以使温升达到稳定值时为止，但不超过 8h。当每小时温升变化不超过 1 K 时，可认为温升达到稳定状态。

3.2.2.3　主电路的温升

被试控制设备及电器应按一般试验条件的规定安装，并应防止外来非正常的加热或冷却的影响。

控制设备及电器具有构成整体所必须的外壳和预定仅使用在规定形式外壳中的电器应在其外壳中以约定自由空气发热电流或封闭发热电流进行试验。外壳上不应有非正常的通风孔。

预期用于几种形式外壳中的电器，应在制造厂规定的合适的最小外壳中进行温升试验或不带外壳进行温升试验。如果电器在不带外壳的情况下进行试验，则制造厂还应规定约定封闭发热电流值，并应为此进行必要的验证。

对多相电流试验，各相电流应平衡，每相电流在±5%的允差范围内，多相电流的平均值应不小于相应的试验电流值。

除非有关产品标准另有规定，主电路的温升试验应按规定通以约定自由空气发热电流或（和）约定封闭发热电流，试验可在任何合适的电压下进行。

当主电路、控制电路和辅助电路间的热交换显著时，应同时进行主电路的温升、控制电路的温升、电磁铁线圈的温升和辅助电路的温升试验，详细要求应在产品标准中规定。

为了便于试验，在制造厂的同意下，直流电器可以用交流电流进行试验。

具有各极相同的多极电器用交流电流进行试验时，如果电磁效应能够忽略，经制造厂同意，可以将所有极串联起来通以单相交流电流进行试验。

具有中性极与其他各极不同的四极电器，温升试验可以按如下方式进行：

● 在三个相同的极上通以三相电流进行试验；

● 中性极与邻近极串联起来通以单相电流进行试验，试验值按中性极的约定发热电流（自由空气或封闭发热电流）确定。

具有短路保护装置的电器应根据有关产品标准的要求进行温升试验。

除非有关产品标准另有规定，试验结束时，主电路的不同部件的温升应不超过表 3.2.6 和表 3.2.7 规定的值。

表 3.2.6　接线端子的温升极限

接线端子材料	裸铜	裸黄铜	铜（或黄铜）镀锡	铜（或黄铜）镀银或镀镍	其他金属
温升极限[a][b]（K）	60	65	65	70	[c]

　[a] 在实际使用中外接导体不应显著小于表 3.2.5 规定的导体，否则会促使接线端子和电器内部部件温度较高，并导致电器损坏。因此在未得到制造厂同意的情况下不应采用这种导体。

　[b] 产品标准对不同试验条件和小尺寸器件可以规定不同的温升值，但不应超过本表规定的10K。

　[c] 温升极限是按使用经验或寿命试验来确定的，但不应超过65K。

表 3.2.7　易接近部件的温升极限

易接近部件	温升极限[a]（K）
人力操作部件：金属的 　　　　　　非金属的	15 25
可触及但不能握住的部件：金属的 　　　　　　　　　　非金属的	30 40
正常操作时不触及的部件[b]	
外壳接近电缆进口处外表面：金属的 　　　　　　　　　　非金属的	40 50
电阻器外壳的外表面	200[b]
电阻器外壳通风口的气流	200[b]

　[a]　产品标准对不同的试验条件和小尺寸器件可以规定不同的温升值，但不应超过本表规定的10K。

　[b]　应防止电器与易燃材料接触或与人的偶然接触。如果制造厂有此规定，则 200K 的极限可以超过。确定安装位置和提供防护措施以免发生危险是安装者的责任。制造厂应提供适当的信息。

3.2.2.4　控制电路的温升试验

控制电路的温升试验应采用规定的电流种类，在交流情况下应在额定频率下进行，控制电路应在其额定电压下进行试验。

预定持续运行的控制电路，温升试验应进行足够长的时间直至温升达到稳定值。

断续周期工作制的控制电路应按有关产品标准的规定进行温升试验。

试验结束时，除非有关产品标准另有规定，控制电路不同部位的温升应不超过表 3.2.6 和表 3.2.7 规定的值。

3.2.2.5　线圈和电磁铁的绕组的温升

在主电路通电的条件下，线圈和电磁铁的绕组应按规定施加额定电压进行试验。温升试验应进行足够长的时间直至温升达到稳定值。应在主电路和电磁铁线圈的温升二者都达到热平衡时测量温升。

但是本条不适用于脉动操作线圈，其操作条件由制造厂规定。预定用于断续周期工作制的电器，其线圈和电磁铁应按有关产品标准的规定进行温升试验。

试验结束时，不同部位的温升应不超过表 3.2.7 规定的值。

3.2.2.6　辅助电路的温升试验

辅助电路的温升试验应采用规定的电流种类，在交流情况下应在额定频率下进行，辅助电路应在其额定电压下进行试验。

预定持续运行的辅助电路，温升试验应进行足够长的时间直至温升达到稳定值。

断续周期工作制的辅助电路应按有关产品标准的规定进行温升试验。

试验结束时，除非有关产品标准另有规定，辅助电路不同部位的温升应不超过表 3.2.6 和表 3.2.7 规定的值。

3.2.2.7　母线最高允许温升

设备内部母线的温升用热电偶法或其他校验过的等效方法测量，不得超过表 3.2.8 的规定。

表 3.2.8　母线温升规定

设备内的部件	母线材料与被覆层	温升（K）
电器元件及电力半导体器件	—	符合元件的各自标准
连接于一般低压电器的母线	连接处的母线　铜、无被覆层	60
	铜、搪锡	65
	铜、镀银	70
	铝、超声波搪锡	55
连接于半导体器件的母线	连接处的母线　铜、无被覆层	45
	铜、搪锡	55
	铜、镀银	70
	铝、超声波搪锡	35

3.3　电气性能试验

电气性能试验的目的是检验设备的各项工作性能指标是否达到产品规定的要求。

试验时应尽量模拟装置的正常工作状态，其检验项目、要求和内容应由产品技术文件做出规定并符合相关产品技术条件的要求。如果适用，建议控制设备进行如下项目检查。

3.3.1　电气性能验证要求

电气性能验证要求包括：防水、防潮、触电、温升、介电性能、电气间隙、保护性隔离、接通和分断能力。

1．试验顺序

应按照相关产品标准规定的试验顺序进行控制设备和电器试验。

2．试验结果的评定

有关产品标准应规定试验中控制设备和电器的特性、试验后控制设备和电器的条件。

3．试验报告

制造厂应提供有效的控制设备和电器型式试验报告证实控制设备和电器符合有关产品标准。试验布置的详情，如外壳的尺寸和型式（如有）、导体的尺寸、带电部件至外壳或接地部件之间的距离、操动系统的操作方式等，应在试验报告中列出。

试验值和试验参数应作为试验报告的主要内容。

3.3.2　空载、正常负载和过载条件下的性能

3.3.2.1　验证动作条件的一般要求

电气控制设备和电器的操作应按制造厂的说明书或有关产品标准的要求进行，尤其是人力

操作电器，其接通和分断能力可能与操作者的操作技巧熟练程度有关。验证控制设备和电器是否满足动作性能要求。

3.3.2.2　验证动作范围

1. 动力操作控制设备和电器的动作范围

应验证控制设备和电器在控制参数的极限范围内能否正确地断开和闭合，控制参数，如电压、电流、气压和温度，应在有关产品标准中规定。除非另有规定，试验在主电路不通电的情况下进行。

除非产品标准另有规定，电磁操作和电控气动操作的电器在周围空气温度为-5℃～+40℃、在控制电源电压为额定电压 U_s 的85%～110%均应可靠吸合。此极限范围适用于交流或直流。

除非另有规定，气动和电控气动电器在施加气压范围为额定气压的85%～110%均应可靠吸合。

在规定的动作范围情况下，额定值的85%应该是下限值，而额定值的110%应该是上限值。对锁扣式电器，其动作值由制造厂与用户协商。

电磁操作电控气动电器的释放电压应不高于75%的额定控制电源电压 U_s，对交流在额定频率下其释放电压应不低于20% U_s，或对直流应不低于10% U_s。

除非另有规定，电控气动和气动电器应在75%至10%额定电压下断开。

在规定的动作（释放）范围情况下，20%或 10%额定电压（对交流或直流情况下）应是上限值，而75%额定电压应是下限值。

对动作线圈而言，上述释放电压极限值适用于当线圈电路的电阻等于-5℃下所测得的阻值，可用在正常周围温度下测得的电阻值为基础进行计算来验证。

2. 欠电压继电器和脱扣器的动作范围

1）动作电压

欠电压继电器或脱扣器与开关电器组合在一起，当外施电压下降，甚至缓慢下降至额定电压的70%～35%时，与开关电器组合一起的欠电压继电器和脱扣器应动作，使电器断开。

注意：零电压（失压）脱扣器是一种特殊形式的欠电压脱扣器，其动作电压是在额定（电源）电压的35%～10%。

当外施电源电压低于欠电压继电器或脱扣器的额定电压的35%时，欠电压继电器或脱扣器应防止电器闭合。当电源电压等于或高于其额定电压的85%时，欠电压继电器和脱扣器应保证电器能闭合。

除非产品标准另有规定，外施电源电压的上限值应是欠电压继电器或脱扣器额定值的110%。

以上数据适用于直流，也适用于在额定频率下的交流。

2）动作时间

对于延时欠电压继电器或脱扣器，其延时的测定应从电压达到动作值瞬时开始，至继电器或脱扣器操动电器的脱扣器件（如脱扣机构）动作瞬时为止。

3．分励脱扣器的动作范围

当分励脱扣器的电源电压（在脱扣动作期间测得）保持在额定控制电源电压 U_s 的70%～110%时（交流在额定频率下），在电器的所有工作条件下分励脱扣器应脱扣，使电器断开。

4．电流动作继电器和脱扣器的动作范围

电流动作继电器和脱扣器的动作范围应按照有关产品标准中规定进行试验。

电流动作继电器和脱扣器包括过电流继电器或脱扣器、过载继电器或脱扣器、逆电流动作继电器和脱扣器等。

3.3.3　接通和分断能力试验

3.3.3.1　一般试验条件

接通和分断能力验证试验应按规定的一般试验条件进行。

除非另有规定，每相电流的误差应符合表 2.1.7 的规定。

四极控制设备和电器应按三极控制设备和电器进行试验，不用的极（控制设备和电器具有中性极则为中性极）接至框架。如果所有极都相同，则 3 个相邻极的试验就足以代表所有极的接通和分断能力试验。如果有不同极，则在中性极及相邻极间进行附加试验，在相电压和对应于中性极额定电流的试验电流下进行试验，其余不用的两极接至框架。

在正常负载和过载条件下的分断能力试验，瞬态恢复电压值应在有关产品标准中规定。

3.3.3.2　试验电路

（1）单极、双极、三极和四极的控制设备和电器接通和分断能力试验电路图如下所述。

① 单极控制设备和电器的单相交流或直流试验电路图如图 3.3.1 所示。

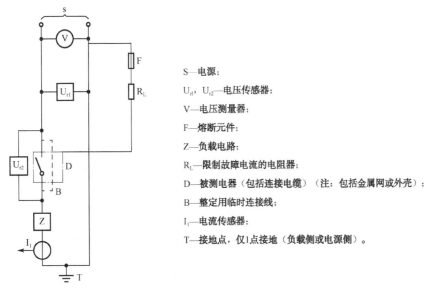

S—电源；

U_{r1}，U_{r2}—电压传感器；

V—电压测量器；

F—熔断元件；

Z—负载电路；

R_L—限制故障电流的电阻器；

D—被测电器（包括连接电缆）（注：包括金属网或外壳）；

B—整定用临时连接线；

I_1—电流传感器；

T—接地点，仅I点接地（负载侧或电源侧）。

图 3.3.1　单极电器验证单相交流或直流接通和分断能力的试验电路图

② 双极控制设备和电器的单相交流或直流试验电路图如图 3.3.2 所示。

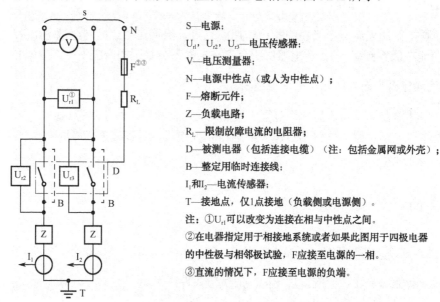

S—电源；

U_{r1}，U_{r2}，U_{r3}—电压传感器；

V—电压测量器；

N—电源中性点（或人为中性点）；

F—熔断元件；

Z—负载电路；

R_L—限制故障电流的电阻器；

D—被测电器（包括连接电缆）（注：包括金属网或外壳）；

B—整定用临时连接线；

I₁和I₂—电流传感器；

T—接地点，仅1点接地（负载侧或电源侧）。

注：①U_{r1}可以改变为连接在相与中性点之间。

②在电器指定用于相接地系统或者如果此图用于四极电器的中性极与相邻极试验，F应接至电源的一相。

③直流的情况下，F应接至电源的负端。

图 3.3.2　双极电器验证单相交流或直流接通和分断能力的试验电路图

③ 三极或三个单极控制设备和电器的三相交流试验电路图如图 3.3.3 所示。

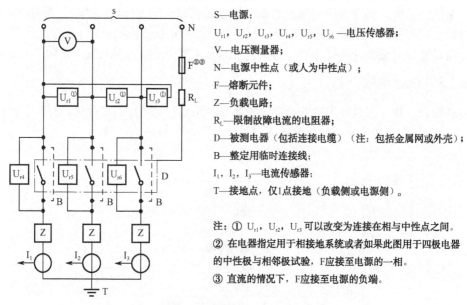

S—电源；

U_{r1}，U_{r2}，U_{r3}，U_{r4}，U_{r5}，U_{r6}—电压传感器；

V—电压测量器；

N—电源中性点（或人为中性点）；

F—熔断元件；

Z—负载电路；

R_L—限制故障电流的电阻器；

D—被测电器（包括连接电缆）（注：包括金属网或外壳）；

B—整定用临时连接线；

I₁，I₂，I₃—电流传感器；

T—接地点，仅1点接地（负载侧或电源侧）。

注：① U_{r1}，U_{r2}，U_{r3} 可以改变为连接在相与中性点之间。

② 在电器指定用于相接地系统或者如果此图用于四极电器的中性极与相邻极试验，F应接至电源的一相。

③ 直流的情况下，F应接至电源的负端。

图 3.3.3　三极电器验证接通和分断能力的试验电路图

④ 四极控制设备和电器的三相四线交流试验电路图如图 3.3.4 所示。

试验所用的电路图应记录在试验报告中。

（2）控制设备和电器的电源端（进线端）的预期短路电流应不小于 10 倍的试验电流或 50kA，二者取其小者。

（3）试验电路由电源、被试控制设备、电器 D 和负载电路组成。

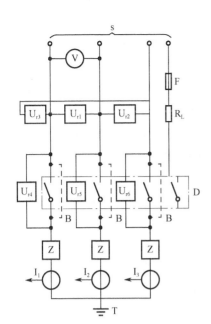

S—电源；

U_{r1}，U_{r2}，U_{r3}，U_{r4}，U_{r5}，U_{r6}——电压传感器；

V—电压测量器；

N—电源中性点（或人为中性点）；

F—熔断元件；

Z—负载电路；

R_L—限制故障电流的电阻器；

D—被测电器（包括连接电缆）（注：包括金属网或外壳）；

B—整定用临时连接线；

I_1，I_2，I_3—电流传感器；

T—接地点，仅1点接地（负载侧或电源侧）。

注：U_{r1}，U_{r2}，U_{r3}可以改变为连接在相与中性点之间。

图 3.3.4 四极电器验证接通和分断能力的试验电路图

（4）负载电路应由电阻器串联空芯电抗器组成，且任何相的空芯电抗器应并联分流电阻，分流值约为通过电抗器的电流的 0.6%。

如果对瞬态恢复电压有规定的话，则用并联电阻和电容取代 0.6% 的分流电阻跨接在负载上，完整的试验电路图如图 3.3.5 所示。

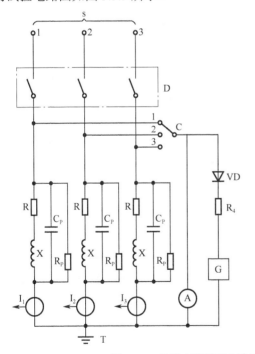

S—电源；

D—被试电器；

C—调整相的选择开关；

VD—二极管；

A—记录仪；

R_4—电阻器；

G—高频发生器；

R—负载电路电阻；

X—负载电路电抗；

R_P—并联电阻器；

C_P—并联电容器；

I_1，I_2，I_3—电流传感器。

注：高频发生器（G）和二极管（VD）的有关位置应如图所示，只能在如图所示的位置接地。

图 3.3.5 负载电路调整方法原理图：负载星形点接地

对于直流接通和分断能力试验，当时间常数 $T=L/R>10\text{ms}$ 时，可以用铁芯电抗器与电阻器串联组成负载电路。如果用示波器测量的话（如果适用），时间常数 $T=L/R$ 应等于规定值（允差 0～

+15%），而要求达到 95%稳定电流的时间 $T_{0.95}$ 等于 $3×L/R$，其允差为±20%。

如果对瞬态浪涌电流有规定的话，例如：AC-5b、AC-6a、AC-6b 和 DC-6 等使用类别，则不同型式的负载及其构成的电路应由有关产品标准规定。

（5）在规定试验电压下，调整负载应达到以下要求：

① 有关产品标准规定的电流值和功率因数或时间常数 T 或 $T_{0.95}$；

② 工频恢复电压；

③ 如有要求的话，瞬态恢复电压的振荡频率和过振荡系数 γ。

系数 γ 是瞬态恢复电压最大峰值 U_1 和电流过零瞬间工频恢复电压分量的瞬时值 U_2 之比，如图 3.3.6 所示。

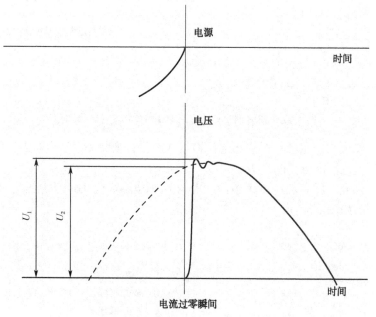

图 3.3.6　理想条件下熄弧触头两端的恢复电压的简单示意图

（6）试验电路应仅有一点接地，接地点可以是负载端的星形连接点或电源端的星形连接点。接地点的位置应记录在试验报告中。

电阻 R 和电抗器 X 的连接顺序在试验电路调整和试验之间不应改变。

（7）在正常运行中的控制设备和电器所有接地部件（包括外壳或金属丝网）应与地绝缘，并应接至图 3.3.1 至图 3.3.4 中的指定点。

为了检测故障电流，在控制设备和电器的接地部件与接地指定点之间应接入熔断元件 F，熔断元件采用直径$\phi 0.8mm$，长度至少 50mm 的铜丝或等效熔断体。

熔断元件电路中的预期故障电流应为 1500A±10%，但下述"注 2"和"注 3"的规定除外。如有必要的话，应采用限制电流的电阻器。

注 1：直径$\phi 0.8mm$ 的铜丝通过的 1500A 电流时（频率为 45～67Hz），大约在半个周波间会熔化（或对直流约 0.01s）。

注 2：在供电系统中，具有人为中性点的情况下，经制造厂同意，可以允许有较小的预期故障电流，应采用较小直径的铜丝，参见表 3.3.1。

表 3.3.1　检测故障电流用小直径的铜丝

铜丝直径（mm）	0.1	0.2	0.3	0.4	0.5	0.8
熔断元件电路中预期故障电流（A）	50	150	300	500	800	1500

注 3：熔断元件的电阻应包括在电路预期故障的电流计算中，电阻值从电弧喷射在金属网上可能达到的最远点测得。

3.3.3.3　瞬态恢复电压特性

为了模拟包含单独电动机负载（感性负载）的电路条件，负载电路的振荡频率应调整到按以下公式计算：

$$f=2000\,I_\mathrm{c}^{0.2}U_\mathrm{e}^{0.8}\pm10\%$$

式中　f——振荡频率，单位为千赫（kHz）；

　　　I_c——分断电流，单位为安（A）；

　　　U_e——额定工作电压，单位为伏（V）。

而过振荡系数 γ 应调整为

$$\gamma=1.1\pm0.05$$

为了获得所需要的电抗值，如果采用几个电抗器并联连接，则各个并联电抗器的瞬态恢复电压应具有同一振荡频率，即并联的电抗器具有实际上相同的时间常数。

控制设备和电器的负载接线端子连接至可调负载电路的端子应尽可能靠近，调整应在连接线固定下来的情况下进行。

由于瞬态恢复电压的特性与试验电路的接地点有关。为了调整负载电路以获得规定的特性，在实际试验中可以采用几种方法。下面介绍一种方法，原理图见图 3.3.5。

瞬态恢复电压的振荡频率 f 和系数 γ 主要取决于负载电路的固有振荡频率及其阻尼。因为这些数值和外部施加电路的电压及频率无关，因此可用一交流电源供电给负载电路进行调整，该电源的电压和频率可不同于试验用产品的电源电压和频率。电流过零时电路由一只二极管分断，恢复电压的振荡波形可在阴极射线示波器上显示出来，其示波器扫描频率应与电源频率相同，如图 3.3.7 所示。

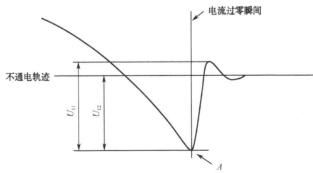

图 3.3.7　确定系数 γ 的实际数值方法

为了进行可靠的测量，负载电路由高频信号发生器 G 供电，高频信号发生器应提供一个适合二极管的电压，选取发生器的频率等于：

（1）试验电流小于等于 1000A 时为 2kHz；

（2）试验电流高于 1000A 时为 4kHz。

与发生器串联的有：

——对上述（1）和（2）两种情况，分别具有电阻值 R。大于负载电路阻抗的降压电阻（R_a ≥10Z），此处 $Z=R^2+(\omega L)^2$，式中 $\omega=2\pi\times2000s^{-1}$ 或 $2\pi\times4000s^{-1}$。

——瞬时截止的开关二极管 VD，一般为用于计算机的二极管，例如正向额定电流不超过 1A 的扩散结型硅开关二极管。

由于发生器产生高频值，负载电路实际上是纯电感性的。因此在电流过零瞬间，负载电路两端的外施电压为其峰值。为保证负载电路元件是适合的，必须在屏幕上进行检验，使瞬态电压曲线在其起始点上（见图 3.3.7 中 A 点）具有实际上为水平的切线。

实际的系数γ是 U_{11}/U_{12} 的比值，U_O 是屏幕上的读数，U_{11} 是 A 点的纵坐标与高频发生器不再供电给负载电路时波形的纵坐标之间的读数，见图 3.3.7。

若在没有并联电阻 R_p 或并联电容 C_p 的负载电路中观察瞬态电压时，则可在屏幕上读到负载电路的固有振荡频率。应注意示波器的电容或引线不应影响负载电路的共振频率。

如果固有振荡频率超过所需值的上限，则可并联适当值的电容和电阻来获得适当的频率值和系数γ。电阻 R_p 应是非电感性的。

由于负载电路的特性与电路的接地点有关，推荐两种负载电路的调整方法：

（1）对于接地点位于负载端星形连接点的情况：三相负载电路的每一相应单独进行调整，如图 3.3.5 所示。

（2）对于接地点位于电源端星形连接点的情况：三相负载电路中的一相与并联连接的另外两相串联连接后进行电路的调整，如图 3.3.8 所示。

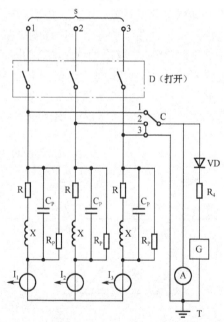

S—电源；D—被试电器；C—调整相的选择开关；VD—二极管；A—记录仪；R_4—电阻器；G—高频发生器；
R—负载电路电阻器；X—负载电路电抗器；R_p—并联电阻器；C_p—并联电容器；I_1，I_2，I_3—电流传感器

注：高频发生器（G）和二极管（VD）的有关位置应如图所示。在试验中，只能在如图所示的位置接地。图中，1、2和3三个位置表示相1与并联的相2和相3串联的连接方式。

图 3.3.8　负载电路调整方法原理图：电源星形连接点接地

注1：高频发生器产生的频率越高，则在屏幕上越容易观察并改善结果。

注2：可采用其他的确定频率和系数γ的方法（如用方波电流供给负载电流）。

注3：对于负载连接成星形的试验电路，如果在调整电路与试验之间短接负载的方式不变（接地或悬空），则R的两端或X的两端都可以连接。

注4：必须注意的是，对高频发生器接地点的泄漏电容量不应对电路的实际振荡频率有任何影响。

3.3.3.4 接通和分断能力试验过程

被试控制设备和电器的试验操作次数、接通和分断的次数及环境条件应在有关产品标准中规定。

3.3.3.5 接通和分断能力试验中和试验后控制设备和电器的状态

控制设备和电器试验中和试验后的判别要求应在有关产品标准中规定。

3.3.4 寿命试验

寿命试验用来验证控制设备和电器在修理或更换部件之前所能完成的操作循环次数。

寿命试验作为控制设备和电器在批量生产条件下统计寿命的基础。

3.3.4.1 机械寿命试验

进行机械寿命试验时，控制设备和电器的主电路应无电压或电流。如果正常运行时规定要加润滑剂，则试验前可以加润滑剂。

控制电路应施加其额定电压和额定频率（如适用）。

气动和电控气动控制设备和电器应施加额定气压的压缩空气。

人力操作控制设备和电器应按正常情况进行操作。

控制设备和电器的操作循环次数应不少于有关产品标准规定的次数。

对装有继电器或脱扣器的控制设备和电器，由继电器或脱扣器完成的断开操作的总次数应在有关产品标准中规定。

试验结果的评定应在有关产品标准中规定。

3.3.4.2 电寿命试验

根据有关产品标准的规定，除了主电路通以电流外，其他条件与机械寿命试验相同。

试验结果的评定应在有关产品标准中规定。

3.3.5 均衡度测量

3.3.5.1 电压均衡度测量

测量电压均衡度的目的是为了检查受试设备中晶闸管或整流管串联连接（一个臂共有两个以上）时，其瞬态和稳态的电压均衡度是否符合产品技术条件的规定。

（1）测量仪表：示波器、峰值电压表、存储示波器、智能化仪表等。

（2）测量方法：直接测量晶闸管或整流管器件上的正、反向电压。

（3）测量程序：调整输入电压等于额定值；负载电流等于规定的满足试验要求的最小值；测量器件的正、反向电压。

（4）电压均衡度计算。

如果设备是由多个相同器件串联的，则应按产品技术文件规定的指标检查其电压均衡度。电压均衡度计算公式为

$$K_i = \frac{\sum\limits_{i=1}^{n_s} U_i}{n_s \cdot U_{im}}$$

式中　K_i——电压均衡度；

$\sum U_i$——各支路中各器件承受的正（反）向峰值电压的总和，单位为伏（V）；

U_{im}——该支路器件中分担最大电压份额的元器件所承受的正（反）向峰值电压，单位为伏（V）；

n_s——各支路中串联器件数。

设备应能确保在最恶劣的情况下，器件承受的电压不超过设计值。

3.3.5.2　电流均衡度测量

测量电流均衡度的目的是为了检查受试设备中并联的晶闸管或整流管的瞬态和稳态的电流均衡度是否符合产品技术条件的规定。

（1）测量仪表：示波器、毫伏表、钳式电流表。

（2）测量方法：直接测量晶闸管或整流管器件电流或支路内（熔断器）的电阻或标准母线上的电压降。

（3）测量程序：调整受试设备电流不低于额定值的 80%，用同一仪表测量每一支路上的电流。

（4）电流均衡度计算公式为

$$K_i = \frac{\sum\limits_{i=1}^{n_p} I_i}{n_p \cdot I_{im}}$$

式中　K_i——电流均衡度；

$\sum I_i$——流过各并联支路电流平均值的总和，单位为安（A）；

I_{im}——并联器件中分担最大电流份额的元器件所承担的电流（实际测得的支路电流最大值），单位为安（A）；

n_p——并联的元器件数或并联的支路数。

应能确保在最恶劣的情况下，任何一个部件承受的负载不超过设计值。

3.3.5.3　输出电压不对称度

设备在正常使用条件下，在各相负载对称情况下，输出三相电压的不对称度应符合产品技术文件的规定。

试验时，在所规定的电源与负载条件下，同时记录设备的三相输出电压，计算不对称度。

如图 3.3.9 所示，AB、BC 和 CA 为所测得的三相线电压，O 和 P 分别是以 CA 为公共边所作的两个等边三角形的顶点。电压不对称度计算公式为

$$K = U_F / U_\tau = OB / PB$$

式中　K——电压不对称度；

U_F——输出电压的负序分量，单位为伏（V）；

U_τ——输出电压的正序分量，单位为伏（V）。

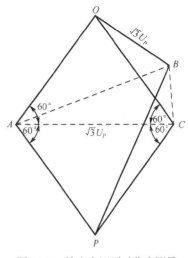

图 3.3.9　输出电压不对称度测量

3.3.6　其他电气性能试验

3.3.6.1　功率因数的测定

应在规定的负载条件下测量设备总的功率因数。功率因数的测量可以使用直接测量法，也可以使用测量计算法。功率因数表的精度不应低于 0.5 级。

功率因数的测量应在额定工作条件下进行，该测量可在通电操作试验的同时进行，即

设备的功率因数=有功功率/视在功率

3.3.6.2　效率的测定

在输出额定电压、额定电流和规定的负载功率因数下，测量设备的输入功率和输出功率。设备的效率应达到产品技术条件的要求。

效率计算公式为

效率(%)=(输出功率/输入功率)×100%

3.3.6.3　谐波含量的测试

采用谐波分析确定设备的谐波含量，测量条件及要求应由产品技术条件作出规定。

（1）谐波电压（或电流）测量应在装置空载和满载的情况下分别测量。

（2）当设备中安装电容器组时应在电容器组的各种运行方式下进行测量。

（3）测量谐波的次数一般为测量 2～19 次的谐波或按产品技术条件的规定。

（4）对于负荷变化快的谐波源（例如晶闸管变流设备等）测量的时间不大于 2min，测量次数不少于 30 次。对于负荷变化慢的谐波源，可选 5 个接近的数值，取其算术平均值。

（5）谐波测量的数据应取测量时段内各相实测值的 95%概率值中最大的一相值，作为谐波是否超过允许值的依据。但对于负荷变化慢的谐波源，可选 5 个接近的数值，取其算术平均值。

注："实测值的 95%概率值"可按下述方法近似选取，将实测值按从大到小次序排列，舍弃前面 5%的大值，取剩余值中的最大值。

$$电压总谐波畸变率\ THD_u = \left(\sqrt{\sum_{h=2}^{\infty} U_h^2 / U_I} \right) \times 100\%$$

式中　U_h——第 h 次谐波电压（方均根值）；

U_I——基波电压（方均根值）。

$$电流总谐波畸变率\ \mathrm{THD}_i = \left(\sqrt{\sum_{h=2}^{\infty} I_h^2 / I_I}\right) \times 100\%$$

式中　　I_h——第 h 次谐波电流（方均根值）；

　　　　I_I——基波电流（方均根值）。

3.3.6.4　纹波的测定

对直流输出的设备，应测量设备的纹波系数。

直流设备的纹波系数测量使用 0.5 级电压表，测出直流电压分量和交流电压分量。

$$设备的纹波系数=(交流分量有效值/直流电压)\times100\%$$

测量结果应符合产品技术条件的规定。

3.4　短路性能试验

3.4.1　可免除短路耐受强度验证的成套设备的电路

1. 以下情况不要求进行短路耐受强度验证

（1）额定短时耐受电流或额定限制短路电流不超过 10kA 的成套设备。

（2）采用限流器件保护的成套设备，该器件在最大允许预期短路电流（在成套设备的进线电路端）时的截断电流不超过 17kA。

（3）与变压器相连接的成套设备中的辅助电路，该变压器二次额定电压不小于 110V 时，其额定容量不超过 10kV·A 或二次额定电压小于 110V 时，其额定容量不超过 1.6kV·A，而且其短路阻抗不小于 4%。

（4）设备的所有部件（母排、母线支架、母排接头、进线和出线单元、开关器件等）已经过适合成套设备工作条件的型式试验。

开关器件为例，符合 GB 14048.3 具有额定限制短路电流的开关装置或符合 GB 14048.4 具有短路保护器件的电动机启动类装置。

2. 必需经过短路耐受强度验证的控制设备的电路

除以上提到的电路以外的所有电路。

3. 对于通过部分型式试验的控制设备（PTTA）应按下述要求之一验证其短路耐受强度

（1）根据短路耐受强度试验程序进行试验。

（2）根据来自类似的通过型式试验安排的外推法。

注 1：从通过型式试验安排进行外推的实例，可参见 IEC 61117。

注 2：注意比较导体强度、带电部件与裸露导电部件之间的距离，支撑框架之间的距离，支撑框架的高度和强度以及安装结构的支撑框架的类型和强度。

3.4.2 短路条件下的性能试验

本条规定的试验条件是为了验证接通、承载和分断短路电流能力的额定值和极限值。附加要求，例如试验过程、操作和试验顺序、试验后控制设备和电器的条件以及控制设备和电器与短路保护控制设备和电器（SCPI）的协调配合试验等，应在有关产品标准中规定。

3.4.2.1 接通、承载和分断短路电流能力

电气控制设备及电器应制造成能够承受在有关产品标准规定的条件下承载短路电流引起的热效应、电动力效应和电场强度效应。特别指出的是，应验证设备或电器按记录波形图的说明的规定进行试验时应满足相应的要求。

（1）电器可能在下列情况下承受短路电流：
● 在接通电流时；
● 在闭合位置承载电流时；
● 在分断电流时。

（2）电器的接通、承载和分断短路电流能力用以下一个或几个参数来确定：
● 额定短路接通能力；
● 额定短路分断能力；
● 额定短时耐受电流；
● 在电器与短路保护电器（SCPD）配合的情况下，①额定限制短路电流；②其他配合形式，在有关产品标准单独规定。

按照上述①和②中额定值和极限值，制造厂应规定电器保护所需 SCPD 的形式和特性（例如额定电流、分断能力、截断电流等）。

控制设备和电器的额定短路接通能力和分断能力验证试验过程应在有关产品标准中规定。试验方法见短路耐受强度试验程序。

3.4.2.2 短路试验的一般条件

1. 一般要求

短路试验对第 2 章 2.1 节中试验的一般要求适用，控制设备应按有关产品标准规定的条件操作。如果机构是电动的或气动控制的，则应施加有关产品标准规定的最小电压或最小气压。当在上述条件下操作时应验证控制设备和电器在无载情况下能正确地动作。

附加的试验条件可以在有关产品标准中规定。

2. 试验电路

（1）如图 3.4.1～图 3.4.4 所示，列出了用于以下试验的电路图。
① 单极控制设备和电器的单相交流或直流试验电路图见图 3.4.1。
② 双极控制设备和电器的单相交流或直流试验电路图见图 3.4.2。

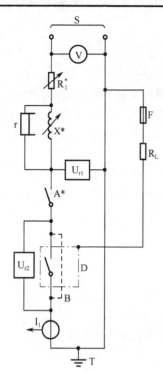

S—电源；
U_{r1}，U_{r2}—电压传感器；
V—电压测量器；
A—闭合电路；
R_1—可调电阻器；
F—熔断元件；
X—可调电抗；
R_L—限制故障电流电阻器；
D—被测电器（包括连接电缆）（注：包括金属网或外壳）；
B—整定用临时连接线；
I_1—电流传感器；
T—接地点，仅1点接地（负载侧或电源侧）；
r—分流电阻器

注：*，可调负载X与R_1可以设置在电源电路的高压侧，也可以设置在电路的低压侧。闭合电路A设置在电路的低压侧

图 3.4.1　单极控制设备和电器的单相交流或直流试验电路图

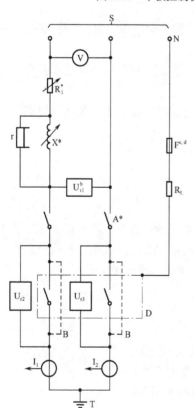

S—电源；
U_{r1}，U_{r2}，U_{r3}—电压传感器；
V—电压测量器；
A—闭合电路；
R_1—可调电阻器；
N—电源中性点（或人为中性点）；
F—熔断元件；
X—可调电抗；
R_L—限制故障电流电阻器；
D—被测电器（包括连接电缆）（注：包括金属网或外壳）；
B—整定用临时连接线；
I_1，I_2—电流传感器；
T—接地点，仅1点接地（负载侧或电源侧）；
r—分流电阻器

注：*，可调负载X与R_1可以设置在电源电路的高压侧，也可以设置在电路的低压侧。闭合电路A设置在电路的低压侧。
b，U_{r1}可以改变为连接在相与中性点之间。
c，在电器指定用于相接地系统或者如果此图用于四极电器的中性极与相邻极试验，F应接至电源的一相。
d，直流的情况下，F应接至电源的负端。

图 3.4.2　双极控制设备和电器的单相交流或直流试验电路图

③ 三极控制设备和电器的三相交流试验电路图如图 3.4.3 所示。

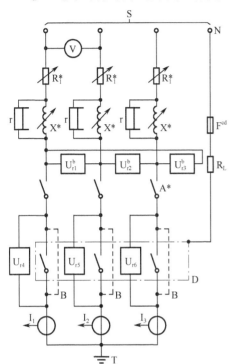

S—电源；

U$_{r1}$, U$_{r2}$, U$_{r3}$, U$_{r4}$, U$_{r5}$, U$_{r6}$—电压传感器；

V—电压测量器；

A—闭合电路；

R$_1$—可调电阻器；

N—电源中性点（或人为中性点）；

F—熔断元件；

X—可调电抗器；

R$_L$—限制故障电流电阻器；

D—被测电器（包括连接电缆）（注：包括金属网或外壳）；

B—整定用的临时连接线；

I$_1$, I$_2$, I$_3$—电流传感器；

T—接地点，仅1点接地（负载侧或电源侧）；

r—分流电阻器

注：*，可调负载X与R$_1$可以设置在电源电路的高压侧，也可以设置在电路的低压侧。闭合电路A设置在电路的低压侧。

b，U$_{r1}$，U$_{r2}$，U$_{r3}$可以改变为连接在相与中性点之间。

c，在电器指定用于相接地系统或者如果此图用于四极电器的中性极与相邻极试验，F应接至电源的一相。

d，直流的情况下，F应接至电源的负端。

图 3.4.3　三极控制设备和电器的三相交流试验电路图

④ 四极控制设备和电器的三相四线交流试验电路图如图 3.4.4 所示。

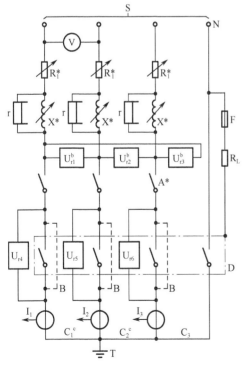

S—电源；

U$_{r1}$, U$_{r2}$, U$_{r3}$, U$_{r4}$, U$_{r5}$, U$_{r6}$—电压传感器；

V—电压测量器；

R$_1$—可调电阻器；

N—电源中性点；

F—熔断元件；

X—可调电抗器；

R$_L$—限制故障电流电阻器；

A—闭合电路；

D—被测电器（包括连接电缆）（注：包括金属网或外壳）；

B—整定用的临时连接线；

I$_1$, I$_2$, I$_3$—电流传感器；

T—接地点，仅1点接地（负载侧或电源侧）；

r—分流电阻器

注：*，可调负载X与R$_1$可以设置在电源电路的高压侧，也可以设置在电路的低压侧。闭合电路A设置在电路的低压侧。

b，U$_{r1}$，U$_{r2}$，U$_{r3}$可以改变为连接在相与中性点之间。

c，如果要求在中性极与相邻极间进行附加试验，则连接线C$_1$和C$_2$拆除。

图 3.4.4　四极控制设备和电器的三相四线交流试验电路图

采用的电路详图应记录在试验报告中。

对与短路保护控制设备和电器配合方面，有关产品标准应规定试验中控制设备和电器与短路保护控制设备和电器之间的布置图。

（2）试验中，电源 S 供电给由电阻器 R_1、电抗器 X 和被试控制设备和电器 D 的组成的电路。

在所有情况下，电源应有足够的容量以保证制造厂规定的控制设备和电器特性能够得到验证。

试验电路的电阻器和电抗器应能调整到满足规定的试验条件。电抗器 X 应是空芯的，应与电阻器 R_1 串联连接，电抗值应由各个电抗器串联耦合得到。当只有并联的电抗器具有实际上相同时间常数的条件下，才允许电抗器并联连接。

当具有大型空芯电抗器试验电路的瞬态恢复电压特性不能代表通常使用条件的情况，除非制造厂和用户另有协议，在每相空芯电抗器上应并联电阻，这一电阻应分流约 0.6%通过电抗器的电流。

（3）在试验电路中，电阻器和电抗器应在试验中连接在电源 S 和被试控制设备和电器 D 之间。接通控制设备和电器 A 与电流传感器（I_1，I_2，I_3）的位置可以与图 3.4.1～图 3.4.4 的规定有差异。被试控制设备和电器接到试验电路的连接线应在有关产品标准中规定。

当进行试验的电流小于额定值时，要求的附加阻抗应连接在控制设备和电器的负载端与短路点之间。然而也可连接在控制设备和电器的电源端，这应在试验报告中记录。

上述规定不必在短时耐受电流试验中采用。

除非制造厂与用户已达成特殊协议，并详细记录在试验报告中，则试验电路图应采用图 3.4.1～图 3.4.4。

试验电路中应有一点接地也仅允许一点接地，接地点可以是短路连接点、电源中性点或任何其他合适点，接地方法应记录在试验报告中。

（4）在正常运行中的控制设备和电器所有接地部件（包括外壳或金属丝网）应与地绝缘，并应接至图 3.4.1～图 3.4.4 中的指定点。

为了在控制设备和电器的接地部件与接地指定点之间接入熔断元件 F，熔断元件采用直径 Φ0.8mm，长度至少 50mm 的铜丝或等效熔断体。

熔断元件电路中的预期故障电流应为 1500(1±10%)A，但下述"注 2"和"注 3"的规定除外。如有必要的话，应采用限流电阻器。

注 1：直径 Φ0.8mm 的铜丝通过 1500A 电流（频率为 45Hz～67Hz），大约在半个周波时间熔化（对直流约 0.01s）。

注 2：在供电系统中，具有人为中性点的情况下，经制造厂同意，可以允许有较小的预期故障电流，应采用较小直径的铜丝，见表 3.3.1。

注 3：熔断元件的电阻应包括在电路预期故障的电流计算中，电阻值从电弧喷射在金属网上可能达到的最远点测得。

3. 试验电路的功率因数

对于交流，试验电路的每相功率因数必须按规定的方法予以确定，其方法应在试验报告中说明。

短路功率因数的确定方法如下所述。

1）方法 1——根据直流分量确定功率因数或时间常数

根据短路瞬间和触头分开瞬间的非对称电流波形的直流分量曲线可确定相角 ϕ，其方法如下所述。

（1）用直流分量公式确定时间常数 L/R。

直流分量公式为

$$i_{\text{d}}=I_{\text{do}}\text{e}^{-Rt/L}$$

式中　i_{d}——在瞬间 t 时的直流分量值；

I_{do}——开始瞬间的直流分量值；

L/R——电路的时间常数，单位为秒（s）；

t——从开始瞬间算起的时间，单位为秒（s）；

e——自然对数的底。

时间常数 L/R 也可按下述方式确定：

● 测量短路瞬间的 I_{do} 值和触头分开前另一瞬间 t 时的 i_{d} 值；

● 用 I_{d} 除以 I_{do} 确定 $\text{e}^{-Rt/L}$；

● 根据 e^{-x} 值表确定与 $i_{\text{d}}/I_{\text{do}}$ 之比相应的 $-x$ 值。

x 值代表 Rt/L，由此得到 L/R 值。

（2）用 $\phi=\text{arctg}\,\omega L/R$ 确定。

根据 $\phi=\text{arctg}\,\omega L/R$ 确定相角 ϕ，其中 ω 等于实际频率的 2π 倍。

当用电流互感器测量电流时不应采用本方法，除非有适当的措施消除如下两点引起的误差：

● 互感器的时间常数和它的初级线路负载；

● 瞬时磁通与可能的剩磁叠加产生的磁饱和。

2）方法 2——用辅助发电机确定功率因数或时间常数

当辅助发电机与试验发电机同轴运行时，首先可在波形图上比较辅助发电机和试验发电机电压相位，然后比较辅助发电机电压与试验发电机的电流相位。

用辅助发电机电压和主发电机电压间的相角差和辅助发电机电压与试验发电机电流的相角差可求出试验发电机电压和电流的相角，由此可确定功率因数。

多相电路的功率因数应认为是各相功率因数的平均值。

功率因数应按表 3.4.1 选定。

表 3.4.1　对应于试验电流的功率因数、时间常数和电流峰值与有效值的比率 n

试验电流 I（A）	功 率 因 数	时间常数（ms）	n
$I{\leqslant}1500$	0.95	5	1.41
$1500{<}I{\leqslant}3000$	0.9	5	1.42
$3000{<}I{\leqslant}4500$	0.8	5	1.47
$4500{<}I{\leqslant}6000$	0.7	5	1.53
$6000{<}I{\leqslant}10000$	0.5	5	1.7
$10000{<}I{\leqslant}20000$	0.3	10	2.0
$20000{<}I{\leqslant}50\,000$	0.25	15	2.1
$50000{<}I$	0.2	15	2.2

不同相的功率因数最大值和最小值与平均值之差应保持在±0.05 范围内。

4. 试验电路的时间常数

对于直流，试验电路的时间常数按波形图法确定。

波形图法短路时间常数的确定方法如下：电路校正波形图上升曲线上相应于纵坐标 $0.632A_2$ 的横坐标即为时间常数值，如图 3.4.5 所示。时间常数应按表 3.4.1 选定。

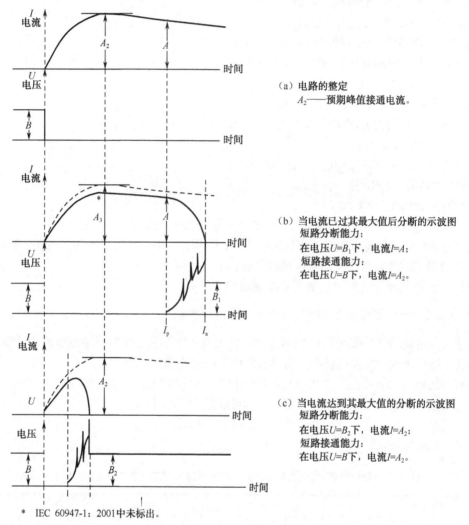

* IEC 60947-1：2001中未标出。

图 3.4.5 验证直流短路接通和分断能力

5. 试验电路的调整

试验电路整定时应采用阻抗值可忽略的临时连接线 B 代替被试控制设备和电器，连接线 B 应尽可能靠近端子连接，该端子用来连接被试控制设备和电器。

对交流，电阻器 R 和电抗器 X 应调整至使在外施电压下，能得到电流的最大值等于额定短路分断能力值以及选定的功率因数。

为了从整定波形上确定被试控制设备和电器的短路接通能力，必须调整电路以便保证其中一相达到预期接通电流值。

注意：外施电压是开路电压。应产生的工频恢复电压值为额定工作电压值的 1.05 倍。

对直流，电阻器 R 和电抗器 X 应调整至使在试验电压下，能得到电流的最大值等于额定短路分断能力以及选定的时间常数。

试验电路在所有极同时通电，记录电流波形曲线的时间至少为 0.1s。

对直流开关控制设备和电器，在整定电流波形曲线达到峰值之前分断其触头的情况下，可用附加纯电阻接入电路中进行整定波形记录，确定以 A/s 表示的电流上升率与规定的试验电流和时间常数的电流上升率相同即可，如图 3.4.6 所示。附加电阻应该使整定电流波形曲线的峰值至少等于分断电流的峰值。在实际试验中，此电阻应拆除。

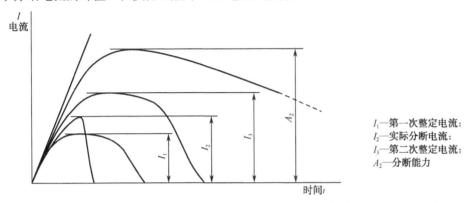

I_1—第一次整定电流；
I_2—实际分断电流；
I_3—第二次整定电流；
A_2—分断能力

图 3.4.6　第一次试验电路整定所得的整定电流低于额定分断能力时预期分断电流的确定

3.4.2.3　试验过程

1．试验电流

试验电流按上述的规定整定后，用被试控制设备和电器及其连接电缆（如有）取代临时连接线。

在短路条件下的控制设备和电器性能试验应按有关产品标准规定的要求进行。

2．短路接通和分断试验中控制设备和电器的状况

控制设备和电器的极间或极与框架之间不应发生电弧也不应有闪络，检测电路中的熔断元件 F 应不被熔断。

有关产品标准可以规定附加要求。

3．记录波形图的说明

（1）外施电压和工频恢复电压的确定。

从被试控制设备和电器进行分断试验所记录的波形图确定外施电压和工频恢复电压，交流按图 3.4.7 确定，直流按图 3.4.5 确定。

电源侧的电压应在所有极电弧熄灭后和电压高频分量已衰减后的第一个完全周波中测量，如图 3.4.7 所示。

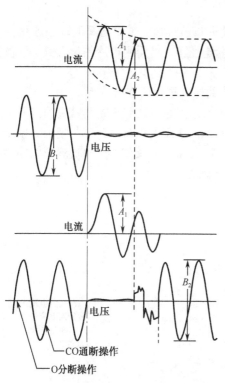

（a）电路的整定

A_1—预期峰值接通电流；

$\dfrac{A_2}{2\sqrt{2}}$—预期对称分断电流（有效值）；

$\dfrac{B_1}{2\sqrt{2}}$—外流电压（有效值）

（b）分断或通断操作

$\dfrac{B_2}{2\sqrt{2}}$—电源电压（有效值）

接通能力（峰值）$=A_1$

分断能力（有效值）$=\dfrac{A_x}{2\sqrt{2}}$

注1：试验电流产生后，电压波形的幅值与接通闭合电器、可调阻抗、电压传感器的位置有关，并按试验电路图而变化。

注2：假定整定波形和试验时接通是同一瞬间。

图 3.4.7　单极电器在单相交流短路接通和分断试验波形记录的实例

如果需获得更多的参数（如跨接各单极的电压、燃弧时间、电弧能量、通断操作过电压等），可以借助跨接在各极间的附加传感器获得。在此情况下，各组测量电路中与每极触头并联的电阻应不小于 100Ω/V（跨接在各单独极的电压有效），该值应记录在试验报告中。

（2）预期分断电流的确定。

用电路整定中记录的整定电流波形曲线与控制设备和电器分断试验中记录的波形曲线进行比较，确定预期分断电流，见图 3.4.7。

对交流，预期分断电流的交流分量等于对应电弧触头分开瞬间的整定电流波形上的交流分量有效值（其值对应于图 3.4.7（a））中的 $A_2/2\sqrt{2}$）。预期分断电流应是各相预期电流的平均值，其允差按表 2.1.7 的规定。任何相的预期电流应在±10%额定值范围内。

注意： 如果制造厂同意，每相电流可以在±10%平均电流值的范围内。

对直流，控制设备和电器的分断在电流达到最大值之前，则取对应于预期分断电流值等于从整定电流曲线确定的最大值 A_2。在电流超过最大值之后，控制设备和电器分断，则预期分断电流等于 A 值，见图 3.4.5 中的（a）和（b）。

对直流控制设备和电器按试验电路的调整要求进行试验，当进行试验电路整定的整定电流 I_1 小于额定分断电流时，如果实际分断电流 I_2 大于 I_1，则认为试验无效。应在电路整定到整定电流 I_3 大于 I_2 后再次进行试验，见图 3.4.6。

从对应于整定电路的电阻器 R_1，计算出试验电路的电阻 R，应能确定预期分断电流 $A_2=U/R$，用以下公式：$T=A_2/(di/dt)$ 得到试验电路的时间常数。

电流允差见表 2.1.7。

（3）预期接通电流峰值的确定。

预期接通电流峰值可以从整定电流波形中确定，对于交流其值应取对应于图 3.4.7 中（a）中的 A_1，对于直流其值取对应于图 3.4.5 中的 A_2。在三相试验的情况下，预期接通电流峰值应取波形中的 3 个 A_1 值的最大者。

注意：对单极控制设备和电器试验，从整定电流波形上确定的预期电流峰值可以与试验的实际接通电流峰值有差异，这主要取决于接通瞬间（接通相角）。

试验后控制设备和电器的条件：在上述试验后，控制设备和电器应符合有关产品标准的规定。

3.4.2.4　额定短时耐受电流的承载能力试验

控制设备和电器应处于闭合位置进行试验，预期电流等于额定短时耐受电流，并在相应的工作电压和短路试验规定的一般条件下进行该试验。

若试验站用额定工作电压进行本试验有困难，则试验可在任何合适的较低的电压下进行试验，在此情况下实际试验电流等于额定短时耐受电流 I_{cw}，有关试验的情况应记录在试验报告中。然而如果试验中发生触头瞬时分离，则应在额定工作电压下重新进行试验。

对本试验，如果控制设备和电器有过电流脱扣器，在试验中有可能动作，为此在试验时应使脱扣器失效。

1．交流试验

试验应在控制设备和电器的额定频率下进行，频率允差±25%，功率因数根据表 3.4.1 所对应的额定短时耐受电流确定。

整定电流值是所有相的交流分量有效值的平均值，平均值应等于额定值，允差见表 2.1.7 的规定。

每相的电流应是额定值的±5%。

当试验在额定工作电压下进行时，则整定电流是预期电流。

当试验在任何较低的电压下进行时，则整定电流是实际试验电流。

通电时间应达到规定时间，在此时间内交流分量的有效值应保持恒定。

注意：如果试验站的试验条件不能满足上述试验要求，根据制造厂和用户的协议，每相试验电流可以为平均电流的±10%。

电流在第一个周波中最大峰值应不小于 n 倍额定短时耐受电流，对应于该电流值的 n 值按表 3.4.1 选择。

当试验站的特性不能满足上述要求时，允许进行以下适当变更，但应满足如下要求：

$$\int_0^{t_{试验}} i_{试验}^2 \, \mathrm{d}t \geq I^2 \times t_{短时}$$

式中　$t_{试验}$——试验的通电时间；

　　　$t_{短时}$——规定的通电时间；

　　　$i_{试验}$——交流分量不是恒定或其有效值不等于额定短时耐受电流 I_{cw} 时的试验整定电流；

　　　I——交流分量恒定且其有效值等于额定短时耐受电流 I_{cw} 时的试验整定电流。

如果试验站的短路电流的衰减使在通电起始没有过高的电流，就不能得到规定时间的额定短时耐受电流，则试验时电流的有效值允许下降至低于规定值，通电时间适当增加，但最大峰值电流应不小于规定值。

如果为了得到规定的电流峰值，而电流的有效值必须增加至规定值以上，则试验时间应相应减少。

2. 直流试验

通电时间应为规定时间，从电流波形记录中确定的平均值应至少等于规定值。

当试验站的特性在通电起始没有过高的电流，就不能达到以上要求的规定时间的额定短时耐受电流，则试验时电流允许下降至低于规定值，通电时间适当增加，但最大电流值应不小于规定值。

如果试验站不能进行上述直流试验，则在制造厂与用户的同意下，可以用交流试验代替直流试验。但应采取适当的防护措施，例如电流的峰值应不超过允许电流。

3. 试验中和试验后控制设备和电器的状况

试验中控制设备和电器的状况应在有关产品标准中规定。

试验后，要求控制设备和电器用正常操动方式操作应能正常动作。

3.4.2.5 控制设备短路保护和电器和额定限制短路电流的配合试验

试验的条件和过程（如适用）应在有关产品标准中规定。

3.4.3 短路耐受强度试验程序

3.4.3.1 试验安排

成套设备及其部件应像正常使用时一样安置。除了在母线上的试验和取决于成套设备结构形式的试验以外，如果各功能单元结构相同，而且不影响试验结果就只需试验一个功能单元。

3.4.3.2 试验的实施总则

如果试验电路中包含有熔断器，应采用最大电流额定值（对应于额定电流）的熔芯，如果需要，应使用制造厂规定的熔断器。

试验设备时所要求的电源线和短路连接导线应有足够的强度以耐受短路，它们的排列不应造成任何附加的应力。

如果没有其他规定，试验电路应接到成套设备的输入端上，三相设备应按三相连接。

对于所有短路耐受额定值的验证在电源电压为 1.05 倍额定工作电压时，预期短路电流值应由标准示波图来确定，该示波图在向成套设备供电的导体上取得，该导体位于尽可能靠近成套设备的输入电源侧，并将成套设备用可忽略阻抗的导体进行短路。示波图应显示一个恒定的电流，该电流可在某一时间内测得（该时间等于成套设备内保护器件的动作时间）或在一规定时间内测得，该电流值近似于后面"短路电流值及其持续时间"中规定的值。

用交流进行短路试验时，试验电路的频率允许偏差为额定频率的25%。

在工作中与保护导体连接的设备的所有部件，包括外壳，应进行如下所述的连接：

（1）对于适用于有一个中性点接地的三相四线系统，并带有相应标志的成套设备，可接在电源中性点上或接在允许预期故障电流至少为 1500A 的带电感的人为中性点上。

（2）对于相对地产生电弧的可能性很小的带有相应标志的三相三线设备与三相四线制一样连接。

除用完全绝缘进行防护的设备（即第Ⅱ类设备）外，试验电路应包括一个安全装置（如一个由直径为 0.8mm，长度不超过 50mm 的铜丝作熔芯的熔断器）用以检测故障电流。除了下面"注 2"和"注 3"，在此可熔断元件的电路中，预期故障电流为 1500A±10%。必要时，用一个电阻器把电流限制在该值上。

注 1：一根 0.8mm 直径的铜丝，在 1500A 下大约经过半个周波就熔断，电源频率在 45Hz～67Hz（对于直流，熔断时间为 0.01s）。

注 2：按照有关产品的标准的要求，小型设备的预期故障电流可能小于 1500A，可选用熔断时间与注 1 相同的直径较小的铜丝（见注 4）。

注 3：在电源具有一个人为中性点时，预期故障电流可能比较低，按照制造厂的意见，可选用熔断时间与注 1 相同的直径较小的铜丝（见注 4）。

注 4：在可熔断电路中预期故障电流和铜丝直径之间的关系见表 3.3.1。

3.4.3.3　主电路试验

（1）对于带母排的控制设备，按照本节（1）、（2）、（4）项进行试验。对于不带母排的控制设备，按照（1）项进行试验。

对于不满足在框架单元内部，主母线和功能单元电源侧及包括在该单元之内的电器元件之间的连接导体（包括配电母线）只要布置得在正常工作条件下，相与相之间、相与地之间发生内部短路的可能性很小，该连接导体可以根据每个单元内相关短路电器负载侧衰减后的短路强度来确定。这种导体最好是坚硬的固体刚性制品。未按正常工作条件布置的试验要求的控制设备，要按照本节（3）项进行试验。

（2）如果出线电路中有一个事先没经过试验的元件，则应进行如下试验。

为了试验出线电路，其出线端子应用螺栓进行短路连接。当出线电路中的保护器件是一个断路器时，试验电路可包括一个分流电阻器与电抗器并联来调整短路电流。

对于额定电流最高到并包括 630A 的断路器，在试验电路中，应有一根 0.75m 长，截面积相应于约定发热电流的电缆（温升试验时外接试验导体的尺寸）。开关应合闸，并像正常使用时那样在合闸位置上。然后施加试验电压，并维持足够长的时间，使出线单元的短路保护器件动作以消除故障，并且在任何情况下，试验电压持续时间不得少于 10 个周波。

（3）带有主母排的控制设备应进行一次补充的试验，以考验主母排和进线电路包括接点的短路耐受强度。

短路点离电源的最近点应是（2±0.40）m。对于额定短时耐受电流和额定峰值耐受电流验证，如果在低压下进行试验才能使试验电流为额定值时，此距离可增大。当控制设备的被试验母排长度小于 1.6m，而且控制设备不再扩展时，应对整条母排进行试验，短路点应在这些母排的末端。如果一组母排由不同的母排段构成（诸如截面积不同，相邻母排之间的距离不同，母排形式及每米母排上支撑件的数量不同等），则每一段母排应分别或同时进行试验，该试验也应满足上面所提的条件。

（4）在将母排接到单独的出线单元的导体中，用螺栓连接实现短路时，短路点应尽量靠近出线单元母排侧的端子。短路电流值应与主母排相同。

（5）如果存在中性母排，应进行一次试验以考验其相对于最近的母排（包括任何接点）的短路耐受强度。本节（2）的要求适用于中性母排与该相母排的连接。制造厂与用户之间若无其他协议，中性母排试验的电流值应为三相试验时相电流的 60%。

3.4.3.4 短路电流值及其持续时间

（1）用短路保护器件保护的控制设备，无论保护器件是在进线单元或是在其他地方，试验电压的施加时间应足够长，以确保短路保护器件动作，清除故障，并且在任何情况下，不应少于 10 个周波。

（2）进线单元中不带有短路保护器的控制设备，应在指定保护器件的电源侧，用预期电流对于所有短路耐受额定值进行动应力和热应力验证。如果制造厂给出了额定短时耐受电流、额定峰值耐受电流、额定限制短路电流或额定熔断短路电流的值，则该预期电流应与制造厂给出的值相等。

当试验站很难用最大工作电压进行短时耐受试验或峰值耐受试验时，可根据 3.4.3.3 节中项目（2）、（3）、和（4）在任何合适的低压下进行试验。在这种情况下，实际试验电流等于额定短时耐受电流或峰值耐受电流。这些应在试验报告中说明。然而，在试验期间，如果出现保护装置发生瞬时触点分离，则应用最大工作电压重新进行试验。

在短时和峰值耐受试验时，如果有任何过载脱扣装置在试验时发生脱扣动作，则试验无效。

所有的试验应在设备的额定频率（容许偏差±25%）及适于表 3.4.2 规定的短路电流对应的功率因数下进行。

表 3.4.2　系数 n 的标准值

短路电流的方均根值 I（kA）	$I \leqslant 5$	$5 < I \leqslant 10$	$10 < I \leqslant 20$	$20 < I \leqslant 50$	$50 < I$
$\cos\varphi$	0.7	0.5	0.3	0.25	0.2
n	1.5	1.7	2	2.1	2.2

注：表中的值适合大多数用途。在某些特殊的场合，例如在变压器或发电机附近，功率因数可能更低。因此，最大的预期峰值电流就可能变为极限值以代替短路电流的方均根值。

标定电流值应是所有相中交流分量的平均有效值。当以最大工作电压进行试验时，标定电流是实际试验电流。在每相中电流偏差在+5%～0%，功率因数偏差 0.0～-0.05。在施加电流的规定时间内其交流分量的有效值应保持不变。

注 1：由于试验条件的限制，如果需要的话，允许采用不同的试验周期。在此情况下，试验电流建议根据公式 $I^2 t$=常数进行修正，但若无制造厂的同意，峰值不得超过额定峰值耐受电流，而且短时耐受电流有效值至少有一相在电流起始后的 0.1s 内不得小于额定值。

注 2：短时耐受电流和峰值耐受电流试验允许分别进行。在此情况下，峰值耐受电流试验时施加短路的时间，建议不使用 $I^2 t$ 值大于短时耐受电流试验的相应值，但它不应少于 3 个周波。

对于限制和熔断短路电流试验，在规定保护器件的电源侧，试验应以 1.05 倍额定工作电压及预期电流进行，预期电流值等于额定限制或熔断短路电流值。试验不允许以低电压进行。

3.4.3.5 试验结果

试验后，导线不应有任何过大的变形，只要电气间隙和爬电距离仍符合规定，母排的微小变形是允许的。同时，导线的绝缘和绝缘支撑部件不应有任何明显的损伤痕迹，也就是说，绝缘物的主要性能仍保证设备的机械性能和电器性能满足本标准的要求。

检测器件不应指示出有故障电流发生。

导线的连接部件不应松动。

在不影响防护等级，电气间隙不减小到小于规定数值的条件下，外壳的变形是允许的。

母排电路或控制设备框架的任何变形影响了抽出式部件或可移式部件的正常插入的情况，应视为故障。

在有疑问的情况下，应检查控制设备的内装元件的状况是否符合有关规定。

3.5 控制功能试验

3.5.1 控制功能概述

控制功能是电气控制设备最为基本的功能，是我们制作电气控制设备所要实现的终极目标。所有其他的功能，如电气性能、安全保护功能、环境适应性能等，都是为了更好地实现控制目标，以保证电气控制设备能够安全、可靠地运行，并保证电气控制设备的安全、使用寿命及接触、操作和维修人员的人身安全。

控制功能是在电气控制设备制作前，由作为订货合同附件的制造商与用户间签订的技术协议所约定的，将作为电气控制设备交货验收的技术标准。因此，制造商与用户间签订的技术协议及相关的国际、国家、行业或企业标准，是我们进行电气控制设备控制功能试验的依据和准绳。

对于不同的设备要求，电气控制设备需要具备不同的控制功能，其种类繁杂根本无法一一列举。不同类型的设备各自具有一定的特点，就是同一类型的设备也只能说是大同小异。只有既是同类型设备又是同样型号、同一企业同一批次生产的控制设备，或不同企业按照完全相同的一个标准生产的控制设备，才能具有完全相同的控制功能。

例如，石油化工行业的生产工艺特点是连续流程生产，其控制对象主要是影响化学反应的物理量，诸如温度、压力、流速、流量等。机械电气行业的设备，其控制对象主要是电动机、电磁铁、液压油缸、液压马达等。各种电气控制设备的控制功能是完全不同的，所以控制功能的试验无法进行有针对性的具体讲解。但是在控制功能试验中还是有一些共性的、规律性的内容，下面进行具体介绍。

3.5.2 控制功能试验的内容

控制功能试验条件应满足一般试验条件，设备的电源应满足额定条件。

3.5.2.1 空载试验

空载试验又称为空载操作试验。空载操作试验的目的在于检验设备的接线是否正确以及设备的工作特性、工作程序、控制精度是否达到规定的要求。空载试验一般在进行电气调试时进行。

小型电气控制设备有可能负载就在控制设备内部，而大型成套控制设备负载往往与电气控制设备是分离的，制造商由于不具备实际负载条件或不具备模拟实际负载的能力，在制造厂只能进行空载试验。

1. 单元控制功能试验

一个成套电气控制设备往往其控制系统是比较复杂的，控制功能是环环嵌套的，如果直接进行整体功能试验可能具有一定的风险，且一次成功率较低。根据电气原理框图我们可以将比较复杂的控制功能分解成一个个单元控制功能，首先将下一层级控制功能试验成功，就为上一层级控制功能试验成功创造了条件，同时为整体功能试验打好坚实的基础。

单元空载控制功能试验犹如计算机网络的单机性能试验。其操作程序如下所述。

首先，将试验控制功能单元部分的负载硬断开或软切出，试验控制功能单元部分其他功能仍保留（如数据测量、工作监测、故障报警等）。给试验单元接入符合额定条件的电源。

然后，通过单元控制功能的启动按钮或计算机键盘控制程序中的该单元控制功能的软启动，来启动被测试控制单元进入正常工作状态。

其次，检测试验单元电路是否进入正常工作状态。

最后，通过观察各个控制器件的动作顺序和状态，由记录的监测数据来判定该单元的控制功能是否达到规定的要求。

如果该单元的工作特性、工作程序、控制精度达到规定的要求，则表明设备的该单元电路接线正确，其单元控制功能满足设计要求。

2. 整体控制功能试验

一个成套电气控制设备的整体控制功能试验是由一定数目的单元控制功能的集合构成的。整体控制功能试验的目的在于检验设备各个控制单元之间的接线是否正确以及整套设备各个控制单元之间相互配合时是否达到规定的要求。由于成套电气控制设备的控制功能是环环嵌套的，因此整体控制功能试验还要验证各个控制单元之间逻辑关系和时钟关系的正确性。

只要各个单元控制功能试验全部能够满足设计要求，就为高效率地进行整体控制功能试验打下了良好的基础。整体控制功能试验时，注意不要同时将全部控制单元同时接入，这样试验难度较大，效率较低。正确的方法应该是根据控制系统的逻辑关系自下而上，逐一接入。当一个较高等级的控制单元有几个并列的下一控制层级控制单元时，也应采用逐一接入试验，这样做的好处是出现问题便于排查，因此可以有效地提高试验效率。需要注意的是，如果下一层级的几个控制单元相对于其上一层级的控制单元在逻辑上没有办法分解时，则这几个控制单元必须同时接入，否则无法进行试验。

如果整个成套控制设备的工作特性、工作程序、控制精度达到规定的要求，则表明设备的全部电路接线正确，其整体控制功能满足设计要求。

3.5.2.2 负载试验

当电气控制设备的负载就在控制设备内部时，负载功能试验应该在进行电气调试时进行。当电气控制设备的负载没有在控制设备内部且制造商有条件模拟负载情况时，负载功能试验应该在工厂电气调试时进行。但是，当大型成套控制设备负载制造商没有条件模拟负载情况时，则只能在安装现场进行负载试验。

试验应在内部接线检查、整体功能调试后进行。

负载试验时，设备应首先在额定电源电压下运行，然后将电源电压在规定的变化范围内连续调节，设备在额定负载和过载条件下检验其工作特性及操作应符合产品技术条件的规定。

对出厂试验，设备只在额定电源电压下运行即可。

1. 轻载试验

轻载试验目的在于检验设备各个控制元器件的设定值是否正确，以及整套电气控制设备的工作特性、工作程序、控制精度是否达到规定的要求。

负载要能为系统提供运行条件（也可以采用空载试验，设备输出可开路），证明系统的功能是正常的。可在设备的输出端接入一个适当的阻抗负载，使设备输出一个能保证其正常工作的最小电流。

2. 负载及过载能力试验

负载试验是为了检验设备是否在规定的负载等级和负载类型下正常运行。

试验时所有条件不应低于额定条件，试验可以使用等效负载或实际负载。

过载能力试验是负载试验的一部分，应结合在一起进行。

过载能力试验中设备的保护器件按产品技术条件中所允许的最大值整定。设备输出端接入一个可调节的负载（容量大于设备的输出容量），设备主回路输入端直接接入电源，调整有关参数按设备技术要求所规定的时间间隔、电流大小投入运行，记录试验时的电压、电流和时间。若试验作为型式试验在实验室内进行，其试验电流值应与某一特定的工作等级（负载等级）相对应。标准工作制等级参见表 3.5.1。

表 3.5.1 标准工作制等级

标准工作制等级	电控设备的额定电流和试验条件（用 I_{dn} 的标幺值表示）		
I	1.0 p.u 连续		
II	1.0 p.u 连续，	1.5 p.u 1min	
III	1.0 p.u 连续，	1.5 p.u 2min，	2.0 p.u 10s
IV	1.0 p.u 连续，	1.5 p.u 2h，	2.0 p.u 10s
V	1.0 p.u 连续，	1.5 p.u 2h，	2.0 p.u 1min
VI	1.0 p.u 连续，	1.5 p.u 2h，	3.0 p.u 1min

注：I_{dn} 为额定直流电流，p.u 为标幺值。

3.5.2.3 连续运行试验

连续运行试验目的在于检验设备各个控制元器件及电路承受长时间连续工作的能力，验证元器件的选择及热设计是否正确合理，整套设备的环境适应性能以及整套电气控制设备的工作特性、工作程序、控制精度是否达到规定的要求。

连续运行试验是使设备在规定的电源条件下，将其输入和输出端连接到外部模拟装置上，通过外部连接的模拟装置或预先输入的程序使受试设备尽可能按实际工作的程序不间断地连续运行。在整个连续运行过程中应在最高温度下，通以额定电流，设备的各种动作、功能及程序均应正确无误。

试验时，应使设备在规定的最高工作环境温度下进行。

连续运行试验的最短时间，应在有关技术要求中规定但不得少于 24 h。

连续运行试验时间达到规定要求后，整套电气控制设备的工作特性、工作程序、控制精度能够达到规定的要求，则判定连续运行试验合格。

3.5.3　风力发电机组控制系统概述

下面我们以大型风力发电机组的电气控制设备为例进行讲解，希望大家通过学习能够掌握控制功能试验的要求和技能，达到举一反三的效果。

3.5.3.1　风电控制系统的要求

与一般工业控制系统不同，风力发电机组的控制系统是一个综合控制系统。它不仅要监视电网、风况和机组运行参数，对机组运行进行控制，而且还要根据风速与风向的变化，对机组进行优化控制，以提高机组的运行效率和发电量。

控制系统的功能是进行风力发电机组的运行管理。控制系统的逻辑程序应保证风力发电机组在规定的外部条件下能有效、安全地运行。当控制系统不能使机组保持在正常运行范围内，或有关安全的极限值被超过以后，则由保护系统执行安全方案。安全方案应考虑有关的运行值，如容许的超速、振动、减速力矩、短路力矩以及机组故障、操作失误等不安全因素。所以风力发电机组电控系统应兼具控制、保护以及参数检测和监控功能。

风力发电机的控制方法：当风速变化时通过调节发电机的电磁力矩或风力发电机桨距角使叶尖速比保持最佳值，实现风能的最大获取。控制方法基于线性化模型实现最佳叶尖速比的跟踪，利用风速测量值或电功率测量值反馈控制。在随机扰动大、不确定因素多、非线性严重的风电系统，传统的控制方法会产生较大误差。近年来针对风力发电的特点，研究出了一些新的控制理论，使风机控制向更加智能化的方向发展。

3.5.3.2　风力发电机组主控制系统的组成

风力发电机组控制系统由下面几个部分组成，如图 3.5.1 所示。

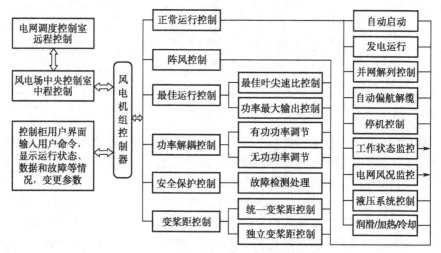

图 3.5.1　风力发电机组控制系统结构图

风力发电机组控制系统的硬件部分也称为风电机组的控制器。风电机组的控制系统是一个复杂的计算机控制系统，它被安装在几个控制箱（柜）内。风力发电机组控制柜是风力发电机组控制系统的安装载体，同时具有安全保护作用，控制柜是风力发电机组的指挥中心，是风力发电机组的最重要的组成部分。

1．塔底控制柜

塔底控制柜是整台风力发电机组的主控柜，它包括整个控制系统的电源控制部分、主控制器、主控制器与变频控制柜之间的电气接口、主控制器与机舱控制柜之间的电气接口和进行人机交互的控制面板几个部分。塔底控制柜是整个风力发电机组的控制中心。

2．机舱控制柜

设置机舱控制柜的目的主要是为了方便在机舱进行调试维修，其主要组成是机舱控制柜与各个被控制对象之间的电气接口、机舱控制柜与塔底控制柜主控制器之间的电气接口和进行人机交互的控制面板 3 大部分。

3．变频控制柜

变流器是风力发电机组控制系统的主要组成部分。为了安全可靠的实现风力发电机组并网运行，必须利用变流器将风力发电机组发出的电能变换成与电网电压相同、频率相同的电能。变桨控制柜一般与塔底控制柜安装在一起。

4．变桨控制箱

变桨距控制是通过叶片和轮毂之间的轴承机构，借助控制技术和动力系统转动叶片，来减小迎风角，由此来减小翼型的升力，以达到减小作用在风轮叶片上的扭矩和功率的目的。一般变桨距范围从启动角度 0°到 90°顺桨，叶片就像飞机的垂直尾翼一样。变桨控制箱一般安装在轮毂内。

3.5.3.3 风力发电机组的控制功能

1．风机运行状态的控制

运行状态的控制是使风力发电机组由一种运行状态到另一种运行状态的转换过渡过程的控制。风力发电机组的运行状态包括以下几种：

（1）待机状态。

（2）启动状态。

（3）发电运行状态。

（4）暂停状态。

（5）停机状态。

（6）故障紧急停机状态。

风力发电机组只能工作在一种状态。为了便于控制还可以设置其他的工作状态，或者将上述过程进一步细分。只要确定了一个状态向另一个状态的转换条件，控制系统将自动完成所需的系列控制。

2．控制系统的功能

控制系统应能完成风力发电机组的运行控制，控制系统可以控制的功能包括：

（1）机组的启动（以恒速机型为例）。

（2）停机控制关机程序。

（3）电气负载的连接和发电机的软并网控制。

（4）大、小发电机的自动切换控制。

（5）补偿电容器的分组投入和切换。

（6）功率限制。

（7）偏航对风控制。

（8）扭缆限制和自动解缆控制。

3．监控功能

1）参数监控

控制系统应包括对风力发电机组运行参数和状态的检测和监控。风力发电机组需要监控的主要参数是：风速、风向、风轮或发电机转速、电气参数（频率、电压、电流、功率、功率因数、发电量等）和温度（发电机绕组温度、轴承温度齿轮箱油温、控制柜温度、外部环境温度）等，状态监测包括振动、电缆缠绕、电网失效、发电机短路、制动闸块的磨损、控制系统和偏航系统的运作情况以及机械零部件的故障和传感器的状态等。

检测的参数还包括控制器在指令发出后的设定时间内应收到以下动作已执行的反馈信号：①回收叶尖扰流器或变桨距系统归位；②松开机械制动；③松开偏航制动器；④发电机脱网及脱网后的转速降落信号。否则将出现相应的故障信号，执行安全停机。

2）状态监控

检测和监控的状态包括控制器在指令发出后的设定时间内应收到以下动作已执行的反馈信号：

（1）回收叶尖扰流器或变桨距系统归位。

（2）松开机械制动。

（3）松开偏航制动器。

（4）发电机脱网及脱网后的转速降落信号。

（5）电网失效/负载脱落/发电机故障监控。

（6）制动系统状态监控。

上述信息均应汇入控制系统，其中对安全最为重要的信息还应输入保护系统。当监测的参数或状态超过极限值或者发生故障时，安全保护系统启动，并通过控制系统作安全处理。

4．控制系统的安全保护功能

安全保护的功能是在机组发生严重故障或存在潜在的严重故障时，将机组转换到安全状态，通常是将机组转换到制动停机状态。安全保护独立于运行系统，而且必须设计成失效-保护并具有高可靠性的系统。安全保护链一般由一系列失效保护的继电器触点串联组成，在正常情况下形成闭环通路。当任意一个触点断开时，安全保护系统就被触发，失效保护装置执行相应的操作，其中包括将所有的电气系统切断电源、叶片顺桨、制动器制动。

为了提高风力发电机组运行安全性，必须考虑控制系统的安全性和可靠性问题。在下列情况下应启动安全保护系统：

（1）运行安全保护。

（2）电网掉电保护。

（3）风电机组控制器抗干扰保护。

（4）接地保护。

（5）雷击安全保护。

（6）制动系统。

（7）转矩限制装置。

（8）维修的安全保护——风轮和方位锁定装置。

（9）紧急停机安全链保护。

3.5.4　风电机组主控制器控制功能试验

3.5.4.1　控制器试验原理与方法

在实验室的试验台上对机组控制器进行模拟试验。试验前测试控制试验台和风力发电机组模拟装置应处于正常状态；控制系统的试验电源不小于系统容量的 10%；系统接线应正确，试验设备及连接导线应符合试验要求；试验和检测所用仪器、仪表及量具应满足测量精度要求，并在检定周期内。

以原动机（如变频调速的电动机或直流调速机）代替自然风况下产生的风轮扭矩，用人工气流或试验台给定改变风速传感指示值。由原动机改变发电机转速，电机侧变流器接发电机转子输出。根据系统的控制要求，对试验的控制器进行并网发电、调速、调功和转矩控制的试验。

在风力发电机组试验台上，用计算机模拟现场风速、风向及机组的发电运行情况。将控制器投入自动运行，并向控制器发送输入状态表确定的数字信号和模拟信号，模拟试验机组的各种工况时的逻辑控制输出，输出逻辑和状态按系统总体设计要求确定，输入状态表由设计的机组运行工况确定。

将控制器输出接中间继电器，并用发光二极管指示连续自动运行上述各工况，观察控制输出结果，检验控制输出是否完全达到设计要求。试验时，根据 JB/T 10300—2001 中 5.3.4 设计工况自行设定输入和输出。

通过计算机模拟机组的现场风速、风向及机组的发电运行条件，在控制器投入自动运行时，检验控制器性能是否满足设计要求。

3.5.4.2　控制器控制功能试验

1．面板控制功能试验

按照试验机组"操作说明书"的要求和步骤，进行下列试验。

（1）机组运行状态参数的显示、查询、设置及修改，通过面板显示屏查询或修改机组的运行状态参数。

（2）人工启动。

① 启动：通过面板相应的功能键命令试验机组启动，观察发电机并网过程是否平稳。

② 立即启动：通过面板相应的功能键命令试验机组立即启动，观察发电机并网过程是否平稳。

（3）人工停机。

在试验机组正常运行时，通过面板相应的功能键命令试验机组正常停机，观察风轮叶片扰流板是否甩出，变桨叶片是否顺桨，机械制动器是否有效。

（4）面板控制的偏航。

在试验机组正常运行时，通过面板相应的功能键命令试验机组执行偏航动作，观察偏航过程中机组运行是否平稳。

（5）面板控制的解缆。

通过面板相应的功能键进行人工扭缆或解缆操作。

（6）面板控制的调桨。

通过面板相应的功能键进行人工调桨操作。

2．自动监控功能试验

（1）自动启动：在适合的风况下，观察机组启动时发电机并网过程是否平稳。

（2）自动停机：在适合的风况下，观察机组停机时发电机脱网过程是否平稳。

（3）自动解缆：在出现扭缆故障的情况下，观察机组自动解缆过程是否正常。

（4）自动偏航：在适合的风向变化情况下，观察机组自动偏航过程是否正常。

（5）自动调桨：在风力风向变化及故障情况下，观察机组自动调桨过程是否正常。

3．机舱控制功能试验

按照试验机组"操作说明书"的要求和步骤，进行下列试验。

（1）人工启动。

① 通过机舱内设置的相应功能键命令试验机组启动，观察发电机并网过程是否平稳。

② 通过机舱内设置的相应功能键命令试验机组立即启动，观察发电机并网过程是否平稳。

（2）人工停机。

观察风轮叶片扰流板是否甩出或叶片是否顺桨，机械制动器是否有效。

（3）人工偏航。

（4）人工解缆。

在出现扭缆故障的情况下，通过机舱内相应功能按钮进行人工解缆操作。

（5）人工调桨。

在试验机组正常运行时，通过机舱内设置的调桨钮命令试验机组执行调桨偏航动作，观察调桨过程中机组运行是否平稳。

4．远程监控功能试验

（1）远程通信。

在试验机组正常运行时，通过远程监控系统与试验机组的通信过程，检查上位机收到的机组运行数据是否与下位机显示的数据一致。

（2）远程启动。

将试验机组设置为待机状态，通过远程监控系统对试验机组发出启动命令，观察试验机组启动的过程是否满足人工启动要求。

（3）远程停机。

在试验机组正常运行时，通过远程监控系统对试验机组发出停机命令，观察试验机组是否执行了与面板人工停机相同的停机程序。

（4）远程偏航。

在试验机组正常运行时，通过远程监控系统对试验机组发出偏航命令，观察试验机组是否执行了与面板人工偏航相同的偏航动作。

（5）远程调桨。

在试验机组正常运行时，通过远程监控系统对试验机组发出调桨命令，观察试验机组是否执行了与面板人工调桨相同的调桨动作。

5．液压系统控制功能试验

对液压系统进行模拟现场运行工况的试验，应满足设计要求。

6．变速机型发电系统速度调节试验

根据风力发电机组变速运行的范围要求，进行小于额定风速时的变速控制和大于额定风速时的恒转矩调节试验，应满足机组设计工作特性要求。

根据风力发电机组变速运行范围要求，给定不同风速对应的转速目标，拖动发电机在工作转速范围内转动，模拟风轮输出的转矩和功率，变速恒频装置控制发电机的转速，由测试仪测试并显示转速和转矩的动态变化，且每隔 50r/min 记录转速和转矩的输出值，绘制出转矩-转速曲线。

7．变速机型发电系统功率因数调节试验

变速恒频装置的功率因数调节试验，应满足机组发电质量的设计要求。发电系统感性和容性功率因数均应大于 0.96。

将变速恒频装置（电机侧变频器和网侧逆变器）与双馈发电机连接在变速恒频试验台上，由主控器分别对转子侧变流器和电网侧变流器给定有功和无功分量参考值或功率因数控制目标，启动拖动机运行，使双馈发电机组并网运行，用功率和功率因数表测试电网和发电机定子的输出功率，改变拖动机的转矩输出，测试发电机有功和无功输出并记录。

8．变速机型发电系统的转矩调节试验

通过拖动机模拟风轮在规定的不同风速条件下，启动风力发电机组进入并网运行发电试验，观察转矩的动态变化，应满足机组设计的转矩-风速变化要求。

变速恒频风力发电系统在实验模拟装置安装完成后，拖动机模拟风轮在风速 5～25m/s 之间转矩变化情况，启动风力发电机进入并网运行发电，设定机组风速-转矩目标曲线，并整定为模拟信号，送入变速恒频装置，作为转矩控制的目标给定，调整转子侧变流器输出电流，观察转矩和电机功率输出的变化情况，记录对应的转矩和功率输出值，并绘制出转矩-功率曲线。

9. 变速机型功率调节试验

在模拟机组平稳并网后，通过改桨距角的大小实现调功和辅助调速，检查功率的输出变化，应满足机组的设计要求。

变速型机组由变桨距机构实现调功和调速，变桨距角调功试验通常在机组安装现场进行，当机组平稳并网后，按 GB/T 18451.2 中规定的方法，记录平均风速值和对应的桨距角度值和功率值，并按要求剔除不合理的数据。在现场由运行机组的监控软件，观察和记录机组的功率随风速变化和桨距角调节输出，记录并绘制出机组的桨距角-功率输出曲线。

3.5.4.3 安全保护试验

在试验台上将控制系统、液压系统、安全系统按设计图纸正确连接，人为设置可能产生的不同故障及紧急停机状态，观察机组的控制响应功能，是否达到机组的安全设计要求。检查控制器和安全保护系统的超速保护功能应达到 GB/T 18451.1—2001 中第 8 章的规定。

安全保护的试验状态包括以下几个方面。

1. 风轮转速超临界值

模拟方法：启动小电机，拨动风轮过速开关，使其从常闭状态断开，观察停机过程和故障报警状态。

2. 机舱振动超极限值

模拟方法：分别拨动摆锤振动开关常开、常闭触点的模拟开关，观察停机过程和故障报警状态。

3. 过度扭缆（模拟试验法）

模拟方法：分别拨动扭缆开关常开、常闭触点的模拟开关，观察停机过程和故障报警状态。

4. 紧急停机

模拟方法：按下控制柜上的紧急停机开关或机舱里的紧急停机开关，观察停机过程和故障报警状态。

5. 二次电源失效

模拟方法：断开二次电源，观察停机过程和故障报警状态。

6. 电网失效

模拟方法：在机组并网运行时，在发电机输出功率低于额定值 20% 的情况下，断开主回路空气开关，观察停机过程和故障报警状态。

7. 制动器磨损

模拟方法：拨动制动器磨损传感器限位开关，观察停机过程和故障报警状态。

8．风速信号丢失

模拟方法：在机组并网运行时，断开风速传感器的风速信号，观察停机过程和故障报警状态。

9．风向信号丢失

模拟方法：在机组并网运行时，断开风速传感器的风向信号，观察停机过程和故障报警状态。

10．鼠笼机型大电机并网信号丢失

模拟方法：大电机并网接触器吸合后，将接触器的反馈信号线断开，观察停机过程和故障报警状态。

11．鼠笼机型小电机并网信号丢失

模拟方法：小电机并网接触器吸合后，将接触器的反馈信号线断开，观察停机过程和故障报警状态。

12．鼠笼机型晶闸管旁路信号丢失

模拟方法：晶闸管旁路接触器吸合后，将接触器的反馈信号线断开，观察停机过程和故障报警状态。

13．1号制动器故障

模拟方法：强制松开高速制动，相应的同步触点吸合后拨动制动释放传感器的模拟开关，观察停机过程和故障报警状态。

14．2号制动器故障（定桨距被动失速机型）

模拟方法：同1号制动器故障。

15．叶尖压力开关动作（恒速恒频机型）

模拟方法：拨动叶尖压力开关，观察正常停机过程。

16．齿轮箱油位低

模拟方法：模拟齿轮油位高度使之高于机组"操作说明书"的规定，拨动齿轮油位传感器的油位低模拟开关并维持数秒（具体时间见机组"操作说明书"），观察停机过程和故障报警状态。

17．无齿轮箱油压

模拟方法：启动齿轮油泵，拨动齿轮油压力低模拟开关并维持数秒（具体时间见机组"操作说明书"），观察停机过程和故障报警状态。

18．液压油位低

模拟方法：拨动液压油位传感器的油位低模拟开关并维持数秒（具体时间见机组"操作说

明书"），观察停机过程和故障报警状态。

19．解缆故障

模拟方法：分别拨动左偏和右偏扭缆开关，持续数秒（具体时间见机组"操作说明书"），观察停机过程和故障报警状态。

20．发电机功率超临界值

模拟方法：调低功率传感器变比或动作条件设置点，观察机组动作结果及自复位情况。

21．发电机过热

模拟方法：调低温度传感器动作条件设置点，观察机组动作结果及自复位情况。

22．风轮转速超临界值

模拟方法：在给定风速低于7m/s的情况下，启动模拟试验台，使机组并入电网处于发电状态，用专用计算机监控测试软件，给定不同风速下的目标转速信号，调整转速上限值，使其超过机组自身的临界转速，观察超速保护开关动作的情况、机组停机过程和故障报警状态，应满足设计要求。

23．过度扭缆（台架试验法）

模拟方法：控制机舱转动，使之产生过度扭缆效果，当扭缆开关常开、常闭触点的模拟开关动作时，观察停机过程和故障报警状态。

24．轻度扭缆（CCW 顺时针）

模拟方法：控制机舱转动，使之产生轻度扭缆效果，当扭缆开关常开、常闭触点的模拟开关动作时，观察停机过程和故障报警状态。

25．轻度扭缆（CCW 逆时针）

模拟方法：控制机舱转动，使之产生轻度扭缆效果，当扭缆开关常开、常闭触点的模拟开关动作时，观察停机过程和故障报警状态。

26．风速测量值失真（偏高）

模拟方法：在机组并网运行时，使发电机负载功率低于 0.15%额定功率，使风速传感器产生高于 8m/s 的等效风速信号并持续数秒（具体时间依机组"操作说明书"的规定），观察停机过程和故障报警状态。

27．风速测量值失真（偏低）

模拟方法：在机组并网运行时，使发电机负载功率高于20%额定功率，使风速传感器产生低于3m/s 的等效风速信号并持续数秒（具体时间依机组"操作说明书"的规定），观察停机过程和故障报警状态。

28．风轮转速传感器失效

模拟方法：在机组并网运行时，使发电机转速高于 100r/min，断开风轮转速传感器信号后，观察停机过程和故障报警状态。

29．发电机转速传感器失效

模拟方法：在机组并网运行时，使风轮转速高于 2r/min，模拟齿轮油位高度使之高于机组"操作说明书"的规定，断开发电机转速传感器信号后，观察停机过程和故障报警状态。

30．主控制器故障

模拟方法：在机组并网运行时，人为设置主控制器故障，观察停机过程和故障报警状态。

31．调桨控制器故障

模拟方法：在机组并网运行时，人为设置调桨控制器故障，观察停机过程和故障报警状态。

32．变流器故障

模拟方法：在机组并网运行时，人为设置变流器故障，观察停机过程和故障报警状态。

3.5.4.4　发电机并网和运行试验

1．鼠笼机型软并网功能试验

使机组主轴升速，当异步发电机转速接近同步转速（约为同步转速的 92%～99%）时，并网接触器动作，发电机经一组双向晶闸管与电网连接，控制晶闸管的触发单元，使双向晶闸管的导通角由 0°至 180°逐渐增大，调整晶闸管导通角打开的速率，使整个并网过程中的冲击电流不大于技术条件的规定值。暂态过程结束时，旁路开关闭合，将晶闸管短接。

2．鼠笼机型补偿电容器投切试验

在机组并网运行时，通过调整发电机输出功率，在不同负载功率下观察电容补偿投切动作是否正常。

3．鼠笼机型小电机/大电机切换试验

在机组并网运行时，通过由小到大增加发电机负载功率，观察小电机/大电机切换过程。

在上述试验过程中，通过瞬态记录器记录波形参数和并网过程中的冲击电流值，同时观察并网接触器、旁路接触器及电容补偿投切动作是否正常。

4．鼠笼机型大电机/小电机切换试验

在机组并网运行时，通过由大到小减小发电机负载功率，观察大电机/小电机切换过程。

在上述试验过程中，通过瞬态记录器记录波形参数和并网过程中的冲击电流值，同时观察并网接触器、旁路接触器及电容补偿投切动作是否正常。

5．变速机型并网试验

在模拟机组发电运行条件下，进行满负荷的并网试验，检验双馈绕线转子发电机或直驱发电机和变流器装置的功能是否满足机组的设计要求。应达到同步 6s 以内并入电网，找同步过程不超过 5s，并网电流冲击不超过额定值的 50%。

将机组的变流器与变速恒频风力发电机在变速恒频试验台上连接，进行发电机的并网试验。并网前，不带负载，使发电系统在低于同步转速的 20%转差附近运行；利用变流器的软件监控装置，对并网和发电机的频率、相位和电压进行同步化调节，在没有异常的情况下，首先找同步，达到同步后并网。记录并网和找同步的试验过程。

在上述试验过程中，通过瞬态记录器记录波形参数和并网过程中的冲击电流值，同时观察并网接触器和旁路接触器动作是否正常。

变速机组变流器仍然与电网连接，继续执行调节功能。整个并网过程中的冲击电流应不大于该发电机额定电流的 2 倍。

6．脱网停机试验

机组运行在工作风速范围内的任意一点，分别设置紧急停机、故障停机、小风停机和大风停机状态，使机组进入脱网停机程序。观察测试停机过程、状态及桨距角的变化情况，应满足设计要求。

3.5.5 试验报告

1．试验报告

试验报告应包括以下内容：
（1）试验概述；
（2）样机简介；
（3）试验条件及分析；
（4）试验结果及分析；
（5）结论；
（6）附件。

2．试验报告的要求

（1）在试验过程中，应及时整理有关数据和资料，试验结束后应核实观察、测定和计算结果，对测试中所得的数据应及时进行整理、分析并整理汇总，编写试验报告。
（2）试验提供的报告文件应包括对试验方法、试验条件、试验设备和实验结果的完整描述。
（3）试验报告的格式见 GB/T 21407—2008 中附录 B。

第4章 电气控制设备养护与检修

4.1 电气控制设备养护与检修的管理

设备维修是指设备技术状态劣化或发生故障后，为恢复其功能而进行的技术活动，包括各类计划内修理和计划外的故障修理及事故修理。设备维修的基本内容包括：设备维护保养、设备检查和设备修理。

4.1.1 电气控制设备维护检修制度

设备是生产力三要素之一，是进行社会生产的物质手段。设备管理的好坏，对企业产品的数量、质量和成本等经济技术指标，都有着决定性的影响，因此要严格按照设备的运转规律，抓好设备的正确使用，精心维护，努力提高设备完好率。因此，必须建立电气控制设备维护保养制度。

4.1.1.1 人员的岗位职责

1. 操作人员

操作人员应以主人翁的态度，做到正确使用，精心维护，用严肃的态度和科学的方法维护好设备。严格执行岗位责任制，确保在用设备完好。操作人员，必须做好下列各项主要工作。

（1）培训后上岗，要求设备操作人员达到以下"四会"的要求。

① 会使用。操作人员必须熟悉设备的用途和基本原理，熟悉设备的性能要求，熟练掌握设备的操作规程，正确使用设备。

② 会维护。操作人员要掌握设备的维护要求，正确实施对设备的维护，做到设备维护的四项要求。

③ 会检查。设备管理责任人应了解所管理的设备的结构、性能和特点，能检查设备的完好情况。运行值班员要掌握设备易损件的部位，熟悉日常点检设备完好率的检查项目、标准和方法，并能按规定要求进行点检。

④ 会排除一般故障。员工及其他部门的重要设备的管理责任人，要掌握所用设备的特性，能鉴别设备的正常与异常，了解拆装的方法，会做一般的调整和简单的故障排除，不能解决的问题应及时报修，并协同维修人员进行检修。

（2）正确使用设备，严格遵守操作规程，启动前认真准备，启动中反复检查，停车后妥善处理，搞好调整，认真执行操作指标，不准超温、超压、超速、超负荷运行。认真做好设备润滑、维护保养工作。

（3）精心维护、严格执行巡回检查制，运用"五字操作法"（听、摸、闻、看、比）。定时按巡回检查路线，对设备进行仔细检查，发现问题，及时解决，排除隐患。搞好设备清洁、润滑、紧固、调整和防腐。保持零件、附件及工具完整无缺。

（4）掌握设备故障的预防、判断和紧急处理措施，保持安全防护装置完整好用。

（5）设备计划运行，定期切换，配合检修人员搞好备设备的检修工作，使其经常保持完好状态，保证随时可以启动运行，对备用设备要定时养护，搞好防冻、防潮等工作。及时消除设备的跑冒滴漏等现象。

（6）认真填写设备运行记录、缺陷记录以及操作日记。严格执行交接班制度。

（7）经常保持设备和环境清洁卫生，做到沟见底、轴见光、设备见本色、门窗玻璃净。

（8）操作人员不准在设备运行时离开岗位，发现异常的声音和故障应及时停车检查，不能处理的要及通知维修工人检修。

2．维修人员

坚持维护与检修并重，以维护为主的原则。设备检修人员对所包修的设备，应按时进行巡回检查，发现问题及时处理，配合操作人员搞好安全生产。

（1）定时定点检查维护，并主动向操作人员了解设备运行情况。

（2）发现故障及时消除，不能立即消除的故障，要详细记录，及时上报，并结合设备检修计划予以消除。

（3）认真做好设备维护保养工作。

3．设备管理人员

（1）对设备维护保养制度贯彻执行情况进行监督检查。

（2）总结操作人员和维修人员的维护保养经验，改进设备管理工作。

4.1.1.2　电气控制设备维护检修的管理制度

1．概述

设备管理是指为了提高设备的生产能力和生产效率，对设备的一生，即从调查、规划、设计、制造、安装、运转、维修、改造、改装直至报废的全过程所进行的工程技术活动。在设备管理中，产生设备之前的阶段称为设备规划管理；产生设备之后在使用设备的企业里的使用、运转、维修、改造、改装直至报废的阶段称之为设备使用管理。设备规划管理阶段关系到设备的"先天性"是否有缺陷的问题；设备使用管理阶段关系到设备的"后天性"是否有"劲"的问题。设备维修管理是设备全过程管理中持续时间最长、内容极为繁重的管理。

设备管理部门应做到"三好"，即：管好设备、用好设备、保养好设备。

1）管好设备

管好设备的原则：谁使用，谁负责。每个部门都有责任管好本部门所使用的设备，设备台账清楚，设备账卡齐全，设备购买必须提出申请，使用前必须为设备建档设卡制定设备使用规程和维护规程，不得违反规定随意使用设备。设备管理责任人要管好所负责的设备，设备发生借用等情况必须办理手续。

2）用好设备

所有使用设备的员工都必须按照操作规程进行操作和维护，不得超负荷使用设备，禁止不文明操作。未经培训的员工不得单独操作设备。

3）保养好设备

设备的使用人员在使用完设备或每班下班以前，必须对设备进行日常保养。对于一般设备日常保养就是清洁、除灰、去污。设备保养还包括由工程部专业人员进行的定期保养。部门要配合工程部实施这一保养计划。

2．必须制定详细的设备管理制度

制定的设备管理制度主要有：

（1）岗位值班制度。

（2）交接班制度。

（3）巡回检查制度。

（4）清洁卫生制度。

（5）操作规程。

（6）维护规程。

（7）安全技术规程。

3．电气控制设备使用的要求

设备在负荷下运行并发挥其规定功能的过程，即为使用过程。设备在使用过程中，由于受到各种力的作用和环境条件、使用方法、工作规范、工作持续时间等影响，其技术状态发生变化而逐渐降低工作能力。要控制这一时期的技术状态变化，延缓设备工作能力下降的进程，除应创造适合设备工作的环境条件外，要用正确合理的使用方法、允许的工作规范，控制持续工作时间，精心维护设备，而这些措施都要由设备操作人员来执行。设备操作人员直接使用设备，采用工作规范，最先接触和感受设备工作能力的变化情况。因此、正确使用设备是控制技术状态变化和延缓工作能力下降的基本要求。

保证设备正确使用的主要措施是明确使用部门和使用人员的职责，并严格按规范进行操作。设备使用程序如下：

（1）每台设备必须编写操作（使用）规程和维护规程，作为正确使用维护的依据。

（2）在使用任何一台新设备或新员工独立操作以前，必须对设备的结构性能、安全操作、维护要求等方面的技术知识进行教育和实际操作培训。

（3）人事部门会同工程部应有计划地对操作人员的设备使用情况进行技术培训，以不断提高对设备使用、维护的能力。

（4）重要设备的操作人员经过技术培训后，要进行技术知识和使用维护知识的考试，合格者方能独立使用或操作设备。

4．电气控制设备操作维护规程的编制

（1）设备的操作规程要按设备的操作程序分条编排，内容精练，重点突出，易懂易记，

全面适用。

（2）设备操作规程应以设备操作技术要求为基础，结合实际情况，将设备的操作规范、运行特点、注意事项和维护要求分别列出，必须包括的内容如下：

① 控制设备技术性能和允许的极限参数，如最大负荷、压力、温度、转速、电压、电流等。

② 控制设备交接使用的规定，两班或三班连续运转的设备，操作人员交接班时必须对设备运行状况进行交接，内容包括：设备运转的异常情况、润滑情况、原有缺陷变化、运行参数的变化、故障及处理情况等。

③ 电气控制设备操作设备的步骤，包括操作前的准备工作和操作顺序。

④ 紧急情况处理的规定。

⑤ 电气控制设备使用中的安全注意事项，非本岗位操作人员未经批准不得操作该设备，任何人不得随意拆掉或放宽安全保护装置等。

⑥ 电气控制设备运行中故障查询及排除。

4.1.1.3　电气控制设备的技术状态管理

对所有电气控制设备应按设备的技术状况、维护状况和管理状况分为完好设备和非完好设备，并分别制订具体考核标准。操作及维护人员必须完成上级下达的技术状况指标，即考核设备的综合完好率。

1．设备缺陷的处理

（1）设备发生缺陷，岗位操作和维护人员能排除的应立即排除，并在日志中详细记录。

（2）岗位操作人员无力排除的设备缺陷，要详细记录并逐级上报，同时精心操作，加强观察，注意缺陷发展。

（3）未能及时排除的设备缺陷，必须在每天的生产调度会上研究决定如何处理。

（4）在安排处理每项缺陷前，必须有相应的措施，明确专人负责，防止缺陷扩大。

2．设备运行动态管理

设备运行动态管理，是指通过一定的手段，使各级维护与管理人员能牢牢掌握住设备的运行情况，依据设备运行的状况制定相应措施。

1）建立健全系统的设备巡检标准

各部门要对每台设备，依据其结构和运行方式，定出检查的部位（检查点）、内容（检查什么）、正常运行的参数标准（允许的值），并针对设备的具体运行特点，对设备的每个检查点，确定出明确的检查周期，一般可分为时、班、日、周、旬、月、季、年检查点。

2）建立健全巡检保证体系

生产岗位操作人员负责对本岗位使用设备的所有检查点进行检查，专业维修人员要负责对重点设备的巡检任务。各部门都要根据设备的多少和复杂程度，确定设置专职巡检员工的人数和人选，专职巡检员要全面掌握设备运行动态。

3）信息传递与反馈

生产岗位操作人员巡检时，发现设备不能继续运转需紧急处理的问题，要立即通知值班主任，由值班主任组织处理。一般隐患或缺陷，检查后登入检查表，并按时传递给专职巡检员。

专职维修人员进行的设备点检，要做好记录，除安排处理外，要将信息向专职巡检员传递，以便统一汇总。

专职巡检员除完成承包的巡检点任务外，还要负责将各方面的巡检结果，按日汇总整理，并列出当日重点问题向技术装备部汇报。

技术装备部应列出主要问题，除登记台账、输入计算机外，要进一步检查落实，以便于综合管理。

4）动态资料的应用

巡检员针对巡检中发现的设备缺陷、隐患，提出应安排检修的项目，纳入检修计划。巡检中发现的设备缺陷，必须立即处理的，由值班主任即刻组织处理；本班无能力处理的，由技术装备部确定解决方案。重要设备的重大缺陷，由分管副总经理组织研究，确定控制方案和处理方案。

5）设备薄弱环节的立项处理

下列情况均属于设备薄弱环节：
（1）运行中经常发生故障停机而反复处理无效的部位。
（2）运行中影响产品质量和产量的设备或部位。
（3）运行达不到小修周期要求，经常要进行计划外检修的设备或部位。
（4）存在不安全隐患（人身及设备安全），且日常维护和简单修理无法解决的设备或部位。

6）对薄弱环节的管理

电气控制设备管理人员要依据动态资料，列出设备薄弱环节，按时组织审理，确定当前应解决的项目，提出改进方案。分管负责人组织有关人员对改进方案进行审议，审定后列入检修计划。

设备薄弱环节改进实施后，要进行效果考察，提出评价意见，存入设备档案。

4.1.2　电气控制设备的维护保养

4.1.2.1　电气控制设备技术状态完好的标准

电气控制设备维护保养的目标是要保持设备良好的技术状态，以确保设备发挥正常的功能。设备的技术状态是指设备所具有的工作能力，保持性能、精度、效率、运行参数、安全、环保、能源消耗等所处的状态及变化情况。设备技术状态完好的标准可以归纳为以下 3 个方面。

1. 性能良好

电气控制设备性能良好是指设备的各项功能都能达到原设计或规定的标准，性能稳定，可靠性高，能满足用户的需要。性能良好是电气控制设备最重要的标准，体现了设备的质量，它不仅与正确使用和维护有关，更重要的是取决于投资的决策。

2. 运行正常

运行正常是指设备零部件齐全，安全防护装置良好；磨损、腐蚀程度不超过规定的技术标准；控制系统、计量仪器、仪表和润滑系统工作正常，安全可靠，设备运行正常。性能良好、质量上乘的电气控制设备是运行正常的基本条件，但高质量的设备必须在规定的使用条件和环境条件下，才能运行正常。因此，正确的使用是确保设备正常运行的重要条件。

3. 耗能正常

耗能正常是指设备在运行过程中，无跑电、漏油、滴水等异常现象，设备外表清洁。要使设备耗能正常，就应认真做好日常的维护保养工作，及时更换磨损零部件，定时进行润滑，确保设备在良好的环境下运行。

凡不符合上述3项要求的设备，不能称为完好设备。

4.1.2.2　电气控制设备养护制度

1. 设备养护规程

设备养护规程应包括以下具体内容：

（1）设备电气原理框图、安装布置、电气接线图、主要零部件图、使用说明书等技术文件。

（2）设备使用过程中的各项检查要求，包括路线、部位、内容、标准状况参数、周期（时间）、检查人等。

（3）运行中常见故障的排除方法。

（4）设备主要易损件的报废标准。

（5）安全注意事项。

2. 养护规程的贯彻执行

（1）新设备投入使用前，要由主管技术装备部的副总经理布置贯彻执行设备使用、维护规程。规程要发到有关部门、岗位操作人员以及维修人员手里，并做到人不离岗。

（2）生产部门要组织设备操作人员认真学习规程，设备专业人员要向操作人员进行规程内容的讲解和学习辅导。

（3）设备操作人员须经公司组织的规程考试及实际操作考核，合格后方能上岗。生产部门每月都要组织班组学习规程，车间主管及设备管理人员，每年要对生产班组规程学习情况进行定期或随机抽查，发现问题及时解决，抽查情况纳入考核。

（4）实行"三级维护保养制"、必须使操作工人对设备做到"三好"、"四会"、"四项要求"，并遵守"五项纪律"。

三好：管好、用好、修好。

四会：会使用、会保养、会检查、会排除故障。

四项要求：整齐、清洁、润滑、安全。

五项纪律：培训上岗，遵守安全操作规程；经常保持设备清洁，并按规定加油润滑；遵守设备交接班规定；管理好工具、附件；发现异常，立即停车，自己不能处理的问题应及时通知相关人员检查处理。

4.1.3　电气控制设备的维修检查

4.1.3.1　维修检查的目的和内容

设备检查又称设备点检，是按照设备规定功能与有关标准，对设备的运行情况、工作精度、磨损、润滑或腐蚀程度进行测量和校验。通过检查全面掌握电气控制设备的技术状况和完好情况，及时查明和消除设备的隐患，有目的地做好修理前的准备工作，以提高修理质量，缩短修理时间。

在正常情况下，电气控制设备大部分故障都是由于零部件轻微的机械磨损和热衰老的逐渐发展而形成的。如果能在零件磨损或劣化的早期就发现故障征兆并加以消除，就可以防止劣化的发展和故障的发生。设备维护检查是发现早期征兆，能事先察觉隐患的一种极为有效的手段。在日常运行中，通过对设备检查，可以掌握零部件的磨损及劣化情况及整机的技术状态，并针对发现问题提出维修方案和改进措施，避免因故障发生而使用户无法正常使用的问题出现。

电气控制设备检查是在规定的时间内，按照规定的检查标准（内容）和周期，由操作工或维修工凭感官和测试工具，对设备所进行的活动。

检查按技术要求可分为功能检查和精度检查。功能检查是指对设备的各项功能和性能进行检查与测定，如电气连接是否良好，温升情况如何，介电性能如何等。精度检查是指对设备的实际控制精度进行检查和测定，以便确定设备精度的优劣程度，为设备验收、修理和更新提供依据。

电气控制设备检查的记录是掌握设备技术状态，编制设备维修计划的主要依据，必须及时整理分析，充分利用。内容包括：设备检查中发现问题的数目与实际解决的数目；各类设备问题的问题数目、主要原因及所占比例、所耗费用与停机损失；各类设备的平均故障间隔期；对遗留问题的处理意见等。对检查记录进行统计分析的目的在于探索、掌握设备劣化的速度和趋势，修理及更换零部件情况，故障发展的规律。统计分析的结果与意见必须及时反馈到设备管理部门，以便改进检查方法，调整检查项目，修订检查间隔期，安排维修计划。

4.1.3.2　检查间隔期的确定

设备检查一般按时间间隔可分为日常检查和定期检查两类。

1. 日常检查

日常检查由设备操作人员执行，同日常保养结合起来，目的是及时发现不正常的技术状况，进行必要的维护保养工作。定期检查是按照计划，在操作人员参加下，定期由专职维修人员执行。目的是通过检查，全面准确地掌握零件劣化的实际情况，以便确定是否有进行修理的必要。

2. 定期检查

定期检查间隔期与维修费用有着密切的关系，检查频繁会增加维修费用，检查间隔期过长，虽然减少费用，但达不到预防目的，因此间隔期的确定要综合考虑工作条件、使用强度、作业时间、安全要求、经济价值以及磨损劣化等特性，一般可定为半年至一年；电源设备应根据国家有关规程要求确定。要根据检查记录统计维修情况，停机损失与检查费用进行反复比较，使定期检查与经济效益有机结合。

4.1.3.3 设备检查的实施

日常检查由设备操作者每日在班前按照检查标准的规定严格执行；巡回检查是由维修组的区域维护人员或值班维修工每日对其所负责的设备，按规定的路线和检查点逐项进行检查，或对操作人员的日常点检执行情况进行检查，并察看点检结果和设备有无异状，发现问题及时处理，以保持设备的正常运行。设备管理人员每月要认真整理日常检查卡，进行统计，分析设备故障的发生原因和规律，以掌握设备的状况和改进管理工作。

设备检查标准是指导检查作业的技术文件，应按照不同的设备类别，在保证满足生产产量、质量、安全要求和延长使用寿命的前提下确定检查项目、方法、工具、标准和时间等。必须制定切实有效的检查标准，制定日常检查与定期检查卡作为设备检查的依据。

根据制定的设备检查标准就可编制设备检查卡（表）。日常检查卡（表）力求简单扼要，目的在于保持设备的正常运转，所以，检查的内容以润滑、清洁、异音、温升、安全为主。设备检查必须按照规定的检查项目和间隔期进行，并认真填写检查卡片，作为预防维修的依据。

4.1.4 电气控制设备的修理

设备修理是指修复由于日常的或不正常的原因而造成的设备损坏和精度劣化。通过修理更换磨损、老化、腐蚀的零部件，可以使设备性能得到恢复。设备的修理和维护保养是设备维修的不同方面，二者由于工作内容与作用的区别是不能相互替代的，应把二者同时做好，以便相互配合、相互补充。

4.1.4.1 概述

设备维修包含的范围较广，包括：为防止设备劣化，维持设备性能而进行的清扫、检查、润滑、紧固以及调整等日常维护保养工作；为测定设备劣化程度或性能降低程度而进行的必要检查；为修复劣化，恢复设备性能而进行的修理活动等。

1. 电气控制设备维修工作的任务

设备维修工作的任务是：根据设备的规律，经常搞好设备维护保养，延长零件的正常使用阶段；对设备进行必要的检查，及时掌握设备情况，以便在零部件出现问题前采取适当的方式进行修理。

2. 设备维修方式的特点及应用范围

1）事后（被动）修理

事后（被动）维修方式是一种传统的、古老的维修方式，是在设备故障发生后进行的维修活动。这种维修方式事先不知道故障在什么时候发生，不需要事前谋划，简单易行，而且能充分利用设备的零部件的物理寿命，维修费用较低。但是缺乏修理前期准备，因而，修理停歇时间较长。此外，因为修理是无计划的，常常打乱生产计划，影响交货期。事后修理是比较原始的设备维修制度。

对于在生产中非重要作用或可代用的小型、不重要设备，可采用事后维修方式。目前已基本上被其他设备维修制度所代替。

2）预防（主动）维修

预防（主动）维修是为了防止设备性能劣化或降低设备故障概率，按事先按照规定的计划所进行的维修活动。预防维修这种制度要求设备维修以预防为主，在设备运用过程中做好维护保养工作，加强日常检查和定期检查，根据零部件磨损规律和检查结果，在设备发生故障之前有计划地进行修理。由于加强了日常维护保养工作，使得设备有效寿命延长了，而且由于修理的计划性，便于做好修理前期准备工作，使设备修理停歇时间大为缩短，提高了设备有效利用率。

设备的日常保养是预防维修的派生分支，是由设备操作人员或周检人员，每天或每周对设备进行的检查、清扫、调整、加油、换件等日常维修活动。

预防维修通常根据设备运行时间确定维修时间、周期。由于事前做了大量人、财、物的准备工作，一般能在规定的时间范围内，保质、保量地完成规定的维修内容。在生产中起重要作用的或故障风险大于维修风险的设备，应采用预防维修方式。

3）状态维修

所谓状态维修是根据设备状态监测结果来进行的维修活动，是"有的放矢"的、"定量"的维修活动。其实质是预防（主动）维修的升级。它克服了以设备运行时间确定的预防维修的不定量因素，有利于降低维修成本和减少准备工作。状态维修适应条件是设备应配备较为完善的检测装置。

设备状态维修是提倡和发展的方向。

4）维修预防

人们在设备的维修工作中发现，虽然设备的维护、保养、修理工作进行得好坏对设备的故障率和有效利用率有很大影响，但是设备本身的质量如何对设备的使用和修理往往有着决定性的作用。设备的先天不足常常是使修理工作难以进行的主要方面。维修预防是指在设备的设计、制造阶段就考虑维修问题，提高设备的可靠性和易修性，以便在以后的使用中，最大可能地减少或不发生设备故障，一旦故障发生，也能使维修工作顺利地进行。维修预防是设备维修体制方面的一个重大突破。

5）改造维修

对设备结构进行改造的维修活动，称之为改造维修或改善维修。结合修理采用新工艺、新零部件对电气控制设备的结构和性能进行改进提升，改造维修意在提高设备的性能或增强设备的可靠性。此种施工应持慎重态度。应事前有论证、有批准，事后有评估。

3. 常用的设备修理的方法

1）标准修理法

标准修理法又称强制修理法，是指根据设备零件的使用寿命，预先编制具体的修理计划，明确规定设备的修理日期、类别和内容。设备运转到规定的期限，不管其技术状况好坏，任务轻重，都必须按照规定的作业范围和要求进行修理。此方法有利于做好修理前准备工作，有效保证设备的正常运转，但有时会造成过度修理，增加了修理费用。

2）定期修理法

定期修理法是指根据零件的使用寿命、生产类型、工件条件和有关定额资料，事先规定出各类计划修理的固定顺序、计划修理间隔期及其修理工作量。在修理前通常根据设备状态来确定修理内容。此方法有利于做好修理前准备工作，有利于采用先进修理技术，减少修理费用。

3）检查后修理法

检查后修理法是指根据设备零部件的劣化资料，事先只规定检查次数和时间，而每次修理的具体期限、类别和内容均由检查后的结果来决定。这种方法简单易行，但由于修理计划性较差，检查时有可能由于对设备状况的主观判断误差引起零件的过度劣化或故障。

4.1.4.2 设备修理的制度

根据修理范围的大小、修理间隔期长短、修理费用多少，设备修理可分小修理、中修理、大修理 3 种。

1. 小修理

小修理通常只需修复、更换部分磨损和劣化较快和使用期限等于或小于修理间隔期的零部件，调整控制设备的局部结构，以保证电气控制设备能正常运转到计划修理时间。

小修理的特点：修理次数多，工作量小，每次修理时间短，修理费用计入生产费用。小修理一般在生产现场由操作人员或维修人员执行。

2. 中修理

中修理是对控制设备进行部分解体、修理或更换部分主要零件与基准件，或修理使用期限等于或小于修理间隔期的零件；同时要检查整个电气及机械系统，紧固所有机件和电气连接，消除间隙和接触不良，校正设备的基准，以保证电气控制设备能恢复和达到应有的标准和技术要求。

中修理的特点：修理次数较多，工作量不是很大，每次修理时间较短，修理费用计入生产费用。中修理的大部分项目由专职维修人员在设备安装现场进行，修理后要组织检查验收并办理送修和承修人员交接手续。

3. 大修理

大修理是指通过更换，恢复其主要零部件和控制设备原有精度、性能和生产效率而进行的全面修理。

大修理的特点：修理次数少，工作量大，每次修理时间较长，修理费用由大修基金支付。设备大修后，质量管理部门和设备管理部门应组织使用和承修单位有关人员共同检查验收，合格后送修单位与承修单位办理交接手续。

4.1.4.3　设备维修工作指标

1. 设备维修的成本

一般企业设备维修费用控制在设备固定资产值的 6%左右这个目标。设备是不可能不维修的，也不是设备维修费用越低越好，那么设备维修成本控制在一个什么样的度为合适呢？如何降低设备维修成本，这的确是值得我们关注和研究的问题。

1）设备维修成本的组成

设备维修费用的组成从抽象来看，大致可以分为两个部分。

一部分是人力成本和材料成本，这部分成本大约占设备维修成本的 35%，也可称为固定成本。因为设备的维修，总是要投入一定的人力和财力的，在某一段时间内它是不变的，通常所说的维修定额就是指的这一部分，即使变动它的变幅也很小。

另一部分则是对磨损的设备零部件需要进行整体和局部更换与修复，这部分成本称为备件成本，占维修费用的 50%～65%之间，也可称为可变成本。备件成本之所以称为可变成本，不仅仅是因为它在设备维修费用中所占的比例较大，更主要的是因为备件在投入运行前，受装配水平和制造工艺的影响，备件本身的缺陷，给设备在运行中埋下隐患。那么在运行中，又受生产工艺、操作行为和环境的影响，使备件的劣化程度加剧。另外，备件之所以称为可变成本，还因为设备的一些零部件在损坏后，可以通过工艺修复，使之恢复原有的物理状态和性能，再投入使用。精度越高、性能越好的设备，其设备备件的购置价值越高，修复价值的空间也越大，特别是一些进口设备的备件，备件价值比国内同技术性能相同的备件价值要高出 3～4 倍，这就为降低备件成本提供了空间，从而为降低设备修理费用提供了潜力。

2）设备备件成本的构成

上文介绍了设备维修费用的组成，那么作为设备维修费用中占绝大部分费用的备件成本又由哪些费用构成呢？设备备件费用的构成可分为 3 个部分，一是备件购置成本，二是备件的机会成本，三是维修成本。如果有效地控制好解决好这 3 个成本，备件费用就会大大降低。

备件的购置成本是一种显性的有形成本，可以通过商务谈判和技术谈判，来降低这部分成本。

机会成本指的是企业为了应对设备突发故障和设备备件周期保养，保持生产的连续性，而提前购置后入库备用的成本。这部分成本是一种隐性的成本，主要是因为购置后入库的备件，有可能即时用上，也有可能多少年用不上。如果多年用不上就势必造成资金积压，维护和管理成本上升，从而导致整个设备维修费用的上升。

维修成本是指对更换下来的备件进行维修而投入的成本。

3）零库存管理

备件的零库存管理是降低备件费用的有效手段。

（1）根据设备使用寿命周期，编制设备备件更新和采购计划，提高备件计划的准确性和适时性，从而降低机会成本造成的压力。

（2）运用设备诊断技术，及时诊断和排除因设备劣化而造成的突发事故。运用设备诊断技术，尽早地发现设备的异常状态，制定异常情况下的处理预案。

4）坏件修复

坏件修复是降低备件成本的有效途径，在坏件的修复中对进口坏件的修复是坏件修复的重点。必须寻求对进口备件替代的产品，以打破国外技术的垄断。

2. 维修费用控制措施

1）重视设备的采购管理

电气控制设备的采购在选型上极其重要，若其可靠性高，可维修性良好，设备的后期维修费用就会减少很多。另外，要选择统一的机型，既便于备件的储备，通用互换，也便于维修的组织，节省库存费用。设备选型的好坏，决定着设备寿命周期费用的多少。

2）选择适宜的维修方式

如何摆正用户与市场的关系、使用与维修的关系至关重要。不重视维修，在组织上、资金上、时间上不能给予设备管理与维修最基本条件的保证，必然会造成设备失修，设备完好状况下降，进而影响设备效能的发挥，造成设备维修费用的增加。改进过去被长期采用的设备三级保养，大、中修等传统作法。应由专人，组织合理的时间进行保养，对于大、中修等计划预修，应改用灵活的项目修理来替代。

3）精心维修与保养设备

对设备认真细致维修、正确操作、合理使用、精心维护，可防止设备零部件非正常劣化与损坏，延长修理间隔期，减少维修费用。

主要存在两种形式的维修浪费：一是设备失修。这是由于设备检查漏项，预测不准确或由于经费不足，对设备不重视，长期超负荷而造成的设备失修现象。二是过剩维修。这是由于对设备进行过多的维修安排以及过分追求设备性能的完好，如要求修旧如新等，要求过剩的功能造成的维修浪费。

4）完善规章制度

完善、科学合理的设备管理规章制度，对维修成本有很大影响。为杜绝或减少设备管理与维修工作中存在的管理漏洞，减少账物不符、维修保养不到位、设备"带病"运转、违章操作以及润滑不良等形式的浪费，提高操作人员的自觉性。应根据统计维修费用的实际情况，制订维修费用管理规定、非正常损坏件与设备事故的报告及处理制度、关于旧件修复的鉴定与奖励规定等管理制度，安全操作规程，保养规范，点检与保养记录，强化设备管理的制度建设。

5）制订科学、先进的技术经济指标

（1）指标是指导、检查、评价各项业务、技术、经济活动及其经济效果的依据。指标可分成单项技术经济指标和综合指标，也可分成数量指标和质量指标。指标的主要作用有：定量评价管理工作的绩效；在管理过程中起监督、调控和导向作用；起激励与促进的作用。

（2）设备管理的技术经济指标就是一套相互联系、相互制约，能够综合评价设备管理效果和效率的指标。设备管理的技术指标是设备管理工作目标的重要组成部分。设备管理工作涉及资金、物资、劳动组织、技术、经济、生产经营目标等各方面，要检验和衡量各个环节的管理水平和设备资产经营效果，必须建立和健全设备管理的技术经济指标体系。

维修定额对全面衡量维修的劳动组织、物质、技术装备、修理技术水平都有价值。但制订维修定额系数，随着设备科技含量的不断增加，需作修订和补充，同时应制定科学的维修指标。

设备完好率作为设备技术状态的主要考核指标是有效的，可继续使用。但在具体操作中，应对完好标准的定性条款加以研究改进，力求减少主观因素的影响；或对指标的计算加以改进，确保指标的准确。

6）加强成本管理教育

大力开展成本教育活动。为搞好成本管理，就费用问题召开专题会议，进行研究分析，商定各种对策，在节假日检修，每日的生产会上经常进行专题说明与要求，并结合维修人员考评进行了专项培训，使成本管理工作得以深化。

7）提倡修旧利废，节能降耗

为降低维修费用，充分发挥和调动维修人员的积极性，就旧件的修复、零件的损坏制定了专门的鉴定程序与奖罚处理规定。设备状态不好会增大原材料及能源消耗，同时造成备件消耗大，设备维修费用支出就高。

8）加强技术改进工作

技术改进对于完善设备性能，降低维修费用，具有特别重要的意义。大力开展技术攻关活动，小改小革，消除设备中存在的固有缺陷，提高了系统工作的稳定性与效率，大大降低了检查与维修的工作量，每年可节省不少维修费用。

9）建立监控体系，突出设备的经济管理

过去维修费用分析，大都在期末进行，属于事后分析，已不能适应市场经济的要求。当前，企业不应单纯搞事后分析，而要加强推广成本预测分析，即把计划分析、预测分析和事后的实绩分析结合起来，组成完整的分析、预算体系。

4.1.4.4　电气控制设备维修计划

电气控制设备维修计划是组织设备修理工作的指导性文件，由企业设备管理部门负责编制。编制修理计划时，应优先安排重点设备，充分考虑所需物资、劳动力及资金来源的可能性，从企业的技术装备条件出发，采用新工艺、新技术、新材料，在保证质量的前提下，力求减少停工时间和降低修理费用。

1. 设备维修计划的类型

设备修理计划，一般分为年度、季度和月度作业计划。

年度修理计划又分为按各台设备编制的年度计划，主要设备的大、中、小修理计划和高精度的、大型的生产设备大修理计划。年度修理计划，一般只在修理种类和修理时间上作大致安排。

季度修理计划则将年度计划中规定的修理项目进一步具体化。

月度修理计划则是更为具体的执行计划。

2. 设备维修计划的编制

在电气控制设备修理计划的编制中，要规定企业计划期内修理设备的名称、内容、时间、工时、停工天数、修理所需材料、各配件及费用等。

1）修理周期定额

修理周期定额包括修理周期、修理间隔期和修理周期结构，这是编制设备修理计划的重要依据。

修理周期是指相邻两次大修理之间或新设备安装使用到第一次大修理之间的时间间隔。

修理间隔期是指相邻两次修理（无论大修理、中修理或小修理）之间的时间间隔。

修理周期结构是指在修理周期内，大、中、小修理的次数和排列的次序。

2）修理工作定额

修理工作定额是指确定修理工作量大小，计算维修人员人数，确定设备修理停工时间的依据。它包括修理复杂系数、修理工作劳动量定额、设备修理停歇时间等内容。

（1）修理复杂系数是指用来表示不同设备的修理复杂程度，计算不同设备修理工作量的假定单位。它是由设备的结构特点、工艺性能、零部件尺寸等因素决定的。修理复杂系数通常是以某设备为标准，其他设备的复杂系数与之相比而确定。控制设备越复杂，修理复杂系数越高，修理的工作量越大。

（2）修理工作劳动量定额是指企业为完成设备的各种修理工作所需要的劳动时间标准。它通常用一个修理复杂系数所需要的劳动时间来表示。依据它，可以计算出企业在计划期内完成全部修理工作所需要的劳动力以及材料、配件定额和其他费用定额，这些定额资料是编制企业物资供应计划的依据之一。

（3）设备修理停歇时间是指设备进行修理的时间长度，即从设备正式停止工作到修理工作结束，经质量检查合格验收，并重新投入生产为止，所经历的一系列时间。

修理一台设备所需的时间，一般计算公式为

$$T = \frac{tR}{SLMK} + T_0$$

式中　　T——设备修理停歇时间；

　　　　t——一个修理复杂系数的修理工作劳动定额；

　　　　R——设备修理复杂系数；

　　　　S——在一个班内修理该设备的工人人数；

　　　　L——每个工作班的时间长度；

　　　　M——每天工作班次；

　　　　K——工作定额完成系数；

　　　　T_0——其他停机时间。

企业应尽可能提高修理工作效率，缩短设备修理停歇时间，就可以延长设备的实际工作时间。

3. 设备修理计划的组织执行

1）设备修理计划组织执行的注意事项

设备修理计划编制完成之后，应当坚决地贯彻执行。在执行的过程中应注意以下事项：

（1）要做好修理前的技术准备，如制订修理工艺规程，编制更换、修理零件明细表等，同时还应该做好修理前的物资准备，配备修理用的设备和工具，特别是要合理地确定备品配件储备定额，组织备品配件的制造和供应。

（2）修理计划应与生产计划统筹兼顾，做到修理任务与修理能力相平衡，保持企业内部动力能源的平衡。

（3）要采用多种先进的修理组织方法，尽量缩短设备停修时间，提高修理效率，保证修理质量。

2）先进的修理组织方法

（1）部件修理法。

这种方法是事先准备好质量良好的各种部件，修理时将设备上已损坏的零部件拆下来，换上准备好的同类部件，然后将所拆下来的部件送到机修车间组织零部件的加工和修理，以备下次使用。这种方法可缩短设备停歇时间，降低修理成本，但它需要一定的流动资金来建立一定数量的部件储备量。此法适用于具有大量同类型设备的企业以及不能停工修理的关键机器设备。

（2）分部修理法。

这种方法是按照一定顺序分别对设备各个独立部分进行修理，每次只修理一部分。它可以利用非生产时间进行修理，也可以增加设备的生产时间，提高设备的利用率。此方法适用于具有一系列构造上独立部件的设备或修理时间较长的设备。

（3）同步修理法。

这种方法是将在工艺上相互紧密联系而又需要修理的数台设备，在同一时间内安排修理，实现修理同步化，以便减少分散修理的停歇时间。此法适用于流水线上的设备和联动设备中主机与辅机以及配套设备方面。

（4）统筹规划法。

运用统筹规划技术把修理过程中各个环节合理地排列组合起来，以节省修理时间和费用。

4．设备维修计划制定的方法

1）最佳维修计划法

在现有的设备和现有维修技术水平的情况下，选择出最经济的设备维修费用，即劣化停机损失和维修费用之和接近最小费用点，称之为最佳维修计划。最佳维修计划内容主要包括：最佳维修周期、最佳检查周期、零部件的最佳更换周期、最佳维修人员数量等。建立最佳维修计划法的前提条件是建立预防维修体制。对设备的劣化做出定量分析，对维修费用做出正确的估算。

2）减少劣化损失法

要减少劣化损失，应作好以下工作：

（1）日常保养（检查、清扫、调整、加油、换件）的正确实施。

（2）操作人员经过培训和考核，能保证设备正常运行。

（3）正确实施预防维修，逐步向状态维修过渡，提高维修计划的对口率。

（4）采用"四新"改善维修。

（5）将用户信息反馈到设备制造商，并采取对策减少维修工程量。

3）降低维修费用法

同一项维修工作，必定有一种最节省维修费用的经济方法。寻求降低维修费用的途径有：

（1）实施有计划的维修作业。

（2）维修作业方法的不断改进。

（3）维修作业方法的标准化。

（4）维修人员的继续教育培训。

（5）实施维修作业的外包。

（6）保持适当的维修用工具和器材的库存量。

（7）编制合理的维修费用预算和预算细则。

（8）建立科学的设备维修管理制度。

4）维修效果测定法

制定科学合理的设备修理目标计划，正确地测定维修的效果，从而找出改进的重点和方向，不断完善维修活动，使之达到最佳的维修计划。

5. 设备维修施工管理

1）设备维修施工计划主要内容

为使设备维修达到预期目标，必须制定设备维修作业施工计划。一般的施工计划主要包括以下内容：

（1）设备名称、规格型号、安装地点。

（2）维修性质（小、中、大修）。

（3）施工作业内容、质量标准。

（4）施工计划工期。

（5）材料、配件耗用清单。

（6）施工专用工具、量具、仪器等清单。

（7）作业人员配置（工种、人数及分工）。

（8）施工方案或安全技术措施。

对大型关键设备中修及以上的维修，应编制施工组织计划。

2）设备维修施工分类

设备维修一律按计划进行，实施预防性维修，是最理想化的，是设备维修管理追求的目标。但客观实际与追求的目标存在很大差距，其原因是引发设备功能下降或突发故障的因素众多，有些因素甚至是不能控制的，必然导致设备维修的无规律性。为了缓和这种不规律性，使设备维修施工管理变得容易，需对设备维修施工进行分类。

（1）计划施工：通过检查设备或其他途径而确定列入计划的施工。

（2）紧急施工：处理设备突发故障，恢复设备性能所实施的应急施工。

（3）预定施工：事前约定要进行的施工，但其具体施工日期没有确定。

3）设备维修工期估算

设备维修工期估算：包括工时估算的日程估算。

（1）工时估算。

为编制进度计划必须进行必要的工时估算，其工时估算方法有：

① 标准资料法。

② 实际资料法。

③ 经验法。

工时估算：以工序为估算基础，一般应选择两种估算方法进行估算对比，确定一个合适的、能够实现的工序计划工时。

（2）日程估算。

应用统筹理论和网络技术，用键线的长度表示工序计划工时、圆圈作为紧随其后工序与上道工序的连接，按工序施工顺序绘制成施工进度网络图（平行作业的工序另绘一路，一个维修项目可能有多个平行工序，用虚键线连接工序间的逻辑关系），通过一系列计算找出关键路线（可能有多条关键路线），关键路线上的总工时数经折算得出日程。关键路线上的总工期，可作为计划工期。

4）修理作业管理

（1）日程管理。

为使设备维修施工按计划日程实施，必须对施工进度进行科学的管理和指导，用前锋线在时标网络进度图上进行检查，对滞后工序采取相应补救措施，以保证计划日程实现。

（2）负荷管理。

对维修人员工作强度的管理称为负荷管理。设备维修管理人员应通过设备维修作业的计划工时和实际耗用工时，计划负荷和实际负荷的差异及时修正作业日程。

（3）作业分配管理。

对每个维修人员分配工作称为作业分配管理。作业分配时要明确下达维修人员所要承担的工程内容、时间、结果、所用工具和材料以及其他条件等。在作业分配管理中要力争做到工程所要求的技术水平和维修人员的能力相适应。

5）外包施工管理

由于电气控制设备的复杂程度越来越高，通常维修工作量的变化是很大的。因此，全部维修工作都由用户承担是不适宜的，也是不经济的，这就需要将不适宜自己做或自己做不了的工程，委托给电气控制设备的生产厂家或专业维修公司来做，称之为外委包工。

在维修方面，利用外委包工要考虑以下3种情况：

（1）在本企业内有相当程度的维修人员，要充分利用这些人员，将那些本企业所不能完成的工作进行外委包工。

（2）全面依靠外委包工的企业，在企业内就不设置维修人员，可以减少企业的人力成本。

（3）在企业内只设置少数的修理人员，满足特殊设备、特殊工艺和紧急性修理的需要以及对外保密的产品、保密的工艺的修理需要，除此之外大部分设备维修工程进行外委包工。

在流程作业之类的工厂中，设备停歇时要集中进行维修而出现维修工作量的高峰，用自己的维修人员来检修，必然延长停歇时间，对工厂造成的经济损失太大，利用外委包工检修是有利的。

外委包工维修工程要注意以下 3 点：

第一，要明确外委维修工程的要求。

第二，要明确工程的验收标准。

第三，要用适宜的价格来签订合同。这就需要制订估算累计标准和制订维修工程工时定额标准。

6）停产维修

在电气控制设备运行中，如果一部分设备发生了故障，就要造成全面停电，这种停产损失是极大的。这样，将个别设备停下来，一一进行检修，将会使停产时间增加。所以要采用将所有设备一齐停下来，集中进行维修的方法，这种方法称之为停产维修或定期维修。在停产维修工程中，要求进行全面的维修保养，以保证到下次维修保养期之前，设备能正常地进行运转。停产维修存在的最大问题是工程周期的延长。例如，如果能将一年为一周期延长为一年半甚至是两年为一周期，其效果是非常大的。

缩短停产维修的工期的措施如下所述：

（1）大的维修施工和小的维修施工的组合。

（2）加强维修工程的各项工作的事前准备，即事前探测修理的部位，准备好材料、零部件以及工装、卡具等，并做好维修向开始生产的过渡。

（3）通过采用备用设备和旁路流程（改变原工艺路线）的加长系统，从全面停机向逐次停机转换。这种做法在缓和维修工作量方面，也是有效的。

（4）施工合理化管理。

7）维修工作资料

与一切管理一样，维修工程管理也必须将实际工作结果记录下来，作为维修工作档案保存起来，主要目的有两个：其一是对设备维修工作进行评价；其二是收集这些实际工作资料为建立维修工程检查标准资料打下基础。

4.2 日常维护与检修

4.2.1 电气控制设备的维护

电气控制柜日常维护的重要性，如同一个人需要维护好自己的健康一样重要。如果一个人丧失了健康就会丧失一切，不可能再有幸福可言。而如果电气控制柜丧失了健康，则犹如重病缠身，将无法进行正常的控制工作，导致生产及服务设备无法正常工作，最终进入总罢工，给我们造成不可估量的损失。因此电气控制柜的日常维护工作具有十分重要的意义。

电气控制柜的日常维护工作可细分为两部分内容：一部分是整个电气控制柜的日常维护，我们把电气控制柜的日常维护的范围划定在柜体及各个元器件之间的导线连接。另一部分是电气控制柜内元器件的日常维护。

4.2.1.1 设备维护保养的类别和内容

设备维护保养的内容是保持设备清洁、整齐、润滑良好、安全运行，包括及时紧固松动的紧固件，调整活动部分的间隙等。简言之，即"清洁、润滑、紧固、调整、防腐"十字作业法。实践证明，设备的寿命在很大程度上取决于维护保养的好坏。维护保养按工作量大小和难易程度分为日常保养、一级保养、二级保养、三级保养等。

设备维护保养分两个层次，一是设备的日常维护保养，二是设备的定期维护保养。

1. 日常保养

日常维护保养又称例行保养。其主要内容是：进行清洁、润滑、紧固易松动的零件，检查零部件的完整。这类保养的项目和部位较少，大多数在设备的外部。

1）日常维护的基本要求

（1）整齐。整齐体现了设备的管理水平和工作效率。厂内所有非固定安装的设备和机房的物品都必须摆放整齐；设备的工具、工件、附件也要整齐放置；设备的零部件及安全防护装置要齐全；设备的各种标牌要完善、干净、各种线路、管道要安装整齐、规范。

（2）清洁。设备的清洁是为设备的正常运行创造一个良好的环境，以减少设备的磨损。因此，必须保持机房内设备周围的场地清洁，不起灰，无积油，无积水，无杂物。设备外表清洁，铁无锈斑，漆显光泽，各滑动面无油污；各部位不漏油，不漏水，不漏气，不漏电。

（3）润滑。保持油标醒目；保持油箱、油池和冷却箱的清洁，无杂质。油壶、油孔油杯、油嘴齐全，油路畅通。每台需要润滑的设备都应制定"五定"润滑图表，按质、按量、按时加油或换油。

（4）安全。遵守设备的操作规程和安全技术规程，防止人身和设备事故。电气线路接地要可靠，绝缘性良好。限位开关、挡块均灵敏可靠。信号仪表要指示正确，表面干净、清晰。

（5）完好。设备的完好，能正常发挥功能，是设备正确使用、精心维护的结果，也是设备管理的目标之一。

2）每班保养

设备的每班保养，要求操作人员在每班工作中必须做到以下几项具体内容。
（1）班前对设备的各部分进行检查，并按规定润滑加油。
（2）做好班前检点，确认设备正常后才能使用。
（3）按设备操作、维护规程正确使用设备。
（4）下班前必须认真清洁、擦拭设备。
（5）办好交接班手续。

3）周末保养

周末保养要求用 1~2h 对设备进行彻底清洁、擦拭和加润滑油，并按照设备维护的"五项要求"进行检查评定及考核。

2. 定期维护保养

设备的定期维护保养是由维修人员进行的定期维护工作，是工程部以计划的形式下达的任务。设备定期维护工作主要针对的是重要的机电设备。定期维护的间隔时间视设备的结构情况和运行情况而定。设备的定期维护保养根据保养工作的深度、广度和工作量可分为一级保养、二级保养和三级保养。二级保养的工作量比一级保养要大。

1）定期保养

定期保养的内容主要有：
（1）拆卸设备的指定部件、箱盖及防护罩等，彻底清洗、擦拭设备内外。
（2）检查、调整各部件配合间隙，紧固松动部位，更换个别易损件。
（3）疏通油路，增添油量，清洗滤油器、油标、更换冷却液，清洗冷却液箱。
（4）清洁、检查、调整电器线路及装置。

2）一级保养

一级保养简称"一保"，是指设备除日常保养外，所进行的设备内部的清扫，紧固螺钉、螺母调整整定值，紧固有关部位及对有关部位进行必要的检查。一保工作具有一定的技术要求，其保养工作应在维修人员的指导下，由操作人员完成。日常保养和一级保养一般由操作人员承担。

3）二级保养

二级保养简称"二保"。二保的作业内容除了一保的全部作业外，还要对电气控制设备进行局部解体检查，清洗换油，修理或更换磨损零部件，排除异常情况和故障，恢复局部工作精度，检查并修理电气连接，等等。二保的工作量比一保大得多，主要由专职维修人员承担，操作人员协助，二保具有修理的性质，也可以称为小修。

4）三级保养

三级保养主要是对电气控制设备主体部分进行解体检查和调整工作，必要时对达到规定磨损限度的零件、劣化的导线及绝缘加以更换。此外，还要对主要零部件的磨损就劣化情况进行测量、鉴定和记录。三级保养在操作工人协助下，由专职保养维修人员承担。

在各类维护保养中，日常保养是基础。保养的类别和内容，要针对不同设备的特点加以规定，不仅要考虑到设备的生产工艺、结构复杂程度、规模大小等具体情况和特点，同时要考虑到不同用户长期形成的维修习惯。

4.2.1.2　电气控制设备的维护要求

1. 电气控制设备维护的一般方式

电气控制设备维护的一般方式是例行巡视，即在运行中进行直观检查，具体方法与 1.2.1 节直观检查法相同。参与控制系统维护与检修人员必须具备相应的职业技能资质，并掌握进行控制系统维护相关安全要求的基本知识。在此不再赘述。

在运行中检查控制柜有利于及时发现问题、及时查找原因和及时进行维修，或者通过强行散热、改善控制柜内部环境温度使电器设备恢复正常工作，或者通过报警及时告知、便于及时采取应急措施，或者由温度控制器自动切断电源，以将事故消灭于萌芽状态，能有效克服现有技术的控制柜的整体工作可靠性、安全性和使用寿命难保证的弊端，具有很强的实用性。

2．电气控制柜运行中检查的内容

（1）检查电气控制柜周围环境，利用温度计、湿度计、记录仪检查周围温度-10℃～+50℃，周围湿度90%以下；而且无冻结、无灰尘、无金属粉尘及通风良好等。

（2）检查各部件各系统装置是否有异常振动和异常声音。

（3）检查电源电压主回路电压是否正常。

（4）观察元器件是否有发热的迹象，是否有损伤，连接部件是否有松脱。

（5）检查端子排是否损伤，导体是否歪斜，导线外层是否破损。

（6）检查电容器是否泄漏液体，是否膨胀，用容量测定器测量静电容应在定额容量的85%以上；检查继电器和接触器动作时是否有"吱吱"声，触点是否粗糙、断裂；检查电阻器绝缘物是否有裂痕，确认是否有断线。

（7）检查冷却系统是否有异常振动、异常声音，连接部件是否有松脱。

（8）进行顺序保护动作试验、显示、保护回路是否异常。

（9）电气控制柜如果超过一年仍未使用，则应进行充电试验，以使机内主回路电容器特性得以恢复。充电时，可使用调压器慢慢升高控制柜的输入电压，直到额定输入电压，通电时间要在1～2h以上。上述实验至少每年一次。

4.2.1.3　安全注意事项

（1）电气控制设备维护必须由两人以上作业。

（2）对可能导致工艺参数波动的作业，必须事先取得工艺人员的认可，并采取相应的安全措施。

（3）投运必须两人以上作业。

（4）投运前应与工艺人员联系。

（5）用于带联锁或自动调节仪表的热电阻，投运时必须切除联锁或转入手动。

4.2.2　控制柜零部件的维护保养

4.2.2.1　低压断路器的维护

1．对运行中的空气断路器的检查

（1）检查负荷电流是否符合额定值范围。

（2）断路器的信号指示与电路分、合状态是否相符。

（3）断路器的过负荷热元件容量是否与过负荷额定值的规定相符。

（4）断路器与母线或出线的连接点有无过热现象。

（5）断路器本体内有无放电声音。

（6）断路器的绝缘外壳有无裂损现象。

（7）断路器的操作手柄有无裂损现象。

（8）断路器的电动合闸机构润滑是否良好，零部件有无裂损状况。

2. 空气断路器的日常维护保养

（1）断路器使用时应将磁铁工作极面上的防锈油擦净并保持清洁，以免影响其动作值。

（2）必须定期给操作机构的转动部位添加润滑油。

（3）断路器在使用过程中要定期检查，以保证使用的安全性和可靠性。

（4）定期清除落在自动开关上的灰尘，以保持断路器的绝缘水平。

（5）按期对触头系统进行检查（检查时应使断路器处于隔离位置）。

① 擦去触头上的烟痕，使用一定次数后，清除触头表面的毛刺、颗粒等物，以保持接触良好，若发现主触头上有小的金属颗粒形成则应及时铲除并修复平整。

② 检查弧触头的烧损程度，如果动、静弧触头刚接触时主触头最小开距小于 2mm 或发现主触头超程小于 4mm，必须重新调整或更换弧触头。检查主触头的电磨损程度，触头磨损超过原来厚度的 1/3 或触头银合金的厚度小于 1mm 时，必须更换触头。

③ 检查软联结断裂情况，去掉折断的带层。若长期使用后软联结折断情况严重（接近 1/2），则应及时更换。

（6）经分断短路电流或多次正常分断后，清除灭弧室内壁和栅片上的金属颗粒和黑烟，检查灭弧栅片烧损情况，如果灭弧栅片烧损严重，则应更换灭弧罩，以保持良好的绝缘和灭弧性能。

（7）定期检查各脱扣器的整定值和延时以及操作过程。

（8）连接断路器主回路接线端的母线，离接线端（200～250）mm 处应用绝缘件固定，以免电动力造成损害。

3. 剩余电流动作保护器的运行维护

（1）剩余电流动作保护器在投入运行后，使用单位应建立运行记录和相应的管理制度。

（2）操作人员每月至少应对剩余电流动作保护器进行通电跳闸试验，即按动试验按钮，以检查剩余电流动作保护器动作是否可靠。每当雷击或其他原因使剩余电流动作保护器动作后，应作检查并进行跳闸试验。停用的剩余电流动作保护器使用前应先跳闸试验一次。

（3）为全面掌握剩余电流动作保护器的运行状况，应定期（如在每年安全检查期间）对剩余电流动作保护器进行抽样检查测试。

（4）对剩余电流动作保护器的测试工作应在当地供电部门的指导下，由专职检验人员组织进行。定期测试剩余电流动作保护器动作特性的项目应包括剩余动作电流值、剩余不动作电流值、分断时间。

（5）试跳、测试、整定和试验过程必须设专人记录，记录项目和数据不得混淆、错误，以供今后运行分析时参考。

（6）若在剩余电流动作保护器的保护范围内发生电击伤亡事故，应检查保护器动作情况，分析其原因并写入事故报告中。

注意： 在电力部门未派人检查前，要保护好现场，不得改动保护器现场。

（7）剩余电流动作保护器动作后，经检查未发现事故原因时，允许试送电一次，如果再次动作，应查明原因找出故障，不得连续强行送电。除经检查确认为剩余电流动作保护器本身故障外，严禁私自拆除剩余电流动作保护器强行送电。

（8）应定期分析剩余电流动作保护器的运行情况，及时更换不能正常使用的剩余电流动作保护器。剩余电流动作保护器的维修应由专业人员进行，运行中遇有异常现象应找电工处理，以免扩大事故范围。

4.2.2.2　熔断器的日常维护

（1）发现熔断器上积有灰尘，一定要及时清除，保证其动作的可靠性。

（2）对运行中的熔断器应进行以下检查：

① 检查熔断器的熔体的额定值与被保护设备是否相配合；

② 检查熔断器外观有无损伤、变形，陶瓷绝缘部分有无闪络放电痕迹；

③ 检查熔断器各接触点是否完好，接触紧密，有无过热现象；

④ 对于有熔断信号指示器的熔断器，其指示是否保持正常状态。

维护检查熔断器时，要按安全规程要求切断电源，不允许带电摘取熔断器管。

（3）拆换熔体时，要求做到：保存有必要的熔断器配件，对于有动作指示器的熔断器，发现熔断器已动作，应及时更换；若发现熔体氧化、损伤或熔断时，要及时更换熔体，并注意使换上去的新熔体的规格与换下来的一致，保证动作的可靠性。特别注意：

① 必须在不带电的情况下更换熔体或熔管。

② 安装新熔体前，要认真分析找出熔体熔断原因；未确定熔断原因时，不要拆换熔体试送电。

③ 为确保更换熔断器时的安全，尤其在确需带电更换时，应戴绝缘手套，站在绝缘垫上，并戴上护目眼镜。

④ 更换新熔体时，其规格应与原来熔体的规格一致，不得任意加大和缩小规格，要检查熔体的额定值是否与被保护设备相匹配。

⑤ 更换新熔体时，要检查熔断管内部烧伤情况，如有严重烧伤，应同时更换熔管。陶瓷熔管损坏时，不允许用其他材质管代替。填料式熔断器更换熔体时，要注意填充填料。

4.2.2.3　继电器和接触器的维护与检修

1．继电器和接触器在运行中的检查

（1）通过的负载电流是否在继电器和接触器的额定值之内。

（2）继电器和接触器的分、合信号指示是否与电路状态相符。

（3）接触器灭弧室内是否有因接触不良而发出放电响声，灭弧罩有无松动和裂损现象。

（4）电磁线圈有无过热现象，电磁铁上的短路环有无脱出或损伤现象。

（5）继电器和接触器与导线的连接处有无过热现象（通过颜色变化可以发现）。

（6）接触器辅助触头有无烧蚀现象。

（7）绝缘杆有无裂损现象。

（8）铁芯吸合是否良好，有无较大的噪声，断电后是否能返回到正常位置。

（9）是否有不利于接触器正常运行的因素，如振动过大、通风不良、导电尘埃等。

2．继电器和接触器的维护

在电气设备进行维护工作时，应一并对继电器和接触器进行维护工作。

1）外部维护

（1）清扫外部灰尘。

（2）检查各紧固件是否松动，特别是导体连接部分，防止接触松动而发热。

2）触点系统维护

（1）检查动、静触点位置是否对正，三相是否同时闭合，如有问题应调节触点弹簧。

（2）检查触点磨损程度，磨损深度不得超过 1mm，触点有烧损，开焊脱落时，须及时更换；轻微烧损时，一般不影响使用。清理触点时不允许使用砂纸，应使用整形锉。

（3）测量相间绝缘电阻，阻值不低于 10MΩ。

（4）检查辅助触点动作是否灵活，触点行程应符合规定值，检查触点有无松动脱落，发现问题时，应及时修理或更换。

3）铁芯部分维护

（1）清扫灰尘，特别是运动部件及铁芯吸合接触面间。

（2）检查铁芯的紧固情况，铁芯松散会引起运行噪声加大。

（3）铁芯短路环有脱落或断裂要及时修复。

4）电磁线圈维护

（1）测量线圈绝缘电阻。

（2）线圈绝缘物有无变色、老化现象，线圈表面温度不应超过 65℃。

（3）检查线圈引线连接，如有开焊、烧损应及时修复。

5）灭弧罩部分维护

（1）检查灭弧罩是否破损。

（2）灭弧罩位置有无松脱和位置变化。

（3）清除灭弧罩缝隙内的金属颗粒及杂物。

3．热继电器的维护与调整

1）对运行中热继电器的检查

（1）检查负荷电流是否和热元件的额定值相配合。

（2）检查热继电器与外部的连接点处有无过热现象。

（3）检查与热继电器连接的导线，其截面是否满足载流要求，有无发热现象而影响热元件的正常功能。

（4）检查热继电器的运行环境温度有无变化，温度是否超出允许范围（-30℃～+40℃）。

（5）若热继电器动作，则应检查动作情况是否正确。

（6）检查热继电器周围空气温度与被保护设备的周围环境空气温度，如前者较后者高出15℃～25℃时，应调换大一号等级的热元件；如低于 15℃～25℃时，则应调换小一号等级的热元件。

2）热继电器的调整

投入使用前，必须对热继电器的整定电流进行调整，以保证热继电器的整定电流与被保护电动机的额定电流匹配。

例如，对于一台 10kW、380V 的电动机，额定电流 19.9A，可使用 JR20-25 型热继电器，发热元件整定电流为 17～21～25A，先按一般情况整定在 25A，若发现经常提前动作，而电动机温升不高，可将整定电流改至 21A 继续观察；若在 21A 时，电动机温升高，而热继电器滞后动作，则可改在 17A 观察，以得到最佳的配合。

热继电器使用中不得自行更动零件。热继电器动作后，必须认真检查热元件及辅助接点，查看是否损坏，其他部件有无烧毁现象，确认完好无损时才能再次投入使用。

4.2.2.4　电力电容器的维护

1. 电力电容器安全操作规程

（1）直接触摸电容器的端子有导致触电的危险。高压电容器组外露的导电部分，应有网状遮拦，进行外部巡视时，禁止将运行中电容器组的遮拦打开。

（2）任何额定电压的电容器组，禁止带电荷合闸，每次断开后重新合闸，须在短路 3min 后（即经过放电后少许时间）方可进行。

（3）不可以用导电体使电容器端子之间短路放电。不可使电容器接触酸或碱的水溶液等导电性溶液。

（4）更换电容器的保险丝，应在电容器没有电压时进行。故进行前，应对电容器放电。

（5）电容器组的检修工作应在全部停电时进行，先断开电源，将电容器放电接地后，才能进行工作。

2. 电力电容器维护的基本技能

1）电力电容器组应采用适当保护措施

如采用平衡或差动继电保护或采用瞬时作用过电流继电保护，对于 3.15kV 及以上的电容器，必须在每个电容器上装置单独的熔断器，熔断器的额定电流应按熔丝的特性和接通时的涌流来选定，一般为 1.5 倍电容器的额定电流为宜，以防止电容器油箱爆炸。

2）电力电容器的接通和断开

（1）电力电容器组在接通前应用兆欧表检查放电网络。

（2）接通和断开电容器组时，必须考虑以下几点：

① 汇流排（母线）上的电压超过 1.1 倍额定电压最大允许值时，禁止将电容器组接入电网。

② 电容器组自电网断开后 1min 内不得重新接入，但自动重复接入情况除外。

3）电力电容器组倒闸操作时必须注意的事项

（1）在正常情况下停电操作时，应先断开电容器组断路器后，再拉开各路出线断路器。恢复送电时应与此顺序相反。

（2）事故情况下无电后，必须将电容器组的断路器断开。

（3）电容器组断路器跳闸后不准强行送电。保护熔丝熔断后，未经查明原因之前，不准更换熔丝送电。

（4）电容器组禁止带电荷合闸。电容器组再次合闸时，必须在断路器断开 3min 之后才可进行。

4）电力电容器的放电

（1）每次从电网中断开后，应该自动进行放电。其端电压迅速降低，不论电容器额定电压是多少，在电容器从电网上断开 30s 后，其端电压应不超过 65V。

（2）为了保护电容器组，自动放电装置应装在电容器断路器的负荷侧，并经常与电容器直接并联（中间不准装设断路器、隔离开关和熔断器等）。

（3）具有非专用放电装置的电容器组。例如，对于高压电容器用的电压互感器，对于低压电容器用的白炽灯泡以及与电动机直接连接的电容器组，可以不另装放电装置。使用灯泡时，为了延长灯泡的使用寿命，应适当地增加灯泡串联个数。

5）紧急情况的处理

（1）在设备使用过程中，电容器的压力阀开阀，并冒出气体（白烟）时，应切断设备的主电源或从设备上拔下电源线插头。

（2）电容器的压力阀工作时，将喷出超过 100℃的高温气体，此时不可将脸部靠近。一旦喷出的气体进入眼睛或吸入时，应立即用水清洗眼部或漱口。

（3）不可舔食电容器的电解液，如果电解液溅到皮肤上，应使用肥皂进行冲洗。

3．运行中的电容器的维护和保养

（1）对运行的电容器组的外观巡视检查，应按规程规定在例行巡视时进行，如发现箱壳膨胀应停止使用，以免发生故障。

（2）安装地点的温度检查和电容器外壳上最热点温度的检查可以通过水银温度计或粘贴温度显示片等进行，并且做好温度记录（特别是夏季）。

（3）电容器套管和支持绝缘子表面应清洁、无破损、无放电痕迹，电容器外壳应清洁、不变形、无渗油，电容器和铁架子上面不应积满灰尘和其他脏东西。

（4）必须仔细地注意接有电容器组的电气线路上所有接触处（通电汇流排、接地线、断路器、熔断器、开关等）的可靠性。因为在线路上一个接触处出现了故障，甚至螺母旋得不紧，都可能使电容器早期损坏和使整个设备发生事故。

（5）由于继电器动作而使电容器组的断路器跳开，此时在未找出跳开的原因之前，不得重新合上。

4.2.2.5　热电阻热电偶的维护

根据国家标准规定及工业用热电偶维护检修规程，热电偶维护检修中遇到的问题应按以下处理方法；标准规定了工业用热电偶的维护、检修、投运及其安全注意事项的具体技术要求和实施程序。

1．热电偶、热电阻的完好条件

1）零部件完整，符合技术要求

（1）铭牌清晰无误。

（2）零部件完好、齐全并规格化。

（3）紧固件不得松动。

（4）端子接线牢靠。

（5）保护套管、密封件无泄露。

（6）新制热电偶测量端焊接要牢固，表面应光滑，无气孔、无夹灰、呈近似球状。

（7）新制热电偶的电极直径应均匀、平直、无裂纹，使用中的热电偶不应有严重的腐蚀或明显缩径等缺陷。

2）运行正常，符合使用要求

（1）运行时，热电偶、热电阻达到规定的性能指标。

（2）正常工况下，热电偶、热电阻工作温度在该热电偶、热电阻测量范围的 20%～80%。

（3）热电偶接线端子所处的环境温度不超过 100℃。

3）设备及环境整齐、清洁、符合工作要求

（1）热电偶、热电阻的保护套管应清洁、无锈蚀；漆层应平整、光亮、无脱落。

（2）线路标号齐全、清晰、准确。

（3）热电偶的补偿导线和热电阻的连接导线不得靠近热源及有强磁场的电气设备。

（4）穿线管和软管敷设整齐。

4）技术资料齐全、准确，符合管理要求

（1）产品说明书、合格证、入厂鉴定证书齐全。

（2）运行记录、故障处理记录、检修记录、校验记录、零部件更换记录准确无误。

（3）系统原理图和接线图完整、准确。

2. 热电偶、热电阻的日常维护

1）巡回检查

每班至少进行两次巡回检查，内容包括：

（1）向当班工艺人员了解热电偶运行情况。

（2）检查接线盒是否盖好，保护套管、软管及穿线管是否破损断裂，连接处是否松动。

（3）发现问题应及时处理，并做好巡回检查记录。

2）定期维护

每周进行一次热电偶外部清洁工作。

4.2.2.6　PLC 的日常维护

PLC 是一种工业控制设备，尽管在可靠性方面采取了许多措施，但工作环境对 PLC 影响还是很大的。所以，应对 PLC 做定期检查。如果 PLC 的工作条件不符合规定的标准，就要做一些应急处理，以便使 PLC 工作在规定的标准环境中。PLC 维护与定期检查的要求如下所述。

1. 供电电压

供电电压直接影响 PLC 的可靠性和使用寿命。供电电压必须在额定电压的 85%～110%。电压应稳定，电压波动大会引入谐波干扰，也会影响电子模块的寿命。供电电压故障是相对故障较高的部分。对于正常运行经常出现程序执行错误的系统，要重点检查供电模块，提高供电质量。

2. 运行环境

运行环境应在环境条件允许的范围内，温度 0～60℃。温度过高会缩短元件的寿命，使用故障率增加，尤其是 CPU 会因电子迁移降低工作效率。

在控制室集中安装时，机柜应加装散热风扇。控制室应安装空调，夏季温度保持在（26±2）℃，冬季保持在（20±2）℃。温度变化每小时不超过 5℃，相对湿度在 55%～95%，湿度较大的季节可以利用空调来除湿。湿度大容易通过模块表面侵入内部引起模块性能恶化，使内部绝缘能力降低造成短路损坏。振动频率为 10～50Hz，振幅小于 0.5mm。

3. 日常维护检查

（1）检查安装固定螺钉是否松动。基本单元和扩展单元要安装牢固。基本单元与扩展单元的连接完好。接线不能松动，外部接线不能损坏。

（2）检查封闭可能进入灰尘的缝隙。控制柜的进风口和出风口应加过滤网，过滤网要经常清洗并保持清洁。有条件的应向控制柜加压缩空气，保持机柜内正压防止粉尘进入。

（3）检查封闭所有可能进入老鼠及动物的出线孔，防止动物进入。

（4）经常检查电源指示灯，发现电池电量不足时及时更换。

4. 设备定期清扫的规定

（1）认真清扫 PLC 箱内卫生。

每 6 个月或 1 个季度对 PLC 进行清扫，切断给 PLC 供电的电源，把电源机架、CPU 主板及输入/输出板依次拆下，进行吹扫、清扫后再依次原位安装好，将全部连接恢复后送电并启动 PLC 主机。

（2）每 3 个月更换电源机架下方过滤网。

5. 设备定期测试、调整的规定

（1）每半年或每季度检查 PLC 机柜中接线端子的连接情况，若发现松动的地方应及时重新坚固连接。

（2）对机柜中给主机供电的电源每月重新测量工作电压。

6. 更换锂电池步骤

当锂电池所支持的程序还可保留一周左右时，必须更换电池，这是日常维护的主要内容。

（1）在拆装前，应先让 PLC 通电 15s 以上（这样可使作为存储器备用电源的电容器充电，在锂电池断开后，该电容可对 PLC 做短暂供电，以保护 RAM 中的信息不丢失）。

（2）断开 PLC 的交流电源。

（3）打开基本单元的电池盖板。

（4）取下旧电池，装上新电池。

（5）盖上电池盖板。

更换电池时间要尽量短，一般不允许超过 3min。如果时间过长，RAM 中的程序将消失。

4.3　电气控制设备检修

电气控制设备在生产中已被广泛采用，而电气故障是不可避免的，如何根据故障现象查找并排除电气故障是面临的一大问题。电气调试维修人员是面对和解决这个突出问题的主要技术力量，在实际生产应用中能够准确地查找其故障所在，从而排除故障使电气控制设备能够正常稳定地运行是每一位调试维修人员应尽的义务和职责。下面我们讲述电气故障检修的一般步骤和故障排除的方法。

4.3.1　电气故障

现代电气控制系统由硬件和软件两大部分组成，硬件部分又分为强电和弱电两部分。弱电部分一般采用可编程序控制器或以计算机微处理器为核心的控制板，其工作在低电压小电流状态故障率很低。强电部分是指光电或磁电隔离接口以外的电器和连接导线，强电部分工作在较高电压和大电流状态，所受电气及机械应力较大，因此故障多发生在这一部分。硬件强电部分的电气装置包括：伺服电动机、空气断路器、交流接触器、继电器、熔丝、线路和接地保护装置。

4.3.1.1　电气控制系统硬件的故障类型及原因

构成电气控制系统的硬件包括各种部件。从主机到外设，除了前面讲过的伺服电动机、空气断路器、交流接触器、继电器、熔丝、线路和接地保护装置外，还有集成电路芯片、电阻、电容、晶体管、变压器、电机等许多元器件，另外还包括接插件、印制电路板、按键、引线、焊点等。硬件的故障主要表现在以下几个方面。

1．电气元件故障

电气元件故障主要是指电器装置、电气线路和连接、电器和电子元器件、电路板、接插件所产生的故障。这是电气控制柜中最常发生的故障，故障表现如下：

（1）信号输入线路脱落或腐蚀。

（2）控制线路、端子板、母线接触不良。

（3）执行输出电动机或电磁铁等负载过载或烧毁，如变桨或偏航伺服电机失灵。

（4）保护电路或主电路熔丝烧毁或断路器过电流保护。

（5）热继电器、中间继电器、控制接触器安装不牢、接触不可靠、动触点机构卡住或触头烧毁。

（6）配电柜过热或配电板损坏。

（7）控制器输入/输出出模块功能失效、强电或弱电零部件烧毁或意外损坏。

2．机械故障

机械故障主要发生在电气控制系统的外部设备中。例如，在控制系统的专用外设中，伺服电动机卡死不动，移动部件卡死不走，阀门机械卡死，等等。凡由于机械上的原因所造成的故障都属于这一类，常见故障如下：

（1）弹簧复位失效。

（2）减速器齿轮卡死。

（3）液压伺服机构电磁阀芯卡涩，电磁阀线圈烧毁。

（4）转动轴承损坏。

（5）传感器支架脱落。

（6）液压泵堵塞或损坏。

3．传感器故障

这类故障主要是指电气控制柜的信号传感器所产生的故障，传感器故障原因如下：

（1）温度传感器引线振断、热电阻损坏。

（2）磁电式转速电气信号传输失灵。

（3）电压变换器和电流变换器对地短路或损坏。

（4）速度继电器和振动继电器动作信号调整不准或给激励信号不动作。

（5）开关状态信号传输断线或接触不良造成传感器不能工作。

4.3.1.2　故障原因分析

电气控制系统的故障表现形式，由于其构成的复杂性而千变万化。但总体来讲，一类故障是暂时性的，其表现是系统工作时好时坏。比如某硬件连线、插头等接触不良，会有时接触好有时接触不好；再如某硬件电路性能变坏，接近失效而时好时坏、它们对系统的影响表现出来就是暂时性的故障。而另一类则属于永久性故障，硬件的永久性损坏或软件错误，它们造成系统的永久性故障。由于某种干扰使控制系统的程序"走飞"，脱离了用户程序，使系统无法完成用户所要求的功能；但系统复位之后，整个应用系统仍然能正确地运行用户程序，属于暂时性故障。

1．故障根源

不管是暂时性故障还是永久性故障，在进行系统设计时，都必须考虑使故障发生的概率减至最小，达到用户的可靠性指标的要求。造成故障的因素是多方面的，归纳起来主要有如下几个方面。

1）自身因素

产生故障的原因来自构成电气控制系统本身，是由构成系统的硬件或软件所产生的故障。例如，硬件连线开路、短路；接插件接触不良；焊接工艺不好；所用元器件失效；元器件经长期使用后性能变坏；软件上的各种错误以及系统内部各部分之间的相互影响，等等。

提高制造工艺水平可以有效减少故障的出现。

2）环境因素

电气控制柜如果处在恶劣的环境会对其控制系统施加巨大的应力，使系统故障显著增加。维修人员会有这样的经验，当环境温度很高或过低时，控制系统都容易发生故障。环境因素除环境温度外，还有湿度、冲击、振动、压力、粉尘、盐雾以及电网电压的波动与干扰；周围环境的电磁干扰等。在进行系统设计时必须认真考虑所有这些外部环境因素的影响，力求克服它们所造成的不利影响。

3）人为因素

电气控制柜是由人来设计而后供人来使用的，所以由于人为因素而使系统产生的故障是客观存在的。人为故障是由于人为地没有按系统所要求的环境条件和操作规程而造成的故障。例如，将电源错加、使设备处于恶劣环境下工作，在加电的情况下插拔元器件或电路板，等等。

人为因素造成控制系统故障的原因如下所述：

（1）在进行电路设计、结构设计、工艺设计、热设计、防止电磁干扰设计中，设计人员由于考虑不周或疏忽大意，必然会给后来研制的系统带来隐患。在进行软件设计时，设计人员忽视了某些条件，在调试时又没有检查出来，则在系统运行中一旦进入这部分软件，必然会产生错误。

（2）电气控制系统的操作人员在使用过程中也有可能按错按钮、输入错误的参数、下达错误的命令，等等，最终结果将使系统出现故障。

提高电气控制设备操作、维修人员的责任心和职业技能，能够有效地减少人为因素的故障。

2．硬件故障产生的原因

1）元器件失效

元器件在工作过程中会发生失效，元器件的失效有多种表现形式。一种是突然失效或称为灾难性失效。那是由于元器件参数的急剧变化造成的，经常表现为短路或开路状态。另一种称为退化失效，即元器件的参数或性能逐渐变坏。对一个硬件系统来说，尚有局部失效和整体失效，前者使系统的局部无法正常工作；而后者则使整个系统无法正常工作。例如，计算机控制系统的打印机接口失效，使系统无法打印是局部失效；若计算机失效，则整个系统就无法正常工作了。

2）使用不当

在正常使用条件下，元器件有自己的失效期。经过若干时间的使用，它们将逐渐衰老失效，这属于正常现象。但是如果不按照元器件的额定工作条件去使用它们，则元器件的故障率将大大提高。在实际使用中，许多硬件故障是由于使用不当造成的。在设计电气控制系统时，必须从使用的各个方面仔细设计，合理地选择元器件，适当提高安全裕度以便获得高的可靠性。

3）结构及工艺差

由于结构不合理或工艺上的原因而引起的硬件故障占相当大的比重。在结构设计中，某些元器件太靠近热源；需要通风的地方未能留出位置；将晶闸管或 IGBT、大继电器等产生较大干扰的器件放在易受干扰的元器件附近。结构设计不合理使操作人员观察、维修都十分困难。所有这些问题，均对硬件可靠性带来影响，需要加以注意。

工艺上的不完善也同样会影响到系统的可靠性。例如，焊点虚焊、印制电路板加工不良，金属氧化使孔断开等工艺上的原因，都会使系统产生故障。因此应在设计及加工过程中，努力提高设计和工艺水平，加强质量体系保证。

3. 硬件故障的分类

按照电气装置的构成特点，从查找电气故障的观点出发，常见的电气故障可分为以下 3 类。

（1）电源故障：缺电源、电压偏差、频率偏差、极性接反、相线和中性线接反、缺一相电源、相序改变、交直流混淆等。

（2）电路故障：断线、短路、短接，接地、接线错误等。

（3）设备和元件故障：过热烧毁、不能运行、电气击穿、性能变差等。

4. 电气设备故障容易出现的部位

在调试工作中，我们常常碰到这样或那样的问题，掌握最容易出现电气设备故障的部位，对于提高调试维修工作效率有很大帮助。电气控制柜容易出现故障的部位，我们可以将它们分为如下几类。

（1）第一类故障点（也是故障最多的地点）在继电器、接触器。

电气备件消耗量最大的为各类继电器或空气开关。主要原因除产品本身外，就是现场环境比较恶劣，接触器触点易打火或氧化，然后发热变形直至不能使用。所以减少此类故障应尽量选用高性能继电器，改善元器件使用环境，减少更换的频率以减少其对系统运行的影响。

（2）第二类故障点，可能发生在开关、极限位置、安全保护和现场操作上的一些元件或设备上。

第二类故障点产生的原因可能是因为长期磨损，也可能是长期不用而锈蚀老化。接近开关（限位开关）触点出现变形、氧化、粉尘堵塞等从而导致触点接触不好或机构动作不灵敏。对于这类设备故障的处理主要体现在定期维护，使设备时刻处于完好状态。对于限位开关，尤其是重型设备上的限位开关，除了定期检修外，还要在设计的过程中加入多重的保护措施。

（3）第三类故障点，可能发生在接线盒、线端子、螺栓螺母等处。

第三类故障点产生的原因除了设备本身的制作工艺原因外，还和安装工艺有关，如有人认为电线和螺钉连接是压得越紧越好，但在二次维修时很容易导致拆卸困难，大力拆卸时容易造成连接件及其附近部件的损害。长期的打火、锈蚀等也是造成故障的原因。根据调试经验，这类故障一般是很难发现和维修的。因此在设备的安装和维修中一定要按照安装要求的安装工艺进行，不留设备隐患。

（4）第四类故障点，主要是电源、地线等的问题。

解决或改善第四类故障主要在于控制电路设计时的经验和日常维护中的观察分析。要减小故障率，很重要的一点是要在日常的工作中重视和遵守生产工艺和安全操作规程，严格执行一些相关的规定，如保持集中控制室的环境等，同时在生产中也要加强这些方面的管理。

5. 控制系统软件常见故障

1）软件故障的特点

软件是由若干指令或语句构成，大型软件的结构十分复杂。软件故障在许多方面不同于硬件故障，有它自己的特点。对硬件来说，元器件越多故障率也越高，可以认为它们成线性关系。而软件故障与软件的长度基本上是指数关系。因此，随着软件（指令或语句）长度的增加，其故障（或称错误）会明显地增加。

软件故障与时间无关，软件不因时间的加长而增加错误，原有错误也不会随时间的推移而自行消失。软件错误一经维护改正，将永不复现。这不同于硬件，当芯片损坏后换上新芯片时还有失效的可能。但是随着软件的使用，隐藏在软件中的错误将被逐个发现、逐个改正，使其故障率会逐渐降低。从这个意义上讲，软件故障与使用时间是有关系的。

软件故障完全来自设计，与复制生产、操作使用无关。当然，复制生产的操作要正确，使用介质要良好。单就软件故障本身来说，取决于设计人员的认真设计、查错及调试。可以认为软件是不存在耗损的，也与外部环境无关。这是指软件本身而没有考虑存储软件的硬件。

2）软件错误的来源

（1）软件错误是由设计者的错误、疏忽及考虑不够周全等设计上的原因造成的。

（2）软件错误也可能是由于存储软件的硬件损坏造成的。例如，CPU 中的寄存器出问题，CPU 在高速处理中偶然出现数据错误或数据丢失等。

4.3.1.3　处理电气控制设备故障的一般程序

在生产过程中，由于受不可抗拒的外力破坏、设备存在缺陷、继电保护误动、运行人员误操作、误处理等原因，常常会造成设备故障。而处理电气设备故障是一件很复杂的工作，它要求调试维修人员具有良好的技术素质和一定的检修技能，并熟悉电气故障处理规程，系统运行方式和设备性能、结构、工作原理、运行参数等技术法规和专业知识。为了能够正确判断和及时处理电气控制设备生产过程中发生的各种电气故障，一方面应开展经常性的岗位技术培训活动，定期开展反事故演习并做好各种运行方式下的事故处理预案；另一方面应掌握处理电气设备故障的一般方法。后者在处理电气设备故障时，往往能够收到事半功倍的效果。下面简要介绍维修人员处理电气设备故障的一般方法。

（1）根据计算机监控系统或信号报警和运行记录信息登录、测量仪表指示、继电保护动作情况及现场检查情况，判断事故性质和故障范围并确定正确的处理程序。

（2）当事故或故障对人身和设备造成严重威胁时，应迅速切断该设备的相关电源；当发生火灾时，应通知消防人员，并进行必要的现场配合。

（3）迅速切除故障点，继电保护未正确动作时应手动执行。为了加速事故或故障处理进程，防止事故扩大，凡对系统运行无重大影响的故障设备进行隔离操作，可根据现场事故处理规程自行处理。

（4）对污染较重的电气设备，先对其按钮、接线点、接触点进行清洁，检查外部控制键是否失灵。许多故障都是由脏污及导电尘块引起的电不通，所以必须先清污，然后进行维修。

（5）对电气控制设备进行针对性的维修处理，逐步恢复设备运行。

（6）设备发生事故时，立即清除、准确地向设备主管生产领导和相关部门汇报。

（7）做好故障设备的安全隔离措施，通知检修人员处理。

（8）进行善后处理工作，对故障现象及处理过程进行详细的记录。

4.3.1.4　电气控制设备故障检修的一般步骤

电气控制设备故障检修即检查电路，检查电路应该按以下几个步骤进行。

1. 保养性例行检修

这是根据军用设备总结出的有效的技术保障措施，即当电气控制系统运行到规定时间后，不管系统是否发生了故障，都必须进行保养性例行检修。因为电路在运行过程中，会磨损、老化，内部元器件会蒙上污垢，特别是在湿度较高的雨季，容易造成漏电、接触不良和短路故障。所有这些都需要采取一定的措施，恢复其原有性能。电气控制系统的"例保"检测项目主要包括以下内容：

（1）除尘和清除污垢，消除漏电隐患。

（2）检查各元器件导线的连接情况及端子排的锈蚀情况。

（3）电磨损、自然磨损和疲劳致损的弹性件及电接触部件。

（4）检查活动部件有无生锈、污物、油泥干涸和机械操作损伤。

（5）对于已经被人检修过的电气控制系统，应检查新换上元器件的型号和参数是否符合原电路的要求，连接导线型号是否正确，接法有无错误，其他导线、元器件有无移位、改接和损伤等。如果有以上情况，必须及时复原，再进行下一步检修。

2. 对于比较明显的故障，应单刀直入，首先排除

例如，明显的电源故障、导线断线、绝缘烧焦、继电器损坏、触头烧损、行程开关卡滞等，都应该首先排除，以消除其影响，使其他故障更加直观，易于观察和测量。

3. 多故障并存的电路，应分清主次，按步检修

如果电路生疏，多种故障同时出现或相继出现时，按第一步和第二步检修难以奏效时应理清头绪，应根据故障的情况分出主次，先易后难。检修时，应注意遵循分析→判断→检查→修理，再分析→判断→检查→修理的基本规律，及时纠正分析和判断的结果，一步一步地进行，逐个排除存在的故障。

如果对电路原理比较熟悉，应首先弄清电路元件的实际排列位置，然后根据故障情况，确定出测量关键点，根据测量结果，确定出故障的所在部位。

一般来说，对电路的检修应按一定的步骤进行。首先是检修电源，然后按照电路动作的流程，从后向前，一部分一部分地进行。这样做的优点是：每一步的检修结果都可以在电路的实际动作中加以验证和确定，保证检修过程不走弯路。

4. 根据控制电路的控制旋钮和可调部分，判断故障范围

由于电气控制系统种类较多，每种设备的电路互不相同，控制按钮和可调部分也无可比性，因此这种方法应根据具体设备具体制定。电路都是分"块"的，各部分相互联系，但又相对独立。根据这一特点，按照可调部分是否有效、调整范围是否改变、控制部分是否正常、互相之间联锁关系能否保持等，大致确定故障范围。再根据关键点的检测，逐步缩小故障点。最后找出故障元件。

一般来说，根据设备故障现象，可大致确定故障范围如下所述。

（1）所有按钮功能失效，电源故障或熔断器故障可能性较大。

（2）一部分按钮失效，另一部分按钮功能正常。此时出现故障的部位多在这部分电路的公共部分或这部分电路的电源部分。

（3）单个的按钮或单个功能失效，按钮本身及引线发生故障的可能性较大。

（4）多部分故障，若是长时间不用的设备，则可能是接触不良或漏电的故障，或者是接触不良和漏电引发的其他故障。

（5）软故障如果与时间或外界环境有一定规律，则有可能是电路与外界环境相联系部分性能变差，受到一定的影响。若与工作时间有一定的关系，则电路受温度的影响较大，可能是元器件性能变差，如漏电、性能不稳或污物形成的故障。

例如，某电动机的可逆控制，出现了不能正转，只能反转的故障。根据这一特点，大致可以确定故障范围在正转控制回路，而不在电动机本身和反转控制电路。按下正转按钮不松手，再按反转启动按钮，电动机不反转启动，说明按钮联锁功能有效，电路故障出在正转控制回路中。

然后按照从后向前的分步方法，先检查正转接触器。将线圈引线越过按钮及其他触头，直接接入电源。通电后，电动机正转，说明接触器没有故障。然后将引线接至启动按钮后，接通电源，按下启动按钮，电动机正转，说明正转按钮正常。正转按钮和正转接触器之间只串接了一个反转按钮的动断触头和反转接触器的动断触头，说明故障点就在反转按钮和反转接触器的动断触头上。经检查后发现，反转启动按钮的动断触头不能良好闭合。

5. 控制电路无线路图时，应绘制出电路图

控制电路无线路图时，应绘制出电路图。然后根据绘制出的电路图，仔细分析电路的动作原理，弄清电路在不同状态下的各种参数，以便正确选择修理方法。

电气电路的绘制有很大的难度，特别是一些比较复杂的电路。绘制控制电路图时，应以现有元器件为基础以控制功能为指引，初步绘制出电路原理图，然后通过导线编号，调整元件位置，反复对照，最后得出完整的电路图。

4.3.2 电气控制设备的检修

4.3.2.1 控制系统电气装置的检修

例行巡视和定期检修是电气控制系统维护与检修的主要方式。参与控制系统维护与检修人员必须具备相应的职业技能资质，并掌握进行控制系统维护与检修相关的安全要求的基本知识。

1. 控制电路电器元件检查

（1）电气元器件的触头有无熔焊、黏接、变形，严重氧化锈蚀等现象；触头闭合分断动作是否灵活；触头开距、超程是否符合要求；压力弹簧是否正常。

（2）电器的电磁机构和传动部件的运动是否灵活；衔铁有无卡住，吸合位置是否正常等，更换安装前应清除铁芯端面的防锈油。

（3）用万用表检查所有电磁线圈的通断情况。

（4）检查有延时作用的电气元器件功能，如时间继电器的延时动作、延时范围及整定机构的作用；检查热继电器的热元件和触头的动作情况。

（5）核对各电气元器件的规格与图纸要求是否一致。

（6）更换安装接线前，应对所使用的电气元器件逐个进行检查，电气元器件外观是否整洁，外壳有无破裂，零部件是否齐全，各接线端子及紧固件有无缺损、锈蚀等现象。

2. 控制线路的检查

（1）检查线路有无移位、变色、烧焦、熔断等现象。

（2）检查所有端子接线接触情况，排除虚接现象。

（3）用万用表检查接触器，取下接触器的灭弧罩，用手操作来模拟触头分合动作，将万用表拨到 R×1 挡进行测量，接触电阻应→0。

不该连接的部位若测量结果为短路（$R=0$），则说明所测两相之间的接线有短路现象，应仔细逐相检查导线排除故障。应该连接的部位若测量结果为断路（$R→∞$），应仔细检查所测两相之间的各段接线，找出断路点，并进行排除。

（4）完成上述检查后，清点工具材料，清除安装板上的线头杂物，检查三相电源，在有人监护下通电试车。

3. 空运转试验

首先拆除负载接线，合上开关接通电源，按下启动按钮，应立即动作，按停止按钮（或松开按钮）则接触器应立即复位，认真观察主触头动作是否正常，仔细听接触器线圈通电运行时有无异常响声。应反复试验几次，检查控制器件动作是否可靠。

4. 带负载试车

断开电源，接上负载引线，装好灭弧罩，重新通电试车，按下启动按钮，接触器应动作，观察电动机或电磁铁等负载启动和运行情况，松开按钮（或按停止按钮）观察电动机或电磁铁等负载能否停止工作。

试车时若发现接触器振动且有噪声，主触头燃弧严重，电动机或电磁铁等负载嗡嗡响，启动不起来，应立即停机检查，重新检查电源电压、线路、各连接点有无虚接，电动机绕组或电磁铁等负载有无断线，必要时拆开接触器检查电磁机构，排除故障后重新试车。

5. 配电柜的检修

大型控制系统一般都通过专用的配电柜获得电能。为了保证正常用电，对配电柜上的电器和仪表应经常进行检查和维修，及时发现问题和消除隐患。对运行中的配电柜，应作以下几方面的检查。

（1）配电柜和柜上电器元件的名称、标志、编号等是否清楚、正确，柜上所有的操作手柄、按钮和按键等的位置与现场实际情况是否相符，固定是否牢靠，操作是否灵活。

（2）配电柜上表示"合"、"分"等信号灯和其他信号指示是否正确（红灯亮表示开关处于闭合状态，绿灯亮表示开关处于断开位置）。

（3）刀开关、空气开关和熔断器等的接点是否牢靠，有无过热变色现象。

（4）二次回路线的绝缘有无破损，并用兆欧表测量绝缘电阻。

（5）在控制柜上操作模拟板时，模拟板与现场电气设备的运行状态是否对应一致。

（6）清扫仪表和电器上的灰尘，检查仪表和表盘玻璃有无松动。

（7）巡视检查中发现的缺陷，应及时记入缺陷登记本和运行日志内，以便排除故障时参考分析。

4.3.2.2　电气控制设备检修制度

1．检修工作的内容与适用范围

电气控制设备检修工作的内容包括：检修周期、检修项目、检修方法、检修工艺及质量标准。

2．电气控制设备检修周期与项目

1）检修周期

电气控制设备的大修周期为每 3 年 1 次，小修每年 1～2 次。

2）大修项目

（1）主触头检修，灭弧触头，副触头检修。
（2）操作机构检修。
（3）消弧装置检修。
（4）接触器、继电器的检修。
（5）各个接线端子与接线的检修。

3）小修项目

（1）吹灰、清扫开关。
（2）各个控制电器、接线端子、导线外观检查。
（3）开关触头、辅助开关检查。

4.3.2.3　电气控制设备检修工艺要求

1．控制柜的清扫检查

（1）设定遮拦或可靠明显标记，划定工作区和非工作区。
（2）检修前电气试验。用 1000V 摇表测量开关柜内母线对地、相间绝缘电阻均在 0.5MΩ 以上方可开工，否则应查明原因并办理相关手续后开工。
（3）确保工作现场通风条件良好，可依据现场实际安装通风设备。
（4）将控制柜的开关或抽屉做出可靠正确的位置标记。
（5）将开关或抽屉拉至控制柜外并运至清扫场地。
（6）拆开工作区控制柜侧面、背面处的防尘隔离板。
（7）清扫控制柜地面、柜内的积灰和杂物。
（8）用大功率吸尘器或便携式吹风机清扫控制柜柜内外尘埃，以保证其绝缘良好。在清扫过程中使用毛刷等工具配合。
（9）用带电清洗剂（LE-50）清洁控制柜油污。控制柜油污严重的，使用虹吸枪和压缩气体清洗油污。
（10）检查控制柜本体、控制柜间连接处、控制柜内支撑架处和控制柜固定螺钉如松动应紧固。
（11）检查控制柜门锁和防误闭锁装置是否完好，并消除缺陷。

（12）检查控制柜门门轴是否完好，并消除缺陷。

（13）检查控制柜设备名称标志牌是否完整、牢固，补齐完善控制柜设备名称标志牌。

（14）检查控制柜侧面、背面处的防尘隔离板是否完好，若有损坏应加固或更换。

2．控制柜母线检修

（1）用大功率吸尘器或便携式吹风机清扫母线上的尘埃，以保证其绝缘良好，在清扫过程中使用毛刷等工具配合。

（2）用带电清洗剂（LE-50）清洁母线上的油污。母线油污严重的，使用虹吸枪和压缩气体清洗油污。

（3）检查母线支持夹、母线连接处、母线防护隔离板和母线与开关座连接螺丝是否松动并紧固。检查母线连接处、母线与开关座连接处及母线桥母线无过热、氧化，母线接触面应光滑、清洁、无裂纹。否则应采取和实施技术改造。

（4）检查母线支持夹（绝缘子）、母线防护隔离板无损坏，否则应加固或更换。

（5）检查母线连接处、母线与开关座连接处母线间间隙应符合标准。

（6）用 1000V 摇表测量控制柜内母线对地、相间绝缘电阻均在 0.5MΩ以上。

3．二次回路检查与元件测试

（1）清扫控制柜内各继电器、端子排及开关表面灰尘，检查叉接式端子接线牢固，螺钉应牢固。

（2）二次回路导线应无老化、过热现象，否则应更换。

（3）检查二次回路导线电压回路线径不小于 $1.5mm^2$，电流回路线径不小于 $2.5mm^2$，导线固定夹间距不大于 200mm，弯曲半径不小于导线直径的 3 倍，否则应更换导线、调整弯曲度。开关本体与保护组件间叉件应有紧力，不松脱，否则应更换。

（4）检查控制柜上各指示灯、按钮、操作把手均应动作准确、可靠。做好测试记录，以备下次检修参考。

（5）开关座各元件检修。

① 用白布蘸清洗剂擦净触刀及触刀座上的灰尘和油污。

② 检查触刀应无明显划痕、过热，触刀座夹口应有良好弹力、无缺齿，触刀座无变形和位移。在触刀及触刀座夹口上抹适量中性凡士林。

4．闭锁机构检修

（1）测试开关在开关座上"接通"，"试验"和"断开"位置时闭锁机构、安全挡板动作准确。

（2）用手摇柄检查开关进、退螺杆是否灵活，位置备帽有无松脱、位移，开关位置是否正确。否则应调整后上紧备帽。

（3）在开关进、出导轨上加适量润滑油。

5．附件检修

（1）检查开关柜门闭锁完好，应有可靠接地。

（2）检查开关柜内穿心式电流互感器、电压互感器二次侧线圈无老化、过热，否则应查明原因并更换。

（3）用大功率吸尘器或便携式吹风机清扫控制柜的断路器、控制柜的抽屉开关尘埃，以保证其绝缘良好。在清扫过程中使用毛刷等工具配合。

（4）用带电清洗剂（LE-50）清洁控制柜的断路器、控制柜的抽屉开关油污。开关油污严重的，使用虹吸枪和压缩气体清洗油污。

（5）消除开关缺陷。

（6）检查电气控制柜所有的电流表、电压表是否完好，否则应补齐或更换。

（7）检查电气控制柜地面是否有孔洞，应封堵完好。

（8）检查电气控制柜内开关出线电缆及电缆头是否过热、老化。

（9）检查开关出线端子排或接线柱是否老化、过热，并找出缺陷。

（10）检查保护装置是否完好齐全，否则应更换。

（11）检查保护装置是否与监控设备一一对应，否则应校对调整。

6．检修完工后

检修完工后应及时清理现场，归还专用工具，完成设备检修后的试运移交工作。

4.3.3　控制柜内零部件的检修

4.3.3.1　万能式空气断路器的检修

1．触头的检修和质量标准

（1）消除触头表面的氧化膜和灰尘，修整烧伤麻点。

① 消除铜质触头的氧化膜，可用刀子将氧化膜刮去，若用细砂布擦拭，则必须将触头上的砂粒清除干净。

② 镀银及银接触面，不准用刀子和砂布处理，只能用干净的布和汽油擦拭即可，否则会造成人为的损坏银层。

③ 触头表面如有灰尘油垢等，应用毛刷、布和清洗剂清洗干净。

④ 检查有烧伤的触头应用细锉刀或砂布进行处理，将烧毛的凸出麻点磨平，并要保持接触面的形状和原来相同。

注意：触头（镶嵌的银块）厚度，勿挫磨过度，若其厚度小于 1mm，则必须进行更换。新触头应与原触头规格相同。

⑤ 触头检修完毕后，在接触面上涂少许凡士林，以防止触头表面氧化。

（2）检查和调整触头的开距和压力，更换损坏弹簧。

开距和压力的调整要按主触头、副触头、灭弧触头的顺序进行。

（3）开关同期的测试和调整。

操作开关、测量调整三相主触头、副触头和灭弧触头的同期性，其不同期误差应小于2mm。

（4）检查调整触头的动作顺序。

当开关闭合时，触头的接触顺序依次：灭弧触头→副触头→主触头。分闸时触头的断开顺序与开关闭合时相反，若不满足顺序要求，则必须进行调整。

（5）对于抽屉式空气开关应检查。

① 一次隔离触头动、静侧高度应一致，三相中心线间距离应相等。固定牢固水平。

② 检查动、静触头是否有过热、氧化等，如有可用细锉刀及砂布进行处理，并将接触面清擦干净，检查触指弹簧应压力均匀，弹性良好，触头检修结束后，在接触面涂凡士林。

③ 二次插接件应接触良好，胶壳无破裂、变形等。

2. 操作机构的检修与调试

（1）检查机构应操作灵活可靠，各部件应无卡涩、磨损现象。操作电动机分闸线圈无过热、变色、碰伤，挂钩、弹簧应无损坏，弹性良好，弹簧间隙均匀，各转动、滑动部分的轴面要加注润滑油。

（2）操作机构的调试。

① 检查开关在合闸状态下，挂钩应可靠、挂牢，其挂钩深度应满足操作技术要求，否则应调整挂钩上的调整螺钉以满足要求。

② 检查自由脱扣机构应灵活可靠，否则应将其解体检查清洗。

注意： 一般情况下不准改变机构内小弹簧（失去弹性，损坏时，可更换）的长度。

③ 调节传动机构连杆的跳闸限位垫片，使自由脱扣机构在断开后，顺利地形成再闭合位置，准备下次合闸。

④ 检查调整分励脱扣器联杆的长度，使其在操作电压的 65%～105%额定电压的范围内应可靠动作。

⑤ 检查调整失压脱扣器，其动作电压应满足电压的 65%～105%额定电压时吸合，低于额定电压的 40%时瞬时断开；若不满足要求时，可调整失压脱扣器的弹簧长度。

⑥ 检查调试辅助接点的动作连杆的上、下高度，以满足分、合闸时间的要求。

⑦ 电动机操作的开关，检查电动机的转动方向应正确，制动装置的松紧应满足制动要求，当送入合闸脉冲时，电动机旋转至合闸位置，应刚好把终端开关打开，电动机制动停止转动。

⑧ 如果开关的操作行程不合适，应按照下列方法进行调整：

● 对于电动机操作的合闸机构，应调整传动拐臂的长度；

● 对于电磁操作机构，应调整电磁线圈铁芯连杆的高度。

3. 灭弧装置的检修

灭弧装置的灭弧罩受潮、碳化或破裂、灭弧栅片烧毁或脱落，弧角脱落等都会造成不能有效灭弧。

（1）灭弧罩是用水泥、石棉板或陶土制成的，容易受潮或破裂。灭弧罩检修时应将灭弧罩作相对标记，取下放在干燥安全的地方，以防受潮和碰坏，若发现受潮时，应进行烘干处理。

（2）检查灭弧罩，若有碳化现象，可用细锉刀把烧焦、碳化的部分锉掉或用刀子刮掉，必须严格保证表面的光洁度。

（3）检查灭弧栅片，如被烧毁或脱落应及时补上，应用铁片按原尺寸制作（不准用铜片，因无磁吹作用，不能将电弧拉进灭弧室）。

（4）检查弧角脱落丢失时，可用紫铜片按原尺寸配制。

4．辅助开关触点的检修

用毛刷清理灰尘，必要时用汽油擦拭，砂布处理。

检查常开常闭触点位置，应接触良好，无烧伤现象，动作时间上应满足开关分合闸时间的要求，否则应进行处理和调整。

5．线路和断路器的检修

检查和确定是线路故障还是断路器故障的步骤和方法如图 4.3.1。

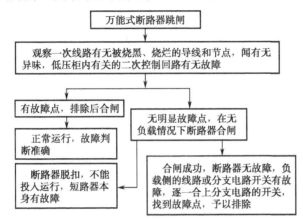

图 4.3.1　判定是线路故障还是断路器故障的流程图

4.3.3.2　熔断器的检修

熔断器的检修应与电气控制柜的检修同时进行。

（1）维护检查熔断器时，要按安全规程要求，切断电源，不允许带电摘取熔断器管。

（2）清扫灰尘，应经常清除熔断器上及夹子上的灰尘和污垢，可用干净的布擦干净。对于有动作指示器的熔断器应经常检查，发现熔断器出现故障，应及时更换。

（3）更换熔芯时应检查熔体的额定电流、额定电压是否与设计要求相同。检查熔断器，熔体与被保护电路或设备是否匹配，如有问题应及时调查。

（4）检查熔体管外观有无损伤、变形、开裂现象，陶瓷绝缘部分有无破损或闪络放电痕迹。有熔断信号指示器的熔断器，其指示是否保持正常状态。

（5）熔体有氧化、腐蚀或破损时，应及时更换。

（6）因熔体长期处于高温下可能老化，因此，尽量避免安装在高温场合。熔断器环境温度必须与被保护对象的环境温度基本一致，如果相差太大可能会使保护动作出现误差。

（7）熔断器上、下触点处的弹簧是否有足够的弹性，检查接触面接触是否紧密。检查导电部分有无熔焊、烧损、影响接触的现象。检查熔体管接触是否良好，有无过热现象。

（8）注意检查在 TN 接地系统中的 N 线，设备的接地保护线上，不允许使用熔断器。

4.3.3.3　继电器和接触器的检修

继电器和接触器是控制电路通断及控制通断时间、温度、顺序、电压、电流、速度、扭矩等参数的控制器件，在控制系统中使用数量很大。定期做好维护工作，是保证继电器和接触器长期、安全、可靠地运行，延长使用寿命的有效措施。

1．定期外观检查

（1）消除灰尘，先用棉布沾有少量汽油擦洗油污，再用布擦干。如果铁芯锈蚀，应用钢丝刷刷净，并涂上银粉漆。

（2）定期检查继电器和接触器各紧固件是否松动，特别是紧固压接导线的螺钉，以防止松动脱落造成连接处发热。如发现过热点后，可用整形锉轻轻锉去导电零件相互接触面的氧化膜，再重新固定好。检查接地螺钉是否紧固牢靠。

（3）各金属部件和弹簧应完整无损，无形变，否则应予以更换。

2．触头系统检查

（1）动、静触头应清洁，接触良好，若有氧化层，应用钢丝刷刷净，若有烧伤处，则应用细油石打磨光亮。动触头片应无折损，软硬一致。

（2）检查动、静触头是否对准，三相是否同时闭合，应调节触头弹簧使三相一致。测量相间或线间绝缘电阻，其阻值不低于 $10M\Omega$。

（3）继电器触头磨损深度不得超过 0.5mm，接触器触头磨损深度不得超过 1mm，严重烧损、开焊脱落时必须更换触头。对银或银基合金触点有轻微烧损或触面发黑或烧毛，一般不影响正常使用，但应进行清理，否则会促使接触器损坏。如影响接触时，可用整形锉磨平打光，除去触头表面的氧化膜，但不能使用砂纸。

（4）更换新触头后应调整分开距离、超越行程和触头压力，使其保持在规定范围之内。

（5）辅助触头动作是否灵活，触头有无松动或脱落，触头开距及行程应符合规定值，当发现接触不良又不易修复时，应更换触头。

3．铁芯检查

（1）定期用干燥的压缩空气吹净继电器和接触器堆积的灰尘，灰尘过多会使运动系统卡住，机械破损加大。当带电部件间堆集过多的导电尘埃时，还会造成相间击穿短路。

（2）应清除灰尘及油污，定期用棉纱蘸少量汽油或用刷子将铁芯截面间油污擦干净，以免引起铁芯噪声或线圈断电时接触器不释放。

（3）检查各缓冲零件位置是否正确齐全。

（4）应检查铁芯铆钉有无断裂，铁芯端面有无松散现象。

（5）短路环有无脱落或断裂，若有断裂会引起很大噪声，应更换短路环或铁芯。

（6）电磁铁吸力是否正常，有无错位现象。

4．电磁线圈检查

（1）一般使用数字式万用表检查线圈直流电阻，仅对电压线圈进行直流电阻测量。继电器电压线圈在运行中，有可能出现开路和匝间短路现象，进行直流电阻测量便可发现。

（2）定期检查继电器和接触器控制回路电源电压，并调整到规定范围之内，当电压过高时线圈会发热，吸合时冲击大。当电压过低时吸合速度慢，使运动部件容易卡住，造成触头拉弧熔焊在一起。

（3）电磁线圈在电源电压为线圈电压的 85%～105% 时应可靠动作，如电源电压低于线圈额定电压的 40%时应可靠释放。

（4）线圈有无过热或表面老化、变色现象，如表面温度高于 65℃，即表明线圈过热，可能破坏绝缘引起匝间短路。如不易修复时，应更换线圈。

（5）检查引线有无断开或开焊现象，线圈骨架有无磨损、裂纹，是否牢固地装在铁芯上，若发现问题必须及时处理或更换。

（6）运行前应用兆欧表测量绝缘电阻，观察是否在允许范围内。

5．接触器灭弧罩检查

（1）灭弧罩有无裂损，当严重裂损时应更换。清除罩内脱落杂物及金属颗粒。

（2）对栅片灭弧罩，检查是否完整或烧损变形，严重松脱位置变化，如不易修复应及时更换。

4.3.3.4　电力电容器的检修

对于电气控制柜中使用的电力电容器要进行定期检修。

1．外观检查

有无开阀、漏液等明显异常。

对电容器电容和熔丝的检查，每个月不得少于 1 次。

2．电气性能检查

（1）电容器的漏损电流、静电容量、损失角的正切值应符合产品说明书中的规定。

（2）检查电容器组每相负荷可用安培表进行。

（3）电容器的工作电压和电流，在使用时不得超过 1.1 倍额定电压和 1.3 倍额定电流。

（4）在一年内要测电容器的损失角的正切值 2～3 次，目的是检查电容器的可靠情况，每次测量都应在额定电压下或近于额定值的条件下进行。

（5）如果电容器在运行一段时间后，需要进行耐压试验，则应按规定值进行试验。

3．温升检查要求

电容器组投入运行时环境温度不能低于-40℃，运行环境温度 1h 平均不超过+40℃，2h 平均不得超过+30℃，及一年平均不得超过+20℃。如超过时，应采用人工冷却（安装风扇）或将电容器组与电路断开。

4．电容器的断开

接上电容器后，将引起电源电压升高，特别是负荷较轻时，在此种情况下，应将部分电容器或全部电容器从电路中断开。

5．漏油电容器处理

在运行或运输过程中，如发现电容器外壳漏油，可以用锡铅焊料钎焊的方法修理。

4.3.3.5 热电偶、热电阻的检修

1．检修周期

热电偶、热电阻每年进行一次检修，通常与工厂年度大修同步进行。特殊情况下，可随设备检修进行。

2．检修内容

（1）清除热电偶、热电阻保护套管内外结垢、灰尘、油污等杂物。
（2）检查热电偶、热电阻紧固件是否松动或损坏、拧紧或更换紧固件。
（3）检查保护套管、软管及穿线管是否断裂，进行修复或更换。
（4）对于高温承压的保护套管应进行探伤检查。
（5）按技术要求对热电偶进行校准。
（6）对检修后的热电偶按国家（部门）计量检定规程进行检定。

3．检修质量标准

检修后的热电偶、热电阻应达到规定的完好条件。

4．热电偶、热电阻的投运

1）投运前的准备工作

（1）检查热电偶、热电阻接线是否正确、牢固。
（2）对带联锁或位势调节的二次仪表，应先解除联锁或转入手动。
（3）检查热电阻线路绝缘。

2）投运步骤

（1）将热电偶与补偿导线或热电阻接线与二次仪表连接。
（2）送二次仪表电源，检查指示或显示设备是否正确。
（3）投运安全注意事项。
① 投运必须两人以上作业。
② 用于带联锁或位式调节仪表的热电偶，投运时必须切除联锁或转手动。
③ 要经常检查保护管状况，发现氧化或变形应立即采取措施，要定期进行校验。

3）验收

（1）逐条检查检修项目的完成情况。
（2）检查热电偶、热电阻是否达到检修质量标准。
（3）热电偶、热电阻正常运行72h，由有关技术主管签收。

5．定期检定/校准

1）校准周期

校准周期为12个月。

2）校准仪器

（1）二等标准铂热电阻温度计，等标准水银温度计：0～50℃。

（2）直流电桥：0.02 级。

（3）恒温油（水）浴槽、冷端恒温箱或冰点槽。

（4）直流电位差计：0.05 级。

（5）二等标准铂铑-铂热电偶。

（6）管式高温炉：1300℃。

（7）多点转换开关。

3）主要技术性能及规格

（1）热电偶性能指标。

　　　级别　　　　　　　基本误差

特 A 级　　　　±（0.10+0.002$|t|$）℃

A 级　　　　　±（0.15+0.002$|t|$）℃

B 级　　　　　±（0.30+0.005$|t|$）℃

式中　t——测量端温度。

（2）测量范围规格：0～850℃。

4）热电偶基本误差校准方法

热电偶校准可以多支同时进行，根据使用需要确定 3～5 个校准点。校准顺序为由低温向高温逐点升温校准。增加管式高温炉温度，当炉温升到校准点温度并稳定后进行电势测量。测量顺序如下：

参考端→标准→被校 1→被校 2→被校 3→被校 4→被校 5

然后按反方向顺序再测量一次。

测量过程中，炉温变化不得超过 5℃，并做好记录。被校热电偶热电势误差 Δe 用下式计算：

$$\Delta e = \delta_{被测} + \delta_{标测} \times s_{被} - e_{标准}$$

式中　$\delta_{被测}$——被校热电偶在校准点温度下（参考端为 0℃时）测得的热电势平均值，单位为 mV；

　　　$\delta_{标测}$——标准热电偶在校准点温度下（参考端为 0℃时）测得的热电势均值，单位为 mV；

　　　$e_{标准}$——标准热电偶证书上校准点温度的热电势值，单位为 mV；

　　　$e_{分}$——在热电偶分度表上查得的校准点温度的热电势值，单位为 mV；

　　　$s_{被}$——标准热电偶证书上校准点温度的热电势值，单位为 mV。

校准时，若参考端温度未处于 0℃，可用下式计算参考端温度为 0℃时的热电势值：

$$E(t,t_0) = E(t,t_1) + E(t_1,t_0)$$

式中　E——热电偶的热电动势，单位为 mV；

　　　t_0——热电偶参考端温度为 0℃；

　　　t_1——热电偶参考端的实际温度。

4.3.3.6　PLC 的检修

1．检修前准备、检修规程

（1）检修前准备好工具。

（2）为保障元器件的功能不出故障及模板不损坏，必须使用保护装置及认真做好防静电准备工作。

（3）检修前与调度和操作人员联系好，需挂检修牌处挂好检修牌。

2．可编程控制器定期检修的内容及要求

可编程控制器的主要构成元器件是以半导体器件为主体，考虑到环境的影响，随着使用时间的增长，元器件总是要老化的。因此定期检修与做好日常维护是非常必要的。

要有一支具有一定技术水平、熟悉设备情况、掌握设备工作原理的检修队伍，做好对设备的日常维护。对检修工作应制定一个制度，按期执行，保证设备运行状况最优。每台 PLC 都有确定的检修时间，一般以每 6 个月至 1 年检修 1 次为宜。当外部环境条件较差时，可以根据情况把检修间隔缩短。

定期检修的内容参见表 4.3.1。

表 4.3.1　可编程控制器定期检修的内容及要求

序　　号	检 修 项 目	检 修 内 容	判 断 标 准
1	供电电源	在电源端子处测量电压波动范围是否在标准范围内	电压波动范围：85%～110%供电电压
2	外部环境	环境温度	0～55℃
		环境湿度	35%～85%RH，不结露
		积尘情况	不积尘
3	输入/输出电源	在输入/输出端子处测量电压变化是否在标准范围内	以各输入/输出规格为准
4	安装状态	各单元是否可靠固定	无松动
		电缆的连接器是否完全插紧	无松动
		外部配线的螺钉是否松动	无异常
5	寿命元件	电池、继电器、存储器	以各元器件规格为准

3．设备拆装顺序及方法

（1）停机检修，必须两个人以上监护操作。

（2）把 CPU 前面板上的方式选择开关从"运行"转到"停止"位置。

（3）关闭PLC供电的总电源，然后关闭其他给模板供电的电源。

（4）把与电源架相连的电源线记清线号及连接位置后拆下，然后拆下电源机架与机柜相连的螺钉，电源机架就可拆下。

（5）CPU 主板及 I/O 板可在旋转模板下方的螺钉后拆下。

（6）安装时以相反顺序进行。

4．检修工艺及技术要求

（1）测量电压时，要用数字电压表或精度为 1%的万用表测量。

（2）电源机架，CPU 主板都只能在主电源切断时取下。

（3）在 RAM 模块从 CPU 取下或插入 CPU 之前，要断开 PC 的电源，这样才能保证数据不混乱。

（4）在取下 RAM 模块之前，检查一下模块电池是否正常工作，如果电池故障灯亮时取下模

块 RAM，内容将丢失。

（5）输入/输出板取下前也应先关掉总电源，但如果生产需要，I/O 板也可在可编程控制器运行时取下，那么 CPU 板上的 QVZ（超时）灯亮。

（6）拔插模板时，要格外小心，轻拿轻放，并远离产生静电的物品。

（7）更换元器件不得带电操作。

（8）检修后模板安装一定要安插到位。

5．总体检查

根据控制系统总体检查流程图找出故障点的大方向，逐渐细化，以便找出具体故障，其流程如图 4.3.2 所示。

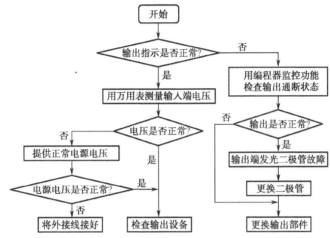

图 4.3.2　PLC 总体故障检查流程图

6．电源故障检查

电源故障检查可通过电源指示灯进行判断。电源指示灯不亮。应检查供电线路是否有电。检查供电开关、电源接线是否松动，保险是否损坏。如果有电进一步检查电源是否正常，不正常应进行调整。PLC 电源故障检查流程如图 4.3.3 所示。

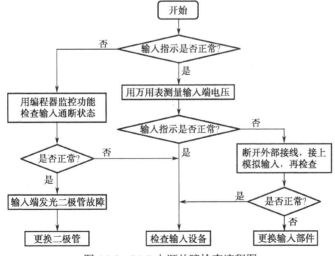

图 4.3.3　PLC 电源故障检查流程图

7. 运行故障检查

电源正常运行指示灯不亮，是由于系统故障终止了系统的运行。将 PLC 置于运行状态，如运行灯不亮，检查内存芯片是否插好；芯片正确插入插座仍不能运行，应更换 CPU 单元。PLC 运行故障检查流程如图 4.3.4 所示。

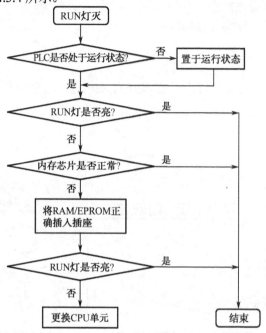

图 4.3.4　PLC 运行故障检查流程图

8. 输入/输出故障检查

输入/输出是 PLC 与外部设备进行信息交流的通道，其是否正常工作，除了和输入/输出单元有关外，还与连接配线、接线端子、保险管等元器件状态有关。输入/输出故障内、外部检查流程如图 4.3.5 和图 4.3.6 所示。

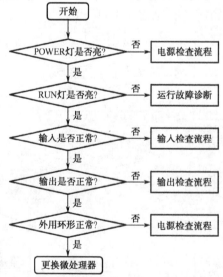

图 4.3.5　PLC 输入/输出故障内部检查流程图

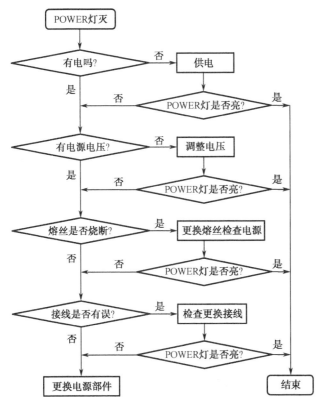

图 4.3.6 PLC 输入/输出故障外部检查流程图

应根据电气原理图绘制一张表格，贴在设备的控制台或控制柜上，标明每个 PLC 输入/输出端子编号与之相对应的电器符号、中文名称，即类似集成电路各引脚的功能说明。有了这张输入/输出表格，对于了解操作过程或熟悉本设备梯形图的电工就可以展开检修了。但对于那些对操作过程不熟悉，不会看梯形图的电工来说，就需要再绘制一张表格：PLC 输入/输出逻辑功能表。该表实际说明了大部分操作过程中输入回路（触发元件、关联元件）和输出回路（执行元件）的逻辑对应关系。实践证明：如果能熟练利用输入/输出对应表及输入/输出逻辑功能表检修电气故障，不带图纸也能轻松自如。

1）输入回路检修

判断某只按钮、限位、线路等输入回路的好坏，可在 PLC 通电情况下（最好在非运行状态，以防设备误动作），按下按钮（或其他输入接点），这时对应的 PLC 输入端子与公共端被短接，按钮所对应的 PLC 输入指示灯亮，说明此按钮及线路正常。灯不亮，可能按钮损坏、线路接触不良或者断线。若需要进一步判断，按钮如果是好的，那么用万用表的两支表笔，一头接 PLC 输入端的公共端，另一头接触所对应的 PLC 输入点（上述操作要小心，千万不要碰到 220V 或 110V 输入端子上）。此时指示灯亮，说明线路存在故障。指示灯不亮，说明此 PLC 输入点已损坏（此种情况比较少见，一般为强电入侵所致）。

2）输出回路检修

对于 PLC 输出点（这里仅谈继电器输出型），若动作对象所对应的指示灯不亮，在确定 PLC 在运行状态下，那么说明此动作对象的 PLC 输入/输出逻辑功能没有满足，也就是说输入回路出现故障，按上文所述应检查输入回路。

若所对应的指示灯亮，但所对应的执行元件（如电磁阀、接触器）不动作，先查电磁阀控制电源及保险器，最简便的方法是用电笔去测量所对应 PLC 输出点的公共端子。电笔不亮，可能对应保险丝熔断等电源故障。电笔亮，说明电源是好的，所对应的电磁阀、接触器、线路出故障。

排除电磁阀、接触器、线路等故障后，仍不正常，就利用万用表一支表笔，一头接对应的输出公共端子，另一头接触所对应的 PLC 输出点，这时电磁阀等仍不动作，说明输出线路出故障。如果这时电磁阀动作，那么问题在 PLC 输出点上。由于电笔有时会虚报，可用另一种方法分析，用万用表电压挡测量 PLC 输出点与公共端的电压，电压为零或接近零，说明 PLC 输出点正常，故障点在外围。若电压较高，说明此触点接触电阻太大，已损坏。

另外，当指示灯不亮，但对应的电磁阀、接触器等动作，则可能此输出点因过载或短路烧毁。这时应把此输出点的外接线拆下来，再用万用表电阻挡去测量输出点与公共端的电阻，若电阻较小，说明此触点已坏，若电阻无穷大，说明此触点是好的，应是所对应的输出指示灯已坏。

9. 程序逻辑推断

现在工业上经常使用的 PLC 种类繁多，对于低端的 PLC 而言，梯形图指令大同小异，对于中高端机（如 S7-300），许多程序是用语言表编写的。实用的梯形图必须有中文符号注解，否则阅读很困难，看梯形图前如能大概了解设备工艺或操作过程，看起来会比较容易。若进行电气故障分析，一般是应用反查法或称反推法，即根据输入/输出对应表，从故障点找到对应 PLC 的输出继电器，开始反查满足其动作的逻辑关系。经验表明，查到一处问题，故障基本可以排除，因为设备同时发生两起及两起以上的故障点是不多见的。

10. PLC 自身故障判断

一般来说，PLC 是极其可靠的设备，出故障率很低，但由于外部原因，也可能导致 PLC 损坏。

根据实践经验，PLC、CPU 等硬件损坏或软件运行出错的概率几乎为零，PLC 输入点如不是强电入侵所致，几乎也不会损坏，PLC 输出继电器的常开点，若不是外围负载短路或设计不合理，负载电流超出额定范围，触点的寿命也很长。因此，我们查找电气故障点，重点要放在 PLC 的外围电气元器件上，不要总是怀疑 PLC 硬件或程序有问题，这对快速维修故障设备、快速恢复使用是十分重要的，因此我们所谈的 PLC 控制回路的电气故障检修，重点不在 PLC 本身而是 PLC 所控制回路中的外围电气元器件。

11. 外部环境影响的检查

外部环境检查的是影响 PLC 工作环境的因素，主要项目有温度、湿度、噪声、粉尘以及腐蚀性酸碱等。

4.4 零部件常见故障与处理方法

在实际工作中，常会遇见电气控制柜不同的电气故障，排除故障的方法及方式只能根据故障的具体情况而定，也没有什么严格的模式及方法，对部分调试维修人员来说会感到困难，在排除故障的过程中，往往会走不少弯路，甚至造成较大损失。但是，多数电气故障是由于电气柜中零部件的故障造成的，对于特定的控制柜内零部件故障产生的原因和处理方法还是具有一定规律的。现将这些规律的东西整理成表格的形式，在遇到电气故障时能帮助我们准确查明故障原因，合理正确地排除故障，对提高劳动生产率，减少经济损失和安全生产都具有重大意义。

4.4.1　断路器常见故障处理方法

4.4.1.1　低压断路器常见故障及其处理

低压空气断路器常见故障分析与处理参见表 4.4.1。

表 4.4.1　低压空气断路器常见故障分析与处理

序　号	故 障 现 象	原 因 分 析	处 理 方 法
1	电动操作断路器不能闭合	① 操作电源电压不符（电源电压太低）	① 检查线路并调高电源电压
		② 电源容量不够	② 增大操作电源容量
		③ 电磁铁拉杆行程不够	③ 重新调整或更换拉杆
		④ 电动机操作定位开关变位	④ 重新调整
		⑤ 控制器中整流管或电容器损坏	⑤ 更换损坏元器件
2	手动操作断路器不能闭合	① 欠电压脱扣器无电压或线圈损坏	① 检查线路，施加电压或更换线圈
		② 储能弹簧变形导致闭合力减小	② 更换储能弹簧
		③ 反作用弹簧力过大	③ 重新调整弹簧反力
		④ 热脱扣的双金属片尚未冷却复原	④ 待双金属片冷却后再合闸
		⑤ 机构不能复位再扣	⑤ 重新再扣，修接触面至规定值
3	分励脱扣器不能使断路器分断	① 线圈短路	① 更换线圈
		② 电源电压太低	② 调换电源电压
		③ 再扣接触面太大	③ 重新调整
		④ 螺钉松动	④ 拧紧
4	启动电动机时断路器立即分断	① 过电流脱扣器瞬动整定值太小	① 调整瞬动整定值
		② 脱扣器某些零件损坏，如半导体器件、橡皮膜等损坏	② 更换脱扣器或更换损坏零部件
		③ 脱扣器反力弹簧断裂或脱落	③ 更换弹簧或重新装上
5	欠电压脱扣器不能使断路器分断	① 反力弹簧变小	① 调整弹簧
		② 如为储能释放，则储能弹簧变小或断裂	② 调整或更换储能弹簧
		③ 机构卡死	③ 消除卡死原因（如生锈）
6	断路器温升过高	① 触头压力过低	① 调整触头压力或更换弹簧
		② 触头表面过分磨损或接触不良	② 更换触头或清理接触，更换断路器
		③ 两导电零件连接螺钉松动	③ 拧紧
		④ 触头表面油污氧化	④ 清除油污或氧化层

续表

序 号	故障现象	原因分析	处理方法
7	带半导体脱扣器的断路器误动作	① 半导体脱扣器元器件损坏 ② 外界电磁干扰	① 更换损坏的元器件 ② 消除外界干扰,屏蔽隔离或更换线路
8	漏电断路器经常自行分断	① 漏电动作电流变化 ② 线路漏电	① 送回厂重新校正 ② 找出原因,如是导线绝缘损坏,则更换
9	漏电断路器不能闭合	① 操作机构损坏 ② 线路某处漏电或接地	① 送回厂家修理 ② 消除漏电处或接地处故障
10	断路器闭合后经一定时间自行分断	① 过电流脱扣器长延时整定值不对 ② 热元件或半导体延时电路元器件变化	① 重新调整 ② 更换
11	有一对触头不能闭合	① 一般型断路器的一个连杆断裂 ② 限流断路器拆开机构的可拆连杆之间的角度变大	① 更换连杆 ② 调整至原技术条件定值
12	欠电压脱扣器噪声大	① 反作用弹簧反力太大 ② 铁芯工作面有油污 ③ 短路环断裂	① 重新调整 ② 清除油污 ③ 更换衔铁或铁芯

4.4.1.2 自动开关故障原因及处理

自动开关故障原因及处理方法参表 4.4.2。

表 4.4.2 自动开关故障原因及处理方法

序 号	故障现象	故障原因	除方法
1	不能合闸	① 开关容量太大 ② 热脱扣器的热元件未冷却复原 ③ 锁链和搭钩衔接处磨损,合闸时滑扣 ④ 杠杆或搭钩卡阻 ⑤ 电动操动或其控制部分有问题	① 更换大容量的开关 ② 待双金属片复位后再合闸 ③ 更换锁链及搭钩 ④ 检查并排除卡阻 ⑤ 排除电动操动部分问题
2	开关温升过高	① 触头表面过分磨损,接触不良 ② 触头压力过低 ③ 接线柱螺钉松动	① 更换触头 ② 调整触头压力 ③ 拧紧螺钉
3	电流达到整定值时开关不断开	① 热脱扣器的双金属片损坏 ② 电磁脱扣器的衔铁与铁芯距离太大或电磁线圈损坏 ③ 主触头熔焊后不能分断	① 更换双金属片 ② 调整衔铁与铁芯距离或更换电磁线圈 ③ 处理接触面或更换触头
4	电流未达到整定值,开关误动作	① 整定电流调得过小 ② 锁链或搭钩磨损,稍受震动即脱钩	① 调高整定电流值 ② 更换磨损部件

4.4.1.3 刀开关的常见故障及其处理方法

刀开关的常见故障及其处理方法参见表 4.4.3。

表 4.4.3 刀开关的常见故障及其处理方法

序 号	故障现象	故障原因	排除方法
1	合闸后电路一相或两相无电源	① 静触头弹性消失，开口过大使静动触头接触不良	① 更换静触头
		② 熔丝熔断或虚连	② 更换或紧固熔丝
		③ 静动触头氧化或生垢	③ 清洁触头
		④ 电源进出线头氧化后接触不良	④ 清除氧化物
2	闸刀短路	① 外接负载短路，熔丝熔断	① 排除负载短路故障
		② 金属异物落入开关内引起相间短路	② 清除开关内异物
3	触头烧坏	① 开关容量太小	① 更换大容量开关
		② 拉闸或合闸时动作太慢，造成电弧过大，烧坏触头	② 改善操作方法
		③ 夹座表面烧毛	③ 用细锉刀修整
		④ 触刀与插座压力不足	④ 调整插座压力
		⑤ 负载过大	⑤ 减轻负载或调换较大容量的开关
4	封闭式负荷开关的操作手柄带电	① 外壳接地线接触不良	① 检查接地线
		② 电源线绝缘损坏碰壳	② 更换导线

4.4.2 熔断器常见故障及其处理方法

熔断器的常见故障及其处理方法参见表 4.4.4。

表 4.4.4 熔断器的常见故障及其处理方法

序 号	故障现象	原因分析	排除方法
1	熔体电阻无穷大	熔体已断	更换相应的熔体
2	熔断器入端有电出端无电	① 紧固螺钉松脱或接线端接触不良	① 旋紧接线端
		② 熔体与接线端接触不良	② 更换磨损部件
		③ 熔断器的螺帽盖未旋紧	③ 旋紧螺帽盖
3	熔体熔断	① 短路故障或过载运行而正常熔断	① 安装新熔断体前，先要找出熔体熔断原因，未确定熔断原因时不要更换熔体并试送
		② 熔断体使用时间过久，熔体因受氧化或运行中温度高，使熔体特性变化而误断	② 更换新熔体时，要检查熔断体的额定值是否与被保护设备相匹配
		③ 熔断体安装时有机械损伤，使其截面积变小而在运行中引起误断	③ 更换新熔断体时，要检查熔断体是否有机械损伤，熔管是否有裂纹

续表

序　号	故障现象	原因分析	排除方法
4	电动机启动瞬间，熔体烧断	① 熔体电流等级选择太小	① 更换合适的熔体
		② 电动机侧有短路或接地	② 排除短路或接地故障
		③ 熔体安装时受到机械损伤	③ 更换熔体
5	熔断器与控制装置同时烧坏、连接导线烧断、接线端子烧坏	① 谐波产生，当谐波电流进入配电装置时回路中电流急增烧坏	① 消除谐波电流产生
		② 导线截面积偏小，温升高烧坏	② 增大导线截面积
		③ 接线端与导线连接螺栓未旋紧产生弧光短路	③ 连接螺栓必须旋紧
6	熔断器接触件温升过高	① 熔断器运行年久接触表面氧化或灰尘厚接触不良，温升高	① 用砂布擦除氧化物，清扫灰尘，检查接触件接触情况是否良好，或者更换全套熔断器
		② 载熔件未旋到位，接触不良，温升高	② 载熔件必须旋到位，旋紧、牢固

4.4.3　接触器继电器常见故障与处理

4.4.3.1　电磁式接触器常见故障及其处理方法

电磁式接触器常见故障及其处理方法参见表4.4.5。

表 4.4.5　电磁式接触器常见故障及其处理方法

序　号	故障现象	故障原因	排除方法
1	触头熔焊	① 操作频率过高或电流过大断开容量不够	① 更换容量大的接触器
		② 长期过载使用	② 更换接触器
		③ 触点表面有金属颗粒异物	③ 清理触头表面
		④ 触头压力过小	④ 调高触头弹簧压力
		⑤ 负载侧短路	⑤ 排除短路故障
2	触头不能复位	① 复位弹簧损坏	① 更换弹簧
		② 内部机械卡阻	② 排除机械故障
		③ 铁芯安装歪斜	③ 重新安装铁芯
3	不释放或释放缓慢	① 触头熔焊	① 更换触头
		② 触头弹簧压力过小	② 调整触头参数
		③ 机械可动部分被卡有生锈现象	③ 排除卡住现象
		④ 反力弹簧损坏	④ 更换反力弹簧
		⑤ 铁芯接触面有油污或尘埃黏着	⑤ 清理铁芯接触面
		⑥ E 形铁芯磨损过大	⑥ 更换 E 形铁芯
4	吸不上或吸不足	① 电路实际电压低于线圈额定电压或有波动	① 检查电源或更换合适的接触器
		② 触头弹簧压力过大	② 调整触头参数
		③ 配线错误	③ 改正配线
		④ 触头接触不良	④ 更换触头或清除氧化层和污垢

续表

序　号	故障现象	故障原因	排除方法
5	衔铁振动和噪声	① 电路实际电压低于线圈额定电压	① 检查电源或更换合适的接触器
		② 触头弹簧压力过大	② 调整触头参数
		③ 铁芯短路环断裂	③ 更换铁芯或接触器
		④ 铁芯接触面有油污或尘埃黏着	④ 清理铁芯接触面
		⑤ 磁系统歪斜或机械上卡住，使铁芯不能吸平	⑤ 重新安装磁系统排除机械故障
		⑥ 铁芯接触面过度磨损而不平	⑥ 更换铁芯或接触器
6	线圈过热或烧损	① 电路实际电压高于线圈额定电压	① 检查电源或更换合适的接触器
		② 线圈匝间短路	② 更换线圈或接触器
		③ 操作频率过高	③ 调换合适的接触器
		④ 线圈参数与实际使用条件不符	④ 调换线圈或接触器
		⑤ 铁芯机械卡阻	⑤ 排除卡阻物

4.4.3.2　热继电器的常见故障及其处理方法

热继电器的常见故障及其处理方法参见表4.4.6。

表4.4.6　热继电器的常见故障及其处理方法

序　号	故障现象	产生原因	处理方法
1	热继电器接入后电路不通	① 热元件烧毁	① 更换热元件或热继电器
		② 进出线脱焊	② 重新焊好
		③ 接线螺钉未旋紧	③ 旋紧接线螺钉
		④ 热继电器常闭触点接触不良或弹性消失	④ 检修常闭触点
		⑤ 手动复位的热继电器动作后，未手动复位	⑤ 手动复位
2	控制电路不通	① 触头烧坏或动触头杆弹性消失	① 修理触头或动触头杆，必要时更换
		② 控制电路侧导线松脱	② 拧紧松脱导线
3	热继电器不动作，负载烧毁	① 整定值偏大	① 重新整定调小整定电流
		② 热元件烧断或脱焊	② 更换热元件或热继电器
		③ 动作机构卡住	③ 修理调整，但应防止动作特性变化
		④ 导板脱出	④ 重新放置导板并试验动作灵活性
		⑤ 触头接触不良	⑤ 清除表面尘垢或氧化物
4	热继电器误动作	① 电动机启动时间过长	① 选择满足电动机启动时间要求的可返回时间的热继电器，或启动时将热继电器短接
		② 操作频率过高	② 调换热继电器或限定操作频率
		③ 有强烈的冲击振动	③ 采用防振或选用防冲击性热继电器
		④ 连接导线太细	④ 按说明书要求选用标准导线
		⑤ 可逆运转，反接制动或频繁通断	⑤ 改用半导体温度热继电器保护
		⑥ 热继电器与电动机安装处温差太大	⑥ 按温差配置适当的热继电器
		⑦ 整定值偏小	⑦ 合理调整或更换合适规格
		⑧ 环境温差太大	⑧ 改善环境

续表

序　号	故障现象	产生原因	处理方法
5	热元件烧断	① 负荷侧短路或电流过大	① 排除故障，更换产品
		② 机构有故障，使热继电器不能动作	② 排除故障更换热继电器
		③ 反复短时工作、点动控制操作频率过高	③ 限定操作频率或调换合适的热继电器
6	热继电器拒绝动作	① 热继电器选配不当	① 重新选择
		② 热继电器控制电路不通	② 刻度调整旋钮或螺钉在不合适的位置上，将触头顶开
		③ 整定值偏大	③ 重新调整

4.4.3.3　时间继电器常见故障及其处理方法

时间继电器常见故障及其处理方法参见表 4.4.7。

表 4.4.7　时间继电器常见故障及其处理方法

序　号	故障现象	结构类型	故障原因	排除方法
1	延时时间缩短	气囊式	① 气室装配不严，漏气	① 修理后调试气塞
			② 橡皮膜损坏	② 更换橡皮膜
2	延时时间变长	气囊式	① 排气孔堵塞	① 排除阻塞故障
			② 传动机构缺润滑油	② 加入适量的润滑油
3	延时触点不动作	气囊式	① 电路实际电压低于线圈额定电压	① 检查电源或更换合适的继电器
			② 线圈损坏	② 更换线圈
			③ 接线松脱	③ 紧固接线
			④ 传动机构卡住或损坏	④ 排除卡住故障或更换部件
		电动式	① 电动式时间继电器的同步电动机线圈断线	① 更换同步电动机
			② 电动式时间继电器的棘爪无弹性，不能刹住棘齿	② 更换棘爪
			③ 电动式时间继电器游丝断裂	③ 更换游丝

4.4.3.4　速度继电器常见故障的修理方法

速度继电器常见故障的修理方法参见表 4.4.8。

表 4.4.8　速度继电器常见故障的修理方法

序　号	故障现象	故障原因	排除方法
1	电动机断电后不能迅速制动	① 触头处导线松脱	① 拧紧松脱导线
		② 摆杆卡住或损坏	② 排除卡住故障或更换摆杆
2	电动机反向制动后继续往反方向转动	触点黏接未及时断开	修理或更换触点

4.4.4 指令电器常见故障及处理

4.4.4.1 按钮常见故障的处理办法

按钮的常见故障及其处理方法参见表4.4.9。

表4.4.9 按钮的常见故障及其处理方法

序 号	故障现象	故障原因	排除方法
1	按下停止按钮被控电器未断电	① 接线错误	① 校对改正错误线路
		② 线头松动搭接在一起	② 检查按钮连接线
		③ 杂物或油污在触头间形成短路	③ 清扫按钮开关内部
		④ 绝缘击穿短路	④ 更换新按钮
2	按下启动按钮被控电器不动作	① 被控电器有故障	① 检查被控电器
		② 按钮触头接触不良或接线松脱	② 清扫按钮触头或拧紧接线
		③ 接线头脱落	③ 检查启动按钮连接线
		④ 触点氧化锈蚀、磨损松动,接触不良	④ 检修触点或调换按钮
		⑤ 动触点弹簧失效,使触点接触不良	⑤ 重绕弹簧或调换按钮
3	触摸按钮时有触电的感觉	① 按钮开关外壳的金属部分与连接导线接触	① 检查连接导线
		② 按钮帽的缝隙间有导电杂物,使其与导电部分形成通电	② 清扫按钮内部
4	松开按钮,触点不能自动复位	① 复位弹簧弹力不够	① 更换弹簧
		② 内部卡阻	② 清扫内部杂物

4.4.4.2 转换开关常见故障的处理办法

转换开关常见故障的处理办法参见表4.4.10。

表4.4.10 转换开关常见故障的处理办法

序 号	故障现象	故障原因	排除方法
1	手柄转动后内部触头未动	① 手柄上的轴孔磨损变形	① 更换手柄
		② 绝缘杆变形	② 更换绝缘杆
		③ 手柄与轴或轴与绝缘杆配合松动	③ 紧固松动部件
		④ 操作机构损坏	④ 修理
2	手柄转动能到位	弹簧安装不准确	重新安装弹簧
3	手柄转动后,动静触点不能同时通断	① 动触头安装角度不正确	① 重新安装动触头
		② 静触头失去弹性或接触不良	② 更换触头或清除氧化层或污垢
4	接线柱间短路	因铁屑或油污附着在接线柱间,形成导电层,将胶木烧焦,绝缘损坏后而形成	更换开关

4.4.4.3　行程开关常见故障的处理办法

行程开关常见故障的处理办法参见表 4.4.11。

表 4.4.11　行程开关常见故障的处理办法

序　号	故 障 现 象	故 障 原 因	排 除 方 法
1	挡铁碰撞行程开关后触头不动作	① 安装位置不准确	① 调整安装位置
		② 触头接触不良或接线松动	② 清刷触头或紧固接线
		③ 触头弹簧失效	③ 更换弹簧
2	无外界机械力作用，但触头不复位	① 复位弹簧失效	① 更换弹簧
		② 内部撞块卡阻	② 清扫内部杂物
		③ 调节螺钉太长，顶住开关按钮	③ 检查调节螺钉

4.4.5　电力电容器的故障原因及处理

电力电容器常见故障的处理办法参见表 4.4.12。

表 4.4.12　电力电容器常见故障的处理办法

序　号	故 障 现 象	故 障 原 因	处 理 方 法
1	第一次投入电网后，发生运行异常	对电力电容器没有认真检查和投入运行前的必要试验	① 确认电容器的铭牌：电压、容量、环温、湿度和通风等应符合现场要求
			② 对未投入运行的电容器做仔细的外观检查： a. 外部刷漆是否均匀，有无掉漆或碰撞的痕迹； b. 各部件是否完好和齐全； c. 有无渗油或漏油现象
			③ 用万用表测量电容器性能： a. 在测量前，须使电容器放电，否则会损伤仪表或电击测试人员； b. 使用万用表测量，通常采用 R×1k 挡，如果发现无阻值，为短路或接地；如果发现指针不摆动，而且阻值无穷大，为开路，应将该电容器退出。严禁使用 R×10k 挡，防止万用表击穿损坏
			④ 三相电容差值，不应超过一相电容的 5%
			⑤ 检查电容器接线是否正确，有关螺钉是否拧紧
			⑥ 各种保护是否正常
2	投入运行后，发生一般性故障	① 电力电容器存在缺陷 ② 维修不当 ③ 工作环境恶劣	① 仔细观察电容器外观有无异常，重点检查电容器的套管和连接螺杆螺母
			② 测量电容器的绝缘电阻、容量数值。必要时，应该做耐压试验
			③ 在运行中，为了防止电容器鼓肚，主要是消除电容器自身的过电压，技术措施是在高压电容器上串联 1～2 只对地绝缘 400V 电容器。400V 电容器可加放电间隙予以保护。对已经鼓肚、发生电晕、电火花的电容器，应及时切除

续表

序号	故障现象	故障原因	处理方法
2	投入运行后，发生一般性故障	① 电力电容器存在缺陷 ② 维修不当 ③ 工作环境恶劣	④ 电容器体温急剧升高，可用温度计进行测量。正常温度不超过40C，如果温度再升高，要立即采取有效降温措施，如加排风扇或空调等。如果仍不下降，要将电容器由电路上拆下来试验检查
			⑤ 电源电压应控制在不超过电容器额定电压的10%，电容器三相不平衡电流应控制在不超过一相额定电流的5%，运行电流应控制在不超过额定电流的130%。否则应停止电力电容器的运行
3	投入运行后，很快击穿	电解电容器极性接反或电容器内部短路	① 电容器安装之前，应查明该电容器是电解式还是通用式的，前者要求极性，后者不要求极性
			② 新投入的电容器要按国家标准做相应的试验
4	从电路上断开重合后又发生故障	① 电源电压超标 ② 电力电容器本体故障 ③ 操作机构或操作系统故障 ④ 放电环节不正常	① 如果电路电压持续居高不下，可调整变压器抽头调压，将电压降下
			② 如果初步判断有可能是电容器本身的故障，此时不要继续投送电力电容器组，在为送电情况下，测量该组每个电容器，将损坏或失效的电容器由电源上断开
			③ 若操作机构跳跃或三相不同期等，要检查合闸、跳闸回路防跃环节是否正常，检查接触器、隔离开关、断路器等动力环节三相接触是否正常，如不同期要及时调整
			④ 检查放电电阻是否损坏，三相放电电阻是否平衡。精确计算放电电阻
5	投运后发现内部有异常声响	内部受潮或短路	及时从电源上将电容器断开，检查如无特殊问题，仅仅是绝缘电阻低，采取烘潮措施即可
6	电力电容器投入电网后，温度急速上升	① 电容器内部短路 ② 电容器严重过电压 ③ 电容器严重过电流	① 检查电力电容器内部是否短路
			② 消除电容器过电压
			③ 测量并消除电容器过电流，必要时要改变电容器的容量
7	电力电容器爆炸	① 容量大，电压高的变压器内部严重短路。 ② 电容器严重受潮，形成接地拉弧 ③ 电容器温度超标 ④ 电容器严重漏油 ⑤ 未经放电，连续重合闸 ⑥ 由于小动物爬入造成三相短路	① 多是由于电容器质量不好，换上一个好的电容器
			② 保持电容器周围环境的干燥、通风和正常运行温度，保持周围无腐蚀性气体的良好条件
			③ 一般来讲，单只电容器不易爆炸。并联多只的，向一只电容器放电能量很大，可能发生爆炸。移相电容器爆炸主要原因是运行环温过高，电源电压波形畸变，操作过电压，接线错误等造成电容器内部击穿，产生剧热，使绝缘油分解产生大量气体，壳体承受不了这种压力。处理这种故障，通常是应用单只熔断器保护方式，可按电容器额定电流的1.5～2.5倍选定熔断器的额定电流。多只电容器，采用分组熔丝保护方式，一组不超过四只电容器，熔丝电流按小组额定电流的1.3～1.8倍来选定
			④ 及时消除电容器缺陷，如螺钉松动、锈蚀和漏油

续表

序 号	故障现象	故障原因	处理方法
8	电力电容器熔断器突然熔断	① 熔断器容量选小 ② 出现故障电流，如接地、短路或合闸冲击电流等	主要是按电力规程要求选择熔断器的容量

4.4.6　变压器的常见故障及处理

变压器常见故障种类、现象、产生原因及处理办法参见表 4.4.13。

表 4.4.13　变压器常见故障种类、现象、产生原因及处理办法

序 号	故障种类	故障现象	产生原因	处理办法
1	绕组匝间或层间短路	① 变压器异常发热油温升高 ② 油发出特殊的"嘶嘶"声 ③ 电源侧电流增大 ④ 三相绕组的直流电阻不平衡 ⑤ 高压熔断器熔断 ⑥ 气体继电器动作 ⑦ 储油柜冒黑烟	① 变压器运行年久绝缘老化 ② 绕组绝缘受潮 ③ 绕组绕制不当，使绝缘局部受损 ④ 油道内落入异物，使油道堵塞，局部过热	① 更换或修复所损坏的绕组、衬垫和绝缘筒 ② 进行浸漆和干燥处理 ③ 更换或修复绕组
2	绕组接地或相间短路	① 高压熔断器熔断 ② 安全气道薄膜破裂、喷油 ③ 气体继电器动作 ④ 变压器油燃烧 ⑤ 变压器振动	① 绕组主绝缘老化或有破损等严重缺陷 ② 变压器进水，绝缘油严重受潮 ③ 油面过低，露出油面的引线 ④ 绝缘距离不足而击穿 ⑤ 绕组内落入杂物 ⑥ 过电压击穿绕组绝缘	① 更换或修复绕组 ② 更换或处理变压器油 ③ 检修渗漏油部位，注油至正常位置 ④ 清除杂物 ⑤ 更换或修复绕组绝缘，并限制过电压的幅值
3	绕组变形与断线	① 变压器发出异常声音 ② 断线相无电流指示	① 制造装配不良，绕组未紧固 ② 短路电流的电磁力作用 ③ 导线焊接不良 ④ 雷击造成断线 ⑤ 制造上缺陷，强度不够	① 修复变形部位，必要时更换绕组 ② 拧紧压圈螺钉，紧固松脱的衬垫、撑条 ③ 割除熔蚀缩小的导线，补换新导线 ④ 修补绝缘，并作浸漆干燥处理 ⑤ 修复改善结构，提高机械强度

续表

序 号	故障种类	故障现象	产生原因	处理办法
4	铁芯片间绝缘损坏	① 空载损耗变大 ② 铁芯发热、油温升高、油色变深 ③ 吊出变压器身检查可见硅钢片漆膜脱落或发热 ④ 变压器发出异常声响	① 硅钢片间绝缘老化 ② 受强烈振动，片间发生位移或摩擦 ③ 铁芯紧固件松动 ④ 铁芯接地后发热烧坏片间绝缘	① 对绝缘损坏的硅钢片重新涂刷绝缘漆 ② 紧固铁芯夹件 ③ 按铁芯接地故障处理方法
5	铁芯多点接地或接地不良	① 高压熔断器熔断 ② 铁芯发热、油温升高、油色变黑 ③ 气体继电器动作 ④ 吊出变压器身检查可见硅钢片局部烧熔	① 铁芯与穿心螺杆间的绝缘老化，引起铁芯多点接地 ② 铁芯接地片断开 ③ 铁芯接地片松动	① 更换穿心螺杆与铁芯间的绝缘管和绝缘衬垫 ② 更换新接地片或将接地片压紧
6	套管闪络	① 高压熔断器熔断 ② 套管表面有放电痕迹	① 套管表面积灰脏污 ② 套管有裂纹或破损 ③ 套管密封不严绝缘受损 ④ 套管间掉入杂物	① 清除套管表面的积灰和脏污 ② 更换套管 ③ 更换衬垫 ④ 清除杂物
7	分接开关烧损	① 高压熔断器熔断 ② 油温升高 ③ 触点表面产生放电声 ④ 变压器油发出"咕噜"声	① 动触头弹簧压力不够或过渡电阻损坏 ② 开关配备不良造成接触不良 ③ 连接螺栓松动 ④ 绝缘板绝缘性能变劣 ⑤ 变压器油位下降，使分接 ⑥ 开关暴露在空气中 ⑦ 分接开关位置错位	① 更换或修复触头接触面 ② 更换弹簧或过渡电阻 ③ 按要求重新装配并进行调整 ④ 紧固松动的螺栓 ⑤ 更换绝缘板 ⑥ 补注变压器油至正常油位 ⑦ 纠正位置错误
8	变压器油变劣	油色变暗	① 变压器故障引起放电造成变压器油分解 ② 变压器油长期受热氧化使油质变劣	对变压器油进行过滤或换新油

4.4.7 热电阻/热电偶故障及处理

4.4.7.1 热电偶的故障及处理

热电偶常见故障及处理方法参见表4.4.14。

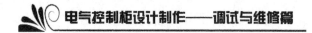

表 4.4.14　热电偶常见故障及处理方法

序　号	故障现象	原 因 分 析	处 理 方 法
1	热电势比实际值小（显示仪表指示值偏低）	① 热电极短路	① 经检查若是由于潮湿引起，可烘干；若是由于瓷管绝缘不良，则应予以更换
		② 热电偶接线盒内接线柱间积灰短路	② 打开接线盒，把接线板刷干净
		③ 补偿导线因绝缘烧坏而短路	③ 将短路处重新绝缘或更换新的补偿导线
		④ 热电偶热电极变质或热电偶受潮，绝缘不良或热端损坏	④ 剪去变质段宜重新接，清洗烘干或更换新热电偶
		⑤ 补偿导线与热电偶不匹配	⑤ 更换成同类型的补偿导线
		⑥ 补偿导线与热电偶极性接反	⑥ 重新接正确
		⑦ 插入深度不够和安装位置不对	⑦ 改变安装位置和插入深度
		⑧ 热电偶冷端温度过高，热电偶冷端温度补偿不符合要求	⑧ 调整冷端补偿器，热电偶的连接导线换成补偿线，使冷端移开高温区
		⑨ 热电偶与显示仪表不配套，线路电阻不准确	⑨ 更换热电偶或显示仪表使之相配套，正确配置线路电阻
2	热电势比实际大（显示仪表指示值偏高）	① 补偿导线与热电偶型号不匹配	① 更换相同型号的补偿导线
		② 插入深度不够或安装位置不对	② 改变安装位置或插入深度
		③ 热电极变质	③ 更换热电偶
		④ 有直流干扰信号进入	④ 检查干扰源，并予以消除
		⑤ 热电偶参考端温度偏高	⑤ 调整参考端温度或进行修正
		⑥ 线路电阻短路	⑥ 更换线路电阻
3	测量仪表指示不稳定，时有时无，时高时低	① 热电极在接线柱处接触不良	① 重新接好
		② 热电偶有断续短路或断续接地现象	② 将热电偶的热电极从保护管中取出，找出故障点并予以消除
		③ 热电极已断或似断非断	③ 更换新电极
		④ 热电偶安装不牢固，发生摆动或外部震动	④ 紧固热电偶，消除震动或采取减震措施，安装牢固
		⑤ 热电偶测量线路绝缘破损，引起断续短路或接地	⑤ 找出故障点修复绝缘
		⑥ 外界干扰（交流漏电，电磁场感应等）	⑥ 查出干扰源，采用屏蔽措施
4	热电偶电势误差大	① 热电极变质	① 更换热电偶
		② 热电偶的安装位置与安装方法不当	② 改变安装位置与安装方法
		③ 热电偶保护套管的表面积垢过多	③ 进行清理
		④ 测量线路短路（热电偶和补偿导线）	④ 将短路处重新更换绝缘
		⑤ 热电偶回路断线	⑤ 找到断线处，并重新连接
		⑥ 接线柱松动	⑥ 拧紧接线柱

4.4.7.2 热电阻的常见故障及处理

热电阻是中低温区最常用的一种温度检测器，它不仅广泛应用于工业测量，而且被制成标准的基准温度计。热电阻常见的故障现象及处理方法参见表4.4.15。

表4.4.15 热电阻常见的故障现象及处理方法

序 号	故障现象	可能原因	处理方法
1	显示仪表没有指示值	热电阻断路和短路	更换新的电阻体或采用焊接修理
2	显示热电阻的指示值比实际值低或示值不稳	保护管内有金属屑、灰尘、接线柱间脏污及热电阻短路（积水等）	除去金属屑，清扫灰尘、水滴等，找到短路点加强绝缘
3	热电阻的表指示无穷大	热电阻或引出线断路或接线端子松开等	更换热电阻或焊接断线处(焊后需要校验)。拧紧接线螺钉
4	仪表显示值为零或有负值	显示仪表与热电阻接线有错或热电阻有短路现象	改正接线，或找出短路处，加强绝缘
5	热电阻值与温度关系有变化	热电阻丝材料腐蚀变质	更换热电阻

4.4.8 PLC 故障检查与处理

PLC 常见故障检查与处理方法参见表4.4.16。

表4.4.16 PLC 常见故障检查与处理方法

故障种类	故障现象	故障原因	解决方法
电源故障	电源指示灯灭	① 指示灯坏或者熔断器断	① 更换
		② 无供电电压	② 加入电源电压，检查电源接线和插座，使之正常
		③ 供电电压超限	③ 调整电源电压在规定范围内
		④ 电源坏	④ 更换
异常故障	不能启动	① 供电电压超过上限	① 降压
		② 供电电压低于下限	② 升压
		③ 内存自检系统出错	③ 清内存、初始化 CPU
		④ 内存板故障	④ 更换
	工作不稳定、频繁停机	① 工作电压接近上、下极限	① 调整电压
		② 主机系统模块接触不良	② 清理、重插
		③ CPU、内存板内元器件松动	③ 清理、戴手套按压元器件
		④ CPU、内存板故障	④ 更换
	与编程器或微机不通信	① 通信电缆插接松动	① 按紧后重新联机
		通信电缆故障	② 更换
		③ 内存自检出错	③ 内存清零，拔去停电记忆电池几分钟后联机

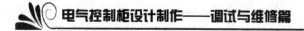

续表

故障种类	故障现象	故障原因	解决方法
异常故障	与编程器或微机不通信	④ 通信口参数不对	④ 检查参数和开关，重新设定
		⑤ 主机通信故障	⑤ 更换
		⑥ 编程器通信口故障	⑥ 更换
	程序不能装入	① 内存没有初始化	① 清内存、重写
		② CPU、内存板故障	② 更换
通信故障	单一模块不通信	① 接插不好	① 按压实
		② 模块故障	② 更换
		③ 组态不对	③ 重新组态
	从站不通信	① 分支通信电缆故障	① 拧紧插接件或更换
		② 通信处理器松动	② 拧紧
		③ 通信处理器地址开关错	③ 重新设置
		④ 通信处理器故障	④ 更换
	主站不通信	① 通信电缆故障	① 排除故障、更换
		② 调制解调器故障	② 断电后再启动，无效时更换
		③ 通信处理器故障	③ 清理后再启动，无效时更换
	通信正常，但通信故障灯亮	某模块插入不到位或接触不良	插入并拧紧
输入故障	输入模块单点损坏	① 过电压，特别是高压串入	① 消除过电压和串入高压
		② 输入全部不接通，未加外部输入电源	② 接通电源
		③ 外部输入电压过低	③ 加额定电源电压
		④ 端子螺钉松动	④ 将螺钉拧紧
		⑤ 端子板链接器不良	⑤ 将端子板锁紧或更换
输入故障	输入全部断电	① 输入回路不良	① 更换模块
		② 特定编号输入不接通，输入元器件不良	② 更换
		③ 输入配线断线	③ 检查输入配线，排除故障
		④ 端子接线螺钉松动	④ 拧紧
		⑤ 端子板连接器接触不良	⑤ 将端子板锁紧或更换
	输入信号接通时间过短	① 调整输入器件，输入回路不良	① 更换模块
		② OUT 指令用了该输入号	② 修改程序
		③ 特定编号输入不关断，输入回路不良	③ 更换模块
	输入不规则地通、断	① 外部输入电压过低	① 使输入电压在额定范围内
		② 噪声引起误动作	② 采取抗干扰措施
		③ 端子螺钉松动	③ 将螺钉拧紧
		④ 端子板连接器接触不良	④ 将端子板锁紧或更换

续表

故 障 种 类	故 障 现 象	故 障 原 因	解 决 方 法
输入故障	异常输入点编号连续	① 输入模块公共端螺钉松动	① 将螺钉拧紧
		② 端子板连接器接触不良	② 将端子板锁紧或更换
		③ CPU 不良	③ 更换 CPU
	输入动作指示灯不亮	指示灯坏	更换
输出故障	输出模块单点损坏	① 过电压,特别是高压串入	① 消除过电压和串入高压
		② 输出全部不接通,未加负载电源	② 接通电源
		③ 负载电源电压过低	③ 加额定电源电压
		④ 端子螺钉松动	④ 将螺钉拧紧
		⑤ 端子板连接器接触不良	⑤ 将端子板拧紧或更换
		⑥ 熔断器熔断	⑥ 更换
		⑦ I/O 总线插座接触不良	⑦ 更换
		⑧ 输出回路不良	⑧ 更换
	输出全部不关断	输出回路不良	更换模块
	特定编号输出不接通	① 输出接通时间短	① 更换
		② 程序中继电器号重复	② 修改程序
		③ 输出器件不良	③ 更换
		④ 输出配线断线	④ 检查输出配线,排除故障
		⑤ 端子螺钉松动	⑤ 拧紧
		⑥ 端子板连接器接触不良	⑥ 将端子板锁紧或更换
		⑦ 输出继电器不良	⑦ 更换
		⑧ 输出回路不良	⑧ 更换
	特定编号输出不关断	① 程序中输出指令的继电器号重复	① 修改程序
		② 输出继电器不良	② 更换模块
		③ 漏电流或残余电源使其不能关断	③ 更换负载或加假负载
		④ 输出回路不良	④ 更换
输出故障	输出不规则地通、断	① 外部输出电压过低	① 使输出电压在额定范围内
		② 噪声引起误动作	② 采取抗干扰措施
		③ 端子螺钉松动	③ 将螺钉拧紧
		④ 端子板连接器接触不良	④ 将端子板锁紧或更换
	异常输出点编号连续	① 输出模块公共端螺钉松动	① 将螺钉拧紧
		② 端子板连接器接触不良	② 将端子板锁紧或更换
		③ CPU 不良	③ 更换 CPU
		④ 熔断器坏	④ 更换
	输出动作指示灯不亮	指示灯坏	更换

4.5 零部件代换的原则

在电气控制柜检查修理的过程中，对于能够进行修复的零部件一般应优先进行修复，这样可以有效地降低修理成本。但是在很多情况下零部件没有修复的可能，必须更换新的零部件。换新的零部件最简单省事的当然是更换与原来零部件型号完全相同的零部件，可是在很多情况下难以办到。例如，由于科技进步，原来型号的零部件已经被淘汰停产；由于流通渠道问题，原来型号的零部件在当地无法买到等。还有一种情况，就是计划利用修理/更换零部件时机，更换性能更为先进的零部件来提高控制系统的性能指标。上述情况迫使我们必须考虑零部件的替换问题。

4.5.1 零部件代换必须考虑的问题

1．外形尺寸和安装问题

原则上来讲，替换用的电器零部件应当与原来的零部件完全相同，这样柜内的结构不需要进行任何改变，最为理想。当上述要求无法达到时，应尽可能选用与原来的零部件外形尺寸大小、形状、安装尺寸基本相同的零部件，这样只需要对柜内的结构稍加改动就能满足使用要求。外形尺寸大小、形状、安装尺寸与原来的零部件相差悬殊的零部件，在电气控制柜修理中绝对不允许使用。

2．功能问题

应根据原件的类别、控制的要求和使用的环境来选用合适的代换低压电器。代换电器的正常工作条件，如环境空气温度和相对湿度、海拔、允许安装的方位角度、抗冲击振动能力、有害气体、导电尘埃、雨雪侵袭、室内还是室外工作等满足使用要求。

3．性能问题

代换零部件的技术指标应与被替换件相同，如控制对象的额定电压、额定功率、电动机启动电流的倍数、负载性质、操作频率、工作制等。接通分断能力、允许操作频率、工作制、使用寿命等性能可以超越原来的要求。

替换用低压电器的容量一般应大于被控制设备的容量。对于有特殊控制要求的设备，应选用特殊的低压电器。

4．安全问题

替换的低压电器零部件必须保证能安全、准确、可靠地工作，必须达到规定的技术指标（如欠压、失压、过压、过流、超温保护等技术指标），以保证人身安全和系统及用电设备的可靠运行，而不至于因故障造成停产或损坏设备，危害人身安全等。

5．经济性问题

在考虑符合安全标准和达到技术要求的前提下，应尽可能选择性能比较高、价格相对较低的产品。另外，替换零部件还应根据低压电器的使用条件、更换周期以及维修的方便性等因素来选择。

电气控制柜内的零部件具有不同的用途和使用条件，因而有着不同的替换原则。下面介绍控制柜内常用的零部件一般应遵循的替换原则。

4.5.2　低压电器的替换原则

4.5.2.1　断路器的替换原则

（1）低压断路器的额定电压不小于原件的额定电压。
（2）低压断路器的额定电流不小于原件的额定电流。
（3）低压断路器的极限通断能力不小于原件的最大短路电流。
（4）脱扣器的额定电流不小于原件脱扣器的额定电流。
（5）欠压脱扣器的额定电压等于原件的额定电压。

4.5.2.2　漏电保护装置的替换原则

（1）形式与原件基本相同。
（2）额定电流大于等于原件额定电流。
（3）极数应与原件相同。
（4）额定漏电动作电流应小于或等于原件的额定漏电动作电流。

4.5.2.3　熔断器的替换原则

（1）熔断器的类型最好与原件相同。
（2）替换件的额定电压不小于原件的额定电压。
（3）替换件的额定电流不小于原件的额定电流。
（4）熔芯的额定电流与原件的额定电流相同。
（5）熔断器替换注意事项。
① 更换熔断器，应检查熔断器的额定电流后进行。
② 更换熔件时，应使用相同额定电流、相同保护特性的熔件，以免引起非选择性熔断，且熔件的额定电流应小于熔管的额定电流。更换熔件时不应任意采用自制的熔件。
③ 对快速一次性熔断器，更换时必须采用同一型号的熔断器。
④ 熔件更换时不得拉、砸、扭折，应进行必要的打磨，检查接触面要严密，连接牢固，以免影响熔断器的选择性。

4.5.2.4　接触器、继电器的替换原则

（1）替换接触器的类型最好与原件的类型完全相同。
（2）主触头的额定电流应不小于原件的额定电流。

（3）主触头的额定电压应不小于原件的额定电压。

（4）替换件的操作频率应不小于原件的操作频率。

（5）替换线圈额定电压最好与原件的额定电压相同。

（6）接触器继电器替换注意事项。

接触器一般都有灭弧装置，多用于大电流启动、运行主电路控制中。继电器一般都是没有灭弧装置的，多用于小电流控制电路中。

一般固态继电器最大额定电流比较小，只可以替代小功率的接触器。大功率的只能用接触器。

固态继电器耐冲击能力较差，一般用在阻性负载比较好，选择容量一般都要大一些。与一般接触器不同的是，固态继电器只要很小的直流维持电压和电流，应该说是节能产品。

同等电流值的固态继电器的价格是接触器的好几倍，必须考虑修理成本。

固态继电器用在电路频繁通断的控制场合要优于接触器。

4.5.2.5 热继电器的代换

（1）替换热继电器的类型最好与原件相同。

（2）热继电器的额定电流不小于原型号的额定电流。

（3）替换热元件的额定电流应与原件相同。

（4）热继电器替换注意事项。

热继电器要和接触器一块使用，而熔断器可以单独使用，热继电器要比熔断器灵敏一些。

热过载是过流保护，熔断器是短路保护，两者不能相互替代。

4.5.2.6 无功补偿电容器的代换

（1）替换电容器的额定电压应不小于原件的额定电压。

（2）替换电容器的电容量应与原件电容量相同。如果旧件标牌上的字已经无法看清，请按照表 4.5.1 进行更换。

表 4.5.1　补偿到 $COS\phi_2$ 时，每千瓦负荷所需电容器的千瓦数

	补偿后 $COS\phi_2$	0.80	0.84	0.88	0.90	0.92	0.94	0.96	1.00
补偿前	$COS\phi_1$=0.30	2.42	2.52	2.65	2.70	2.76	2.82	2.89	3.18
	$COS\phi_1$=0.40	1.54	1.65	1.76	1.81	1.87	1.93	2.00	2.29
	$COS\phi_1$=0.50	0.98	1.09	1.20	1.25	1.31	1.37	1.44	1.73
	$COS\phi_1$=0.54	0.81	0.92	1.02	1.08	1.14	1.20	1.27	1.56
补偿前	$COS\phi_1$=0.60	0.58	0.69	0.80	0.85	0.91	0.97	1.04	1.33
	$COS\phi_1$=0.64	0.45	0.56	0.67	0.72	0.78	0.84	0.91	1.20
	$COS\phi_1$=0.70	0.27	0.38	0.49	0.54	0.60	0.66	0.73	1.02
	$COS\phi_1$=0.74	0.16	0.26	0.37	0.43	0.48	0.55	0.62	0.91
	$COS\phi_1$=0.76	0.11	0.21	0.32	0.37	0.43	0.50	0.56	0.86
	$COS\phi_1$=0.80	—	0.10	0.21	0.27	0.33	0.39	0.46	0.75
	$COS\phi_1$=0.86	—	—	0.06	0.11	0.17	0.23	0.30	0.59

4.5.2.7 交流稳压器代换

（1）交流稳压器的额定容量不小于原件的额定容量。

（2）交流稳压器替换时还应考虑负载的启动电流较大，替换件的启动电流应不小于原件，如果旧件标牌上的字已经无法看清，替换件应参照表 4.5.2 的安全系数。

表 4.5.2 交流稳压器的安全使用系数

负载性质	设备类型	负载单元	安全系数		选择稳压器容量	
			SBW 系列	SVC 系列	SBW 系列	SVC 系列
纯阻性	电阻丝、电炉类		无要求		11.5≥负载功率	≥1.5 倍负载功率
感性	电梯、空调、电动机类设备	设备数量少，每台功率大	2	3	≥2 倍负载功率	≥3 倍负载功率
		设备数量多，每台功率小	2.5		≥2.5 倍负载功率	
容性	微机机房、广播电视等	设备数量少，每台功率大	1.5	2	≥1.5 倍负载功率	≥2 倍负载功率
		设备数量多，每台功率小	1.5		≥1.5 倍负载功率	
综合性负载	工厂、宾馆总配电及家具电器照明等	以最大感性负载来确定	感性负载的 2 倍加其他负载	感性负载的 3 倍加其他负载	≥2 倍感性负载功率+其他负载	≥3 倍感性负载功率+其他负载

注：选用的稳压器容量（kVA）=负载功率（kW）×安全系数。

4.5.2.8 PLC 代换原则

（1）更换的 PLC 的型号最好与原件型号完全相同。

（2）更换的 PLC 的输入/输出点数应不少于原件的输入/输出点。输出点的接法相同。

PLC 的输出点可分为共点式、分组式和隔离式几种接法。隔离式的各组输出点之间可以采用不同的电压种类和电压等级，但这种 PLC 平均每个控制点的价格较高。如果输出信号之间不需要隔离，则应选择前两种输出方式的 PLC。

（3）存储容量应不小于原件的存储容量。

（4）更换的 PLC 的 I/O 响应时间应不大于原件的 I/O 响应时间。

模拟量控制的系统必须考虑 I/O 响应问题。PLC 的 I/O 响应时间包括输入电路延迟、输出电路延迟和扫描工作方式引起的时间延迟（一般在 2～3 个扫描周期）等。

（5）更换的 PLC 的输出方式应与原件的输出方式相同。

（6）更换的 PLC 的联网通信方式应与原件的联网通信方式相同。

（7）更换的 PLC 的结构形式应与原件的结构形式相同。

影响更换的结构形式主要是指安装方式和安装尺寸。

4.5.3 电子元器件的代换

4.5.3.1 电阻器代换原则

1. 要尽可能地选用原型号电阻器

电阻器损坏后，应该尽可能选用相同规格的电阻器代换，如果找不到，则必须遵循下列原则：

（1）选用标称值相近的电阻器。

（2）选用功率比原来电阻器功率大的电阻器。

（3）只要安装位置允许，可以采用串联或者并联的方法来得到所需的电阻值。

（4）对于功率比较大的电阻器，用串联或并联电阻的方法代换时，除了串联或并联后的总阻值与原电阻值要相同外，还要注意参与串联或并联的各个电阻器所分配的功率是否超过它们各自的额定功率。

2. 电位器和可调电阻器的代换原则

电位器或可调电阻器损坏后，应该选用相同标称值、相同规格和相同特性曲线（对数式、指数式或直线式）的来代换，如果找不到所有参数完全相同的，则必须遵循下列原则：

（1）选择特性曲线相同的电位器或可调电阻器。

（2）选用标称值相近的电位器或可调电阻器。

（3）选用安装几何尺寸相同或近似的电位器或可调电阻器。

（4）在对电位器功率有要求的电路中使用的电位器，代换时应选用不小于原功率的。

3. 敏感电阻的代换原则

1）热敏电阻器的代换

热敏电阻器损坏后，若无同型号的产品进行更换，则可选用与其类型及性能参数相同或相近的其他型号热敏电阻器代换。

消磁用 PTC 热敏电阻器可以用与其额定电压值相同、阻值相近的同类热敏电阻器代用。例如，20Ω的消磁用 PTC 热敏电阻器损坏后，可以用 18Ω或 27Ω的消磁用 PTC 热敏电阻器直接代换。

压缩机启动用 PTC 热敏电阻器损坏后，应使用同型号热敏电阻器代换或与其额定阻值、额定功率、启动电流、动作时间及耐压值均相同的其他型号热敏电阻器代换，以免损坏压缩机。

温度检测、温度控制用 NTC 热敏电阻及过电流保护用 PTC 热敏电阻损坏后，只能使用与其性能参数相同的同类热敏电阻器更换，否则也会造成应用电路不工作或损坏。

2）压敏电阻器的代换

压敏电阻器损坏后，应更换与其型号相同的压敏电阻器或用参数相同的其他型号压敏电阻器来代换。代换时，不能任意改变压敏电阻器的标称电压及通流容量，否则会失去保护作用，甚至会被烧毁。

3）光敏电阻器的代换

光敏电阻器损坏后，若无同型号的光敏电阻器更换，则可以选用与其类型相同、主要参数相近的其他型号光敏电阻器来代换。

光谱特性不同的光敏电阻器（例如可见光光敏电阻器、红外光光敏电阻器、紫外光光敏电阻器），即使阻值范围相同，也不能相互代换。

4）熔断电阻器的代换

熔断电阻器损坏后，若无同型号熔断电阻器更换，也可以用与其主要参数相同的其他型号熔断电阻器代换或用电阻器与熔断器串联后代用。

用电阻器与熔断器串联来代换熔断电阻器时，电阻器应与原熔断电阻器的阻值和功率相同，而熔断器的额定的电流 I 可根据以下的公式计算得出：

$$I=\sqrt{0.6P/R}$$

式中　P——原熔断电阻器的额定功率；

　　　R——原熔断电阻器的电阻值。

对电阻值较小的熔断电阻器，也可以用熔断器直接代用。熔断器的额定电流值也可以根据上述的计算公式计算出。

4.5.3.2 电容器代换原则

1. 要尽可能地选用原型号电容器

可以用耐压值较高的电容器代换电容量相同但耐压值低的电容器。代换的电容器在耐压、温度系数方面均不能低于原电容器。

2. 用于滤波电路的电容器

一般来讲，只要耐压、耐温相同，稍大电容量的电容器可代换稍小的，但电路电容值相差不可太悬殊。例如，交流市电整流滤波电容器采用 100μF/400V 电解电容器滤波，不宜用 470μF/400V 电解电容器代换，因为电容器电容量太大时，会使开机瞬间对整流桥堆等器件的冲击电流过大，造成元器件损坏。

在一些滤波网络中，电解电容的容量也要求非常准确，其误差应小于±（0.3%～0.5%）。

3. 用于决定时间常数的电容

在分频电路、S校正电路、振荡回路及延时回路中电容器起定时作用，在这些要求较严格的电路中，要尽量用原值代用。代换时其容量一般不超过原容量的±20%。若容量小时，就采用并联方法解决；容量大时，可采用串联方法解决。

晶振两引脚上的稳频电容要原值（原位置）代换。

4. 电解电容器的代换

（1）电解电容器耐压要求必须满足，选用的耐压值应等于或大于原来的值。

（2）铝电解电容器损坏后，也可用与其参数相同但性能更优越的钽电解电容器代换。

（3）不能用有极性电解电容器代换无极性电解电容器。当无极性电解电容器电容值较小时，可用其他无极性电容器代换。

（4）一般更换的电解电容的电容偏差大些，不会严重影响电路的正常工作，所以可以选取电容量略大一些或略小一些的电容器代换。

5. 在要求不太严格的电路

例如旁路电路，一般要求不小于原电容量的 1/2 且不大于原电容量的 2～6 倍即可。

6. 无极性电容一般应用无极性电容来代换

实在无办法找到相同的无极性电容时可用两只容量大 1 倍的有极性电容逆串联后代替，此方法是将两只有极性电解电容的正极相连。

7. 贴片电容代换

贴片电容只要颜色大小一样就可以代换。

4.5.3.3 晶体二极管的代换原则

1. 检波二极管的代换

检波二极管损坏后，若无同型号二极管更换时，也可以选用半导体材料相同、主要参数相近的二极管来代换。在修理条件下，也可用损坏了一个 PN 结的锗材料高频晶体管来代换。

2. 整流二极管的代换

整流二极管的代换原则如下所述。

（1）整流二极管损坏后，可以用同型号的整流二极管或参数相同、其他型号的整流二极管代换。

（2）整流电流值高的二极管可以代换整流电流值低的二极管，反之则不能代换。

（3）高耐压值（反向电压）的整流二极管可以代换低耐压值的整流二极管，反之则不可能代换。

（4）工作频率高二极管可代换工作频率低的二极管，反之则不能代换。

3. 稳压二极管的代换

稳压二极管损坏后，应采用同型号稳压二极管或电参数相同的稳压二极管来更换。

可以用具有相同稳定电压值的高耗散功率稳压二极管来代换耗散功率低的稳压二极管，但不能用耗散功率低的稳压二极管来代换耗散功率高的稳压二极管。例如，0.5W、6.2V 的稳压二极管可以用 1W、6.2V 的稳压二极管代换。

4. 开关二极管的代换

开关二极管损坏后，应用同型号的开关二极管更换或用与其主要参数相同的其他型号的开关二极管来代换。

高速开关二极管可以代换普通开关二极管。

反向击穿电压高的开关二极管可以代换反向击穿电压低的开关二极管。

5. 变容二极管的代换

变容二极管损坏后，应更换与原型号相同的变容二极管或用其主要参数相同（尤其是结电容范围应相同或相近）的其他型号的变容二极管来代换。

4.5.3.4　晶体三极管的更换与代用

在控制柜线路板调试中，常常会遇到电路中的晶体三极管损坏，需要用同品种、同型号的晶体管进行更换，或用相同（或相近）性能的晶体管进行代用。在进行代用或更换时需要注意的事项和原则如下所述。

1. 普通晶体三极管代换的原则

当一时找不到相同型号的晶体管时，可以用相近功能的晶体管进行代用。具体要求如下：

（1）极限参数高的晶体管可以代替极限参数较低的晶体管。

例如：BV_{CEO} 高的晶体管可以代替 BV_{CEO} 较低的晶体管，P_{CM} 较大的晶体管可以代替 P_{CM} 较小的晶体管，等等。

（2）性能好的晶体管可以代替性能差的晶体管。

例如，β 高的晶体管可以代替 β 低的晶体管（但 β 过高的晶体管往往稳定性差，所以也不宜选用 β 过高的晶体管），I_{CEO} 小的管子可以代替 I_{CEO} 大的管子，等等。

（3）高频、开关三极管可以代替普通低频三极管。

当其他参数满足要求时，高频管可以取代低频管。对于低频小功率三极管，任何型号的高、低频小功率管都可替换它，但 f_T 不能太高。

高频管与开关管之间一般也可以相互取代，但对开关特性要求高的电路，一般高频三极管不能取代开关管。只要 f_T 符合要求，一般就可以代替高频小功率管，但应选内反馈小的三极管，$h_{FE}>20$ 即可。

（4）通常锗、硅管不能互换。

三极管使用的材料应相同，如硅管代换硅管，锗管代换锗管。

（5）特殊情况下硅管与锗管的相互代用。

两种材料的三极管相互代用时，首先，要导电类型相同（PNP 型代 PNP 型，NPN 型代 NPN 型）。其次，要注意三极管参数是否相似。最后，更换后，由于它们电源极性不同、偏置不同，需重新调整偏流电阻。

（6）用复合管取代单管。

所谓复合管就是用两只（有时是多只）三极管将相应电极适当连接起来完成单管的功能。两只三极管可以是同一种导电类型，也可以是不同的导电类型，所以可以有 4 种组合。复合管可以看成是一只三极管，其导电类型在图中已标明。复合管的 β 值为两只三极管 β 值之积。复合管的 P_{CM}、BV_{CBO} 和后一只三极管的值相似。但用复合管代替单管时一般要重新调整偏置。

2. 场效应管的代换原则

（1）场效应管代换只需大小相同、分清 N 沟道 P 沟道即可。

（2）功率大的可以代换功率小的场效应管。

总之，确保场效应管安全使用，要注意的事项是多种多样的，采取的安全措施也是各种各样的，电气控制柜的调试维修人员，都要根据自己的实际情况出发，采取切实可行的办法，安全有效地用好场效应管。

3. 贴片晶体管更换原则

1）类型相同

在代换贴片晶体管时，其相关类型要求相同，主要体现在种类相同：如 NPN 管代换 NPN 管，PNP管代换 PNP 管等。

2）特性相近

特性相近主要指代换管与原晶体管的主要参数相近；当没有原型号的代换管时，应该选用体积外形一致、主要参数与原管参数相近的晶体管进行代换。

3）外形相似

为了方便装配，要求代换管的主要尺寸与原管的尺寸相似。

同型号代换法：是指代换管的主要参数与原管的主要参数一致的代换方法，因为代换后对电路中的其他元器件正常工作无影响。在代换时，应优先考虑。

不同型号代换法：当找不到同型号管代换时，一般步骤如下。

（1）查出需代换贴片晶体管的主要特性参数。

（2）查找相关"晶体管代换手册"找出代换管型号。

（3）代换贴片晶体管。

利用贴片晶体管代换普通晶体管时通常采用特性相近的不同型号法进行代换。

4.5.3.5 集成电路代换方法与技巧

目前，电气控制设备中广泛使用着数字集成电路（TTL 和 CMOS 两类），集成运算放大器，集成功率放大器，A/D、D/A、D/D 变换器和线性集成稳压器这些通用型集成电路，因此掌握集成电路代换方法与技巧十分重要。

1. 直接代换

直接代换是指用其他 IC 不经任何改动而直接取代原来的 IC，代换后不影响机器的主要性能与指标。

代换原则：代换 IC 的功能、性能指标、封装形式、引脚用途、引脚序号和间隔等几方面均相同。其中，IC 的功能相同不仅指功能相同；还应注意逻辑极性相同，即输出/输入电平极性、电压、电流幅度必须相同。性能指标是指 IC 的主要电参数（或主要特性曲线）、最大耗散功率、最高工作电压、频率范围及各信号输入、输出阻抗等参数要与原 IC 相近。功率小的代用件要加大散热片。

1）同一型号 IC 的代换

同一型号 IC 的代换一般是可靠的。安装集成电路时，要注意方向不要搞错，否则，通电时集成电路很可能被烧毁。有的单列直插式功放 IC，虽型号、功能、特性相同，但引脚排列顺序的方向是有所不同的。

2）不同型号 IC 的代换

（1）型号前缀字母相同、数字不同 IC 的代换。

这种代换只要相互间的引脚功能完全相同，其内部电路和电参数稍有差异，也可相互直接代换。

（2）型号前缀字母不同、数字相同 IC 的代换。

一般情况下，前缀字母是表示生产厂家及电路的类别，前缀字母后面的数字相同，大多数可以直接代换。但也有少数，虽数字相同，但功能却完全不同。

（3）型号前缀字母和数字都不同 IC 的代换。

有的厂家引进未封装的 IC 芯片，然后加工成按本厂命名的产品。还有的厂家为了提高某些参数指标而改进产品。这些产品常用不同型号进行命名或用型号后缀加以区别。例如，AN380 与 μPC1380 可以直接代换；AN5620、TEA5620、DG5620 等之间可以直接代换。

2．非直接代换

非直接代换是指不能进行直接代换的 IC 稍加修改外围电路，改变原引脚的排列或增减个别元器件等，使之成为可代换的 IC 的方法。

（1）代换原则：代换所用的 IC 可与原来的 IC 引脚功能不同、外形不同，但功能要相同，特性要相近；代换后不应影响原电路性能。

（2）电源电压要与代换后的 IC 相符，如果原电路中电源电压高，应设法降压；电压低，要观察代换 IC 能否正常工作。

（3）代换以后要测量 IC 的静态工作电流，如电流远大于正常值，则说明电路可能产生自激，这时需要进行去耦、调整。若增益与原来有所差别，可调整反馈电阻阻值。

（4）代换后 IC 的输入、输出阻抗要与原电路相匹配；检查其驱动能力。

（5）在改动时要充分利用原电路板上的脚孔和引线，外接引线要求整齐，避免前后交叉，以便检查和防止电路自激，特别是防止高频自激。

（6）在通电前电源 V_{cc} 回路里最好再串接一只直流电流表，降压电阻阻值由大到小观察集成电路总电流的变化是否正常。

4.5.3.6 光电耦合器的代换

1．光电耦合器的输入/输出形式必须相同

（1）光电耦合器的输入类型必须相同。

不同输入类型的光电耦合器对输入信号的要求不同。

直流输入型用单只发光二极管输入信号，交流输入型用两只反向并联发光二极管输入信号。

不同输入类型光耦合器直接代换的介绍参见表 4.5.3。

表 4.5.3 不同输入类型光耦合器直接代换

序 号	输入方式	输出方式	可直接代换型号	封 装 形 式
1	直流输入	三极管基极无引出	H11A817、H11A817A～H11A817D、KP1010、KPC817D、PS2501、PS2561、PC817、PC817A～PC817D、TLP521-1、TLP621-1、TLP721	双列直插4引脚

序　号	输入方式	输出方式	可直接代换型号	封装形式
2	交流输入	三极管基极无引出	H11AA814、H11AA814A、LTV814A、PC814、PC814A、TLP130、TLP320、TLP330、TLP620、TLP630	双列直插 4 引脚
3			TLP620-2、TLP626-2	二合一双列直插 8 引脚
4			TLP620-3、TLP626-3	三合一双列直插 12 引脚
5			TLP620-4、TLP626-4	四合一双列直插 16 引脚
6	直流输入	三极管基极有引出脚	4N25～4N28、4N35～4N37、CNW11AV-1、CNW83、CNW85、CNX35U、CNX36U、CNX38U、CNX83A.W、CNY17-1、H11A1～H11A5、MCT2、MCT2E、MCT210、MCT271、MCT2200～MCT2202、SL5500、SL5501、SL5504、SL5511、SL5583.W、TIL111	双列直插 6 引脚

（2）输出电流的种类必须相同。

有直流专用型和交直流兼用型。

（3）光电耦合器的输出类型必须相同。

不同输出类型光电耦合器的负载驱动能力不同。

如果输出有功率要求的话，还得考虑光耦的功率接口设计问题。

（4）光电耦合器的传输比必须相同。

不同输出类型光电耦合器的传输比不同。达林顿管输出型光耦的传输比比三极管输出型光耦的传输比大得多，如果误将达林顿管型光耦器代替了常用的三极管型光耦器，由于达林顿管型光耦器灵敏度极高（其 IF 在 1mA 时传输比就可达 1000% 以上），极易饱和，导致无输出。

常用光电耦合器输入/输出的几种形式介绍参见表 4.5.4。

表 4.5.4　常用光电耦合器输入/输出的几种形式

序　号	发 光 体	受 光 体	特　　点	常 见 型 号
1	发光二极管	光敏二极管	输入阻抗低，传输数字（脉）信号时，具有很高的抗干扰能力，速度较快，缺点是传输灵敏度低，需要较大的驱动功率，适宜传输数字信号	CN3301、CD260、GD213
2	二极管	晶体三极管型	传输比大、灵敏度高；有些有基极引出脚，如 4N25，可给使用带来一定的灵活性；有些型号有二合一封装及四合一封装，如 TLP521-2 及 TLP521-4	GD318、4N25、4N25MC、4N26、4N27、4N28、4N36～4N38、H11A2
			高压晶体管输出	H11D1
3	三极管	达林顿管	灵敏度极高，输出易饱和，适于传输数字信号；高压型的有 PC525 和 PC725，其中 PC725 的 V_{CE} 可达 300V	4N29～4N33MC、4N35、4N38、4N45～46、6N138、6N139、TIL113、PC505、PC515、TLP570
			电阻达林顿输出	H11G2

续表

序　号	发 光 体	受 光 体	特　　点	常 见 型 号
4	二极管	TTL 逻辑电路	光敏元件是包含在反相器中的光敏二极管，它是所有光耦器中速度最快的，传输时间约在 100mS 左右	6N137、TIL117
5	交流输入二极管	晶体三极管	光耦器的输入端接有正反两只发光二极管，因此可传输交流信号，常用于对交流电源的掉电检测等	PC733
6	二极管	晶闸管	输出侧是一只光敏晶闸管，一旦导通，即使去掉输入端的控制信号，晶闸管也不会关断，除非在晶闸管两端加反向电压；主要指标是负载能力	4N39、TLP5051L、TL1510、TL1514、TLP545、TLP64、MOC3063、IL420
			过零触发晶闸管输出	MOC3040、MOC3041、MOC3061、MOC3081

2. 光电耦合器的封装形式必须相同

二极管输入三极管输出光耦合器直接代换参见表 4.5.5。

表 4.5.5　二极管输入三极管输出光耦合器直接代换表

序　号	塑封封装形式	输 入 方 式	输 出 方 式	可直接代换型号
1	双列直插 4 引脚	二极管	三极管基极无引出	BPC817、C817、GIC5102、LTV817、KP1010、OC617、ON3111、ON3131R、PC111、PC123、PC502、PC507、PC510、PC617、PC713、PC817、PC818、PC810、PC812、PS2401-1、PS2501-1、PS2561-1、SFH610A、TLP121、TLP124、TLP321、TLP421、TLP521、TLP621-1、TLP624
2	双列直插 6 引脚			CNX82A、FX0012CE、PC504、PC614、PC714、PS208B、PS2009B、PS2018、PS2019、PS2031、TLP332、TLP509、TLP519、TLP532、TLP632、TLP634、TLP650、TLP732
3	二合一双列直插 8 引脚			BPC827、C827、KP1020、LTV827、PS2501-2、PS2501-2、PS2561-2、TLP321-2、TLP421-2、TLP521-2、TLP621-2、TLP624-2、
4	三合一双列直插 12 引脚			TLP321-3、TLP521-3、TLP621-3、TLP624-3
5	四合一双列直插 16 引脚			BPC847、C847、KP1040、LTV847、PS2501-4、PS2561-4、TLP321-4、TLP421-4、TLP521-4、TLP621-4、TLP624-4
6	双列直插 6 引脚	二极管	三极管基极有引出脚	4N25、4N25A、4N26、4N27、4N28、4N30、4N33、4N35、4N36、4N38、4N38A、CNX62A、FC0830、MCT277、NC227、PC120、PC417、PC613、PS2002、SPX7130、TLP131、TLP137、TLP331、TLP503、TLP508、TLP531、TLP535、TLP631、TLP632、TLP731、TIL111、TIL112、TIL113、TIL114、TIL115、TIL116、TIL117、
7	双列直插 8 引脚			TLP551、TLP651、LP751、PC618、PS2006B、6N135、6N136

本类间所有型号均可直接互换，第1类与第2类可以代换，但需对应其相同功能引脚接入。第3～6类可以代换第1类与第2类，选择功能相同引脚接入即可，无用引脚可不接。但第1类与第2类不可以代换第6类和第7类。

例如，用PC817代换TLP632时，PC817的①②引脚对应接入TLP632的①②引脚，PC817的③引脚对应接入TLP632的④引脚，PC817的④引脚对应接入TLP632的⑤引脚即可。又如，用4N35代TLP632时，可直接接入原TLP632的位置，4N35的⑥引脚不用。

3. 线性光耦与非线性光耦不能相互替代

光耦直接用于隔离传输模拟量时，要考虑光耦的非线性问题。

1）非线性光耦

非线性光耦的电流传输特性曲线是非线性的，这类光耦适合于传输开关信号，不适合于传输模拟量。传输逻辑信号的场合，如采样信号与单片机输入之间，通常会采用非线性光耦。普通光电耦合器只能传输数字信号（开关信号），不适合传输模拟信号。常用的4N系列光耦属于非线性光耦，如4N25、4N26、4N35、4N36等，主要用于传输数字信号（高、低电平），不适合用于开关电源中。

2）线性光耦

线性光耦只是将普通光耦的单发单收模式稍加改变，增加一个用于反馈的光接收电路。这样，虽然两个光接收电路都是非线性的，但两个光接收电路的非线性特性都是一样的。就可以通过反馈通路的非线性来抵消直通通路的非线性，从而达到实现线性隔离的目的。

线性光电耦合器能够传输连续变化的模拟电压或电流信号，这样随着输入信号的强弱变化会产生相应的光信号，从而使光敏晶体管的导通程度也不同，输出的电压或电流也随之不同。线性光耦的电流传输特性曲线接近直线，并且小信号时性能较好，能以线性特性用于隔离控制。因此需要传输模拟信号的场合，如开关电源输出端反馈信号与输入端信号的隔离，就需采用线性光耦。

开关电源维修中如果光耦损坏，一定要用线性光耦代换。如果使用非线性光耦，有可能使振荡波形变坏，严重时出现寄生振荡，使数千赫的振荡频率被依次调制成数十到数百赫的低频振荡。由此产生的后果是对负载产生干扰，同时电源带负载能力下降。

线性光耦合器的典型产品及主要参数参见表4.5.6，这些光耦均以光敏三极管作为接收管。

表4.5.6　典型线性光耦合器

序　号	产品型号	封装型式
1	PC816A、CNY17-2、CNY75GA、PC111、TLP521-1	DZP-4 基极未引出
2	PC817A～C、SFH600-1、SFH600-2、SFH610A-2、NEC2501-H、CNY17-3、MOC8101、MOC8102、CNY75GB	
3	LP632、TLP532、PC614、PC714、PS2031	DZP-6 基极引出

4. 高速光耦可以替代低速光耦，但是低速光耦不能替代高速光耦

光耦隔离传输数字量时，应考虑光耦的响应速度问题。当采用光耦隔离数字信号进行控制系统设计时，光电耦合器的传输特性，即传输速度，往往成为系统最大数据传输速率的决定因

素。在许多总线式结构的工业测控系统中，为了防止各模块之间的相互干扰，同时不降低通信波特率，不得不采用高速光耦来实现模块之间的相互隔离。但是，高速光耦价格比较高，导致产品成本提高。

常用的高速光耦型号介绍参见表4.5.7。

表4.5.7 常用的高速光耦型号

序　号	传输速率（b/s）	高速光耦合器型号
1	100K	6N138、6N139、PS8703
2	1M	6N135、6N136、CNW135、CNW136、PS8601、PS8602、PS8701、PS9613、PS9713、CNW4502、HCPL-2503、HCPL-4502、HCPL-2530（双路）、HCPL-2531（双路）
3	10M	6N137、PS9614、PS9714、PS9611、PS9715、HCPL-2601、HCPL-2611、HCPL-2630（双路）、HCPL-2631（双路）

4.5.3.7　晶闸管的代换

（1）晶闸管损坏后最好用同型号的晶闸管更换，若无同型号的晶闸管更换，可以选用与其性能参数相近的其他型号晶闸管来代换。在代换时各参数要求尽量与原来的一致。

（2）在更换晶闸管时，只要注意其额定峰值电压（重复峰值电压）、额定电流（通态正向平均电流）、正向压降、门极触发电压和门极触发电流即可，尤其是额定峰值电压与额定电流这两个指标。

① 额定正向平均电流简称正向电流，是指在规定的环境温度和标准散热条件下，阳极和阳极间可连续通过 50Hz 半波电流的平均值，一般取 1.57 倍。如一只晶闸管，标出额定正向电流是 10A；则允许通过交流电流的有效值为 10×1.57=15.7（A）。

② 选择晶闸管时，正向压降应越小越好。

③ 触发电压和触发电流可根据设计要求，用同型号的晶闸管一般都能触发导通。

对一些小功率塑封晶闸管，可根据触发电流级别的色点选择使用，如 3CT 系列小功率晶闸管常用红、橙、黄、绿、蓝、紫、灰 7 种色点。红色点表示触发电流最小，灰色点表示触发电流最大；最小的一般为几微安至几十微安，最高可达十几、几十毫安。应该选用色点相同的晶闸管更换。

（3）代换晶闸管应与损坏晶闸管的开关速度一致。例如，在脉冲电路、高速逆变电路中使用的高速晶闸管损坏后，只能选用同类型的快速晶闸管，而不能用普通晶闸管来代换。

（4）选取代用晶闸管时，不管什么参数，都不必留有过大的裕量，应尽可能与被代换晶闸管的参数相近，因为过大的裕量不仅是一种浪费，而且有时还会起副作用，出现不触发或触发不灵敏等现象。

（5）要注意，两个晶闸管的外形要相同，否则会给安装工作带来不利。

4.5.3.8　IGBT 管的代换

由于 IGBT 管工作在大电流、高电压状态，工作频率较高，发热量大，因此其故障率较高，但又由于其价格较高，因此代换 IGBT 管时，应遵循以下原则：

（1）首先，尽量用原型号的代换，这样不仅利于固定安装，也比较简便。

（2）当无法购得原型号又必须代换时：

① 考虑封装和放置位置。

如果封装不符，又受到散热板上固定螺钉孔的限制，就要考虑调整 IGBT 管的安装位置；适当改动散热板。若安装难度确实太大，应考虑另选代换管。

② 替换管的代用参数大些比小的好。

如果没有相同型号的 IGBT 管，可用参数相近的 IGBT 管来代换，一般是用额定电流较大的代替额定电流较小的，用高耐压的代替低耐压的，如果参数已经磨掉，可根据其额定功率来代换。

③ 注意内部是否含阻尼二极管。

在最高耐压、最大电流符合要求时，内含阻尼管的 IGBT 管可以代换不含阻尼二极管的 IGBT 管；若用不含阻尼二极管的 IGBT 管代换含阻尼二极管的 IGBT 管时，应在新换管的 c、e 极间加焊一只快速恢复二极管。

第5章 出厂检验与包装运输

5.1 电气控制设备的出厂检验

5.1.1 电气控制产品出厂检验制度

产品出厂检验是对最终电气控制产品的质量特性进行检验和试验，以确保产品的质量满足用户及相关产品的技术标准。产品的技术标准应优先执行序列为：国际标准→国家标准→行业标准→企业标准。保证未经检验和试验的产品或不合格产品不出厂销售。

出厂试验的内容比型式试验少，也就是说，有些试验项目已通过型式试验，出厂试验中无须重做（例如防护等级、温升等）。

5.1.1.1 产品出厂检验的组织

（1）成品出厂检验员，业务上由质检部门负责指导、负责装配工序、特性调整、出厂试验的监督、检查工作。相关生产、技术、供销部门负责协助质量检验员进行最终产品的检验和试验。

（2）质检员应坚持原则，责任心强，熟悉产品性能，技术标准及装配工艺要求，了解主要零部件的加工方法，精度要求，结构特点、作用，掌握一般测量基础知识，专用量具试验设备的使用方法等。

（3）按要求做好各项检测原始记录，项目齐全、数据准确，按月整理交质检部门保留18个月备查。

（4）检测设备器具应正确使用，使用前应检查其是否准确。检测器具要妥善保管，坚持文明生产，安全生产。

（5）保持工作场地整洁，图纸资料不涂改，保管爱护图纸及技术资料不得遗失。

（6）由质检部门牵头组织相关部门参加质量工作分析会，提出整改措施，检查生产执行情况。制定产品质量指标和质量改进计划，贯彻执行质量法和有关技术质量标准。

5.1.1.2 检验工作程序

最终产品的检验和试验是全面考核产品质量是否满足客户要求的重要手段。必须严格按产品图样、技术文件、标准、检验要求进行检验和试验。

（1）产品完工后，由生产车间通知质检部质量检验员进行最终产品的检验和试验，并做好检验和试验记录。

（2）与最终产品相关的检验和试验未完成或未通过时，不能进行产品的最终检验和试验。

（3）如有合同要求时，应与用户和第三方一起对产品进行检验和试验。检验和试验过程中发现的质量问题必须得到解决后才能发货。

（4）当某些检验和试验项目本公司不能进行时，由质检部委托有资格的单位进行检验和试验，并对所委托单位的检验和试验能力、资质等进行评价，填写供方评价记录。

（5）最终检验和试验项目完成后，由质检部检验技术人员或质量检验员判定最终产品是否合格，如产品判定为合格，可填写"产品合格证"等入库销售手续。如判定为不合格，按《不合格控制制度》的规定进行处理。

（6）每一次检验和试验，质量检验员都应做好检验和试验记录，记录应及时、完整、清晰，并能准确地反映出最终产品实际质量状况。

（7）质量检验员应得到质量负责人的授权，并在授权的检验范围内实施质量检验工作。

5.1.1.3　不良品的处理

（1）在检验中发现的质量问题，应及时分析原因，向质检部门及车间反映，经技术、质检部门确定，属于零部件质量问题的，按质量问题大小可分别办理回用、返工代用、报废等手续；属于装配质量问题的，责令责任人返工修复。

（2）协助车间、仓库做好返修品和废品的隔离工作。

5.1.1.4　出厂检验记录制度

（1）企业应建立和保存出厂产品的原始检验数据和检验报告记录，包括查验产品的名称、规格、数量、生产日期、生产批号、执行标准、检验结论、检验人员、检验合格证号或检验报告编号、检验时间等记录内容。

（2）企业的检验人员应具备检验和记录的能力。

（3）企业委托其他检验机构实施产品出厂检验的，应检查受委托检验机构资质，并签订委托检验合同。

（4）出厂检验项目与产品安全标准及有关规定的项目应保持一致。

（5）企业应具备必备的检验设备，计量器具应依法检验合格或校准，相关辅助设备及化学试剂应完好齐备并在有效使用期内。

（6）企业自行进行产品出厂检验的，应按规定进行实验室测量比对，建立并保存比对记录。

（7）企业应按规定保存出厂检验留存样品，产品保质期内不得随意处理。

（8）产品出厂检验报告单格式参见表5.1.1。

表5.1.1　出厂检验报告单

序　号	检验项目		技　术　要　求	检测结果
1	外观	元器件选择	（1）元器件必须具有生产许可证，强制认证的产品必须具有认证标志； （2）元器件应符合产品电力执行标准及设计图样额定参数的要求	合格
		元器件安装	元器件安装应牢固可靠，应留有足够的飞弧距离和维护拆卸罩所需的空间，并有防松措施，外部接线端子应为接线留有必要的空间	合格
		控制线配制	（1）导线截面选用符合要求，布线合理，整齐美观； （2）线耳牢固，无松动现象； （3）接地保护良好，接地螺钉牢固	合格

续表

序　号	检验项目		技 术 要 求	检测结果
1	外观	结构、被覆层	(1) 产品结构尺寸和选择应符合设计要求，柜架有足够的机械强度； (2) 漆层色泽均匀，无明显的流痕、针孔、起泡等缺陷； (3) 电镀层均匀，铅化膜完整无脱镀、发黑、霉点等缺陷； (4) 检测机柜集成，即结构、接线、系统接地、风扇和照明灯完好	合格
2	性能	静电测试	根据图纸用万用表逐点检测，通断符合图纸要求	正常
		绝缘电阻	根据技术要求用兆欧表测量	合格
		工频耐压	试验电压应符合表 5.1.4 的规定，试验电压的施加时间为 1s；试验过程中，没有发生绝缘击穿、表面闪络、电压突然下降或耐压试验机跳闸、报警等	合格
		通电试验	(1) 按装置的电气原理图要求，进行通电模拟动作试验，动作应正确，符合设计要求； (2) 检测电源分配，包括220V AC 和24V DC，所有设备均可正常上电； (3) 检测每台 A500 控制器，设置 IP 地址，更新驱动程序，并下载安装测试程序，均正常； (4) 检测通信设备，通信正常； (5) 检测人机界面，显示正常，通信正常； (6) 检测 I/O 模块功能以及每个 I/O 通道，正常	正常

5.1.2　出厂试验前一般检查

1. 外观检查

外观检查主要检查装置的外观质量、装配质量。一般用目测或简单工具检测进行。

（1）设备上所有安装的元器件型号、规格应符合设计图样及其相应的技术条件的要求。

（2）主、辅助电路接线应正确、整齐、美观，并符合相应工艺守则的要求，导线截面和颜色的选择也应符合有关工艺守则的规定。

（3）设备的铭牌、符号及标志（识）应正确、清晰、齐全，且易于辨别，安装位置应正确，应满足相应工艺守则的规定。

（4）设备中绝缘件的处理应符合相应标准和工艺守则的要求。

（5）设备中的涂漆层应牢固、匀称，无剥落、起层（泡）、麻点、露底等缺陷。在距离 1m 处观察不应有明显的色差和反光。

（6）设备中的电镀件应无漏镀、锈蚀等缺陷。

2. 电器元器件装配质量检查

检查的内容有：

（1）所用元器件铭牌、型号、规格、数量应与被控制线路或设计相符。标牌上内容是否正确，是否与材料表相符。

（2）元器件的安装、布局是否符合工艺要求。

（3）面板上的指示灯、按钮、仪表均应横平竖直（设计时，还应考虑人机工程学的要求，例如按钮、仪表等不能安装在太高或太低的位置，否则操作和观察均不方便）。

（4）元器件安装是否牢靠、合理、符合元器件生产厂的安装要求（例如有的元器件只能竖装，不允许横装，有的不允许倾斜等）。元件、器件出厂时调整的定位标志不应错位。

（5）固定在冷却电极板或散热器上的电力电子元器件应无松动，其他零部件的紧固螺钉应无松动。

（6）还要检查电器元件和功能单元中带电部件的电气间隙和爬电距离是否符合规定，断路器、交流接触器的飞弧距离是否合格。与元件直接连接在一起的裸露带电导体和接线端子的电气间隙和爬电距离至少应符合这些元器件自身的有关要求。

（7）还有电器元件的裸露带电端子等带电导体距金属构件（如框架、隔板、门板等）的距离不得小于20mm，如达不到要求必须采取绝缘措施。各相的熔断器之间应有挡板，防止一相熔断器熔断时影响相邻的熔断器。

（8）当控制板额定电压大于500V时，其背面还应有不低于防护等级IP2X的防护措施。

（9）有机玻璃板安装固定时两面都要垫纸垫片，以达到防震效果。

（10）控制板用的电气元件应牢固地安装在构架或面板上，并有防松措施，便于操作和维修。

（11）插件板的名称与标志应无错位，插件板内的线路应清晰、洁净、无腐蚀、平滑无毛刺、线条无断裂、无条间黏接；各焊点之间应明显断开；线条间相邻边距离应符合国家现行有关标准的规定。

（12）插接件的插头及插座的接触簧片应有弹性，且镀层完好；插接时应接触良好可靠。

3. 接线质量检查

（1）导线连接是否牢靠；每个接线端子只允许连接一根导线（必要时允许连接两条导线）。

（2）绝缘导线穿越金属构件应有保护导线不受损伤的措施。

（3）用线束布线，线束要横平竖直，且横向不大于300mm，竖向不大于400mm，应有一个固定点；用线槽布线，线槽应横平竖直。

（4）交流回路的导线穿越金属隔板时，该电路所有相线和零线均应从同一孔中穿过（由电工学知道，当一根载有交流电流的导线穿过金属板时，会在金属板中产生涡流；通过导线的电流越大，产生的涡流也越大，这就会额外消耗电能，也会增加金属板的温升。而当三相导线和零线一起穿过同一个金属孔时，三根相线和零线上的电流瞬时值之和通常为零或相当小，这样就不会在金属板中产生涡流了）。

（5）在可移动的地方，必须采用多股铜芯绝缘导线，并留有长度富裕度。

（6）接地保护在连接框架、面板等涂覆件时，必须采用刮漆垫圈，并拧紧紧固件（目的是尽量减少接触电阻）。

（7）螺栓连接的导线应无松动，线鼻子压接应牢固无开裂。焊接连接的导线应无脱焊、虚焊、碰壳及短路。

（8）主电路（接触器、热继电器、开关、熔座、端子）螺钉的检查用力矩扳手应符合表5.1.2的规定。

表 5.1.2　螺纹紧固连接拧紧力矩

螺纹直径（mm）	力矩值（N·m）	螺纹直径（mm）	力矩值（N·m）
2，2.5	0.25～0.35	10	18～23
3	0.5～0.6	12	31.5～39.5
4	1～1.3	14	51～61
5	2～2.5	16	78～98
6	4～4.9	18	113～137.5
8	8.9～10.8	20	157～196

（9）具有主触头的低压电器，触头的接触应紧密，采用 0.05mm×10mm 的塞尺检查，接触两侧的压力应均匀。

（10）铜排的连接检查用 0.05mm 塞尺插片检查<6mm。

（11）检查主电路的相位连接；重点检查接地线的连接。

（12）连接质量的检查也可以使用试灯或蜂鸣器，对接线的两端通电见到试灯亮或听到蜂鸣器响，表明接线正确。

4．母排连接检查

1）母排加工质量

母排表面涂层（如镀镍、搪锡、涂漆）应均匀、无流痕，母排弯曲处不得有裂纹及大于 1mm 的皱纹，母排表面应无起皮、锤痕、凹坑、毛刺等。

2）母排安装质量

（1）母排的搭接面积与搭接螺栓的规格、数量、位置分布应符合有关标准的规定，搭接螺栓必须拧紧（不同规格的螺栓、螺母拧紧力矩均有规定），如果拧得不紧，会使接触电阻增大，工作时会发热甚至烧坏。

（2）母线之间及与电器端子的连接应平整，自然吻合，保证有足够和持久的接触压力，但不应使母线产生永久变形，也不应使电器端子受到额外的应力。

（3）由于母排与母排、母排与电器端子的连接要求很高，所以应用扭力扳手拧紧螺栓、螺母，其紧固的扭力矩应符合有关标准的规定，例如 M6 的螺栓扭力矩应达到 78.5～98.1（N·m）。

（4）主电路不同极性的裸露带电导体之间及与外壳之间的距离不应小于 20mm（跟额定工作电压及工作场所污染状况有关）。

（5）连接主电路电器元件的进出端子的母排间距不得小于该元件端子间的间距。此外，母排的相序也应符合规定。

5．电气间隙和爬电距离的测量

（1）采用卷尺、钢板尺检测所有带电部件与不带电部件之间以及带电部件相互之间的电气间隙与爬电距离。

（2）对于抽出式和移开式（或称插入式）部件，应检查其不同工作位置的电气间隙和爬电距离。分断位置时，主触头和带电母线的电气间隙应≥25mm。

5.1.3　机械、电气操作试验

机械、电气操作试验可分手动操作机构试验、抽出式功能单元手动试验、电气操作试验和联锁功能试验4步进行。

1．手动操作机构试验

对每台柜子上所有的手动操作部件（如断路器操作手柄、组合开关旋钮等）进行5次操作，应该无异常情况。对于双向动作的元器件，应按照往、返操作各1次，记作1次。

2．抽出式功能单元（抽屉）手动试验

对于抽出式部件，其操作过程应从"连接"位置至"分离"位置，然后再到"连接"位置，记作1次，反复进行5次操作。

操作时将抽屉由连接位置拉出到试验位置，再到分离位置，然后再推进到连接位置。操作过程应灵活轻便、无卡阻或碰撞现象；连接、试验和分离位置定位均应可靠。每个功能单元都要进行手动操作。发现不符合上述要求的要进行调整或更换操作手柄及其他零部件。

3．电气操作试验

在安装和接线都正确的前提下，要按电气原理图进行模拟动作试验，即通电试验。为确保辅助电路接线正确，应按电气原理要求进行模拟通电动作试验，以检查是否机构灵活，动作正确、可靠；控制功能是否能够实现。

例如，断路器合闸、分闸是否正常；有关按钮操作及相关的指示灯是否正常；无功功率补偿手动投切是否正常；如果几台电气控制柜之间有联系，还要进行联屏试验（如有的无功补偿柜有主柜和副柜之分），等等。试验时要用调试设备，这种设备主要提供单相电源、三相电源（交流电源还应该可调，因为操作电源有380V、220V，也有110V、24V等）、直流操作电源等。在通电试验时，主电路通过的电流一般都很小，属于模拟试验。

这种试验，要一台一台进行，如果是抽屉柜，要一只抽屉一只抽屉调试。当然也有的先将抽屉逐只调试好后插到柜子上。在这种情况下，调好的抽屉插到柜子上后还应通电试验。

通电试验注意事项：

（1）通电时必须至少有两人在场。

（2）初次通电检查时，不要同时合上两个回路。

（3）先检查所有电源回路电压，再检查控制电路动作情况。

（4）电源回路检查时，应同时填写电源回路检查表格。

（5）电磁启动器热元件的规格应与电机的保护特性相匹配。热继电器的电流调节指示位置应调整在电机的额定电流值上，并应按设计要求进行整定值校验。

4．联锁功能试验

通电检查操作机构与门的联锁，功能单元与门的联锁。在合闸（通电）情况下，门是打不开的。只有分闸以后，才可以开门。双电源间的机械或电气联锁也必须安全可靠，即正常电源正常供电时（此时正常电源的断路器处在合闸位置），备用电源的断路器不能合闸，反之也一样。

5.1.4 电气控制柜介电强度和绝缘电阻测试

5.1.4.1 绝缘电阻测试

1. 绝缘电阻的测量部位

（1）控制柜的主开关在断开位置时，同极的进线和出线之间。

（2）主开关闭合时不同极的带电部件之间、主电路和控制电路之间。

（3）各带电部件与金属框架之间。

注意：测量主回路时，辅助电路取样线和电容器应予以拆除。测量辅助电路时，应拆除不能耐受兆欧表耐压等级的电子元件和电容器等。测试时间为 1min。

2. 测量绝缘电阻的仪表

使用兆欧表（摇表）进行测量，其等级符合表 5.1.3 的规定。

表 5.1.3　兆欧表的选用

被试装置的额定绝缘电压	$60<V<660$	$600<V<1000$
兆欧表的电压等级	500	1000

3. 判定是否符合要求

测量得到的绝缘电阻数值是否符合要求，与控制柜中每条电路对地的标称电压有关，要求不小于 1kΩ/V。例如，每条电路对地的标称电压为 380V，则绝缘电阻不能小于 380kΩ，即 0.38MΩ（一般要求不小于 0.5MΩ）。标称电压越高，要求绝缘电阻越大。如果控制柜中用的主开关以及有关的绝缘材料良好，安装中也未出现问题，这个指标是不难达到的。

5.1.4.2 介电强度试验

1. 主电路

当主电路进行耐压试验时，应将不与主电路连接的其他电路接至金属框架并接地，把主电路上取样的辅助电路电源线拆除。试验电压施加于下列部位：

（1）主电路与地之间。

（2）主电路各相之间。

（3）主电路与同它不直接连接的辅助电路之间。

2. 辅助电路

当辅助电路进行耐压试验时，应将主电路接至金属框架并接地，把电路中不能耐受试验电压的元器件（如电子元件、电容器等）拆除。试验电压施加于下列部位：

（1）将与主电路不连接的辅助电路连接在一起，对地（框架）之间。

（2）相互绝缘的辅助电路之间（不同绝缘电压等级按高的一级进行）。

3．用绝缘材料制作的外壳和外部操作手柄的试验

如果装置的外壳用绝缘材料制造，则应进行一次补充的耐压试验。试验时应在外壳的外面包覆一层能覆盖所有开孔和接缝的金属，对绝缘材料制造的手柄，应在手柄上裹缠金属箔。试验电压应为装置的工频耐压试验电压的 1.5 倍。

4．试验电压

工频耐压试验的试验电压应符合表 5.1.4 的规定，试验电压的施加时间为 1s（简称点试）。

表 5.1.4　工频耐压试验的试验电压

主回路介电强度试验电压（V）		辅助回路介电强度试验电压（V）	
额定绝缘电压（U_i）	试验电压（有效值）	额定绝缘电压（U_i）	试验电压（有效值）
$U_i \leqslant 60$	1000	$U_i \leqslant 12$	250
$60 < U_i \leqslant 300$	2000	$12 < U_i \leqslant 60$	500
$300 < U_i \leqslant 660$	2500	$U_i > 60$	$2U_i + 1000$（最低 1500）

5．试验结果判定

试验过程中，没有发生绝缘击穿、表面闪络、电压突然下降或耐压试验机跳闸、报警等，则认为试验合格。

5.1.5　电气控制柜保护电路连续性与功能单元互换性检查

1．保护电路连续性的检查

直观检查保护电路的连续性应可靠，装置应有明显的接地保护点及标志；接地垫圈已被螺母收紧，防护涂层已被刺破。用抽查的办法，对装置进行保护电路连接点与保护母线之间的直流电阻测量，其电阻值应在 0.01Ω 以下。每台控制柜抽查点不应少于 5 点。例如，金属门板、框架和保护母线之间的直流电阻应在 0.01Ω 以下；如果门板因喷塑或喷漆，连接螺钉和门板之间的接触电阻增大，则应把螺钉孔处的漆或塑料微粒刮掉。如果达不到这个指标，一旦发生门板或框架与带电部件之间的绝缘击穿时，门板或框架上就会有较高的电压，危及操作人员的安全。

由于测量的电阻值很小，故不能用万用表，而应该用测量小电阻的仪表，如双臂电桥或微欧计。使用接地电阻测试仪对装置进行保护导体接地端子和装置外表面裸露金属件之间的电阻测量，每台抽查不得少于 5 点（固定式可适当减少），要求在 0.01Ω 以下。

2．功能单元互换性检查

仅对有功能单元可互换的产品才进行本项试验。如果是抽出式控制柜，还应在相同规格的功能单元之间进行互换性试验。例如，A、B 两只抽屉规格相同，则应能互换，而且互换应可靠，抽插应灵活、方便。

5.1.6　出厂前要求

（1）出厂电柜内部清理干净。

（2）有机玻璃要安装完毕，有机玻璃的塑料薄膜需撕去。

（3）有机玻璃防护罩要贴上警告标语。

（4）有触及带电部分危险的熔断器，应配齐绝缘抓手。

5.2　电气控制设备的包装

5.2.1　电气控制设备包装的要求

5.2.1.1　总则

（1）产品的标准应符合科学、经济、牢固、美观和适销的要求。在正常的储运、装卸条件下，应保证产品自制造厂发货之日起，至少一年（出口产品至少两年）内不因包装不善而产生锈蚀、长霉、降低精度、残损或散失等现象，特殊要求按双方协议执行。

（2）包装设计应根据产品特点、流通环境条件和客户要求进行。做到包装紧凑、防护合理、安全可靠。随机文件齐全。

（3）产品须经检验合格，做好防护处理，方可进行内外包装。

（4）包装件外形尺寸和质量应符合国内外运输方面有关超限、超重的规定。硬质立方体运输包装件的尺寸应符合国家标准《硬质直方体运输包装尺寸系列》的规定。

（5）产品包装环境应清洁、干燥、无有害介质。

5.2.1.2　一般要求

（1）产品包装设计应符合经济、牢固、美观的要求。在正常储运条件下，确保产品的安全、稳妥及完整无损。

（2）包装前产品需经检验合格，同时做好安全防护措施及必要的内包装工作。

（3）包装件的体积应尽可能地缩小，其外廓尺寸和质量，应符合运输部门有关装载极限的规定。

（4）电子控制装置上的功能单元插件（逻辑元件），一般应单独包装。大型抽屉插件如能在主体柜上锁紧且耐震，应尽可能随主体柜一起包装。若抽屉插件不能在主体柜上锁紧且不耐震，均应采取单独包装。

（5）制造厂自发货之日起，应保证至少一年内不致因包装不善而引起产品锈蚀、长霉、损坏及箱体自散或孔漏丢件等缺陷。

5.2.1.3　电气控制设备的主要包装方式和防护包装方法

1. 电气控制设备的主要包装方式

电气控制设备一般采用两层包装，内层为塑料保护罩，外层用木箱包装，木箱和箱体间的间隙用泡沫板进行填充固定牢固，保证配电柜在包装箱中不会产生大的位移。电气控制柜在装箱时须在其内层放置一定数量的干燥剂包。

2. 防护包装方法

防护包装方法主要有：防水包装、防潮包装、防霉包装、防锈包装和防震包装等。应根据产品特点和储运、装卸条件，选用适当的防护包装方法。

防护包装的内包装材料应符合国家标准《防护用内包装材料》的规定。

（1）防水包装：应符合国家标准《防水包装》的规定。

对于出口包装箱的防水等级，普通封闭箱应选用 B 类Ⅲ以上，滑木箱应选用 B 类Ⅱ以上。

（2）防潮包装：应符合国家标准《防潮包装》的规定。

出口包装的防潮等级应为Ⅰ、Ⅱ等。

（3）防霉包装：应符合国家标准《防霉包装》的规定。

（4）防锈包装：应符合国家标准《防锈包装》的规定。

出口包装的防锈等级一般应选用 A、B、C 级。

产品重要的金属加工表面不得与包装箱底板、紧固木方或压板直接接触。在其接触处应用防锈、防潮及缓冲材料加以衬垫，如图 5.2.1 所示。

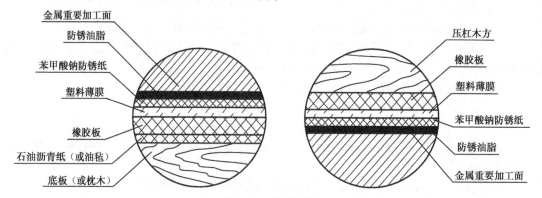

图 5.2.1　防锈包装

（5）防震包装。

① 防震包装可采用衬垫缓冲材料、泡沫塑料成型盒或弹簧悬吊等。

② 缓冲材料应具有质地柔软、不易虫蛀、不易长霉和不易疲劳变形等特点。常用缓冲材料有：干木丝、聚苯乙烯泡沫塑料、高发泡聚氨酯塑料、低发泡或高发泡聚乙烯、聚丙烯、复合发泡塑料、海绵橡胶、塑料气垫、气垫薄膜、金属弹簧等。缓冲材料应紧贴（或紧固）于产品（或内包装箱、盒）和外包装箱内壁之间。

③ 防震包装的设计方法可采用国家标准《缓冲包装设计》规定的方法。

5.2.2　包装箱的技术要求

5.2.2.1　制箱材料

1. 木材材质的要求

（1）包装箱用材应在保证包装箱强度的前提下，根据国内木材资源的实际情况、合理用材的要求，选用适当的树种。主要受力构件应以落叶松、马尾松、紫云杉、白松、榆木等为主，也可以采用与上述木材物理、机械性能相近的其他杂木。

（2）被选用的木材不可带有使箱体强度受到削弱或易造成包装破裂的各种缺陷。滑木、枕木、框架、箱挡用一等材。顶板、底板、箱板用二等材（木材等级按国家标准的规定）。

（3）制箱时封闭箱的箱板、箱挡木材含水率一般为 8%～20%，滑木、枕木及框架木材的含水率一般不大于 25%。

（4）同一包装箱的箱板色泽应基本一致，外表面应平整，无明显毛刺和虫眼（已修补的虫眼例外）。

（5）制箱木材各部位允许缺陷度参见表 5.2.1，木材中各种缺陷的解释和计算方法按国家标准《原木缺陷》和《锯材缺陷》的规定。

表 5.2.1　制箱木材各部位允许缺陷度

缺 陷 名 称	允许缺陷度	
	箱挡、滑木、枕木等主要受力构件	箱板等其他构件
活节和死节	任意材长 1m 中，节子的个数不得超过 5 个，最大节子直径不得超过材宽20%（死节必须修补）。直径不足 5mm 的节子不计，滑木的主要受力部位不得有死节	最大活节直径不得超过材宽 40%，最大死节直径不得超过板宽的 25%（死节必须修补）。直径不足 5mm 的节子不计
腐朽	不允许	不允许
虫害	任意材长 1m 中，虫眼的个数不得超过 4 个（已修补的虫眼例外），直径不足 3mm 的虫眼不计	任意材长 1m 中，虫眼个数不得超过 10 个（已修补的虫眼例外），直径不足 3mm 的虫眼不计
钝棱	钝棱最严重部分的缺角宽度不得超过材宽 30%，高度不得超过材厚的 1/3	钝棱最严重部分的缺角宽度不得超过材宽 40%，高度不得超过材厚的 1/2
裂纹	裂纹长度不得超过材长的 20%（宽度不足 3mm 的不计），不允许有贯通裂纹	裂纹长度不得超过材长的 20%（宽度不足 2mm 的不计）
弯曲	顺弯、横弯不得超过 1%，翘弯不得超过 2%	顺弯、横弯不得超过 1%，翘弯不得超过 2%
斜纹	宽材面斜纹的倾斜度不得超过 20%	

2. 其他材料

包装箱框架密封箱箱板可采用普通木质纤维板或木质胶合板。

包装箱箱底的滑木也可用菱镁砼制成。

1）胶合板

制箱用胶合板质量应符合国家标准《胶合板通用技术条件》的规定，并根据用途和内装物特点选用适当种类和质量等级的胶合板。出口包装箱应选用Ⅰ～Ⅲ（即 NQFNS 和 NC 类）胶合板。

2）纤维板

内销包装用纤维板应符合国家标准《硬质纤维板》的规定。内销及出口包装用纤维板应选用纤维板质量的一、二等。

3）刨花板

包装用刨花板应符合国家标准《刨花板》的规定。出口包装用刨花板应选用平压板的一级品。

4）美菱砼

（1）美菱砼抗压强度不得低于 $980N/cm^2$，抗剪强度不得低于 $250N/cm^2$，其检测方法应符合国家标准《包装容器菱镁砼箱》的规定。

（2）制箱用美菱砼各部位允许缺陷度参见表 5.2.2。

（3）不得使用修补的美菱砼部件箱。

表 5.2.2　制箱用美菱砼各部位允许缺陷度

缺陷名称	允许缺陷度	
	底梁、底座、垫块、底托等	侧板、端板、盖板等
疏松	不允许	不允许
蜂窝	构件使用状态的底、侧面不允许	在 $200cm^2$ 范围内，不得超过 30%；同一构件不得多于 3 处
裂纹	不允许	不允许
露筋	不允许	不允许

5）竹编胶合板

竹编胶合板以酚醛树脂或其他性能相当的胶合剂胶合而成。不允许有鼓泡、脱层现象，表面不得有明显污染。其物理性能应符合国家标准《竹编胶合板》的规定。

6）其他材料

包装箱也可采用经试验证明性能可靠的其他材料或采用两种或两种以上的材料。例如，塑料、金属、钢木、纸木等材料制成的包装箱。但不管使用任何材料，都必须确保包装箱的强度，并符合储运、装卸要求。

5.2.2.2　包装箱的形式与结构

（1）电气控制柜的包装形式主要采用滑木普通封闭箱（图 5.2.2）和框架封闭箱（图 5.2.3）。产品在 200kg 以下的可采用普通封闭箱（图 5.2.4）。

（2）箱板宽度不小于 60mm。封闭箱采用对口接缝的方法（图 5.2.5）。

（3）采用箱挡加固的封闭箱，其箱挡厚度应根据产品的重量、木箱体积确定。

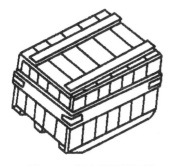

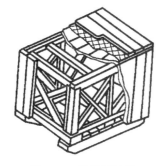

图 5.2.2　滑木普通封闭箱　　　　图 5.2.3　框架封闭箱　　　　图 5.2.4　用普通封闭箱

（4）框架封闭箱的侧壁和顶盖，也允许用条带作横、纵筋。在横、纵筋上铺钉纤维板或胶合板（图 5.2.6）。

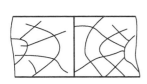

图 5.2.5　对口接缝示意图

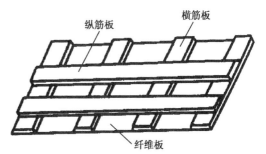

图 5.2.6　框架封闭箱的侧壁和顶盖

（5）滑木两端应在距地面高度 1/2 处成 55°～65° 下斜角（图 5.2.7）。为了减少滑木弯矩，便于起吊，也可在滑木底部镶上辅助滑木（图 5.2.8）。

图 5.2.7　滑木下斜角示意图

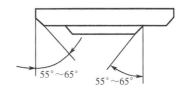

图 5.2.8　镶在滑木底部的辅助滑木

5.2.3　制箱要求

5.2.3.1　木箱

1. 滑木

（1）滑木一般应均匀排布，但对底板兼枕木的形式，若内装物均需用螺栓固定在滑木上，限于螺栓孔的位置，滑木的位置可以适当偏移。

（2）滑木的中心间距一般不大于 120cm，需用叉车延横向叉运时，滑木的中心间距应不大于 100cm（内装物质量为 1500kg 以下时，应不大于 80cm），超过规定的间隔时，中间要增加相同截面尺寸的滑木。

（3）滑木应尽量采用一根整木，若长度不够时，可以对接（图5.2.9），但对接的位置不能在长度的中间处，而且各滑木的对接位置应错开。

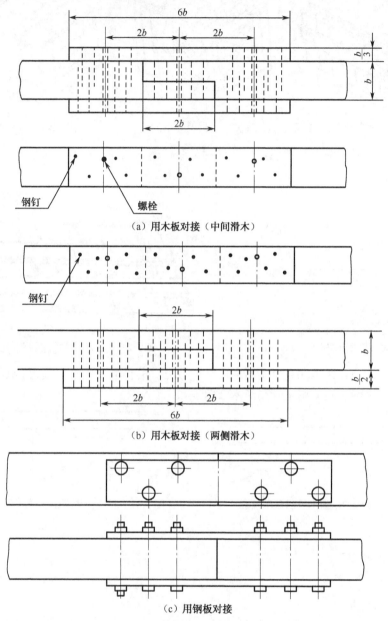

（a）用木板对接（中间滑木）

（b）用木板对接（两侧滑木）

（c）用钢板对接

图 5.2.9　滑木的对接示意图

（4）无辅助滑木时，滑木两端距底面高度 1/2 处应制成 55°～60° 的下斜角（见图5.2.7）。其端部一般不应露出箱外。

（5）滑木底部有辅助滑木时，将辅助滑木用钢钉钉在滑木底部，同一行中钢钉间隔不大于30cm。其宽度不小于滑木宽度的 80%，辅助滑木的两端应分别距滑木两端 20cm 以下或不小于滑木长度的 10%，但也可根据内装物的形状、重心位置适当调整。辅助滑木可在长度方向对接。

（6）需要滚杠装卸时，辅助滑木的两端应制成 45° 的导角。

（7）需用叉车横向叉运时，辅助滑木上应有叉车孔（图 5.2.10），叉车孔各部位尺寸参见表 5.2.3。

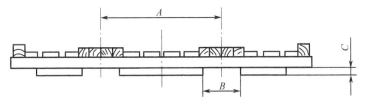

图 5.2.10　叉车孔各部位尺寸示意图

表 5.2.3　叉车孔各部位尺寸

包装件质量（t）	A max（mm）	B max（mm）	C max（mm）
≤3	950	300	45
>3～7	1400	300	60
>7～10	1600	400	70

2．木箱箱板

（1）木箱箱板厚度应根据包装箱外形尺寸和内装物质量而选定。

（2）根据产品的特点，封闭箱箱板可选用不同的接缝形式（见表 5.2.4），制箱时箱板拼接应严紧。

表 5.2.4　封闭箱箱板可选用不同的接缝形式

接　缝　形　式	一般适用范围	示　意　图
对口接缝	内装一般产品的封闭箱	
压边接缝	内装较精密产品的封闭箱	
榫槽接缝	内装高精度产品的封闭箱	

3．木箱钉箱成箱要求

（1）木箱应采用锯齿形（波浪形）布钉。钉箱时箱板表面不应显露钉头钉尖，钢钉不得中途弯曲或钉在箱板、框架接缝处。

（2）根据箱板、箱挡的材质厚度，滑木、枕木和框架结构件的尺寸，制箱材料的性能，起吊位置，按 GB349 等有关规定合理地选用钉箱及封箱的钢钉。

（3）木箱钉箱应根据箱体尺寸和箱板宽度，合理确定钢钉间的间距。

（4）排板用钉必须在箱内侧将钉尖打弯，紧贴箱板。所有接缝处不准钉钉。

5.2.3.2　箱体加固要求

（1）普通木箱按产品质量、箱体大小选择适当的箱挡、氧化钢带等加固箱体。氧化钢带一般不少于两道，宽度不小于 16mm。尽量采用捆扎打包机紧捆在木箱上，使其切入木箱的棱角处。

（2）普通封闭木箱和普通滑木箱的箱体用箱挡加固时，在箱挡结合处一般采用包棱角铁等加固，如图 5.2.11 所示。

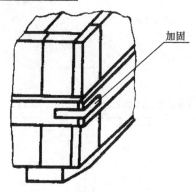

图 5.2.11　包棱角铁加固示意图

（3）框架滑木箱组箱后，应根据包装件的尺寸和质量，在各构件结合处采取相应的加固措施。大型包装箱的滑木在吊绳通过处应加装护铁，如图 5.2.12 所示。

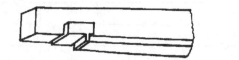

图 5.2.12　滑木在吊绳通过处加装护铁示意图

（4）纸箱和钙塑箱封箱后一般采用塑料捆扎带或氧化钢带等捆扎，塑料捆扎带宽度应不小于 14mm。捆扎时应使塑料带或钢带紧捆在纸箱上，同时采取相应措施避免其切入纸板而损坏纸箱。

（5）其他包装形式应采用相应的加固措施。必要时可以在一些箱体的棱、角处加护棱、护角。护棱、护角可用金属、塑料、纸等材料制成。

5.2.4　装箱要求

5.2.4.1　控制柜的装箱

（1）每个包装箱内只能装同套设备。非同套设备不得混装。

（2）包装前，应按产品标准中包装运输储存的规定，对产品进行检查。可能腐蚀的金属表面需涂覆防锈油脂。可动部件应预塞卡牢固或扎栓捆紧。

（3）产品装箱时，先将产品放入塑料袋内。若采用的是聚氯乙烯塑料薄膜，需避免直接与产品漆层接触。为减小潮湿气体对产品的侵袭，袋内须放入适量的硅胶吸湿剂。

（4）硅胶含水量不得大于 4%（其用量按 $500\sim600\text{g/m}^3$ 计算）。硅胶可事先装入布袋中，然后和产品一同放入塑料袋内。

（5）产品密封后装入内壁贴衬有石油沥青油毡或油纸的包装箱内（石油沥青油毡或油纸按国家标准《石油沥青纸胎油毡》的规定）。

（6）装箱时，产品应平整地规定在箱体底部的滑木上。箱内附件、备件或工具一一塞牢卡紧。

①　产品装箱时应尽量使其重心位置居中靠下。重心偏高的产品应尽可能采用卧式包装。重心偏离中心较明显的产品应采取相应的平衡措施。

②　在不影响精度的情况下，产品上能够移动的零部件应移至使产品具有最小外形尺寸的位

置，并加以固定。产品上突出的零部件应尽可能拆下，标上记号，根据其特点另行包装，一般应固定在同一箱内。

③ 产品（或内包装箱）应垫稳、卡紧、固定于外包装箱内。产品在箱内的固定方式可采用缓冲材料塞紧、木块定位紧固、螺栓紧固、压杠紧固等。产品用螺栓固定在滑木上时，螺栓头应沉入滑木内。一般情况下，产品不应与外包装箱箱板直接接触。用滑木箱包装的整台产品与箱内的侧面、端面、顶面之间应留有一定的空隙。

④ 附件箱、备件箱等应尽量固定在主机箱内的适当位置，装在箱内的附件备件等也应采取相应的固定措施。

（7）产品上前后凸出的设备和零部件，须与箱壁保持一定间隙，以免碰损或撞毁。

（8）为降低运输时对产品的冲击、震动影响，产品与箱体间的间隙，可填充木丝、胶片丝、碎纸屑或泡沫塑料等物料。可在箱底或四周衬垫弹性橡皮、泡沫塑料和塑料气垫，产品的 8 个角上可安放泡沫塑料包角。

（9）用作箱体顶盖内衬的防水材料（如石油沥青油毡），应尽量采用整块材料。若需拼接时，可采用搭接或钉合的办法。

（10）产品包装箱内应清洁、干燥、无异物。

5.2.4.2　单独包装

产品上有特殊要求的零部件应尽可能拆下，标上记号，根据特殊要求单独包装。另外，电气控制设备的附件和备件等也要求单独包装。如果主包装箱内有位置，单独包装应放入主包装箱内。

1．普通箱

用于单独包装件的普通箱，除用木材制作外，也可采用纸箱或胶合板箱。

（1）单层瓦楞纸箱，适用于内装产品质量不超过 25kg 的包装。纸箱用纸的含水率，不得大于 12%。

（2）胶合板箱，适用于内装产品质量小于 50kg 的包装。胶合板质量应符合国家标准《胶合板通用技术条件》的规定。

2．功能单元插件（或器件）主要采用纸箱包装

（1）纸箱的接合型式，可采用钉合或黏合。接合处，搭接的宽度不应小于 30mm。钉子间的距离不大于 50mm。如用胶和纸带或强力胶带封口，封口宽度不得小于 50mm。

（2）功能单元插件（或器件）需先套塑料袋。焊封后，装入体积相当的瓦楞纸制成的小盒中。每盒只装一块插件（或器件）。小纸盒表面应注明该插件（或器件）的编号，并贴挂标签。

（3）将装有插件（或器件）的小纸盒集中地装入瓦楞纸制成的纸箱中，其体积以容纳 10～20 个小纸盒为宜。

（4）纸箱内，只限于装同一台屏（台、柜）的插件（或器件）。非同一台屏（台、柜）的插件，不可混装于同一纸箱内。

（5）纸箱封箱后，采用塑料捆扎带加固。然后将纸箱装入符合防护要求的外包装箱内。在纸盒与纸盒之间、纸箱与木箱之间适当地放入防震材料（如泡沫塑料等）。

3. 单独包装的抽屉

凡需单独包装的抽屉，需要先将抽屉上易松动的元器件固定好。然后套上塑料袋，封焊后装入瓦楞纸纸箱中。纸箱外面注明编号，贴挂标签。用塑料带将纸箱加固后，放入符合防护要求的外包装箱内。

抽屉直接放入普通木箱中时，必须予以固定并做好各项防护。

5.2.5 包装的验收规则与试验方法

包装箱应具有足够的强度。根据包装件的质量和特点，在下面所规定的试验方法等试验项目中选取一个试验项目。试验后，箱内固定物无明显位移，产品外观、性能、精度和有关技术参数应在规定允许公差范围内，包装箱应无明显破损和变形并符合有关标准的规定和设计要求。

5.2.5.1 抽样方法和检验规则

按运输包装件抽样检查标准的规定进行。

（1）凡新设计的包装箱或已使用的包装箱在材料、设计、工艺上有较大改变时，制造厂应进行包装试验。试验合格后方可采用。

同一规格产品的标准件批量较大时，至少要选择 3 件以上的包装件进行试验。单项产品的单一包装件，也需要进行试验。

（2）被试包装件，需按本标准中所规定的装箱要求对产品实施包装，然后再进行试验。试验的基本项目有：起吊试验、堆垛试验、淋雨试验、支棱跌落试验、公路运输试验和颠覆试验。试验时，也可根据产品的特点和运输情况，选择其中几个项目进行试验。试验中，有的项目如不合格，应分析原因，改进设计、进行复验。

5.2.5.2 试验方法

凡新设计的包装箱，包装材料或包装箱结构有较大改变时，必须进行起吊试验（大型包装箱），成品产品的包装箱还需作颠覆试验。包装箱于试验鉴定合格后方可用。包装箱封箱后，应找平衡重心，并加以标志。应根据包装本身特点和要求以及流通环境条件，适当选做国家标准《运输包装件基本试验》有关项目的试验以及国家标准《防潮包装》、《防锈包装》和《大型运输包装件试验方法》的有关试验项目。

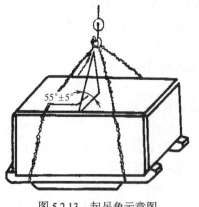

图 5.2.13 起吊角示意图

1. 起吊试验

产品装箱后，按设计的起吊位置，以正常速度起吊。使一侧吊绳所在平面与箱顶横截面之夹角为 55°±5°（图 5.2.13）。升至一定高度（不低于 1500mm），紧急启、制动，左右移动 3～5min，起落 3～5 次，箱体应无破损和明显变形。

2. 堆垛试验

将包装件置于平整的水泥地面上。可直接在箱顶堆放砂石。当顶部承载不小于 0.05kgF/cm² 时，其最大挠度不大于 30mm。也可以在箱顶放置载荷平板，加载重块，使堆积承载不小于 0.1kgF/cm²。载荷平板应伸出箱体周围不小于 100mm。载荷重心与箱顶平面距离不超过包装件高度的 50%。24h 试验后，箱壁无明显变形。

3．淋雨试验

将装有电气控制柜的包装箱水平放置，喷水装置离开箱顶面距离不大于 2000mm，然后以不少于（100±20）L/h·m² 的喷水量进行喷淋，洒水方向垂直向下及 45°角均匀喷淋。包装箱除底面外，各面受淋不少于半小时。喷淋完毕，清理内部然后拆箱进行检查，包装箱内不应漏雨，但允许有个别渗漏处及四壁流下的水滴。

4．支棱跌落试验

包装件一端支起 100～150mm，提起另一端自由下落于平整的地面或钢板上。根据产品的特点与储运情况，选择不同的跌落高度（一般不小于 300mm），每棱跌落两次，而无明显破损与变形。

5．公路运输试验

将包装件置于汽车中后部适当固定。在三级公路的中级路面（碎、砾石路面、不整齐石块路面或其他粒料路面）上，以 25～40km/h 的车速行驶 200km。运行后，要求包装箱无明显破损与变形。内装产品不松散、不发生明显位移。产品性能、精度等有关参数仍保持在规定的允差范围之内。

6．颠覆试验

采取防震措施的包装箱于封箱后，置于载重卡车的中后部，并加以固定，在中级路面的公路上以 30km/h 的平均速度连续行驶，行驶时间不小于 3h，然后检查。以外包装箱无破损及明显变形，内包装零件无松散、损伤及明显位移，被包装制品的有关性能、精度、参数等在规定的允差范围内为合格。

注：中级路面是指：
① 石或砾石路面。
② 伴砖或砾石路面。
③ 石灰、沥青水泥加固路面。
④ 石灰多合土（包装石灰炉渣土）路面。
⑤ 不整齐石块路面。
⑥ 其他粒料路面。

5.2.6　箱面标志与随机文件

（1）包装标志应包括产品标志、包装储运指示标志和收发货标志。
（2）产品分多箱包装时，箱号采用分数表示。分子为分箱号，分母为总箱数。主机箱为 1 号箱。

（3）包装件表面的标志，应包括发货标志和储运标志。应使用不退色的油漆或油墨，准确、清晰、牢固地将标志直接喷刷在箱体两侧面上。包装储运图示标志应符合国家标准的规定。

（4）包装储运指示标志应根据产品特点，按照国家标准《包装储运指示标志》的有关规定正确选用。凡需单件起吊的和重心明显偏离中心的包装件，应标注"由此起吊"和"重心"的标志。

（5）运输包装的收发货标志按国家标准《运输包装收发货标志》的规定进行。发货标志一般应包括：

① 产品型号、名称及数量。

② 出厂编号及箱号（或合同号）。

③ 箱体尺寸（长×宽×高）。

④ 净重与毛重。

⑤ 装箱日期。

⑥ 到站（港）及收货单位。

⑦ 发站（港）及发货单位。

（6）随机文件一般包括使用说明书、合格证明书、装箱单（包括总装箱单和分装箱单）等。随机文件应用塑料袋封装，并放在包装箱内。产品分多箱包装时，使用说明书、合格证明书、总装箱单一般放在主机箱内，分类装箱单应放在相应的包装箱内。

5.2.7　包装储运图示标志

国家标准《包装储运图示标志》规定了包装储运图示标志（以下简称标志）的名称、图形、尺寸、颜色及使用方法。

5.2.7.1　标志的名称和图形符号

标志的名称和图形符号用于各种货物的运输包装。

标志由名称、图形及外框线组成，共 17 种，参见表 5.2.5。

表 5.2.5　标志名称和图形

序号	标志名称	标 志 图 形		含　义	备注/示例
1	易碎物品		易碎物品	运输包装件内装易碎品，因此搬运时应小心轻放	使用示例：
2	禁用手钩		禁用手钩	搬运运输包装件时禁用手钩	

续表

序号	标志名称	标 志 图 形		含 义	备注/示例
3	向上		向上	表明运输包装件的正确位置是竖直向上	使用示例: (a) (b) (c)
4	怕晒		怕晒	表明运输包装件不能直接照晒	
5	怕辐射		怕辐射	运输包装件一旦受辐射便会完全变质或损坏	
6	怕雨		怕雨	运输包装件怕雨淋	
7	重心		重心	表明一个运输包装件的重心	使用示例: 本标志应在实际的重心位置上
8	禁止翻滚		禁止翻滚	不能翻滚运输包装件	
9	禁止用手推车		此面禁用手推车	搬运运输包装件时此面禁止放手推车	
10	禁用叉车		禁用叉车	不能用升降叉车搬运的运输包装件	

序号	标志名称	标志图形		含　义	备注/示例
11	由此夹起	▶▮◀	▶▮◀ 由此夹起	表明装运运输包装件时夹钳放置的位置	
12	此处不能卡夹	▶⊠◀	▶⊠◀ 此处不能卡夹	表明装运运输包装件时此处不能用夹钳夹持	
13	堆码质量极限	…kgmax ⬇▮	…kgmax ⬇▮ 堆码质量极限	表明该运输包装件所能承受的最大质量极限	
14	堆码层数极限	⊠ n	⊠ n 堆码层数极限	相同包装的最大堆码层数，n 表示层数极限	包含该包装件，n 表示从底层到顶层的总层数
15	禁止堆码	⊠▮	⊠▮ 禁止堆码	该运输包装件不能堆码，并且其上也不能放置其他负载	
16	由此起吊	⛓	⛓ 由此吊起	起吊运输包装件时挂链条的位置	使用示例： 本标志应在实际的起吊位置上
17	温度极限	🌡	🌡 温度极限	表明运输包装件应该保持的温度极限	使用示例： …℃max ℃min …℃max …℃min （a）　　　（b）

5.2.7.2　标志的尺寸和颜色

1. 标志的尺寸

标志外框为长方形，其中图形符号外框为正方形，尺寸一般分为 4 种，参见表 5.2.6。如果包装尺寸过大大或过小，可等比例放大或缩小。

表 5.2.6　标志尺寸　　　　　　　　　　　　　　　　　　　　（mm）

序　号	图形符号外框尺寸	标志外框尺寸
1	50×50	50×70
2	100×100	100×140
3	150×150	150×210
4	200×200	200×280

2．标志的颜色

标志颜色应为黑色。

如果包装的颜色使得黑色标志显得不清晰，则应在印刷面上使用适当的对比色，最好以白色作为图示标志的底色。

应避免采用易于同危险品标志相混淆的颜色。除非另有规定，一般应避免采用红色、橙色或黄色。

5.2.7.3　标志的使用方法

1．标志的打印

可采用印刷、粘贴、拴挂、钉附及喷涂等方法打印标志。印刷时，外框线及标志名称都要印上，喷涂时，外框线及标志名称可以省略。

2．标志的数目和位置

（1）一个包装件上使用相同标志的数目，应根据包装件的尺寸和形状决定。

（2）标志在各种包装件上的粘贴位置：

① 箱类包装——位于包装端面或侧面。

② 袋类包装——位于包装明显处。

③ 桶类包装——位于桶身或桶盖。

④ 集装单元货物——应位于四个侧面。

（3）下列标志的使用应按如下规定：

① 标志 1"易碎物品"应标在包装件所有四个侧面的左上角处（见表 5.2.5 标志 1 的使用示例）。

② 标志 3"向上"应标在与标志 1 相同的位置上（见表 5.2.5 中标志 3 使用示例（a）所示）。当标志 1 和标志 3 同时使用时，标志 3 应更接近包装箱角（见表 5.2.5 标志 3 使用示例（b）所示）。

③ 标志 7"重心"应尽可能标在包装件所有六个面的重心位置上，否则至少也应标在包装件四个侧、端面的重心位置上（见表 5.2.5 标志 7 的使用示例）。

④ 标志 11"由此夹起"应注意：

● 只能用于可夹持的包装件。

● 标志应标在包装件的两个相对面上：以确保作业时标志在叉车司机的视线范围内。

⑤ 标志 16"由此吊起"至少贴在包装件的两个相对面上（见表 5.2.5 标志 16 的使用示例）。

5.3 电气控制设备的储存

5.3.1 自然因素对电气设备的影响

由于我国幅员辽阔，各地区的气候条件悬殊，南方湿热地区（如广州、海南岛等），一年四季大部分时间既潮湿又炎热，最热月份平均相对湿度在 90%左右，平均气温超过 25℃。西北干燥地区（如青海、甘肃等），最热月份平均相对湿度在 15%左右，平均气温也超过 25℃，并多砂土，冬季有严重冰冻。北方寒冷地区（如黑龙江省），最冷月份平均最低气温在-35℃左右，冬季多强烈的寒风和严重冰冻，最热月份平均相对湿度在 60%左右。因此，各地对电气控制设备储存时的保管、保养要求也各有侧重，现就一般自然因素对电气控制设备产品的影响分述如下。

1. 气温

过高的气温（40℃以上）对电气控制设备来说，会使大部分有机绝缘材料和橡胶制品加速老化或受压变形。

过低的气温（一般低于-10℃），又会使电气控制设备里的润滑油黏性变大，可动部件的灵敏度减退；有些橡胶或塑料及其混合物制品，在极端温度（低于-40℃）条件下，也会出现失去弹性或黏性变得硬脆，遇到强烈震动、撞击或扭曲时，则极易断裂。

2. 湿度

湿度的大小对电气设备的影响很大，尤其是在温度和湿度都很高的情况下，影响就更为严重。如果湿度过大（相对湿度大于 85%，气温在 25℃以上），就会使通风机件、电器及纤维绝缘制品受潮，使绝缘性能迅速下降，甚至引起漏电，发生触电事故。一些电气控制设备，会因零件受潮而影响其精确度或发生故障；金属零部件则易氧化锈蚀；一些无防霉剂的胶木制品及外壳或易吸潮的纤维材料（包括包装材料），在一定温度条件下，表面容易长霉。

但如果温度太低，空气过分干燥，也会影响其他电工产品的质量，其中以木制品的干裂现象最为显著。

3. 大气

大气中经常存在着多种气体，其中大量的是氧气。氧气与金属表面接触后，就易发生氧化，对钢铁制品的影响最为明显。在一些化工厂附近，大气中又常常存在着酸、碱、盐类等有害气体，这会使一些金属制品的表面发生腐蚀。此外，在一些电气控制设备内部或附近，经常产生出电火花，与空气中的氧接触后，即变成臭氧。而臭氧对橡胶或某些塑料及其制品也会起加速老化的作用。

4. 日照

强烈的日光照射会使某些材料产生化学分解。例如，聚氯乙烯塑料制品，经强烈日光照射会加速其增塑剂的挥发而促进老化，同时由于日光中紫外线的作用会使橡胶、塑料、漆膜及有颜色的材料褪色或发生龟裂现象；电器的绝缘材料则易产生老化。因此，电气控制设备受潮后，一般不宜在日光下曝晒驱潮。

5. 盐雾

盐雾是指含有盐分的潮湿空气。这种情况常存在于南方潮湿炎热的沿海地区。盐雾对控制设备产品影响很大，如果在产品表面凝结成露后其危害性更大。这主要是因为它会破坏电器的绝缘性能及金属的保护层，甚至使底部金属发生腐蚀。

6. 霉菌

霉菌是一种低级生物、寄生于能供给它养料的有机材料上面，如木材、棉、麻纤维等。

最有利于霉菌生长条件是：温度为 25℃～35℃，相对湿度大于 80%，特别在不通风条件下，霉菌生长发展最快。当温度低于 0℃ 或高于 40℃，相对湿度低于 75%，一般霉菌即停止生长。霉菌抵抗日光的能力很低，在日光较强的地方，它就难以生存。对电气控制设备来说，霉菌会腐蚀有机绝缘材料，使电绝缘性能显著下降。通常从长霉的形状上可以表明长霉的程度。一般来说，呈点状的是微霉，网状的是中霉，块状的是重霉。微霉经过阴凉和擦拭，一般在产品外表即不留有痕迹；中霉会留有轻度的痕迹；而重霉则不易擦拭干净，并会影响产品质量。

7. 尘沙

灰尘和沙土，对电气设备也有影响，如空气开关、磁力启动器、接触器等因封装不严密会有尘沙侵入，就会影响可动部件的工作性能，在使用时增加机械磨损，甚至发生严重故障。当有灰尘附着于金属镀层或油漆层表面时，也会因灰尘的吸湿作用，使防止层遭受破坏，引起金属锈蚀。如果灰尘聚积在绝缘材料上面，则会因灰尘的吸湿作用，而引起电绝缘性能下降，甚至长霉。

8. 虫害

虫、鼠的危害，对电气控制设备影响很大。例如，白蚁对包装材料、通风机件、电器绕组以及有机绝缘材料等的危害性都很大。白蚁分泌出来的酸液，对金属镀层也有腐蚀作用。

又如，竹蠹虫、蟑螂、衣蛾等对一部分电气控制设备也都有相当的危害。此外库房中的老鼠，对各种包装材料、有机绝缘材料及其制品等，也都有很大的破坏作用。

5.3.2　电气设备储存的要求

电气控制设备从生产到应用有两个环节需要存储，一是产品出厂检验后到产品发运前的一段时间，需要在生产厂内进行存储；二是产品发运给用户后到用户安装使用前的一段时间，需要在用户的仓库或现场进行存储。存储工况的好坏，直接影响到电气控制设备完好状态和将来工作的可靠性，因此对电气控制设备的存储有以下要求。

（1）电气控制设备的盘、柜应存放在室内或能避雨、雪、风、沙的干燥场所。对有特殊保管要求的装置性设备和电气元件，应按规定保管。

（2）电气设备在储存保管期间应放在干燥、通风良好、无有害气体侵蚀的场所，严禁与酸、碱等化学药品保存在同一个仓库。

（3）只有工作环境设计为室外工作状态的大型电气控制设备才允许在室外存储。

（4）对温度、湿度有较严格要求的装置性设备，如微机监控系统，应按规定妥善保管在合适的环境中，待现场具备了设计要求的条件时，再将设备运进现场进行安装调试。

5.3.3　电气设备的入库验收

电气控制设备入库验收，是确保产品的数量完整、质量完好的一个重要环节。管理人员除了一般的查对产品名称、型号规格、数量外，还应着重检查产品的外观、镀锌件、胶木件、机械传动部分和电气强度（目前只能检查绝缘电阻）等方面。不同类型的电气控制设备，在入库技术验收上也不完全相同，大致包括以下几个方面。

（1）各种不同型号规格的电气控制设备，必须具备各种标志、产品说明书和产品证明书以及有关技术文件。

（2）产品包装是否完好，包装材料是否受潮或虫蛀，产品是否有损坏或异变迹象，如发现可疑情况，应拆开包装进行检查，以便发现问题，及时处理。

（3）开箱时注意不应用铁（木）锤敲打箱体，避免震坏电气控制设备，开箱取出包装盒时应先行清扫尘埃再打开，避免尘土落入电气控制设备内部。精密电气控制设备冬季到货应先在库内存放 24h 以后方可开箱，避免温差太大潮气进入电气控制设备内部。

（4）电气控制设备的成套件及其附件、备件应按电气控制设备清单查点、验收，不得短少。

（5）外观检查。

① 产品外观应光洁美观，外壳不能有脱漆、破裂和碰伤等现象。

② 控制面板应清晰醒目，不得有脏迹、模糊、不平等现象。

③ 所有黑色金属制成的零、部件除摩擦部件外，均应有防腐镀层（镀锌、电镀或涂防锈漆；触头的表面不准有毛刺；胶木件不准有麻点和缺陷）。

④ 操作零部件不得有脱落、伤痕、破裂等现象。

如发现内在质量问题，则应按产品标准规定进行必要的技术性能试验。

（6）观察或用手拧动电气控制设备的接线端子所有紧固螺钉以及引出/引入导线等，不得有自动松开或松动现象。

（7）所有操作件，不应有缺陷或松动，同时必须旋转灵敏。

对操作机械和指示器应检查在闭合与打开过程中，能否顺利地自由脱扣，操作手柄能否作出正确指示。如检查自动开关时，用手操作手柄，使开关闭合，用脱扣器操作数次脱扣，观察能否自由脱扣；再用手将开关搬到闭合的位置上，并用脱扣器脱扣，观察操作手柄能否停在"通"、"断"和自由脱扣位置。

（8）用摇表（兆欧表）测量绝缘电阻：绝缘电阻是象征电器绝缘性能好坏的重要指标，抽查"有怀疑的产品"是非常有必要的，绝缘电阻值应符合要求。

（9）有条件的仓库应配合专业人员对重大精密电气控制设备进行通电检查，如误差测验、耐压试验等。

5.3.4　电气设备的储存条件和码垛方法

5.3.4.1　电气设备的仓储条件

电气设备在保管过程中，应具备适宜的储存条件。

（1）电气设备产品应存放在没有导电性尘埃，没有腐蚀性、爆炸性气体的库房或货场中，特别注意防止将有腐蚀性气体或带粉尘的化工产品、油类熔剂以及受潮的农副产品与电气产品储存在同一个库房内。要保持清洁，防止有剧烈震动。

（2）电气控制设备必须放在干燥、通风的封闭式仓库中，环境温度不得有剧烈变化，最好能控制在 5℃～30℃ 之间，相对湿度在 70% 以下。

（3）如在露天货场存放时，应有妥善苫垫、密封、栅架等保管措施，避免雨淋、地潮及恶劣气候的影响。不要将电器产品放置在靠近厨房、锅炉房或厕所等地方，以防蒸汽及有害气体对产品的损坏。

（4）库房内向阳一侧窗上的玻璃，应涂上白漆，防止日光直射。露天货场也必须有防日晒措施。

（5）仓库如采用红外线灯泡保温的话，红外线灯泡的光柱不应与电气控制设备接近并直接照射。某些临时仓库冬季采用火炉生火保温，则应严格做好防火防尘的工作，并且不允许热源（火炉）直接靠近电气控制设备。以免电气控制设备绝缘件过热破裂或内部电气零件损坏。

（6）电气控制设备不宜长期保存，时间过长绝缘材料就要老化，为此，一般产品出厂时限定的保险期作为仓库储存期限，保管人员应经常注意到期时间。

5.3.4.2　电气设备的码垛堆放方法

电气控制设备在仓库内应合理堆垛，可以避免产品受压损坏或倒垛，同时有利于产品出入库操作，减少差错，节省仓位，提高库房的使用效率。

（1）码垛时，电气控制设备与墙壁应保持一定的距离，以利于通风和防止墙潮影响，并便于检查操作和清洁打扫。此外，货垛与顶房也应有一定的距离，以防止房顶传热对产品的影响。

（2）碰撞会使胶木件及零件破裂、外壳凹损，尤其是灭弧罩更易破损。同时，在搬运过程中，剧烈震动会使组合件松散或脱落。因此，在装卸、码垛时必须轻拿轻放，严禁扔、撞、甩等。

（3）小型零星产品，可以上货架保管，但不宜在货架上叠码过高，以免发生倒垛的危险。采取轻的在上、重的在下，标志朝外，这样既稳妥方便，又利于检点养护。

（4）电工仪器仪表特别是高级精密仪器仪表最好放在特制的料柜内，每台仪表设备均应包有防潮纸并放在原装箱纸盒（或泡塑盒）内，不允许将包装箱盒拆走而将电工仪器仪表设备裸露置放在料架上。

若存放入普通料架则应挂布帘以防止潮气及尘埃的侵染，对于高精度（0.5 级以上）仪器仪表必须存放在料柜中。在料架上存放，纸盒不能堆放过高，以防底层压坏。

（5）包装成箱（木箱）的电气控制设备，可以重叠堆放，但最高不允许超过 3m，一般为 1.5～2m，垛形必须端正平稳，防止倾斜倒塌，垛底应根据库内地面防潮情况适当垫高，使垛底通风不受地潮侵袭为宜，防止场地积水浸湿产品。

（6）电气控制设备不论搬运或堆放，应严格禁止翻滚、摔掷、倒卧、倒置（包括木箱包装），必须轻搬轻放，以免损失。

5.3.5 电器控制设备的保管保养

造成损坏的主要原因有震动、受热、受潮，电气控制设备的损坏在很多情况下是不能从外表观察而发现的，但是在使用中将影响到主设备的安全经济运行。因此，对电气控制设备进行合理、细致地保管，具有十分重要的意义。

（1）电气控制设备一般都是怕潮湿、怕高温、怕日照、怕重压、怕撞击，并且易霉、易锈、易碎。在保管期间应勤于检查，及时发现问题，及时解决问题。特别是在雨季前后必须检查，发现问题应及时处理。如发现外观发霉等问题，可用汽车蜡擦亮，如发现质量变化，必须送制造厂重新检修。

（2）电气控制设备在仓库存储期间，应注意库房内的空气流动，防止暴晒，也不允许室温有剧烈变化，因过冷或过热将使电气控制设备内部零件收缩或膨胀而变形，也能使电气控制设备内的永久磁钢退磁或内部线圈霉变。

（3）电气控制设备在进出库或堆垛装卸时，必须严防受潮、露天过热（日光暴晒）或雨天淋湿。库房不允许用洒水来降温，地面灰尘多时可用拖把弄湿后拖擦。在梅雨季节，包装容易受潮，如发现受潮，立即将电气控制设备取出，待晒（烘）干包装物后再将电气控制设备装入。

（4）在库存期间，所有使用干电池为工作电源的设备必须将干电池取出，以防干电池因受霉变或短路等原因致使内部药液流出损坏仪器。

（5）所有电气控制设备的附件原则上应与设备堆放在一起，为了库房堆放整齐也可集中摆放，但一定要逐件记录挂牌，写出属于什么设备的附件，最好是将附件放于料架上部，而将其备件相对应地置放在该料架的下部，这样检查、保养、保管以及发放都很方便。

属于电气控制设备拆下的仪表最好按盘成套堆放，并且将附件等都堆放在一起，这样便于施工生产人员查对设备以及做检查试校工作。

（6）电气控制设备及其附件、备件要防止生锈。电器产品的手柄及操作机构、金属部件表面、外部有螺纹的金属部分可涂一层防锈用工业凡士林。如有氧化锈蚀，应及时采取防锈措施。已涂漆部分不准涂油，切忌用湿布擦拭。

（7）如纸制熔管受潮发霉，可用变压器油擦去霉点，烘干后再做耐压试验（每分钟 2000V 的电压）未击穿者，可以使用。

胶木件轻度发霉，涂上无色绝缘清漆；胶木件中度发霉，如在雨季，则胶木件表面会产生水珠，当其绝缘电阻在 5MΩ以下时，就必须妥善保养，拆下胶木件用汽油或苯洗去霉迹，放入烘箱内经过一定时间的干燥，再涂上一层绝缘清漆，待自然干燥后，即可再行组装起来，以备领用。

5.3.6 仓库防火安全管理规则

5.3.6.1 仓库的安全防火要求

（1）严禁仓库内吸烟及使用明火。

（2）仓库要按照每 60m^2 配备一只灭火器的标准配备灭火器。

（3）仓库只能使用 60W 以下的节能灯具。

（4）电器设备开关应设在仓库及堆放物品以外，同时仓库堆放物料应与电器设备开关保持 50cm 以上的距离。

（5）电源线路设线槽要用金属管保护。

（6）货物应分垛、分类堆放；化学性质不同的物料，应分仓存放，同时保持通道畅通，以便有紧急情况，人员能迅速撤离。

（7）仓库要留 2m 以上的主要通道。

5.3.6.2　仓库的组织管理

（1）新建、扩建和改建的仓库建筑设计，要符合国家建筑设计防火规范的有关规定，并经公安消防监督机构审核。仓库竣工时，其主管部门应当会同公安消防监督等有关部门进行验收；验收不合格的，不得交付使用。

（2）仓库应当确定一名主要领导人为防火负责人，全面负责仓库的消防安全管理工作。

（3）仓库防火负责人负有下列职责：

① 组织学习贯彻消防法规，完成上级部署的消防工作。

② 组织制定电源、火源、易燃易爆物品的安全管理和值班巡逻等制度，落实逐级防火责任制和岗位防火责任制。

③ 组织对职工进行消防宣传、业务培训和考核，提高职工的安全素质。

④ 组织开展防火检查，消除火险隐患。

⑤ 领导专职、义务消防队组织和专职、兼职消防人员制定灭火应急方案，组织扑救火灾。

⑥ 定期总结消防安全工作，实施奖惩。

（4）各类仓库都应当建立义务消防组织，定期进行业务培训，开展自防自救工作。

（5）仓库防火负责人的确定和变动，应当向当地公安消防监督机构备案；专职消防干部、人员和专职消防队长的配备与更换，应当征求当地公安消防监督机构的意见。

（6）仓库保管员应当熟悉储存物品的分类、性质、保管业务知识和防火安全制度，掌握消防器材的操作使用和维护保养方法，做好本岗位的防火工作。

（7）对仓库新职工应当进行仓储业务和消防知识的培训，经考试合格，方可上岗作业。

（8）仓库严格执行夜间值班、巡逻制度，带班人员应当认真检查，督促落实。

5.3.6.3　仓库的储存管理

（1）露天存放的电气控制柜间应留出必要的防火间距。控制柜与建筑物等之间的防火距离，必须符合建筑设计防火规范的规定。

（2）库存物品应当分类、分垛储存，每垛占地面积不宜大于一百平方米，垛与垛间距不应小于 1m，垛与墙间距不应小于 0.5m，垛与梁、柱间距不应小于 0.3m，主要通道的宽度不应小于 2m。

（3）物品入库前应当有专人负责检查，确定无火种等隐患后方准入库。

（4）易燃类物品的包装容器应当牢固、密封，发现破损、残缺，变形和物品变质、分解等情况时，应当及时进行安全处理，严防跑、冒、滴、漏。

（5）使用过的油棉纱、油手套等沾油纤维物品以及可燃包装，应当存放在安全地点，定期处理。

（6）库房内因物品防冻必须采暖时，应当采用水暖，其散热器、供暖管道与储存物品的距离不应小于 0.3m。

5.3.6.4　仓库的装卸管理

（1）进入库区的所有机动车辆，必须安装防火罩。

（2）汽车、拖拉机不准进入甲、乙、丙类物品库房。

（3）进入易燃类物品库房的电瓶车、铲车必须是防爆型的；进入易燃固体物品库房的电瓶车、铲车必须装有防止火花溅出的安全装置。

（4）各种机动车辆装卸物品后，不准在库区、库房、货场内停放和修理。

（5）库区内不得搭建临时建筑和构筑物。因装卸作业确需搭建时，必须经单位防火负责人批准，装卸作业结束后立即拆除。

（6）库房内固定的吊装设备需要维修时，应当采取防火安全措施，经防火负责人批准后，方可进行。

（7）装卸作业结束后，应当对库区、库房进行检查，确认安全后，方可离人。

5.3.6.5　仓库的电气管理

（1）仓库的电气装置必须符合国家现行的有关电气设计和施工安装验收标准规范的规定。

（2）储存易燃固体物品的库房，不准使用碘钨灯和超过 60W 以上的白炽灯等高温照明灯具。当使用日光灯等低温照明灯具和其他防燃型照明灯具时，应当对镇流器采取隔热、散热等防火保护措施，确保安全。

（3）库房内不准设置移动式照明灯具。照明灯具下方不准堆放物品，其垂直下方与储存物品水平间距离不得小于 0.5m。

（4）库房内敷设的配电线路，需穿金属管或用非易燃硬塑料管保护。

（5）库区的每个库房应当在库房外单独安装开关箱，保管人员离库时，必须拉闸断电。禁止使用不合规格的保险装置。

（6）库房内不准使用电炉、电烙铁、电熨斗等电热器具和电视机、电冰箱等家用电器。

（7）仓库电器设备的周围和架空线路的下方严禁堆放物品。对提升、码垛等机械设备易产生火花的部位，要设置防护罩。

（8）仓库必须按照国家有关防雷设计安装规范的规定，设置防雷装置，并定期检测，保证有效。

（9）仓库的电器设备，必须由持合格证的电工进行安装、检查和维修保养。电工应当严格遵守各项电器操作规程。

5.3.6.6　仓库的火源管理

（1）仓库应当设置醒目的防火标志。进入易燃类物品库区的人员，必须登记，并交出携带的火种。

（2）库房内严禁使用明火。库房外动用明火作业时，必须办理动火证，经仓库或单位防火负责人批准，并采取严格的安全措施。动火证应当注明动火地点、时间、动火人、现场监护人、批准人和防火措施等内容。

（3）库房内不准使用火炉取暖。在库区使用时，应当经防火负责人批准。

防火负责人在审批火炉的使用地点时，必须根据储存物品的分类，按照有关防火间距的规定审批，并制定防火安全管理制度，落实到人。

（4）库区以及周围 50m 内，严禁燃放烟花爆竹。

5.3.6.7 消防器材管理

（1）仓库内应当按照国家有关消防技术规范，设置、配备消防设施和器材。

（2）消防器材应当设置在明显和便于取用的地点，周围不准堆放物品和杂物。

（3）仓库的消防设施、器材，应当由专人管理，负责检查、维修、保养、更换和添置，保证完好有效，严禁圈占、埋压和挪用。

（4）专业性仓库以及其他大型物资仓库，应当按照国家有关技术规范的规定安装相应的报警装置，附近有公安消防队的宜设置与其直通的报警电话。

（5）对消防水池、消火栓、灭火器等消防设施、器材，应当经常进行检查，保持完整好用。地处寒区的仓库，寒冷季节要采取防冻措施。

（6）库区的消防车道和仓库的安全出口、疏散楼梯等消防通道，严禁堆放物品。

5.4 装卸与运输

电气控制设备是由生产企业交到用户手中，装卸与运输是必不可少的一个环节。随着技术的进步，电气控制设备的体积、质量向着大型化和小型化方向发展，同时电气控制设备的结构和精度越来越高。因此，对电气控制设备装卸与运输也提出了越来越高的要求。科学合理的装卸与运输是保证电气控制设备得以安全、可靠地交付用户的必要条件。

5.4.1 电气控制设备的装卸

电气控制设备经过装卸过程后应保证包装完整无损伤，封箱标志完好，包装内的控制柜的电气性能均应能满足《电气装置安装工程低压电器施工及验收规范》、《低压成套开关设备基本试验方法》等相应国家规范、标准的要求。

5.4.1.1 装卸技术要求

（1）工作前应对起重、搬运工具（绞车、葫芦、滑车、绳索、卡具、刹车、控制器等）进行仔细检查，符合要求方能工作。

（2）装卸应有专人统一指挥和明确的信号，并应有具体的安全措施。

（3）装卸前应检查物件质量，不得超负荷起吊。起吊与下落物件，必须平稳地垂直上升和下降，必要时，应在物件上系以牢固的溜绳，防止物件摇摆或旋转。

（4）装卸电气控制设备时，吊钩或绳索挂在适当的位置上，以保持起吊后均衡平稳，起吊大型电气控制设备时，必须吊在指定的起吊点上。

（5）装卸设备的易损部分（如瓷套管等），宜卸下单独装卸，装卸时电气控制设备不得承受外力，并应以软物垫好，以防碰坏，所吊物件若有棱角或光滑部分，在棱角或滑面与绳索相接触处应以软物垫好，防止绳索受损或打滑。

（6）装卸作业时，吊臂下及起吊物件 1.5 倍距离范围内不得有人，不准有人站在设备上升降。

（7）人力装卸。搬运笨重物件时，必须确认物件的重心，防止倾倒。对上重下轻的设备必须绑扎牢固。

（8）从车辆上卸下大型设备时，卸车平台应牢固，并应有足够的宽度和长度。卸车承载荷重后平台不得有不均匀下沉现象。搭设卸车平台时，应考虑到车卸载时弹簧弹起以及船体浮起所造成的高度差。

（9）从车上卸下器材时应轻拿轻放，不得随意抛扔或将电气控制设备从车上滚下。对装卸瓷件等易碎、易裂物件更应特别注意。

5.4.1.2　装卸时的安全注意事项

在电气控制设备装卸过程中存在的安全隐患是比较多的，甚至不低于车辆运输中的危险。在货物装卸过程中，稍有不慎都有可能引发较严重的安全事故。

（1）防止设备掉落。在装卸的搬运过程中，由于设备的大小、形状、质量等各有不同，我们在装卸时都要特别注意。在进行设备码放时，需要爬上爬下，需要注意鞋子的防滑性。另外，在存放时应注意设备的摆放方法，防止已经码放过的设备出现垮塌。当我们在设备上行走并搬运时，应特别注意脚下安全，避免摔倒或绊倒。

（2）防止凸出物体对人造成损伤。由于进行设备装卸时，所接收的设备类型各有不同，有些设备可能有坚硬或棱角的地方，在装卸时应注意避免与这些地方发生磕碰。

（3）合理配合机械作业。一般在很多搬运公司，都会使用一些机械设备加快搬运速度。在库房内若有机械设备进行作业，应避免同时有人工进行搬运。例如，在使用吊装车进行货运搬运时，应避免吊车下有其他人员作业。

5.4.2　起重机械的使用

在电气控制设备装卸时经常需要使用起重机械，在生产车间使用桥式起重机较多，在室外使用轮胎式起重机较为普遍。尽管起重机械的种类很多，所吊运的物件多样，但都有一些最基本的、普遍适用的安全技术要求。

5.4.2.1　对起重机械操作人员的要求

（1）每台起重机械的司机，都必须经过培训、考核合格，并持有操作证才准许操作。

（2）工作前严禁饮酒或吸食违禁药物。

（3）不准带无关人员上车。

（4）禁止在起重机内存放易燃易爆物品，司机室应配备灭火器。

（5）操作中必须精力集中，与下面密切配合。操作时不准吸烟、吃东西和与他人谈话。

（6）操作中要始终做到稳起、稳行、稳落，被吊设备起落速度要均匀。

（7）吊运重物不得从人头顶通过，吊臂下严禁站人。

（8）起重时，要做好照明工作，与周围物体保持一定距离。

（9）起重机工作时，臂架、吊具、辅具、钢丝绳、缆风绳及重物等，与输电线的最小距离应不小于规定。

（10）露天起重机作业完毕后应加以固定。

（11）每两年至少对起重机进行一次安全技术检验。

（12）司机对起重机进行维修保养时，应切断主电源，并挂上标志牌或加锁；必须带电修理时，应戴绝缘手套、穿绝缘鞋，使用带绝缘手柄的工具，并有人监护。

5.4.2.2　起重机械使用前的检查

司机接班时，应检查制动器、吊钩、钢丝绳和安全装置。发现性能不正常，应在操作前排除。起重机械凡有下列情况之一者，应立即停车，禁止使用。

（1）钢丝绳达到报废标准。

（2）吊钩、滑轮、卷筒达到报废标准。

（3）制动器的制动力矩刹不住额定载荷。

（4）限位开关失灵。

（5）主要受力件有裂纹、开焊。

（6）主梁弹性变形或永久变形超过修理界限。

（7）车轮裂纹、掉片、严重啃轨或三条腿。

（8）电气接零保护挂靠失去作用或绝缘达不到规定值。

（9）电动机温升超过规定值。

（10）转子、电阻一相开路。

（11）车上有人（检查、修理指定专人指挥时除外）。

（12）露天起重机当风力达六级及以上时。

（13）新安装、改装、大修后未经验改合格。

（14）轨道行车梁松动、断裂、物件破碎、终点车挡失灵。

（15）电气设备的金属外壳没有可靠接地。

5.4.2.3　起重设备操作注意事项

（1）开车前先检查机械、电气、安全装置是否良好；车上有无磕碰、卡、挂现象；确认一切正常，打铃告警后，再送电试车。

（2）确认起重机上或其周围无人时，才可以闭合主电源。如果电源断路装置上加锁或有标牌，应由有关人员排除后才可闭合电源。

（3）闭合主电源前，应使所有的控制器手柄置于零位。

（4）工作中突然断电时，应将所有的控制器手柄扳回零位；在重新工作前，应检查起重机动作是否都正常。

（5）开车前，必须鸣铃或报警。在靠近邻车或接近人时必须及时持续鸣铃告警。

（6）操作应按指挥信号进行。起重指挥人员发出的指挥信号必须明确、符合标准。动作信号必须在所有人员退到安全位置后发出。听到紧急停车信号，不论是何人发出，都应立即执行。

（7）在轨道上露天作业的起重机工作结束时，应将起重机锚定住。风力大于 6 级时，一般应停止工作，并将起重机锚定住。对于门座起重机、在沿海工作的起重机，风力大于 7 级，应停止工作，并将起重机锚定住。

（8）吊运电气控制设备接近额定负荷时，必须先进行小高度、短行程试吊，应升至 100mm 高度停车检查制动能力。

（9）起吊大型电气控制设备时，应加拉绳牵引。所吊的设备的固定点若有棱角或特别光滑的部分，在棱角或滑面与绳子相接触处应加以包垫，防止绳子受损或打滑。

（10）操作带翻、游翻、兜翻时应在安全地方进行。

5.4.2.4　起重设备不允许的操作

（1）有下列情况之一时，司机不应进行操作：

① 超载或物体质量不明时不吊。

② 信号不明确时不吊；指挥信号不明确和违章指挥时不吊。

③ 吊索和附件、工件或吊物捆绑、吊挂不牢或不平衡可能引起滑动不符合安全要求时不吊。

④ 被吊物上面有人或浮置物时不吊，吊挂重物直接加工时不吊。

⑤ 结构或零部件有影响安全工作缺陷或损伤，如制动器或安全装置失灵、吊钩螺母结构装置损坏、钢丝绳损伤达到报废标准时不吊；安全装置不齐或失灵时不吊。

⑥ 遇有拉力不清的埋置物时不吊；工件埋在地下或与设备有钩挂时不吊。

⑦ 斜拉重物时不吊，歪拉斜挂时不吊。

⑧ 工作场地昏暗，无法看清场地、被吊物情况和指挥信号时不吊；光线阴暗视线不清时不吊。

⑨ 重物棱角处与捆绑钢丝绳之间未加衬垫防护措施时不吊。

⑩ 包装得过满时不吊，易燃易爆等危险物品不吊。

（2）起重机运行时，不得利用限位开关停车；对无反接制动性能的起重机，除特殊紧急情况外，不得打反车制动。

（3）不得在有载荷情况下调整起升、变幅机构的制动器。

（4）正常情况下不准打反车。

（5）起重机运行时，禁止人员上下。

（6）不能吊拔凝结在地下、埋在地下或质量不明的物品；

（7）非特殊情况不得紧急制动和急速下降。

（8）重物不得在空中悬停时间过长。

（9）起重机工作时，不得进行检查维修。

5.4.2.5　桥式起重机使用注意事项

（1）在厂房内吊运货物应走指定通道。

（2）在没有障碍物的线路上运行时，吊物（吊具）底面应离地面 2m 以上；有障碍物需要穿越时，吊物（吊具）底面应高出障碍物顶面 0.5m 以上。

（3）所吊重物接近或达到额定起重质量时，吊运前应检查制动器，并用小高度（200～300mm）、短行程试吊车，再平稳地吊运。

（4）无下降极限位置限制器的起重机，吊钩在最低工作位置时，卷筒上的钢丝绳必须保证有设计规定的安全圈数。

（5）有主、副两套起升机构的起重机，主、副钩不应同时开动（设计允许同时使用的专用起重机除外）。

（6）吊运过程中，不允许同时操作 3 个机构（即大车、小车、卷扬不能同时动作）。

（7）严禁使用两台起重质量不同的起重机共吊一物。用两台起重能力相等的起重机共吊一物时，应采取使两台起重机均能保持垂直起重措施，其吊物质量加吊具质量之和不准超过两台起重机起重能力总和的 80%，且须总工程师或其指派的专人在场指挥，方能起吊。

（8）上下车时需由梯子平台通过，不准从一台车爬至另一台车，不准沿轨道行走。

（9）车上不准堆放活物或其他物品，工具应加以固定。

（10）同一跨轨道上有两台以上吊车时，不准相互推车碰撞。

（11）吊钩不载荷运行时，应升至一人以上高度。

（12）在处理故障或离车时，控制器必须放于"0"位，切断电源。不准悬挂重物离开车。下班时把小车停于驾驶室一端，吊钩升至规定高度。

5.4.2.6　轮胎吊使用注意事项

（1）轮胎式起重机工作前应按说明书的要求平整停机场地，牢固可靠地打好支腿。

（2）起吊时，吊钩钢丝绳要保持垂直，尚未吊起时，禁止起重机移动位置或做旋转运动。

（3）吊运重物时不准落臂；必须落臂时，应先把重物放在地上。在特殊情况下，要做到严格按说明书的有关规定执行。严禁在起重臂起落稳妥前变换操纵杆。

（4）吊臂仰角很大时，不准将被吊的重物骤然落下，防止起重机向另一侧翻倒。

（5）吊重物回转时，动作要平稳，不得突然制动。

（6）回转时，重物质量若接近额定起重质量，重物距地面的高度不应太高，一般在 0.5m 左右。

（7）用两台或多台起重机吊运同一重物时，钢丝绳应保持垂直，各台起重机的升降、运行应保持同步，各台起重机所承受的载荷均不得超过各自的额定起重能力。如达不到上述要求，每台起重机的起重量应降低至额定起重量的 80%，并进行合理的载荷分配。

5.4.3　电气控制柜的搬运

5.4.3.1　电气控制柜搬运注意事项

电气控制设备的搬运工作须由专人负责进行，参加搬运工作的人员应熟悉设备搬运方案和安全措施。设备起重搬运时由经专业技术培训取得合格证的人员担任指挥，设备起重搬运作业不得在无人指挥、监护的条件下单独操作。

（1）尽量减少搬运次数。

（2）尽量使用搬运工具。

（3）注意人身和控制柜安全。

（4）注意控制柜的种类和标识，不能因搬运而使物资混乱不清。

（5）对不同控制柜采用不同的搬运方式。

① 在搬运控制柜前，应估计控制柜的质量和大小，若太大、太重不便于人力搬运时，最好采用机械方式搬运。

② 人力搬运设备前，最好采取保护措施，如手套、口罩、工作服、安全帽等。

③ 搬运设备时，应先检查物件外是否有钉、片类以及各部件是否有松动现象、以免造成损伤。

④ 人力搬运时应用手掌紧握物件，不可以只用手指抓住物件，以免物件滑脱。

⑤ 人力搬运时，脚步要稳，小心行走，以防滑倒或绊倒。

⑥ 放置控制柜时，要小心轻放，不能猛撞，以防损坏控制柜。

⑦ 有标识方法的控制柜，要按标识方法放置；同时，要将控制柜的储运标签向外，便于读数和识别。

（6）使用滚杆时，拨动滚杆必须用铁锤敲打，不得用手直接拨动。

5.4.3.2 叉车驾驶制度

当电气控制设备体积、质量较大，人力搬运有困难时，不论车间内还是室外电气控制设备的搬运普遍使用的搬运设备为叉车。因此，应当熟悉叉车使用的制度和使用注意事项。

（1）操作叉车的驾驶员必须经过专业培训，并经有关部门考核合格，方可单独操作。未经正式训练之人员不得操作叉车。

（2）驾驶员不能在吸食药物和酒后驾驶，行驶过程中不得吸烟、饮食。

（3）驾驶员在驾驶叉车时应系好安全带，在叉车附近工作时穿好防护鞋，注意保护自己。

（4）驾驶员应该及时了解叉车的构造、技术性能和装载指示图以了解叉车能装载什么货物及其装载能力等。切勿超载，掌握叉车的重心情况，行车时要保持叉车平衡，对看似超重的货物，应先确认其质量。

（5）驾驶员必须熟悉车辆的操作方法和保养要求；驾驶员没有经供应商或制造商的许可不得擅自改装叉车，以防性能受到损害。

（6）驾驶员在每天开车前，应检查叉车之各部分，包括所有控制器、制动、车轮、警号及其他活动部分，若发现有任何毛病或损坏，应立即停止使用并向有关人员报告，以安排尽早修理。

（7）作业时货物要平稳、牢固、分布均匀，不均匀、高大、贵重、易损货物时要捆牢，切勿运载松散或不正确堆放的货物。

（8）叉车应该有背架及护顶，以防止货物由高处落向驾驶员。

（9）货物在搬运过程中，要小心谨慎，不允许不安全或不稳定的装载。

（10）如若载荷能力不足，务必换用更大型的叉车，不得超负荷工作。

（11）行驶中应做到：

① 开车前，应看清楚四周情况，行车时要视环境保持适当车速，一般不得超过15km/h。

② 行车时，叉子要尽量贴近地面，起重门架要后倾。

③ 避免急启动、急制动和高速转弯。驾驶叉车时需在转弯处减速，鸣笛示警，以防发生碰撞事故。

④ 行车时，要集中精神，不应东张西望，要经常留意头顶的障碍物。

⑤ 铲运影响视线的货物，应低速行驶。如果装载物遮住前方视线，应反向驾驶。

（12）作业中应遵守"八不准"：

① 不准用货叉排翻货盘的方法卸货。

② 不准将货物升高，进行长距离行驶。

③ 不准用单货叉作业。

④ 不准用货叉直接铲运危险物品。

⑤ 不准用惯性力取货。

⑥ 不准用利用惯性溜放圆形或易滚货物。

⑦ 不准在岸边直接铲运船上的货物。

⑧ 叉车的叉子绝对不能作升降工作台使用，不准在货盘或货叉上带人作业，货叉举起后，货叉下严禁站人。

（13）叉车未作业时，应停在指定停放地点；停车离开前，将叉臂放至地面，拉下手刹并拔掉车匙。

（14）每日驾驶员工作完毕后，应对叉车各部分进行检查、整理、清洁。

5.4.3.3　叉车安全驾驶注意事项

叉车驾驶员除应熟悉本叉车的性能结构外，还应掌握装卸工作的基本知识。

（1）每班出车前必须检查以下各处，确保叉车能正常工作：

① 检查燃油储油量。

② 检查油管、水管、排气管及各附件有无渗漏现象。

③ 检查工作油箱的容量是否达到规定的容量。

④ 检查车轮螺栓紧固程度及各轮胎气压是否达到规定值。

⑤ 检查转向及制动系统的灵活性和可靠性。

⑥ 检查电气线路是否有搭铁，接头是否有松动现象，喇叭、转向灯、制动灯及各仪表工作是否正常。以上准备工作完成后，才能开始工作。

（2）在良好的路面上，叉车的起重量不得超过其额定起重量，在较差的道路条件下作业，起重量应适当降低，并降低行驶速度。

（3）在装载货物时，应按货物大小来调整货叉的距离，货物的质量应平均的由两货叉分搭，以免偏载或开动的货物向一边滑脱。货叉插入货堆后，叉臂应与货物一面相接触，然后门架后倾，将货叉升起离地面 200mm 左右再行驶。

（4）严禁高速急转弯行驶，起升或下降货物等，起重架下绝对禁止有人。

（5）在超过 7°的坡度上运载货物应使货物在上坡的方向。运载货物行驶时不得紧急制动，以防货物滑出。在搬运大体积货物时，货物挡住视线，叉车应倒车低速行驶。

（6）注意叉架的提升高度，因为它将影响叉车的稳定性。

（7）严禁停车后让发动机空转而无人看管，更不允许将货物吊于空中而驾驶员离开驾驶位置。

（8）叉车在中途停车，发动机空转时应后倾收回门架，当发动机停车后应使滑架下落，并前倾使货叉着地。

（9）在工作过程中，如果发现可疑的噪声或不正常的现象，必须立即停车检查，及时采取措施加以排除，在没有排除故障前不得继续作业。

（10）工作一天后，应对燃油箱加油，这样不仅可以驱除油箱内的潮气，而且也能防止空气在夜间凝成水珠溶于油液中。

（11）为了提高叉车的使用寿命及防止意外事故的发生，为保持叉车最佳运行状态和各零部件正常运转，驾驶员必须严格按照例行保养规范对车辆进行检查保养。

5.4.4　电气控制设备的运输

电气控制设备在运输时应采取防震、防潮、防止框架变形和漆面受损等安全措施，当产品有特殊要求时，尚应符合产品技术文件的规定。电气控制设备在运输过程中及临时放置时不允许倒置，翻滚及碰撞，并需采取必要的防雨，防潮，防震的措施。

对于较重的或精密的装置型设备、精密的仪表和易损组件，如高频保护装置、零序保护装置、逆变装置、距离保护装置、重合闸装置等，必要时可拆下单独包装运输，以免损坏或因装置过重使框架受力变形。尤其应注意在二次搬运及安装过程中，应防止倾倒而损坏设备。

5.4.4.1 运输方式的选择

1．常用运输方式

根据电气控制设备出厂包装尺寸、单件包装毛重以及发货地、目的地和途中的具体情况，目前采用以下运输方式：

（1）水路搬运与公路运输联运，主要受公路运输限高限宽制约。

（2）水路船运与铁路、公路运输联运，主要受铁路和公路运输限高限宽制约。

（3）铁路与公路运输联运，主要受铁路和公路运输限高限宽制约。

（4）公路运输，主要受公路运输限高限宽制约。

电气控制设备可以在采购合同中都明确由生产厂代为组织运输，也可以由用户选择自己组织运输。由生产厂代为组织运输时，在采购合同中必须确定交货地点，则应预先确定运输方法，并做好相应的准备工作。

2．选择运输方法时需要考虑的因素

1）运输的途中时间

用户建设总进度计划中，一般确定了时间表，期望包括运输在内的各个工程分项目能尽量按计划实施。采用公路汽车运输的时间较短，而且可以直达用户现场。

2）运输费用

铁路运输费用一般低于公路汽车运输费用，运输距离越长，差距越明显；船运的费用又较铁路运输费用低。此外，铁路运输和船运，途中发生交通意外事故的风险概率都比公路汽车运输低。

3）风险

无论采用何种运输方法，保证货物安全，不发生意外损坏事故是最重要的要求。而各种运输方法都程度不同地存在着各种潜在风险，例如由于发生意外交通事故造成损伤的风险，由于运力紧张或道路被洪水、泥石流、山体滑坡塌方等损坏堵塞造成的运输时间延迟的风险，等等。

4）货物装载超限

货物装载超过国家有关规定的长度、宽度和高度时，可能在运输途中遭遇困难，这种情况称为超限。为了减少现场安装工作量，希望大型电气控制设备全部在生产厂并柜安装，这时可能出现超限情况。

（1）船舶运输。

船舶运输最大可以承运长度百米以上，质量达到千吨以上（受大型浮吊最大起吊吨位限制及码头起重机吨位限制），宽度和高度达到 10～20m 的大型设备（最大高度受所通过的桥梁高度制约）。所以生产超大型设备的生产企业都建在沿海或大江大河边，有些企业自己就有深水码头。如果企业自己没有深水码头，则设备的最大外形尺寸将受限于工厂到码头间的短途运输方式。

（2）铁路运输。

铁路运输限高限宽主要受限于隧道规定的高度和宽度，长度则受限于路轨的最小转弯半径。为了保证运输安全，承运单位必须采取一定的措施，铁路运输尺寸限制参见表 5.4.1。

表 5.4.1　铁路运输尺寸限制

限 界 级 别	正 常 限 界	一级超限限界	二级超限限界	超级超限
高度限制（mm）	4800	4950	5000	建议不采用
宽度限制（mm）	1700×2	1900×2	1940×2	

（3）公路运输。

大件运输时隧洞限制尺寸为高 5m、宽 7.5m，城市地道桥的限制尺寸为高 4.5m、宽 6m，一级以上公路线缆下的限制尺寸为高 5m。公路的路面宽度应在 8m 以上，以保证车辆足够的转弯半径需要。桥梁的承载能力因为设计不同有很大差异，必须通过勘察才能确定。

上面所说的限高，是包括车辆底盘在内从地面算起的总高度，采用专用的低底盘车辆或无底盘专用运输车辆，是运输大件时唯一的选择，尽管费用较高。

用户在选择运输方法时，需综合考虑各有关因素的影响，进行多方案的综合分析比较。

目前，国内运输电气控制设备，除必须采用船运（到海岛、沿海、沿江河等目的地）外，采用公路运输的方案较多。除了综合各因素的影响外其重要原因是：公路汽车运输可省去其他运输方法中途多次装卸作业的麻烦。在采用公路汽车运输方案时，用户应对道路路况做全面了解，并与承运单位对途中隧道和地道桥最高允许通过的装载高度、宽度、桥梁的最大允许载重量逐一落实，当通过低等级路面时，对公路的最小转弯半径、最大横坡角度、凹坑和鞍式路面、过水路面、公路上的线缆高度等认真考察，发现有不宜直接通过的情况时，提前做好应对措施。

3. 应优先选用集装箱运输

由于普通散件运输长期以来存在着装卸及运输效率低、时间长，货损、货差严重，影响货运质量，货运手续繁杂，影响工作效率，因此对货主、运输公司的经济效益产生极为不利的负面影响。为解决散件运输存在以上无法克服的缺点，只有通过集装箱运输才能彻底解决以上问题。

为加速电气控制设备的运输，降低流通费用，节约物流的劳动消耗，实现快速、低耗、高效率及高效益地将电气控制设备送达用户，这就要求大批量的小型电气控制设备及成套电气控制设备应优先选用集装箱运输。集装箱运输具有以下几个特点。

（1）简化包装，大量节约包装费用。

为避免货物在运输途中受到损坏，必须有坚固的包装，而集装箱具有坚固、密封的特点，其本身就是一种极好的包装。使用集装箱可以简化包装，有的甚至无须包装运输，可大大节约包装费用。

（2）减少货损货差，提高货运质量。

由于集装箱是一个坚固密封的箱体，集装箱本身就是一个坚固的包装。货物装箱并铅封后，途中无须拆箱倒载，一票到底，即使经过长途运输或多次换装，不易损坏箱内货物。集装箱运输可减少被盗、潮湿、污损等引起的货损和货差，深受货主和运输公司的欢迎，并且由于货损、货差率的降低，减少了社会财富的浪费，也具有很大的社会效益。

（3）减少营运费用，降低运输成本。

由于集装箱的装卸基本上不受恶劣气候的影响，由于装卸效率高，装卸时间缩短，可以有效降低运输成本，提高经济效益。

（4）高效率、高效益的运输方式。

集装箱装卸，每小时可达 400t 左右，装卸效率大幅度提高。同时，由于集装箱装卸机械化程度很高，因而每班组所需装卸工人数很少，平均每个工人的劳动生产率大大提高。

随着运输设备生产效率的提高，在不增加运输设备的情况，可完成更多的运量，增加了运输公司的收入，高效率导致高效益。

（5）适于组织多式联运。

由于集装箱运在不同运输方式之间换装时，无须搬运箱内货物而只需换运输工具，这就提高了换装作业效率，适用于不同运输方式之间的联合运输。

（6）但是如果货物装不满一个集装箱时，相对费用就比较高了。另外，集装箱有质量的限制，如果超重，就要加收费用。

5.4.4.2 电气控制设备运输安全操作规程

（1）电气控制设备装载在车辆上应捆绑牢固，垫平塞稳，防止滑动伤人。

（2）运送设备的随车人员必须坐稳扶牢，不得坐在堆放较高的电气控制设备上，以防电气控制设备滑动碰伤人员。车辆未停稳时，不得上、下车辆，不得装卸或传递电气控制设备。

（3）运输道路上方如有输电线路，通过时应保持安全距离，否则必须采取隔离措施。

（4）使用两台不同速度的牵引机械卸车时，应采取措施使设备受力均匀，牵引速度一致。牵引的着力点应在设备的重心以下。

（5）被拖动对象的重心应放在拖板中心位置。拖运圆形物件时，应垫好枕木楔子；对高大而底面积小的物件，应采取防止倾倒的措施；对薄壁或易变形的物件，应采取加固措施。

（6）拖运滑车组的地锚应经计算，使用中应经常检查。严禁在不牢固的建筑物或运行的设备上绑扎拖运滑车组。打桩绑扎拖运滑车组时，应了解地下设施情况并计算其承载力。

（7）在拖拉钢丝绳导向滑轮内侧的危险区内严禁人员通过或逗留。

（8）中间停运时，应采取措施防止溜车及设备滚动。夜间应设红灯示警，并设专人看管。

5.4.4.3 大型电气控制设备运输注意事项

箱式变压器、集成式高低压变电站等大型电气控制设备的体积大、质量大，其运输属于大件运输，大件运输的基本要求如下所述。

（1）签订托运手续时，除按一般规定外，托运人必须提交货物说明书以及装卸、加固等具体要求，特殊情况下，还须向有关部门办理准运证。承运人应根据托运人提供的有关资料进行审核，掌握货物的具体特征，选择适合的车辆，具备平安运输条件和能力的情况下，再办理承运手续。

（2）搬运大型电气控制设备前，应对所经路线及两端装卸条件进行详细调查，了解运输路线的情况，拟定运输方案，提出安全措施，并制定搬运措施。承运人应根据大件货物的外形尺寸和车货质量，起运前会同托运人勘察作业现场和运行路线，了解沿途道路线形和桥涵通过能力，并制定运输组织方案，涉及其他部门的应事先向有关部门申报并征得同意，方可起运。具体要求如下：

① 了解两地的装卸条件，并制订措施。

② 搬运大型设备前，应对道路进行调查，特别对桥梁等进行验算，制订加固措施。

应对路基下沉、路面松软以及冻土开化等情况进行调查并采取措施，防止在搬运过程中发生倾斜、翻倒；对沿途经过的桥梁、涵洞、沟道等应进行详细检查和验算，必要时应予以加固。

③ 应有防止变压器倾斜、翻倒的措施。

④ 大型设备运输道路的坡度不得大于 15°；如不能满足要求时，必须征得制造厂同意并采取可靠的安全措施。

⑤ 与运输道路上的电线应有可靠的安全距离。

⑥ 选用合适的运输方案，并遵守有关规定。

⑦ 停运时应采取措施，防止前后滚动，并设专人看护。

（3）制订货物装卸、加固等技术方案和操作规程，并严格执行，确保合理装载、加固牢靠、平安装卸。装卸作业由承运人负责的应根据托运人的要求、货物的特点和装卸操作规程进行作业。由托运人负责的承运人应按约定的时间将货物送至装卸地点，并监装、监卸。

（4）运输大件货物时，属于超限运输的应按规定向公路管理机构申请办理《超限运输车辆通行证》依照核定的路线行车。市区运送大件货物时，要经公安机关和市政工程部门审查并发给准运证，方可运送。

（5）按指定的线路和时间运行，并在货物最长、最宽、最高部位悬挂明显的平安标志，白昼行车时，悬挂标志旗；夜间行车和停车休息时装设标志灯，以警示来往车辆。特殊的货物，要有专门车辆引路，及时排除障碍。

（6）用拖车装运大型设备时，应进行稳定性计算并采取防止剧烈冲击或振动的措施。启动前应先鸣号。载货时车速不得超过 5～10km/h。行车时应配备开道车及押运联络员。

参考文献

[1] 程志刚. 新编电气工程师手册. 合肥：文化音像出版社，2004.

[2] 于庆祯，李锋. 电气设备机械结构设计手册. 北京：机械工业出版社，2006.

[3] 陈永真，等. 通用集成电路应用、选型与代换. 北京：中国电力出版社，2007.

[4] 周旭. 现代电子设备设计制造手册. 北京：电子工业出版社. 2008.

[5] 电气控制柜设计制作相关的国家标准.

读者调查及投稿

1. 您觉得这本书怎么样？有什么不足？还能有什么改进？

_____

_____

_____

_____

_____

2. 您在什么行业？从事什么工作？需要哪些方面的图书？

_____

_____

_____

3. 您有无写作意向？愿意编写哪方面的图书？

_____

_____

_____

4. 其他：

_____

_____

说明：

针对以上调查项目，可通过电子邮件直接联系：bjcwk@163.com　　联系人：陈编辑

欢迎您的反馈和投稿！

电子工业出版社

反侵权盗版声明

电子工业出版社依法对本作品享有专有出版权。任何未经权利人书面许可，复制、销售或通过信息网络传播本作品的行为，歪曲、篡改、剽窃本作品的行为，均违反《中华人民共和国著作权法》，其行为人应承担相应的民事责任和行政责任，构成犯罪的，将被依法追究刑事责任。

为了维护市场秩序，保护权利人的合法权益，我社将依法查处和打击侵权盗版的单位和个人。欢迎社会各界人士积极举报侵权盗版行为，本社将奖励举报有功人员，并保证举报人的信息不被泄露。

举报电话：（010）88254396；（010）88258888

传　　真：（010）88254397

E-mail：　dbqq@phei.com.cn

通信地址：北京市万寿路 173 信箱
　　　　　电子工业出版社总编办公室

邮　　编：100036

内 容 简 介

"电气控制柜设计·制作·维修技能丛书"一共3册，全面介绍了电气控制柜电路设计、制作工艺及维护维修的全过程。

本书是丛书的第三分册，重点针对电气控制柜的调试与维修方面。分别讲解了电气控制设备调试的要求、步骤和方法，电气控制柜的试验内容、要求及方法，电气控制设备养护与检修的要求及方法，以及电气控制设备的出厂检验与包装运输要求等。

本书内容丰富，注重实践，适合电气控制柜生产企业的调试、维修人员，以及各行业中电气设备的使用、维护技术人员参考阅读，也可作为相关职业技术培训结机构的培训教材。

策划编辑：陈韦凯

责任编辑：陈韦凯

封面设计：一克米工作室

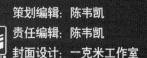

ISBN 978-7-121-24440-7

9 787121 244407 >

定价：48.00元